"985 工程"

现代冶金与材料过程工程科技创新平台资助

"十二五"国家重点图书出版规划项目

现代冶金与材料过程工程丛书

冶金传输原理及反应工程
——用 Excel 解析

孟繁明　编著

科学出版社

北　京

内 容 简 介

本书利用 Excel 2010 作为数值解析工具，介绍了冶金传输原理及反应工程（"三传一反"）中典型问题的数值解析方法。解析过程中，采用"问题"→"分析"→"求解"→"问题扩展"→"参考解答"等步骤模式，详细介绍了解析工具的使用技巧，并在分析解析过程及获得解析结果的基础上，对"三传一反"典型问题的实质进行了详细论述。通过这些解析，深刻揭示了仅凭解析解无法说明其问题实质的重要内容，破除了"三传一反"内容复杂、耗时费力等印象，展示了解析工具的简便性、数值解析的优越性及解析过程的简明性，为真正理解掌握"三传一反"的内容实质奠定了坚实基础。

本书可供高等院校冶金工程专业研究生、本科生以及冶金相关企事业单位的工程技术人员阅读参考。

图书在版编目(CIP)数据

冶金传输原理及反应工程：用 Excel 解析/孟繁明编著 . —北京：科学出版社，2015.10
（现代冶金与材料过程工程丛书/赫冀成主编）
ISBN 978-7-03-046053-0

Ⅰ.①冶…　Ⅱ.①孟…　Ⅲ.①表处理软件-应用-冶金过程-传输-研究
Ⅳ.①TF01-39

中国版本图书馆 CIP 数据核字(2015)第 248115 号

责任编辑：张淑晓　宁　倩/责任校对：郑金红
责任印制：肖　兴/封面设计：蓝正设计

科 学 出 版 社 出版
北京东黄城根北街 16 号
邮政编码：100717
http://www.sciencep.com

中国科学院印刷厂 印刷

科学出版社发行　各地新华书店经销

*

2015 年 10 月第　一　版　　开本：720×1000　1/16
2015 年 10 月第一次印刷　　印张：30 1/4
字数：580 000

定价：138.00 元
（如有印装质量问题，我社负责调换）

《现代冶金与材料过程工程丛书》序

21世纪世界冶金与材料工业主要面临两大任务：一是开发新一代钢铁材料、高性能有色金属材料及高效低成本的生产工艺技术，以满足新时期相关产业对金属材料性能的要求；二是要最大限度地降低冶金生产过程的资源和能源消耗，减少环境负荷，实现冶金工业的可持续发展。冶金与材料工业是我国发展最迅速的基础工业，钢铁和有色金属冶金工业承载着我国节能减排的重要任务。当前，世界冶金工业正向着高效、低耗、优质和生态化的方向发展。超级钢和超级铝等更高性能的金属材料产品不断涌现，传统的工艺技术不断被完善和更新，铁水炉外处理、连铸技术已经普及，直接还原、近终形连铸、电磁冶金、高温高压溶出、新型阴极结构电解槽等已经开始在工业生产上获得不同程度的应用。工业生态化的客观要求，特别是信息和控制理论与技术的发展及其与过程工业的不断融合，促使冶金与材料过程工程的理论、技术与装备迅速发展。

《现代冶金与材料过程工程丛书》是东北大学在国家"985工程"科技创新平台的支持下，在冶金与材料领域科学前沿探索和工程技术研发成果的积累和结晶。丛书围绕冶金过程工程，以节能减排为导向，内容涉及钢铁冶金、有色金属冶金、材料加工、冶金工业生态和冶金材料等学科和领域，提出了计算冶金、自蔓延冶金、特殊冶金、电磁冶金等新概念、新方法和新技术。丛书的大部分研究得到了科学技术部"973"、"863"项目，国家自然科学基金重点和面上项目的资助（仅国家自然科学基金项目就达近百项）。特别是在"985工程"二期建设过程中，得到1.3亿元人民币的重点支持，科研经费逾5亿元人民币。获得省部级科技成果奖70多项，其中国家级奖励9项；取得国家发明专利100多项。这些科研成果成为丛书编撰和出版的学术思想之源和基本素材之库。

以研发新一代钢铁材料及高效低成本的生产工艺技术为中心任务，王国栋院士率领的创新团队在普碳超级钢、高等级汽车板材以及大型轧机控轧控冷技术等方面取得突破，成果令世人瞩目，为宝钢、首钢和攀钢的技术进步做出了积极的贡献。例如，在低碳铁素体/珠光体钢的超细晶强韧化与控制技术研究过程中，提出适度细晶化（3~5μm）与相变强化相结合的强化方式，开辟了新一代钢铁材料生产的新途径。首次在现有工业条件下用200MPa级普碳钢生产出400MPa级超级钢，在保证韧性前提下实现了屈服强度翻番。在研究奥氏体再结晶行为时，引入时间轴概念，明确提出低碳钢在变形后短时间内存在奥氏体未在结晶区的现象，为低碳钢的控制轧制提供了理论依据；建立了有关低碳钢应变诱导相变研究的系统而严密的实验方法，解决了低碳钢高温变形后的组织固定问题。适当控制终轧温度和压下量分配，通过控制轧后冷却和卷取温度，利用普通低碳钢生产出铁素体晶粒为 $3\sim5\mu m$、屈服强度大于 400MPa，具有良好综合性能的超级钢，并成功地应用于汽车工业，该成果获得 2004 年国家科技进步奖一等奖。

宝钢高等级汽车板品种、生产及使用技术的研究形成了系列关键技术（例如，超低碳、氮和氧的冶炼控制等），取得专利 43 项（含发明专利 13 项）。自主开发了 183 个牌号的新产品，在国内首次实现高强度 IF 钢、各向同性钢、热镀锌双相钢和冷轧相变诱发塑性钢的生产。编制了我国汽车板标准体系框架和一批相关的技术标准，引领了我国汽车板业的发展。通过对用户使用技术的研究，与下游汽车厂形成了紧密合作和快速响应的技术链。项目运行期间，替代了至少 50％的进口材料，年均创利润近 15 亿元人民币，年创外汇 600 余万美元。该技术改善了我国冶金行业的产品结构并结束了国外汽车板对国内市场的垄断，获得 2005 年国家科技进步奖一等奖。

提高 C-Mn 钢综合性能的微观组织控制与制造技术的研究以普碳钢和碳锰钢为对象，基于晶粒适度细化和复合强化的技术思路，开发出综合性能优良的 $400\sim500MPa$ 级节约型钢材。解决了过去采用低温轧制路线生产细晶粒钢时，生产节奏慢、事故率高、产品屈强比高以及厚规格产品组织不均匀等技术难题，获得 10 项发明专利授权，形成工艺、设备、产品一体化的成套技术。该成果在钢铁生产企业得到大规模推广应用，采用该技术生产的节约型钢材产量到 2005 年底超过 400 万 t，到 2006 年年底，国内采用该技术生产低成本高性能钢材累计产量超过 500 万 t。开发的产品用于制造卡车车轮、大梁、横臂及桥梁等结构件。由于节省了合金元素、降低了成本、减少了能源资源消耗，其社会效益巨大。该成果获 2007 年国家技术发明奖二等奖。

首钢 3500mm 中厚板轧机核心轧制技术和关键设备研制，以首钢 3500mm 中厚板轧机工程为对象，开发和集成了中厚板生产急需的高精度厚度控制技术、TMCP 技术、控制冷却技术、平面形状控制技术、板凸度和板形控制技术、组织性能预测与控制技术、人工智能应用技术、中厚板厂全厂自动化与计算机控制技术等一系列具有自主知识产权的关键技术，建立了以 3500mm 强力中厚板轧机和加速冷却设备为核心的整条国产化的中厚板生产线，实现了中厚板轧制技术和重大装备的集成和集成基础上的创新，从而实现了我国轧制技术各个品种之间的全面、协调、可持续发展以及我国中厚板轧机的全面现代化。该成果已经推广到国内 20 余家中厚板企业，为我国中厚板轧机的改造和现代化做出了贡献，创造了巨大的经济效益和社会效益。该成果获 2005 年国家科技进步奖二等奖。

在国产 1450mm 热连轧关键技术及设备的研究与应用过程中，独立自主开发的热连轧自动化控制系统集成技术，实现了热连轧各子系统多种控制器的无隙衔接。特别是在层流冷却控制方面，利用有限元素流分析方法，研发出带钢宽度方向温度均匀的层冷装置。利用自主开发的冷却过程仿真软件包，确定了多种冷却工艺制度。在终轧和卷取温度控制的基础之上，增加了冷却路径控制方法，提高了控冷能力，生产出了×75管线钢和具有世界先进水平的厚规格超细晶粒钢。经过多年的潜心研究和持续不断的工程实践，将攀钢国产第一代1450mm热连轧机组改造成具有当代国际先进水平的热连轧生产线，经济效益极其显著，提高了国内热连轧技术与装备研发水平和能力，是传统产业技术改造的成功典范。该成果获2006年国家科技进步奖二等奖。

以铁水为主原料生产不锈钢的新技术的研发也是值得一提的技术闪光点。该成果建立了K-OBM-S冶炼不锈钢的数学模型，提出了铁素体不锈钢脱碳、脱氮的机理和方法，开发了等轴晶控制技术。同时，开发了K-OBM-S转炉长寿命技术、高质量超纯铁素体不锈钢的生产技术、无氩冶炼工艺技术和连铸机快速转换技术等关键技术。实现了原料结构、生产效率、品种质量和生产成本的重大突破。主要技术经济指标国际领先，整体技术达到国际先进水平。K-OBM-S平均冶炼周期为53min，炉龄最高达到703次，铬钢比例达到58.9%，不锈钢的生产成本降低10%～15%。该生产线成功地解决了我国不锈钢快速发展的关键问题——不锈钢废钢和镍资源短缺，开发了以碳氮含量小于120ppm的409L为代表的一系列超纯铁素体不锈钢品种，产品进入我国车辆、家电、造币领域，并打入欧美市场。该成果获得2006年国家科技进步奖二等奖。

以生产高性能有色金属材料和研发高效低成本生产工艺技术为中心任务，先后研发了高合金化铝合金预拉伸板技术、大尺寸泡沫铝生产技术等，并取得显著进展。高合金化铝合金预拉伸板是我国大飞机等重大发展计划的关键材料，由于合金含量高，液固相线温度宽，铸锭尺寸大，铸造内应力高，所以极易开裂，这是制约该类合金发展的瓶颈，也是世界铝合金发展的前沿问题。与发达国家采用的技术方案不同，该高合金化铝合金预拉伸板技术利用低频电磁场的强贯穿能力，改变了结晶器内熔体的流场，显著地改变了温度场，使液穴深度明显变浅，铸造内应力大幅度降低，同时凝固组织显著细化，合金元素宏观偏析得到改善，铸锭抵抗裂纹的能力显著增强。为我国高合金化大尺寸铸锭的制备提供了高效、经济的新技术，已投入工业生产，为国防某工程提供了高质量的铸锭。该成果作为"铝资源高效利用与高性能铝材制备的理论与技术"的一部分获得了2007年的国家科技进步奖一等奖。大尺寸泡沫铝板材制备工艺技术是以共晶铝硅合金（含硅12.5%）为原料制造大尺寸泡沫铝材料，以A356铝合金（含硅7%）为原料制造泡沫铝材料，以工业纯铝为原料制造高韧性泡沫铝材料的工艺和技术。研究了泡沫铝材料制造过程中泡沫体的凝固机制以及生产气孔均匀、孔壁完整光滑、无裂纹泡沫铝产品的工艺条件；研究了控制泡沫铝材料密度和孔径的方法；研究了无泡层形成原因和抑制措施；研究了泡沫铝大块体中裂纹与大空腔产生原因和控制方法；研究了泡沫铝材料的性能及其影响因素等。泡沫铝材料在国防军工、轨道车辆、航空航天和城市基础建设方面具有十分重要的作用，预计国内市场年需求量在 20 万 t 以上，产值 100 亿元人民币，该成果获 2008 年辽宁省技术发明奖一等奖。

围绕最大限度地降低冶金生产过程中资源和能源的消耗，减少环境负荷，实现冶金工业的可持续发展的任务，先后研究了新型阴极结构电解槽技术、惰性阳极和低温铝电解技术和大规模低成本消纳赤泥技术。例如，冯乃祥教授的新型阴极结构电解槽的技术发明于 2008 年 9 月在重庆天泰铝业公司试验成功，并通过中国有色工业协会鉴定，节能效果显著，达到国际领先水平，被业内誉为"革命性的技术进步"。该技术已广泛应用于国内 80% 以上的电解铝厂，并获得"国家自然科学基金重点项目"和"国家高技术研究发展计划（'863'计划）重点项目"支持，该技术作为国家发展和改革委员会"高技术产业化重大专项示范工程"已在华东铝业实施 3 年，实现了系列化生产，槽平均电压为 3.72V，直流电耗 12 082kW·h/t Al，吨铝平均节电 1123kW·h。目前，新型阴极结构电解槽的国际推广工作正在进行中。初步估计，在 4～5 年内，全国所有电解铝厂都能将现有电解槽改为新型电解槽，届时全国电解铝厂一年的节电量将超过我国大型水电站——葛洲坝一年的发电量。

在工业生态学研究方面，陆钟武院士是我国最早开始研究的著名学者之一，因其在工业生态学领域的突出贡献获得国家光华工程大奖。他的著作《穿越"环境高山"——工业生态学研究》和《工业生态学概论》，集中反映了这些年来陆钟武院士及其科研团队在工业生态学方面的研究成果。在煤与废塑料共焦化、工业物质循环理论等方面取得长足发展；在废塑料焦化处理、新型球团竖炉与煤高温气化、高温贫氧燃烧一体化系统等方面获多项国家发明专利。

依据热力学第一定律和第二定律，提出钢铁企业燃料（气）系统结构优化，以及"按质用气、热值对口、梯级利用"的科学用能策略，最大限度地提高了煤气资源的能源效率、环境效率及其对企业节能减排的贡献率；确定了宝钢焦炉、高炉、转炉三种煤气资源的最佳回收利用方式和优先使用顺序，对煤气、氧气、蒸气、水等能源介质实施无人化操作、集中管控和经济运行；研究并计算了转炉煤气回收的极限值，转炉煤气的热值、回收量和转炉工序能耗均达到国际先进水平；在国内首先利用低热值纯高炉煤气进行燃气-蒸气联合循环发电。高炉煤气、焦炉煤气实现近"零"排放，为宝钢创建国家环境友好企业做出重要贡献。作为主要参与单位开发的钢铁企业副产煤气利用与减排综合技术获得了 2008 年国家科技进步奖二等奖。

另外，围绕冶金材料和新技术的研发及节能减排两大中心任务，在电渣冶金、电磁冶金、自蔓延冶金、新型炉外原位脱硫等方面都取得了不同程度的突破和进展。基于钙化-碳化的大规模消纳拜耳赤泥的技术，有望攻克拜耳赤泥这一世界性难题；钢焖渣水除疤循环及吸收二氧化碳技术及装备，使用钢渣循环水吸收多余二氧化碳，大大降低了钢铁工业二氧化碳的排放量。这些研究工作所取得的新方法、新工艺和新技术都会不同程度地体现在丛书中。

总体来讲，《现代冶金与材料过程工程丛书》集中展现了东北大学冶金与材料学科群体多年的学术研究成果，反映了冶金与材料工程最新的研究成果和学术思想。尤其是在"985工程"二期建设过程中，东北大学材料与冶金学院承担了国家Ⅰ类"现代冶金与材料过程工程科技创新平台"的建设任务，平台依托冶金工程和材料科学与工程两个国家一级重点学科、连轧过程与控制国家重点实验室、材料电磁过程教育部重点实验室、材料微结构控制教育部重点实验室、多金属共生矿生态化利用教育部重点实验室、材料先进制备技术教育部工程研究中心、特殊钢工艺与设备教育部工程研究中心、有色金属冶金过程教育部工程研究中心、国家环境与生态工业重点实验室等国家和省部级基地，通过学科方向汇聚了学科与基地的优秀人才，同时也为丛书的编撰提供了人力资源。丛书聘请中国工程院陆钟武院士和王国栋院士担任编委会学术顾问，国内知名学者担任编委，汇聚了优秀的作者队伍，其中有中国工程院院士、国务院学科评议组成员、国家杰出青年科学基金获得者、学科学术带头人等。在此，衷心感谢丛书的编委会成员、各位作者以及所有关心、支持和帮助编辑出版的同志们。

希望丛书的出版能起到积极的交流作用，能为广大冶金和材料科技工作者提供帮助。欢迎读者对丛书提出宝贵的意见和建议。

赫冀成　张廷安

2011年5月

前　言

冶金传输原理及反应工程("三传一反")是冶金工程专业的基础理论，其中涉及很多微分方程求解、非线性方程求解、图表制作等内容，而且还含有较多的复杂公式推导过程以及作为结论的复杂解析解公式。如果机械地套用公式进行一些应用计算，往往使人感到单调、枯燥，也为真正理解内容、掌握理论实质留下隐患，影响教学或学习效果。此外，解析解的求解过程及结果的表现形式一般较为复杂且只能用于一些简单问题，同时，仅凭解析解往往难以阐明问题的实质。为此，只能求助于数值求解。而随着计算机的普及，数值解法越来越受到重视并被广泛应用。

Excel 是微软公司出品的 Office 系列软件中的一个组件，被公认为是世界上功能强大、技术先进、使用方便的电子表格软件。虽然 Excel 几乎成为电脑的标准配置软件，但真正将其高水平地运用于实际教学或科研工作中的还不多见，甚至有人认为该软件只能用来"办公"，科学计算所需的工具仍沿用 Fortran、BASIC 语言、C 语言等传统编程软件。

针对上述问题，本书另辟蹊径，选择"三传一反"中的典型问题，利用 Excel 或 VBA 进行数值求解，改变以往相关书籍中的内容叙述→理论公式推导→按照最终理论解析解公式计算的传统模式，试图将 Excel 与实际问题相结合进行数值解析。通过这些解析，实现摆脱传统观念，充分展示、发挥 Excel 的功能特点，使仅凭解析解无法说明的问题实质得以深刻揭示的目的。

本书读者对象定位于既有一般 Excel 使用能力，又有"三传一反"学习需求者。限于篇幅，本书尽力精选二者的最佳关联点，在将难易程度及计算规模控制在一定范围内的前提下，使所选择的问题不仅有"三传一反"的典型问题特征，而且在其解析过程中又可显示 Excel 的解析工具特点。期待通过本书可以使读者加深对"三传一反"内容的理解与掌握，提高专业的学习兴趣及 Excel 的使用水平，为未来将计算机应用于实际问题的解析中奠定坚实基础。

全书由"解析基础篇"、"传输原理篇"、"反应工程篇"三部分，共 10 章组成。在解析基础篇中，以 Excel 2010 为例，分 3 章介绍与数值解析相关的 Excel 及 VBA 的重点内容，可使具备 Excel 基础常识的读者在较短时间内快速掌握解析工具，为进入后续问题的解析打下基础。在传输原理篇中分动量传输、热量传输及质量传输三部分，以问题解析的形式介绍了"三传"中的重点内容。在反应工程篇中，除了选择反应器理论及典型反应器解析作为重点解析内容之外，还介绍了冶金宏观动力学、冶金工艺过程等相关内容的解析方法。

在数值解析过程中，为弥补现有同类书籍中普遍存在的理论分析过多、具体实例不足的缺憾，采用"问题"→"分析"→"求解"→"问题扩展"→"参考解答"等步骤模式，针对具体实例，详细介绍了解析工具的使用技巧，并在分析解析过程及获得解析结果的基础上，对"三传一反"中典型问题的实质进行了详细分析和论述。同时，对部分问题还进行了数值解与解析解的对比，以确保数值解的正确性。书中出现的 VBA 程序代码都附有详细注释，易于理解。限于篇幅，本书省略了典型问题中解析解的推导过程，将重点放在数值解析过程。（附：本书附有 Excel 解析用文件。）

本书编写过程中，参考和引用了相关书籍和文献，在此向相关作者表示感谢。此外，东北大学王文忠、施月循及邹宗树为本书的编写提供了宝贵资料和建议，在此也向他们表示衷心的感谢。

由于编者水平所限，加之时间仓促，书中不妥之处，敬请读者批评与指正。

孟繁明

2015 年 7 月于东北大学材料与冶金学院

电子邮箱：mengfm@smm. neu. edu. cn

目　　录

解析基础篇

传输原理篇

反应工程篇

解析基础篇

第 1 章　Excel 操作基础

解析计算中最基本的两个操作是数据的输入输出及计算结果的图形化，它涉及 Excel 操作基础的两个方面，即单元格操作方法和作图方法。单元格操作涉及的内容较多，Excel 中提供的图表类型也非常丰富，限于篇幅，本章只对与数值解析计算相关的重点内容进行简介，主要有单元格的引用、引用方式、引用样式、错误处理、散点图及曲面图的作图方法等。这些内容既是 Excel 的操作基础，也是本书的基础。

1.1　单元格操作

1.1.1　单元格引用

在 Excel 的单元格中可以输入数据、文字、公式等各种信息，以实现各种复杂多变的计算。"单元格引用"就是指利用已有工作表单元格中的数据。例如，在单元格 C5 中输入"=B3"，则意味着"单元格 C5 引用了单元格 B3"，其结果是二者的值相等，如图 1-1 所示。

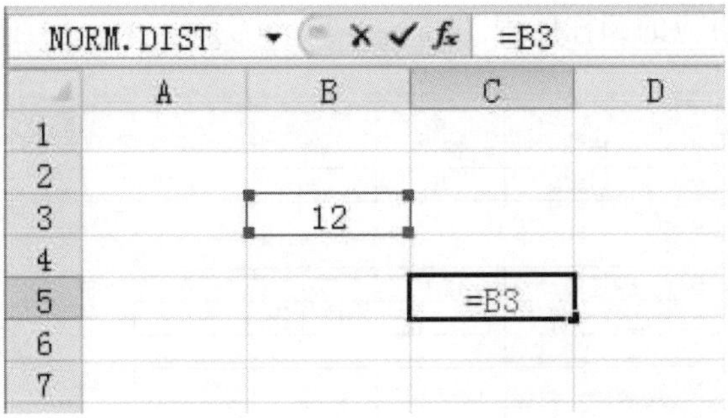

图 1-1　单元格引用举例

单元格引用除了可以在同一工作表内进行外（默认的引用方式），还可以在不同工作表之间甚至不同工作簿之间进行。以在 C5 单元格（工作簿 Book1、工作表 Sheet1）中的输入方式为例，其对应的引用意义如表 1-1 所示。按下"Ctrl+~"组合键可快速显示所有单元格中的公式，从而观察单元格中的引用方式。

表 1-1　单元格引用举例

输入方式	意义	说明
＝B3	单元格 C5 引用了单元格 B3	同一工作表内的引用
＝Sheet2！B3	工作表 Sheet1 中的单元格 C5 引用了工作表 Sheet2 中的单元格 B3	不同工作表间的引用
＝[Book2]Sheet2！B3	工作簿 Book1 中的工作表 Sheet1 中的单元格 C5 引用了工作簿 Book2 中的工作表 Sheet2 中的单元格 B3	不同工作簿间的引用

1.1.2　引用方式

1. 相对引用和绝对引用

在图 1-1 中，当在单元格 C5 中输入"＝B3"后，将鼠标放置在 B3 的前、后或其中的位置处，不断按下功能键 F4，则等号后面将有如下 4 种变化：B3→\$B\$3→B\$3→\$B3，这 4 种变化对应单元格引用的 4 种类型，分别称为：相对引用、绝对引用、绝对行相对列引用、绝对列相对行引用，后两者又统称为混合引用。采用不同的引用方式，主要是为了方便公式复制。以下通过一个简单举例，说明这 4 种引用的意义。

【问题】

设不同圆柱的半径及其高的数据如图 1-2 中有颜色填充部分的单元格所示（省略单位），求对应的圆柱体积。

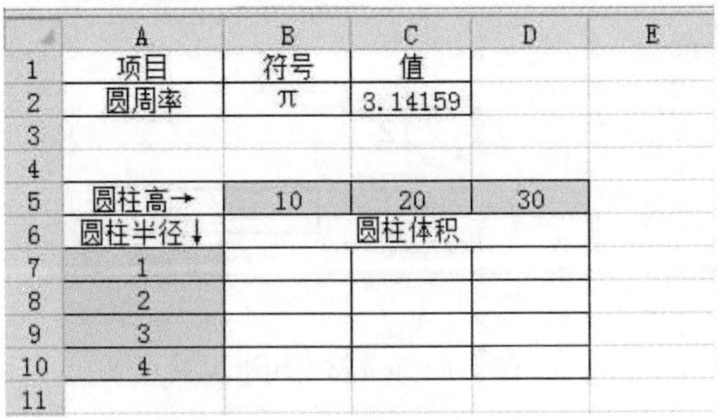

图 1-2　圆柱体积计算

【求解】

解法 1：在单元格 B7 中输入公式"＝\$C\$2＊\$A7^2＊B\$5"，然后用鼠标拖动单元格的填充柄（填充柄：所选择单元格或单元格区域的右下角），向下、向右复制公式，如图 1-3、图 1-4 所示（先下后右）。

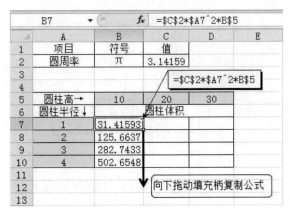

图 1-3　向下拖动填充柄复制公式

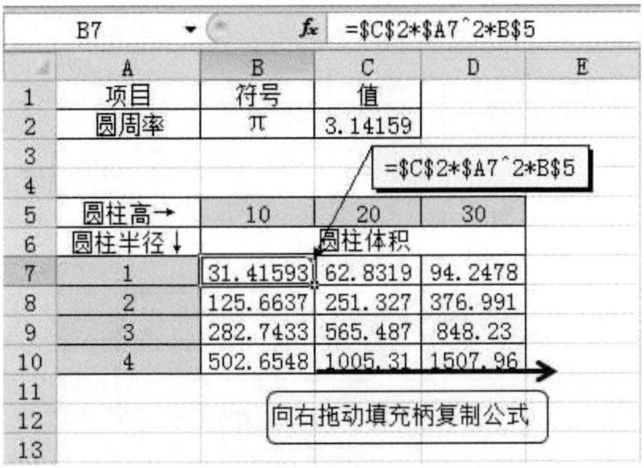

图 1-4　向右拖动填充柄复制公式

　　解法 2：在单元格 B7 中输入公式"＝＄C＄2＊＄A7^2＊B＄5"，然后用鼠标拖动单元格的填充柄，向右、向下复制公式，如图 1-5、图 1-6 所示（先右后下）。

　　【说明】

　　本例的关键是 B7 单元格中公式的表达方式（即单元格的引用方式）。为了实现正确的公式复制，B7 中的公式应采用适宜的引用方式。公式中的美元符号"＄"就如一把锁，它可以将其后面的列号或行号"锁住"，使其在公式复制过程中（用鼠标拖动填充柄的移动过程中）保持固定不变。例如，单元格 C2 中的圆周率是常数，故应采用绝对引用方式（固定行号和列号：＄C＄2）。圆柱半径数据在第 A 列，圆柱高数据在第 5 行，故应采用混合引用方式（固定第 A 列：＄A7，固定第 5 行：B＄5）。经如此设定后，无论是先下后右还是先右后下的复制方式，都

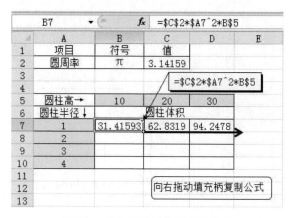

图 1-5　向右拖动填充柄复制公式

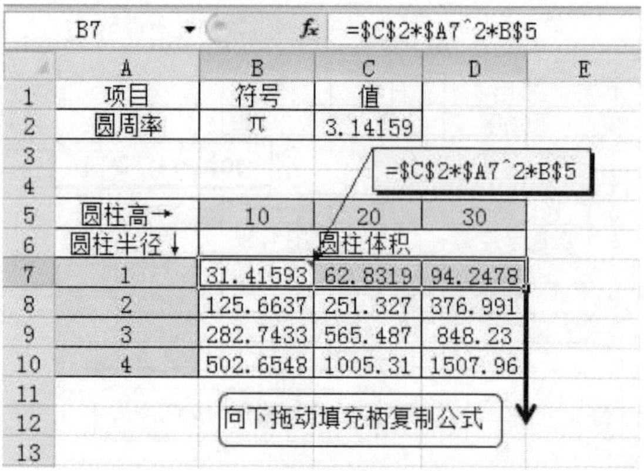

图 1-6　向下拖动填充柄复制公式

可得到正确的计算结果(例如,可鼠标点击单元格 D10,然后顺序点击:"公式"→"追踪引用单元格",确认是否引用正确,如图 1-7 所示)。

　　绝对(有"＄"符号)意味着固定,而相对(无"＄"符号)则意味着变化。当复制公式时需要单元格做相对的位置变化时应当采用相对引用(相对行、相对列、相对行和列),反之则需采用绝对引用(绝对行、绝对列、绝对行和列)。

　　本例中若仅计算圆柱的横截面积,由于不需要横向拖动复制,则在 B7 中输入"＝＄C＄2＊A7^2"即可,即在仅需要纵向拖动复制的情况下(固定列),＄A7^2 与 A7^2 两种方法都可以(省略列号前的"＄")。类似地,在仅需要横向拖动复制的情况下(固定行),行号前的符号"＄"也可省略。

图 1-7　追踪引用单元格

2. 循环引用

在单元格的引用方式中，除了相对引用和绝对引用外，还有"循环引用"、"利用定义名称的引用"以及"外部引用"等。本书中多处使用了循环引用，而后两者则很少使用，因此，限于篇幅此处仅介绍"循环引用"。

所谓"循环引用"就是单元格通过直接或间接的方式对自己进行了引用（公式内出现了对公式结果的引用）。例如，若在单元格 B2 中输入"＝B2＋1"，就是直接的循环引用，其实质是进行迭代计算，计算结果与迭代条件设定有关。迭代的设定方法为：鼠标点击"文件"→"选项"→"公式"，如图 1-8 所示。其中，应选中"启用迭代计算"才能使循环引用（即迭代计算）正常运行。

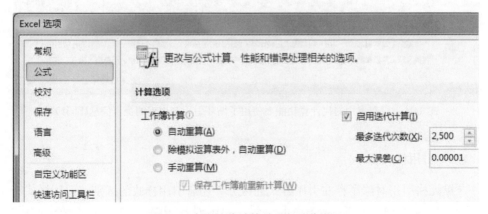

图 1-8　启用迭代计算并进行迭代设置

启用迭代计算的选项有两个，即"最多迭代次数（X）"和"最大误差（C）"。当有一个条件满足时，循环计算即停止；若希望再次启动循环计算，可按 F9 功能键。例如，若设置迭代次数为 1，则可单步进行，通过不断按 F9 功能键可观察计算过程和结果，对计算公式进行调试。此外，在迭代计算过程中若发现错误，可按 Esc 键中途停止。

启用 Excel 的迭代计算并利用"自动重算"功能可十分简便地处理一些复杂的递推关系的数值计算，本书在利用差分法求解微分方程时多次用到此功能。例如，如图 1-9 所示的 Excel 表格单元中 A1：E1 及 A2、E2 数据已知，需要计算的 B2、C2、D2 单元格数据均是它的左、上、右三相邻单元格的平均值，此问题通常需联立方程组才能求解。但若在 Excel 中设置了"自动重算"功能并启用迭代计算，只需在 B2 单元格中输入公式并将公式复制到所有需要自动重算的单元格 C2、D2 中即可求解。

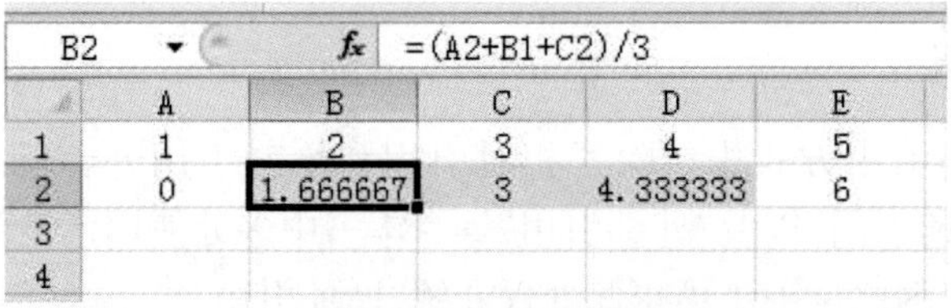

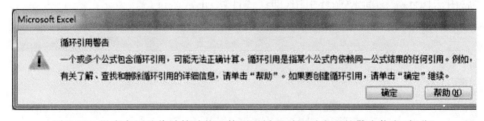

图 1-9　利用循环引用进行迭代计算举例

若没有在"启用迭代计算"选项前打钩，则当工作表中存在循环引用时将出现如图 1-10 所示的警告信息。

图 1-10　没有启用迭代计算功能而使用了循环引用时出现的警告信息（部分）

1.1.3　引用样式

单元格引用时除了存在引用方式的区分，还有引用样式的区别。引用样式有 A1 及 R1C1 两种，前者的列标签是字母，使用列名（由字母 A、B、C……构成）和表示行号的数字来确定单元格位置；而后者的列标签是数字，使用 R(Row，行)、C(Column，列)和表示行、列的数字序号来指定单元格位置并通过有无[ ]来表示是相对引用还是绝对引用。例如，对于图 1-11 所示的引用，A1 绝对引用方式为"＝＄B＄3"，而 R1C1 绝对引用方式为"＝R3C2"。相对引用时两者的表达方式则分别为"＝B3"及"＝R［－2］C［－1］"，后者的表达式中出现的负数表示从引用处后退 2 行、后退 1 列的单元格位置。

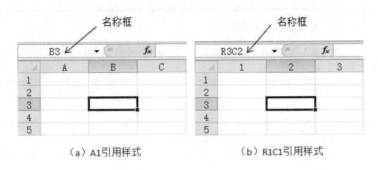

图 1-11　引用样式

在两种引用方式下，可在左上角的名称框中查看到单元格的具体地址表达式，如图 1-11 所示。本书主要使用 A1 样式（Excel 的默认使用方式）。读者可根据自己的喜好及实际情况灵活选择，可通过鼠标点击："文件"→"选项"→"公式"→勾选"R1C1 引用样式"复选框来选择 R1C1 引用样式。

1.1.4　错误处理

在工作表单元格的操作过程中，由于种种原因常会遇到各类错误提示信息。例如，若单元格 A1 的值为－2，在单元格 A2 中输入公式"＝A1^0.5"后，则 A2 中会出现"＃NUM！"，表明出现了负数开平方的错误。遇到此类错误信息时，可点击"公式"选项中的"公式审核"组，点击其中的"错误检查"，可看到有关该错误的一些相关信息及应对提示，如图 1-12 所示。此外，在点击出错单元格或与其相关的单元格后，再点击"公式审核"组中的"追踪引用单元格"或"追踪从属单元格"后，可追踪单元格间的引用关系，查找出错原因。表 1-2 为常见错误信息及其处理方法，供读者参考。

表 1-2　常见错误信息及其处理方法

错误信息	原因及处理方法
＃＃＃＃＃＃	单元格宽度不够。应增加列宽或应用不同的数字格式（如减少小数点后的位数）
＃DIV/0！	零作为分母错误。将分母零值改为非零值即可。注意：空白单元格的值视为零
＃NUM！	参数错误（如负数开平方）或数字范围超过 Excel 的规定范围。修改公式并使用合理的参数
＃NAME？	在公式中使用了错误文本。检查公式格式，是否有拼写错误、缺少冒号或双引号等

续表

错误信息	原因及处理方法
#VALUE!	参数或运算对象类型错误。确认公式或函数所需的运算符或参数正确,且公式引用的单元格中包含有效的数值
#REF!	单元格引用无效错误(如删除了由其他公式引用的单元格)。检查单元格间的引用关系,确保正确引用

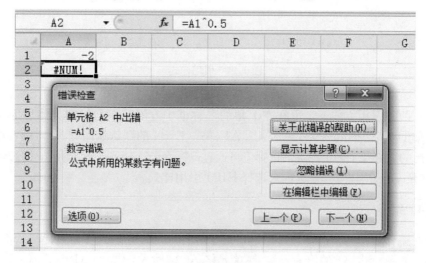

图 1-12　错误检查

1.2　解析结果图示

1.2.1　散点图

　　散点图是科学计算中(当然也是本书中)最常用到的一种图形。它显示的是数值 X 和 Y 间的函数关系。X 是自变量,在图像中为横轴,Y 是因变量,在图像中为纵轴。有时为了同时比较多组数据,可以有多组因变量。

　　【问题】

　　已知常压下气体在水中的溶解度(摩尔分数 X)与热力学温度 T(K)的关系可根据式(1-1)计算

$$\ln X = A + B\frac{100}{T} + C\ln\frac{T}{100} \tag{1-1}$$

式中，A、B、C 为常数。试针对氮气、氧气、氢气三种气体（相应的常数数据如图 1-13 所示）作出水温在 $0\sim75℃$ 范围内的溶解度 X 与温度 $T(℃)$ 的关系图。

	A	B	C	D	E
1	常数	N_2	O_2	H_2	
2	$A=$	-67.38765	-66.73538	-48.1611	
3	$B=$	86.32129	87.47547	55.2845	
4	$C=$	24.79808	24.45264	16.8893	
5					
6	温度$T/℃$	温度T/K	溶解度X（摩尔分数）		
7			N_2	O_2	H_2
8	0	273.15	1.908E-05	3.949E-05	1.755E-05
9	5	278.15	1.695E-05	3.460E-05	1.657E-05
10	10	283.15	1.524E-05	3.070E-05	1.576E-05
11	15	=A8+273.15	1.386E-05	2.756E-05	1.510E-05
12	20	=EXP(B$2+B$3/($B8/100)+B$4*LN($B8/100))			1.455E-05
13	25				1.412E-05
14	30	303.15	1.108E-05	2.122E-05	1.377E-05
15	40	313.15	9.981E-06	1.867E-05	1.330E-05
16	50	323.15	9.273E-06	1.697E-05	1.310E-05
17	60	333.15	8.856E-06	1.586E-05	1.312E-05
18	70	343.15	8.666E-06	1.521E-05	1.333E-05
19	75	348.15	8.644E-06	1.502E-05	1.350E-05

图 1-13　气体溶解度的比较

【求解】

1. 输入数据和公式

如图 1-13 所示，单元格区域 A8：A19 为设定的温度值（用于作图，间隔 5℃），在单元格 B8 中输入温度换算关系，得到热力学温度值（用于计算）并将该公式复制到 B8：B19 中；在单元格 C8 中输入式(1-1)（经过了变形处理），采用向右、向下拖动单元格填充柄的方式将其复制到 C8：E19 范围内，这样便得到了作图所需的数据。

2. 插入散点图

用鼠标选择 A8：A19，然后在按住 Ctrl 键的同时选择 C8：E19 单元格范围，这样两个不连续的单元格范围便被选定。顺序点击："插入"→"散点图"→"带平滑线的散点图"，即可得到所需的初始图形，如图 1-14、图 1-15 所示。

开始	插入	页面布局	公式	数据	审阅	视图	开发工具

表格　图片　剪贴画　形状　SmartArt　屏幕截图　柱形图　折线图　饼图　条形图　面积图　散点图　其他图表　折

插图　　　　　　　　　　　　　　图表

散点图

带平滑线的散点图

比较成对的数值。

如果有许多以 X 轴
顺序的数据点，并
些数据表示函数，
使用该图。

C8　　　f_x　=EXP(B\$2+B\$3/(\$B8/100)+B\$4*LN(\$B8/100))

	A	B	C	D	E	F
常数		N_2	O_2	H_2		
$A=$		-67.38765	-66.73538	-48.1611		
$B=$		86.32129	87.47547	55.2845		
$C=$		24.79808	24.45264	16.8893		

温度T/℃	温度T/K	溶解度X（摩尔分数）		
		N_2	O_2	H_2
0	273.15	1.908E-05	3.949E-05	1.755E-05
5	278.15	1.695E-05	3.460E-05	1.657E-05
10		1.524E-05	3.070E-05	1.576E-05
15		1.386E-05	2.756E-05	1.510E-05
20				.455E-05
25				.412E-05
30	303.15	1.108E-05	2.122E-05	1.377E-05
40	313.15	9.981E-06	1.867E-05	1.330E-05
50	323.15	9.273E-06	1.697E-05	1.310E-05
60	333.15	8.856E-06	1.586E-05	1.312E-05
70	343.15	8.666E-06	1.521E-05	1.333E-05
75	348.15	8.644E-06	1.502E-05	1.350E-05

=A8+273.15

=EXP(B\$2+B\$3/(\$B8/100)+B\$4*LN(\$B8/100))

图 1-14　插入散点图操作

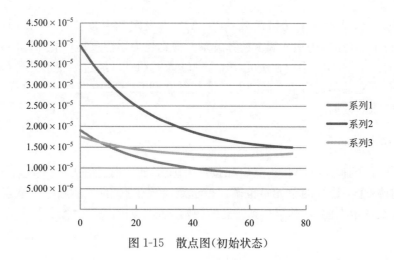

图 1-15　散点图(初始状态)

3. 编辑散点图

必须对初始状态的散点图进行适当编辑才能得到显示效果较为理想的图形，满足一般出版、发表等要求。为此，本例中对该图形进行了如下编辑修饰（点击该散点图，然后在"图表工具"选项卡的子选项"布局"及"格式"、"开始"选项卡中的"字体"、"插入"选项卡中的文本框等选项中进行如下设定操作）。

(1)关闭图例；

(2)去掉图表区边框(设为无线条)，高度＝11cm，宽度＝17cm；

(3)不显示横网格线；

(4)绘图区边框设为宽度＝1 磅的黑色实线；

(5)系列 1(N_2)、系列 2(O_2)两个系列数据格式全部设置为宽度＝1 磅的黑色实线，系列 3(H_2)设置为宽度＝1 磅的黑色长划线(将相交的两条曲线设置为不同的线型以示区别)；

(6)X 轴及 Y 轴主要刻度线类型都设置为内部、线条宽度＝1 磅的黑色实线，Y 轴的坐标轴数字设置为小数位数为 1 的科学记数；

(7)设置横、纵坐标标题；

(8)设定图形字号为 11，非加粗；

(9)插入气体符号文本(去掉文本框)，放在相应曲线的旁边。

最终所得图形如图 1-16 所示。

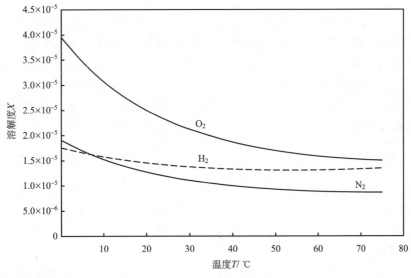

图 1-16　散点图(编辑后)

【说明】

(1)本例中可将"带平滑线的散点图"改为"带直线和数据标记的散点图",如图 1-17 所示。既可在开始作图时进行选择确定,也可在图 1-16 的基础上,点击"图表工具"→"设计"→"更改图表类型"→"带直线和数据标记的散点图"进行修改确定。这时,应该保留图例以区分各个系列数据。

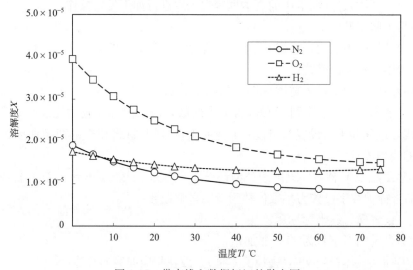

图 1-17　带直线和数据标记的散点图

(2)当各个系列值间的数据范围差别较大时,可利用主、次坐标轴分别显示。例如,某物质的热容及密度随温度的变化数据范围差别较大,可采用主、次坐标轴的方法分别显示,如图 1-18 所示。选择坐标轴时,可双击系列点,然后在弹出的"设置数据系列格式"窗口中选择系列所对应的主坐标轴或次坐标轴即可。此外,图中还插入了两个不同线型的方向箭头及无框线的文本文字,以明确各曲线所对应的坐标轴关系。

1.2.2　曲面图

在 Excel 中单变量函数的图形可以利用 XY 散点图绘制,而双变量函数的图形绘制则可以利用曲面图。曲面图以曲面或平面来显示数据的变化情况或趋势,其中的颜色及图案用以显示同一取值范围内的数据区域。

【问题】

已知双变量函数 $Z = X^2/3 + Y^2/4$,在 $-10 \sim 10$ 内取 20 个 X 值和 20 个 Y 值(全部为整数),分别利用所给函数表达式计算 Z 值并利用计算结果数据作出双变量的函数图。

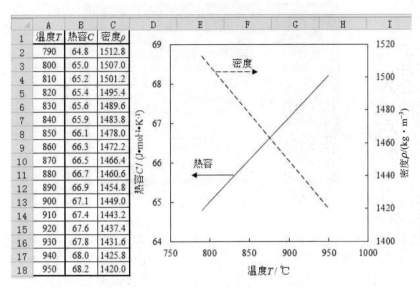

图 1-18　利用主、次坐标轴显示图形

【求解】

1. 输入数据及公式

工作表设计及计算结果如图 1-19 所示。在工作表的第一行输入变量 X 的值，在第 A 列输入变量 Y 的值，范围皆为－10～10，间隔为 1。进行此类输入操作时可先在 B1 中输入－10，然后顺序点击"开始"→"编辑"→"填充"→"系列"，出现如图 1-20 所示的序列设定窗口，将终止值设为 10，其余保持默认状态即可得到第一行所需数据。第 A 列的数据也可利用类似方法简单地完成输入。

	B2		▼		f_x	=B\$1^2/3+\$A2^2/4				
	A	B	C	D	E	F	G	T	U	V
1		-10	-9	-8	-7	-6	-5	8	9	10
2	-10	58.333	52	46.333	41.333	37	33.333	46.333	52	58.333
3	-9	53.583	47.25	41.583	36.583	32.25	28.583	41.583	47.25	53.583
4	-8	49.333	=B\$1^2/3+\$A2^2/4			28	24.333	37.333	43	49.333
5	-7	45.583	39.25	33.583	28.583	24.25	20.583	33.583	39.25	45.583
6	-6	42.333	36	30.333	25.333	21	17.333	30.333	36	42.333
7	-5	39.583	33.25	27.583	22.583	18.25	14.583	27.583	33.25	39.583
20	8	49.333	43	37.333	32.333	28	24.333	37.333	43	49.333
21	9	53.583	47.25	41.583	36.583	32.25	28.583	41.583	47.25	53.583
22	10	58.333	52	46.333	41.333	37	33.333	46.333	52	58.333

图 1-19　输入数据及公式(工作表被分割为四个小窗口)

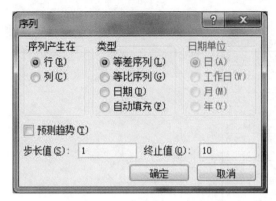

图 1-20　序列设定窗口

在单元格 B2 中输入函数公式"＝B＄1^2/3＋＄A2^2/4"，然后拖动 B2 单元格右下角的填充柄向右复制公式，再选择 B2：V2 单元格区域，拖动 V2 单元格右下角的填充柄向下复制公式，这样即可得到全部所需的函数值。

由于数据较多，为节省空间，图 1-19 中横、纵两方向都利用了窗口拆分，进行了缩略表示。点击"视图"→"拆分"后，便可同时查看分隔较远的工作表部分。可用鼠标移动窗口分隔线及上下、左右滑块来调节各个小窗口的大小和显示范围（鼠标双击窗口分割线或用鼠标将其拖动至窗口边缘处便可将其取消）。

2. 创建曲面图

选择 A1：V22 单元格区域，顺序点击："插入"→"其他图表"→"曲面图"→"三维曲面图"，即可得到所需图形。操作顺序如图 1-21 所示，三维曲面图如图

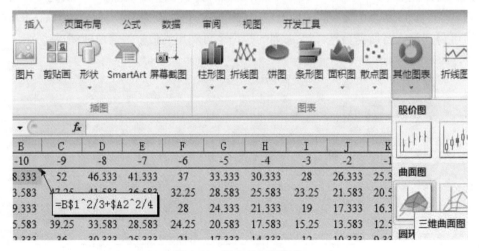

图 1-21　插入曲面图操作

1-22 所示。在得到曲面图后，可进行适当的修饰，如更改图形的布局和大小（显示或删除图例、添加标题、用鼠标拖曳调整大小等）、选择样式、背景墙设置、基底设置、图表区域颜色填充等，所有这些都可在激活曲面图后出现的"图表工具"所包含的"设计"、"布局"、"格式"三项选择中进行实施操作。

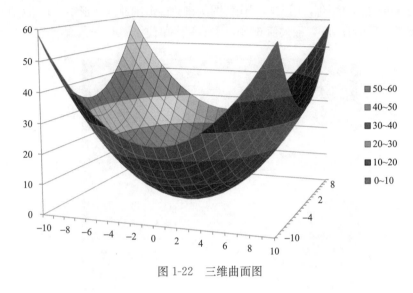

图 1-22　三维曲面图

　　有时通过俯视曲面图观察数据变化趋势可能更加方便，这时可将上述得到的三维曲面图改为俯视曲面图。作图方法与上述类似，只是在选择曲面图时改为俯视的曲面图即可（或激活所得到的三维曲面图，然后点击"设计"→"更改图表类

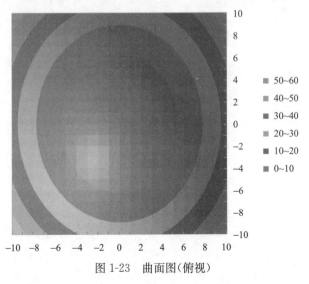

图 1-23　曲面图（俯视）

型"→选择"俯视的曲面图"），如图 1-23 所示。对初始状态的俯视曲面图也需要进行适当设定后才能达到令人满意的效果，如垂直（值）轴的设定、各个数据范围内的颜色设定、两个自变量坐标轴的设定等，这些都可在"图表工具"及其下属子选项中进行实施操作。图 1-24 为一个修饰后的俯视曲面图实例（去掉了三维格式，采用不同深度的黑白颜色，用文本框代替图例将数值范围放入图形中，垂直（值）轴的主要设定：最小值 0.0，最大值 60.0，主要刻度单位 10.0，线条颜色无）。

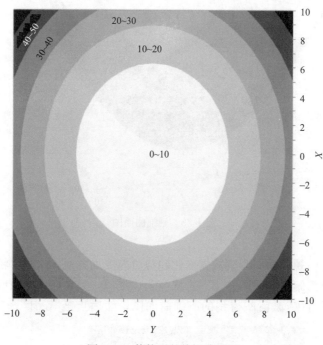

图 1-24　修饰后的俯视曲面图

第 2 章　VBA 编程基础

由于历史原因，在科学计算中最常用的是 BASIC 语言、Fortran 或 C 语言等编程语言。利用这些工具得到的解析计算结果常常仅是数据的罗列，若想将其图形化还需借助其他图形软件。掌握这类编程语言及图形软件的使用方法都需花费较多精力和时间。

在 Excel 中内置了一种程序语言，称为 Visual Basic for Applications，简称 VBA。VBA 相对较为简单，特别适合初学编程者使用。编程计算过程中，不但可利用 Excel 单元格的计算功能进行数据的输入、输出，还可将计算结果图形化于工作表中，无需借助其他软件工具，且操作简便、快速。然而，目前出版的有关 VBA 的书籍大多是面向管理、财会、办公等方面的应用，因此，加强对科学计算、数值解析方面的 VBA 相关知识的介绍非常必要。限于篇幅，本章仅对本书中涉及的与数值解析计算相关的 VBA 基础部分进行简介，读者可根据自己的实际需要参考相关书籍以了解更多 VBA 功能。

2.1　VBA 概述

2.1.1　显示开发工具

在安装 Excel 2010 后的默认状态下并看不到进入编程或查看程序的相关菜单或按钮，这时需要做些设定。打开 Excel 2010 后的相关设定方法为：点击"文件"→"选项"→"加载项"→"转到"后，在弹出的窗口中选择需要的可用加载宏即可，如图 2-1 所示。需要指出的是，点击"文件"→"选项"→"自定义功能区"后，要确保"开发工具"选项卡处于被选中状态才能在 Excel 的功能区中看到"开发工具"选项卡(在"开发工具"前面打钩，选中该复选框)，如图 2-2 所示。

进行以上设定后，即可在 Excel 的功能区中看到开发工具选项卡及其所包含的内容，如图 2-3 所示。

2.1.2　简单编程举例

1. 打开 VBE

编制或查看 VBA 程序时需使用 VBE(Visual Basic Editor)工具。点击"开发工具"→"Visual Basic"后即可启动 VBE(快捷键：Alt＋F11)。VBE 中包含三个小窗口：右边的代码窗口、左上的工程窗口以及左下的属性窗口，如图 2-4 所示。

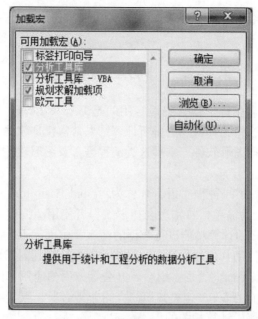

图 2-1　选择需要的加载项

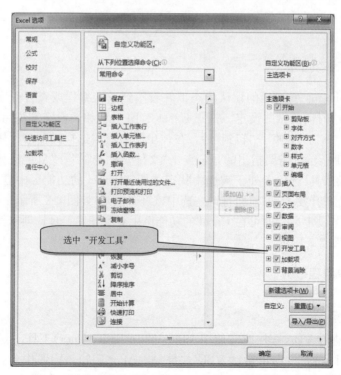

图 2-2　"开发工具"选项卡的显示设定

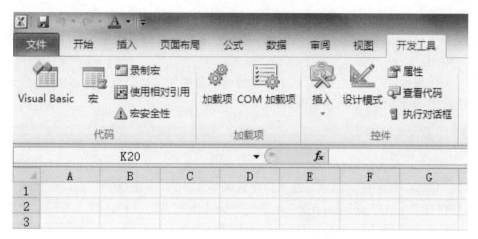

图 2-3　开发工具选项卡及其包含的部分内容

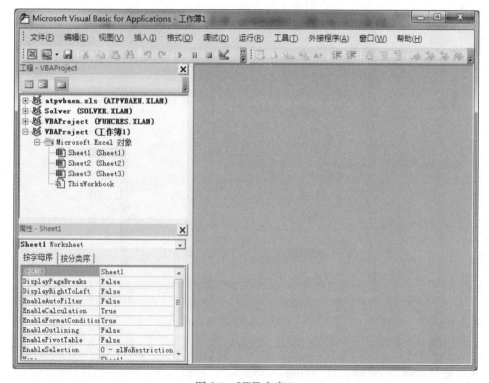

图 2-4　VBE 主窗口

（1）工程窗口。Excel 中的工作表、工作簿（This Work Book）等作为 Excel 的对象显示在其中，所有对象、模块（程序）等都被囊括在工程 VBA Project（文件名)之中。

（2）代码窗口。在该窗口中可对 VBA 程序进行编辑、修改、执行、调试等多种操作。

（3）属性窗口。在工程窗口中所选择的对象的属性会以列表的形式（按字母顺序或按分类顺序）显示在属性窗口中。

2. 编写代码

在 VBE 中，点击"插入"→"模块"，新建模块 1。再点击"插入"→"过程"，出现如图 2-5 所示的对话框，在名称处输入"lesson"，点击"确定"后，在代码窗口中将自动生成"Public Sub lesson()"和"End Sub"两行代码，在这两行之间输入一行新的代码"MsgBox "VBA Program""，则一个在 Excel 中显示"VBA Program"字符信息的简单程序就完成了。这时，可在工程窗口中看到新建的模块 1。最终 VBE 窗口如图 2-6 所示。

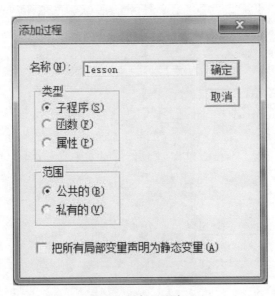

图 2-5　添加过程窗口

MsgBox 是一个显示对话信息的函数，其后的两个双引号内所包含的信息内容将被显示在 Excel 中。在"Public Sub lesson()"和"End Sub"两行之间的代码部分称为一个过程(procedure)，是命令计算机实施的具体操作内容，"Public Sub ()"是过程的开始，"End Sub"则表示过程的结束。"lesson"是程序名，也称为过程名或宏名(本书中将宏和 VBA 程序视为同义语)。

一般情况下代码逐行记述，左侧的开始位置、字母的大小写等对程序的执行

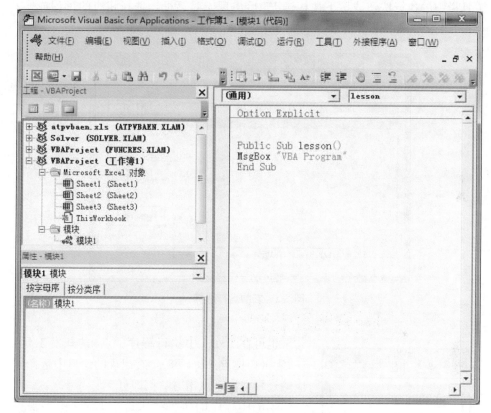

图 2-6　一个简单的 VBA 程序

结果没有影响，但换行后则被认为是新的一行命令的开始，故不可随意中途回车换行。如果一行代码语句较长，想分两行或几行输入过长的命令，可利用续行方法，即将鼠标移动到想分行的位置，然后输入一个空格和一个下划线后即可回车换行。原则上程序是从首行开始逐行执行，在同一行内则按从左至右顺序执行命令。

关于程序中首行出现的 Option Explicit 代码，见 2.2.3 小节"声明变量"部分。

3. 执行程序

执行程序的方法有多种，首先介绍在 VBE 中执行程序的两种简单方法。

（1）将鼠标放置在"Public Sub lesson( )"和"End Sub"两行代码之间，点击工具栏中的执行按钮或按下快捷键 F5。

（2）将鼠标放置在"Public Sub lesson( )"和"End Sub"两行代码之外，点击

工具栏中的执行按钮或按下快捷键 F5 后出现宏对话框，选择相应的过程或宏，点击"运行"，如图 2-7 所示。

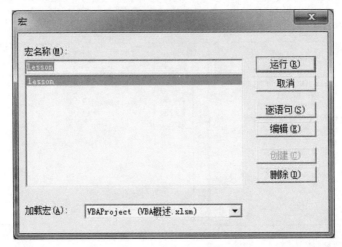

图 2-7　宏的运行选择

图 2-8　程序执行结果

也可在 Excel 中执行程序。点击"开发工具"→"宏"(快捷键 Alt+F8)，在出现的窗口中选择相应的过程或宏，点击"执行"即可。

本例中程序的执行结果是在 Excel 中出现一个显示"VBA Program"信息的对话框，点击"确定"后可结束程序，如图 2-8 所示。

4. 保存及删除程序

点击"文件"→"另存为"或使用快捷键"Ctrl+s"打开保存文件对话框，选择文件保存位置、输入文件名并选定文件类型为"Excel 启用宏的工作簿"后，点击"确定"即可保存文件。

在 VBE 工程窗口中右击模块 1，在出现的下拉菜单中选择"移除模块 1"，在随后出现的对话框(图 2-9)中选择"否(N)"后即可删除程序。

5. 打开含有宏的文件

计算机病毒有多种，其中利用宏功能进行计算机破坏的病毒称为宏病毒。由于含有宏的 Excel 文件中存在潜伏病毒的可能性，故只有当确信文件安全后方可打开这样的文件。当打开含有宏(VBA 程序)的 Excel 文件后，根据 Excel 中宏

图 2-9　移除模块 1 过程中出现的对话框

的安全级别设置（宏设置）不同，可能出现如图 2-10 所示的安全警告信息，若确信文件安全，点击"启用内容"即可。

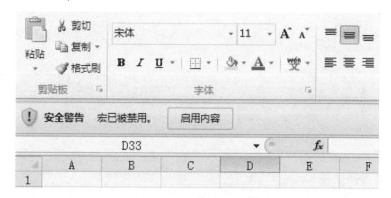

图 2-10　宏的安全警告信息

　　点击"文件"→"选项"→"信任中心"→"信任中心设置"，出现如图 2-11 所示的窗口，点击"宏设置"后可进行有关宏的安全级别设置，一般按照图中所示的默认设置（"禁用所有宏，并发出通知"）即可。

2.2　单元格与变量

　　在 1.1 节的"单元格操作"中已介绍了与 VBA 无关的工作表中的单元格操作方法。在 VBA 中，经常需要从单元格中读取数据或将计算结果写入单元格中，这种过程也称为单元格操作。此外，为完成单元格操作，计算过程中可能还需要能够保存数据的若干变量。所以，掌握在 VBA 中单元格与变量的使用方法至关重要。本节对 VBA 中单元格的操作方法、变量的概念及其使用方法予以简介。

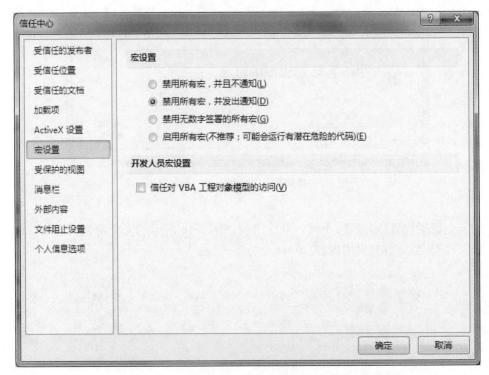

图 2-11　宏设置(宏的安全级别设置)

2.2.1　对象及属性

1. 对象

"对象"(object)是 Excel 中所包含的部件或部件的集合体,是 VBA 中命令执行的目标。例如,工作簿、工作表、单元格、单元格范围、窗体、按钮、图表等都可称为对象。单元格对象的指定格式为:Range("单元格或单元格范围")。例如,Range("A1")表示指定单元格 A1;Range("A5:B15")表示指定单元格范围为 A5:B15。

2. 属性

"属性"(property)是指对象所具有的性质或状态。例如,单元格对象的属性包括单元格中的数值、单元格的宽度及高度、字体、颜色等;图表对象的属性包括图表的种类、大小等。可见,属性是随着对象的种类不同而发生变化的。属性的设定方式为:对象. 属性=属性值。反之,当引用属性值时的设定方式为:变

量＝对象. 属性。例如，将单元格 B3 的值设定为 5 时，在 VBA 中可写为

　　Range("B3"). Value＝5

其中，"Range("B3")"为单元格对象，"Value"为单元格对象的值属性，对象与属性之间用"."分割，"＝"则表示将其右侧的值"5"赋值给左侧的单元格对象。

2.2.2　单元格操作

一个简单的单元格操作程序如图 2-12 所示。过程 lesson2 和过程 lesson3 功能相同，都是读取单元格 B1、B2 的值，然后将二者的和输出到单元格 B3 中，计算结果如图 2-13 所示。

```
Option Explicit

Public Sub lesson2()
Range("B3").Value = Range("B1").Value + Range("B2").Value
End Sub

Public Sub lesson3()
Cells(3, 2).Value = Cells(1, 2).Value + Cells(2, 2).Value
End Sub
```

图 2-12　单元格操作程序举例

由图 2-12 可知，指定单元格对象时，既可使用 Range，也可使用 Cells。使用 Range 时，单元格的指定顺序为先列后行，如 Range("B3")，表示第 2 列第 3 行的单元格；使用 Cells 时，单元格的指定顺序为先行后列，如 Cells(3, 2)，表示第 3 行第 2 列的单元格。所以，Range("B3")与 Cells

	A	B
1	X	3
2	Y	5
3	和	8

图 2-13　计算结果

(3，2)是指同一个单元格。此外，Cells(3, 2)也可写为 Cells(3, "B")，即指定列时使用加了半角双引号的字母而非数字。

当需要操作的单元格较少时一般使用 Range( )即可。当需要连续操作多个单元格，需要进行行与列的循环操作时，使用 Cells( )较为方便(见"2.3.2 循环计算"一节)。

在 VBA 中，若省略对象的属性，则使用该对象的标准属性(默认属性)。单元格对象的属性有多个，其中 Value 属性是它的标准属性，所以 Value 可省略，省略 Value 后的程序实例如图 2-14 所示(图中三个过程的功能相同)。

```
Option Explicit

Public Sub lesson2()
Range("B3") = Range("B1") + Range("B2")
End Sub

Public Sub lesson3()
Cells(3, 2) = Cells(1, 2) + Cells(2, 2)
End Sub

Public Sub lesson3_2()
Cells(3, "B") = Cells(1, "B") + Cells(2, "B")
End Sub
```

图 2-14　单元格操作程序实例（省略 Value 属性）

2.2.3　使用变量

1. 命名变量

在 VBA 的计算程序中，常常需要临时保存数据的变量。可将变量想象为能够存储数据的存储箱（实为计算机中的存储单元），每个存储箱都有自己的名字（变量名）。变量的名字应该以好记、易懂为原则，且要遵循以下规则：

（1）长度为 255 个以内半角字符（一个全角字符算作两个半角字符）；

（2）可使用半角英文和汉字，但不能使用空格、特殊符号、句号、逗号、连字符等；

（3）变量名的首字符不能是数字或下划线；

（4）不能使用 Sub、End、If、For 等 VBA 中的关键词；

（5）不区分英文的大小写（变量的大小写状态由变量声明时决定并统一）。

2. 声明变量

使用变量时，一般需要对变量及其数据类型进行声明，这样做的好处不仅在于可节省内存、加快计算速率，更重要的是它可以防止变量命名冲突的错误发生。本书中出现的与计算相关的常用变量数据类型如表 2-1 所示。

表 2-1　常用变量的数据类型

类型名	表示方法	范围
整型	Integer	$-32\ 768 \sim 32\ 767$
单精度浮点型	Single	负值：$-3.4 \times 10^{38} \sim -1.4 \times 10^{-45}$ 正值：$1.4 \times 10^{-45} \sim 3.4 \times 10^{38}$

续表

类型名	表示方法	范围
双精度浮点型	Double	负值：$-1.8×10^{308}$～$-4.9×10^{-324}$ 正值：$4.9×10^{-324}$～$1.8×10^{308}$
字符串型	String	0～65 535 字符

声明变量的书写格式：Dim 变量名 As 数据类型。

例如，以下三行代码分别将变量 a、b、c 声明为 Integer、Single、Double 类型：

Dim a As Integer

Dim b As Single

Dim c As Double

以上三行代码也可写在一行之内，中间用半角逗号分隔开(注意：下面一行中"Dim"仅出现一次)，如"Dim a As Integer, b As Single, c As Double"。

若不对变量的数据类型进行声明，则该变量自动默认为变体(Variant)型。例如，Dim d(仅声明了 d 作为变量，并没有声明其类型，故 d 为变体型)；Dim d, f As Single(f 为单精度浮点型变量，因 d 的后面没有"As 变量类型"，故 d 为变体型变量)。

变体型也称为万能型，该类型变量可以根据程序中的具体环境条件自动作为数值、文字等各种类型参与程序计算。由于该类型变量占用内存相对较大、执行速率可能会受到一定影响，除特殊场合外一般使用较少。有时为了使程序具有通用性，使用变体型变量则较为方便。由于本书中所涉及的程序都是相对简单的短小程序，在目前的计算机软、硬件水平条件下，即使利用了变体型变量，对程序运行的速度也不会产生显著影响。当程序规模较大时，应根据实际需要选择适宜的变量类型，以便提高程序的运行效率。

其实，在 VBA 中即使没有进行变量声明，该变量自动作为变体型，程序仍可正常运行，但本书建议在 VBE 中点击"工具"→"选项"→"编辑器"→"代码设置"，选择"要求变量声明"，即强制使用变量声明，如图 2-15 所示。之所以建议使用强制变量声明的设定，是因为编程时很容易发生变量命名冲突的错误(即对一个已经出现过的变量，无意识中又将其作为另外一个变量使用，或者在输入该变量时，由于拼写错误被程序认为是一个新的变量)，而进行"要求变量声明"的设定后，则可避免变量命名冲突，增加程序的可读性，提高程序的运行效率。进行"要求变量声明"的设定后，在程序的首行将出现"Option Explicit"代码，如图 2-14 所示。换言之，程序中使用了 Option Explicit 代码之后，必须对变量进行声明后才可使用该变量，否则在 VBE 中将有错误提示出现。

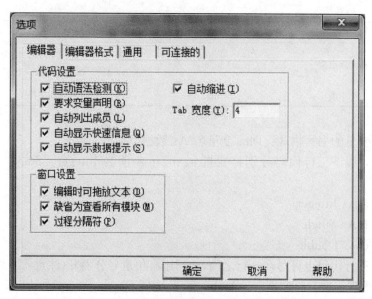

图 2-15　在"选项"窗口中选择"要求变量声明"

2.2.4　编程举例

1. 单元格操作与变量

【问题】

已知一个圆的半径 $r = 15\mathrm{m}$，编写程序求其周长及面积。相关数据及变量符号如图 2-16 所示。

	A	B	C	D	E
1	项目	符号	单位	值	
2	半径	r	m	15	
3	周长	L	m	94.247704	
4	面积	S	m^2	706.85779	
5					

图 2-16　已知圆的半径求其周长及面积的工作表

【求解】

程序代码如图 2-17 所示。

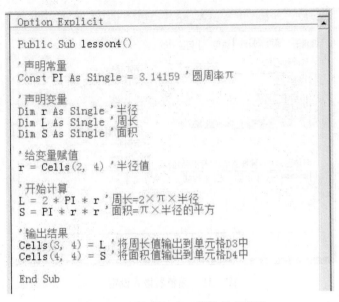

```
Option Explicit

Public Sub lesson4()

'声明常量
Const PI As Single = 3.14159 '圆周率π

'声明变量
Dim r As Single '半径
Dim L As Single '周长
Dim S As Single '面积

'给变量赋值
r = Cells(2, 4) '半径值

'开始计算
L = 2 * PI * r '周长=2×π×半径
S = PI * r * r '面积=π×半径的平方

'输出结果
Cells(3, 4) = L '将周长值输出到单元格D3中
Cells(4, 4) = S '将面积值输出到单元格D4中

End Sub
```

图 2-17　计算周长及面积的程序代码

【说明】

1）注释文本

本例程序中半角单引号后面的文本称为注释文本。在 VBA 中添加注释，可以使代码更具可读性，既方便自己，也方便以后可能检查源代码的其他人员。注释符号后面的内容将被程序忽略，不会影响程序的执行结果。在默认情况下，注释文本为绿色文字，也可在 VBE 中对其进行重新设定（包括文字大小、字体等其他设定），设定方法为：“工具”→“选项”→“编辑器格式”→“注释文本”，如图 2-18 所示。由图可见，在选项窗口的“编辑器格式”设定中，读者可以选择自己喜好的编辑器显示样式。

VBE 提供有 4 种工具栏，即“编辑”、“调试”、“用户窗体”及“标准”工具栏。在菜单栏或工具栏的空白处单击鼠标右键，然后在弹出的快捷菜单中左键单击各菜单项即可打开或关闭相应的工具栏。在“编辑”工具栏中设有“设置注释块”及“解除注释块”选项，可对所选择的若干行整块文本快速进行设置注释或解除注释，在调试程序中使用非常方便。

2）常量

本例程序中的 PI 称为常量。常量的数据类型与变量相同，其值由编程者自己定义，在程序执行过程中保持恒定不变。常量的定义方式为“Const 常量名 As 数据类型＝值”，若在程序中多次使用同一数值，或使用诸如圆周率、重力加速

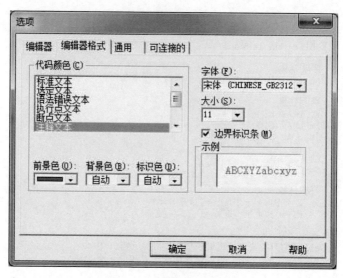

图 2-18　编辑器格式设定

度等常数值时，定义常量较为方便。

3）变量有效范围

一个 VBA 工程可包含若干个模块（module），而一个模块又可包含若干个过程（procedure）。在一个过程的首行 Sub（）和尾行 End Sub 之间定义的变量称为过程级别变量，其作用范围仅限于该过程之内。若将变量定义代码写在 Option Explicit 之下（Sub（）与 End Sub 之外），则该变量称为模块级别变量，其有效范围将是整个模块，可被该模块中的其他任何过程调用。更进一步，若想使变量的有效范围扩大到其他模块，则需在 Option Explicit 之下使用 Public 关键字来定义变量。

4）关于 Public 和 Private

Public 和 Private 是公有和私有之意。例如，"Public Sub lesson4（）"表示 lesson4 过程是公有的，意为该过程可被其他模块调用，在添加过程时可选择过程的类型，如图 2-5 所示。在变量定义时也可在其定义代码前加上 Public 或 Private，其意义类同。若省略 Public 或 Private 则默认为 Private，即该过程或变量的有效范围仅限其所在模块之内，本章中出现的 Public 均可省略。

5）自动选项提示功能

作为输入辅助功能之一，在 VBE 中输入一个对象时，该对象所具有的属性将自动被列表显示出来，供编程者选择，为编程者提供方便。当对象的属性列表出现时，可利用上下箭头键"↑"、"↓"进行选择，按下 Tab 键后确定选择。此外，在输入函数时也可看到参数的可选提示，非常方便。诸如此类的编程技巧需要编程者在编程实践中逐步摸索熟悉。

2. 运算符与内置函数

【问题】

如图 2-19 所示，已知变量 x 的值为 2，试利用 Excel 单元格及 VBA 编程两种方法进行如图所示的项目计算。

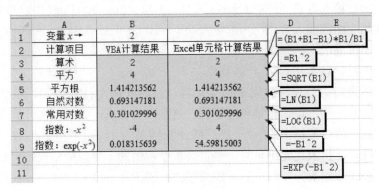

图 2-19　简单项目计算工作表

【求解】

如图 2-19 所示，Excel 单元格的计算公式显示在单元格旁边的备注中，两种方式的计算结果显示在有颜色填充的单元格中。VBA 计算程序代码如图 2-20 所示。

```
Option Explicit

Public Sub lesson5()

' 声明变量
Dim x As Single

' 给变量赋值
x = Cells(1, 2)

' 计算并输出结果
Cells(3, 2) = (x + x - x) * x / x    ' 算术
Cells(4, 2) = x ^ 2                   ' 平方
Cells(5, 2) = Sqr(x)                  ' 平方根
Cells(6, 2) = Log(x)                  ' 自然对数
Cells(7, 2) = Log(x) / Log(10)        ' 常用对数
Cells(8, 2) = -x ^ 2                  ' 指数
Cells(9, 2) = Exp(-x ^ 2)             ' 指数

End Sub
```

图 2-20　VBA 计算程序代码

【说明】

（1）在 VBA 中，加、减、乘、除及指数运算符分别为＋、－、＊、/、^，其优先顺序与数学中的规定类似，即指数最高，乘除次之，加减最低，同一级别时先出现者优先。

（2）"Sqr()"、"Log()"分别为 VBA 中计算平方根、计算自然对数的内置函数。内置函数还有很多（如三角函数、指数函数等），读者可根据自己的需要在相关书籍中查找。比较图 2-19 与图 2-20 可知，在 VBA 中平方根、自然对数、常用对数的函数输入方式［分别为 $Sqr(x)$、$Log(x)$、$Log(x)/Log(10)$］与 Excel 单元格中的相应函数输入方式［分别为＝SQRT(B1)、＝LN(B1)、＝LOG(B1)］略有差异，不可混淆。

（3）在科学计算中经常会遇到形如 $-x^n$ 或 $\exp(-x^n)$ 的计算，图 2-19 与图 2-20 中的最后两个计算就属于这类计算。比较这两个计算可知，虽然计算公式的输入方式一样，但计算结果却不同。这是因为在 Excel 单元格计算中，负号优先于指数，故单元格中的"＝－2^2"的计算结果为 4，而不是－4。在 VBA 中则正好相反，是指数优先于负号，是符合数学习惯的。为避免错误，可将单元格中输入的公式分别改为"＝(－1)＊B1^2"及"＝EXP((－1)＊B1^2)"。这样，两种方式的计算结果将会一致。

2.3　选择与循环

2.3.1　选择计算

根据是否满足所设定的条件而进行不同方式的计算称为选择计算。程序中编写选择计算代码时常利用以"If"开始的命令语句，常用的主要有三种表达方式，如表 2-2 所示。其中，语句块是指由若干语句组成的语句组合（可以是一行语句，也可以是几行语句）。

表 2-2　选择计算的主要语句结构形式

分类	结构形式	说明

If~Then	If 条件 Then
	语句块
	End If
		满足条件时执行语句块

	If 条件 Then 语句	满足条件时执行语句 仅一行代码，不需 End If

分类	结构形式	说明

If~Then~Else	If 条件 Then
	语句块 1
	Else
	语句块 2
	End If
		满足条件时执行语句块 1
		不满足条件时执行语句块 2

If~Then~ElseIf	If 条件 1 Then
	语句块 1
	ElseIf 条件 2 Then
	语句块 2
	Else
	语句块 3
	End If
		满足条件 1 时执行语句块 1
		满足条件 2 时执行语句块 2
		条件 1 和条件 2 都不满足时执行语句块 3

2.3.2　循环计算

对计算机来说，最擅长的莫过于成千上万次地反复循环计算。循环计算的次数可预先确定，也可在程序运行过程中根据一定条件来确定。

1. 按次数循环

若预先确定了循环次数，则称为按次数循环，这时通常使用形如 For~Next 的循环语句结构，如下所示：

For 计数变量名＝初值 To 终值 Step 步长

语句块

Next 计数变量名

其中，计数变量又称为循环控制变量，通常设为整型变量。循环过程中，计数变量从初值出发，按步长递增或递减(步长可以是负值)，达到终值时循环结束。循环次数即由计数变量的初值、终值及步长决定。当步长为 1 时，可以省略"Step 1"。此外，与 For 对应的 Next 后面的计数变量也可省略。

2. 按条件循环

当需要根据某些条件是否被满足来决定循环计算是否进行时，常使用形如 Do~Loop 的循环语句结构，如表 2-3 所示。

表 2-3　Do～Loop 的循环语句结构

分类	结构形式	说明
Do While～Loop	Do While 条件 语句块 Loop	满足条件期间执行语句块(一旦条件不满足则终止循环) 先判断,后执行
Do～Loop While	Do 语句块 Loop While 条件	意义同"Do While～Loop",但先执行后判断,即至少执行一次
Do Until～Loop	Do Until 条件 语句块 Loop	执行语句块直到满足条件为止(一旦满足条件则终止循环) 先判断,后执行
Do～Loop Until	Do 语句块 Loop Until 条件	意义同"Do Until～Loop",但先执行后判断,即至少执行一次

由表 2-3 可知,条件的表现形式有"While 条件"和"Until 条件"两种,可将其放置在循环体的首行或尾行。如果希望在进入循环计算前就进行是否满足条件的判断(若条件不满足就舍弃该循环),可将条件放置在循环体的首行,反之若有必要至少执行循环一次,则应该将条件放置在循环体的尾行。

2.3.3　使用数组

当处理大量具有相同属性(即相同变量类型)的数据时(例如,统计一个班级中全体学生的考试成绩等),若对每一个数据都定义不同名称的变量,则非常繁琐。这时,可针对所处理的数据整体仅定义一个变量名称,利用"名称＋编号"的形式来区分其中的各个数据,则可化繁为简,采用这种方法定义的变量集合称为数组(即数组是具有相同数据类型并共享一个名字的变量集合)。数组可分为一维数组、二维数组等,其中的不同变量元素可通过编号(也称为下标)加以辨识,利用循环语句结构对其进行赋值等操作非常便捷、高效。

1. 一维数组

一维数组的定义方式为"Dim 数组名(编号最大值) As 数据类型"。其中,( )中的值表示数组大小,默认情况下数组的编号从零开始。例如,Dim A(4) As Integer 表示定义了含有 A(0)～A(4)共 5 个整型变量的数组。也可以指定数组编号的最小值,其定义方式为"Dim 数组名(编号最小值 To 编号最大值) As 数据类型",例如,Dim A(2 to 6) As Integer 表示含有 A(2)～A(6)共 5 个整型变量的数组。

2. 二维数组

可将 Excel 中的工作表视为含有行和列的二维数组。例如，图 2-21 中为 7 名学生 4 门课程的考试成绩结果，其中有颜色填充部分的单元格中为得分数据，行对应学生序号，列则对应考试科目。这时，采用可指定行、列的二维数组处理此类数据较为方便。二维数组的定义方式为"Dim 数组名(第 1 编号最大值，第 2 编号最大值) As 数据类型"，其中，"第 1 编号"、"第 2 编号"可理解为以上所指的行与列。类似一维数组，默认情况下数组的编号从零开始。例如，Dim B(2，3) As Integer 表示定义了包含 B(0，0)～B(2，3) 共 12 个整型变量的数组。若按以下方式定义二维数组则可指定编号的最小值："Dim 数组名(第 1 编号最小值 to 第 1 编号最大值，第 2 编号最小值 to 第 2 编号最大值) As 数据类型"，例如，Dim B(2 to 4，3 to 5) As Integer 表示含有 B(2，3)～B(4，5)共 9 个整型变量的数组。

	A	B	C	D	E	F	G
1	学生序号	语文	数学	英语	化学	平均分	
2	1	95	98	90	86	92.25	
3	2	75	82	85	88	82.5	
4	3	55	79	92	65	72.75	
5	4	28	46	75	50	49.75	
6	5	45	38	72	68	55.75	
7	6	71	90	94	86	85.25	
8	7	85	86	78	80	82.25	
9	平均分	64.86	74.14	83.71	74.71		
10							

图 2-21　7 名学生 4 门课程的考试成绩结果

2.3.4　编程举例

1. 选择计算

【问题】

已知某学生的英语和数学考试得分如图 2-22 所示，两门课程的分数总和在 160 以上时成绩为 A、总分数在 120～159 范围时为 B、119 以下时为 C，编写程序判断其最终成绩。

【求解】

程序代码如图 2-23 所示。

	A	B	C	D	E
1	英语	数学	总分数	成绩	
2	65	85	150	B	
3					

图 2-22　成绩工作表

```
Option Explicit

Public Sub 考试成绩()
Dim E As Integer '英语分数
Dim M As Integer '数学分数
Dim Sum As Integer '总分数

E = Cells(2, 1)    '给变量赋值，英语
M = Cells(2, 2)    '给变量赋值，数学
Sum = E + M        '总分数
Cells(2, 3) = Sum  '显示总分数

'判断并输出结果
If Sum >= 160 Then
    Cells(2, 4) = "A"
ElseIf Sum >= 120 Then
    Cells(2, 4) = "B"
Else
    Cells(2, 4) = "C"
End If

End Sub
```

图 2-23　选择计算的程序代码

【说明】

(1) 书写 If(或 ElseIf)后面的条件时，需要使用如表 2-4 所示的比较算符。表中以 A、B 两个变量的比较为例，给出了常用比较算符的用法。例如，A>=B 表示 A 大于或等于 B(A 在 B 以上)，A<B 则表示 A 小于 B。

表 2-4　常用比较算符

算符	意义	举例
=	等于	A=B
>	大于	A>B
>=	以上(大于或等于)	A>=B
<=	以下(小于或等于)	A<=B
<	小于	A<B
<>	不等	A<>B

（2）有时 If(或 ElseIf)后面的条件为复合条件(即几个条件全部成立、部分成立或都不成立等)，这时需要使用逻辑算符，常用逻辑算符如表 2-5 所示。

表 2-5　常用逻辑算符

算符	意义	举例
And	全部条件成立	E>=60 And M>=60
Or	一个以上的条件成立	E>=60 Or M>=60
Not	条件不成立	Not(E>=60)

例如，当英语和数学两个分数都在 60 以上时，在图 2-22 所示的单元格 D3 中输出"合格"，否则输出"不合格"，其代码可写为

```
If E >= 60 And M >= 60 Then
    Cells(3，4)="合格"
Else
    Cells(3，4)="不合格"
End If
```

再如，若英语分数小于 60，则在图 2-22 所示的单元格 A3 中输出"英语不及格"，否则输出"英语及格"，其代码可写为

```
If Not (E >= 60) Then
    Cells(3，1)="英语不及格"
Else
    Cells(3，1)="英语及格"
End If
```

当然，这里也可将"If Not (E >= 60) Then"改为"If E< 60 Then"。

（3）利用编辑工具栏中的缩进、凸出按钮，可对选中的文本缩进或凸出显示，在含有选择计算的语句中采用这样的修饰可增强语句的可读性。当然，也可直接利用 Tab 键完成此类操作。

2. 循环计算(For～Next)

【问题】
编制乘法九九表程序，将其输出到 Excel 工作表中，如图 2-24 所示。

【求解】
程序代码如图 2-25 所示。

【说明】
本例中使用了嵌套的循环结构，即在一个循环体内包含了另外一个循环。外

	A	B	C	D	E	F	G	H	I
1	1	2	3	4	5	6	7	8	9
2	2	4	6	8	10	12	14	16	18
3	3	6	9	12	15	18	21	24	27
4	4	8	12	16	20	24	28	32	36
5	5	10	15	20	25	30	35	40	45
6	6	12	18	24	30	36	42	48	54
7	7	14	21	28	35	42	49	56	63
8	8	16	24	32	40	48	56	64	72
9	9	18	27	36	45	54	63	72	81

图 2-24　乘法九九表

```
Option Explicit

Public Sub 九九表()

Dim i As Integer, j As Integer

'循环计算并输出到单元格
For i = 1 To 9
    For j = 1 To 9
        Cells(i, j) = i * j
    Next j
Next i

End Sub
```

图 2-25　九九表程序代码

循环(计数变量为 i)每执行一次，内循环(计数变量为 j)都要执行全部次数的循环。

3. 循环计算(Do～Loop)

【问题】

已知变量 x 和 y 的初值皆为 5，二者分别以算术级数(等差数列，公差＝3)和几何级数(等比数列，公比＝3)同步增长，求当 x 开始达到 20 以上(x≥20)时 y 的值。

【求解】

程序代码如图 2-26 所示，计算结果如图 2-27 所示，执行程序时需预先设置好工作表中 x 和 y 的初值。

【说明】

(1) 程序中定义了整型计数变量 i，在循环计算代码中增添了"i＝i＋1"语句，

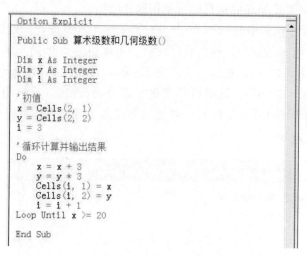

```
Option Explicit

Public Sub 算术级数和几何级数()

Dim x As Integer
Dim y As Integer
Dim i As Integer

' 初值
x = Cells(2, 1)
y = Cells(2, 2)
i = 3

' 循环计算并输出结果
Do
    x = x + 3
    y = y * 3
    Cells(i, 1) = x
    Cells(i, 2) = y
    i = i + 1
Loop Until x >= 20

End Sub
```

图 2-26　算术级数和几何级数的计算程序代码

	A	B	C
1	x	y	
2	5	5	← 初值
3	8	15	
4	11	45	
5	14	135	
6	17	405	
7	20	1215	

图 2-27　计算结果

目的是指定行数不断递增的单元格位置。在此也可体会到使用 Cells( )要优于 Range( )。

（2）循环结构还可改为如下形式

```
Do
    x＝x ＋ 3
    y＝y ＊ 3
    Cells(i，1)＝x
    Cells(i，2)＝y
    i＝i ＋ 1
    If x >= 20 Then Exit Do←满足条件时终止循环(在循环体内部设置条件)
Loop
```

即将循环条件设置在循环体内部，其中使用了"Exit Do"关键字。在满足一定条件时想强制终止循环的执行时可利用这种结构。

（3）若将程序代码中的"x ≥ 20"改为"x ≥ 30"（即将问题改为"求当 x 开始达到 30 以上时 y 的值"），执行程序后将会出现如图 2-28 所示的错误提示。这是因为当 x 值达到 29 时，相应的 y 值为 32 805，已超过了 Integer 型变量的数值范围（即 32 805＞32 767）。这时可将变量 y 定义为长整型（长整型的数值范围为 −2 147 483 648～2 147 483 647），其语句形式为

Dim y As Long

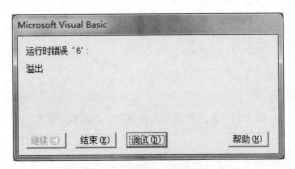

图 2-28　运行程序时的错误提示

这样，程序即可正常运行。计算结果为：当 x 值达 32 时，y 的值为 98 415。由于长整型变量在本书中（或一般科学计算中）并不常用，故没有将其列在表 2-1 中。变量的数值范围越大，则占用内存越多，当程序规模较大时运行速率将会受到一定影响，故应根据实际需要选择适宜的变量类型。

（4）在循环计算过程中，若想中途终止程序的运行，可连续按下 Esc 键，同时出现如下窗口，点击"结束"即可。若点击"调试"，则返回到程序被中断处，可对程序进行调试，如图 2-29 所示。

图 2-29　按下 Esc 键终止程序的运行

4. 一维数组

【问题】

已知 10 个学生的考试成绩如图 2-30 所示（有颜色填充的单元格中为考试分数）。编程计算其平均分并找出最高分、最低分及平均分以上人数。

【求解】

程序代码如图 2-31 所示。

【说明】

（1）由本例可知，给数组赋值时采用形如 For～Next 的循环结构较为便利。

	A	B	C
1	学生序号	分数	
2	1	95	
3	2	74	
4	3	63	
5	4	28	
6	5	45	
7	6	67	
8	7	62	
9	8	43	
10	9	80	
11	10	61	
12	平均分	61.8	
13	最高分	95	
14	最低分	28	
15	平均分以上人数	6	

图 2-30　10 个学生的考试得分

```vba
Option Explicit

Public Sub 一维数组()

Dim i As Integer
Dim N As Integer

Dim Score(10) As Single    '分数数组
Dim Sum As Single          '总分
Dim Ave As Single          '平均分
Dim Max As Single          '最高分
Dim Min As Single          '最低分

'变量初值
Sum = 0
Max = Cells(2, 2)
Min = Cells(2, 2)
N = 0

'数组赋值并累计分数
For i = 1 To 10
    Score(i) = Cells(i + 1, 2)
    Sum = Sum + Score(i)
Next i

Ave = Sum / 10 '平均分

'最高分、最低分及平均分以上人数
For i = 1 To 10
If Score(i) > Max Then Max = Score(i) '最高分
If Score(i) < Min Then Min = Score(i) '最低分
If Score(i) > Ave Then N = N + 1         '平均分以上人数
Next i

'输出结果到单元格
Cells(12, 2) = Ave
Cells(13, 2) = Max
Cells(14, 2) = Min
Cells(15, 2) = N

End Sub
```

图 2-31　使用一维数组的程序代码

（2）求数组中的最大值 Max、最小值 Min 时，可首先从数组中随意选择两个数据，作为变量 Max、Min 的初值［本例中设定 Max＝Cells(2,2)，Min＝Cells(2,2)］，然后分别用数组中的每一个值与之对比（循环计算），根据对比结果逐步改变 Max、Min 的值，最终可求得数组中的最大值 Max、最小值 Min。

（3）本例中所定义的分数数组 Score(i)中包含 Score(0)～Score(10)等 11 个变量，但数组元素 Score(0)没有被使用。当然，也可以将分数数组定义为：Dim Score(1 to 10) As Single。

5. 二维数组

【问题】

7 名学生 4 门课程的考试成绩结果如图 2-21 所示，编程计算每名学生的平均分数及每门课程的平均分数。

【求解】

程序代码如图 2-32 所示。

```
Option Explicit

Public Sub 二维数组()

Const N As Integer = 7 '学生数
Const S As Integer = 4 '科目数

Dim Score(N, S) As Single '成绩数组
Dim Sum As Single

Dim i As Integer
Dim j As Integer
'从单元格中读取数据，赋值给数组
For j = 1 To S
    For i = 1 To N
        Score(i, j) = Cells(i + 1, j + 1)
    Next i
Next j

'按课程分类计算
For j = 1 To S
    Sum = 0
    For i = 1 To N
        Sum = Sum + Score(i, j)
    Next i
    Cells(9, j + 1) = Sum / 7
Next j

'按学生分类计算
For i = 1 To N
    Sum = 0
    For j = 1 To S
        Sum = Sum + Score(i, j)
    Next j
    Cells(i + 1, 6) = Sum / 4
Next i

End Sub
```

图 2-32　使用二维数组的程序代码

【说明】

（1）本例的程序中也可省略常量 N、S，而直接定义表示成绩分数的数组，如"Dim Score(7，4) As Single"，若这样修改，则原程序中凡是出现 N、S 的地方都要做相应修改（将 N 改为 7，将 S 改为 4）。当学生人数或科目发生变化时，同样需要类似的多处修改，较为繁琐，故不建议做这样的修改。

（2）本例的程序中使用常量预先指定了数组大小（Const N As Integer＝7 及 Const S As Integer＝4）。这样做不仅会使程序简明易懂，当想改变数组的大小时只需修改常量定义语句的数字部分即可，简单易行。所以，当程序中多处使用同一数组时，常在程序的开头处利用定义常量的方法指定数组的大小，以便于程序的维护。

2.4　过程调用

前述的举例程序都是在一个过程中完成的简单计算程序（一个工程中仅包含一个模块，该模块中又仅包含一个过程）。当计算过程较长或计算流程较为复杂时，则应增加模块或过程。当一个模块中存在多个过程时，过程间通过相互访问、交换数据来完成整体计算，此即为过程调用。

图 2-33 为一个简单的过程调用举例。其中，过程 A 调用了过程 B，而过程 B 又调用了过程 C，实线箭头表示过程内部的计算流程，而虚线箭头则表示过程间的调用流程，总体计算流程为：①在过程 A 中输入数据→②过程 A 调用过程 B，执行语句块 1→③过程 B 调用过程 C，执行语句块 2→④从过程 C 中返回到过程 B→⑤执行过程 B 中的语句块 3→⑥从过程 B 中返回到过程 A→⑦在过程 A

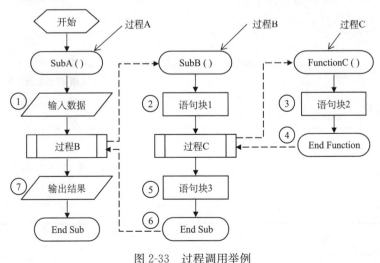

图 2-33　过程调用举例

中输出结果。

　　由图 2-33 可见，通过设计合理的过程调用关系，可使程序流程清晰易懂。过程 A 可视为记述整体计算流程的主过程，而过程 B 和过程 C 则是完成各种具体计算的子过程，后者就如同具有某种功能、已经定型的部件一样，可供其他过程调用。

　　根据本书所涉及的程序规模，仅讨论一个模块中存在若干过程的情况。过程可分为 Sub 过程和 Function 过程两种类型（图 2-33 中，过程 B 为 Sub 过程，而过程 C 为 Function 过程），以下针对此两种过程的调用方法予以简介。

2.4.1　Sub 过程

　　Sub 过程又称为子程序过程，是形如"Sub 过程名（　）～End Sub"的过程，在过程名的前面是关键字 Sub。以图 2-33 所示的在过程 A 中调用过程 B 为例，常用的过程调用方法如表 2-6 所示。当过程调用中有参数传递时，变量 a、b 等为实际参数（实参），变量 x、y 等为形式参数（形参），实参与形参应该数量相同且类型按顺序一一对应，实参与形参同名与否则无关紧要。需要注意的是，当过程调用中有数组作为参数传递时，在被调用的过程中该数组的定义方式为：数组名（　）As 数据类型，即需要在数组名的后面加上括号。

表 2-6　Sub 过程调用方法

过程 A（调用者）	过程 B（被调用者）	说明
Sub A（　）		
……	Sub B（　）	
Call B	……	调用时无参数传递
……	End Sub	
End Sub		
Sub A（　）		
……	Sub B（x As 数据类型，y As 数据类型 ……）	
Call B（a，b ……）	……	调用时有变量参数传递
……	End Sub	
End Sub		
Sub A（　）		
……	Sub B（C（　）As 数据类型 ……）	
Call B（c ……）	……	调用时有数组参数传递
……	End Sub	C 为数组名
End Sub		

　　参数传递时，存在地址传递（将实参的内存地址传递给形参）和值传递（仅将实参的值传递给形参）两种方式。前者在调用过程中对形参的任何改变即是对实参的改变，而后者在传递完成后，实参与形参之间不再有任何关联。在被调用的过程中两种传递方式的声明方法分别为

　　值传递：Sub 过程名（ByVal 形参名 As 数据类型）；

　　地址传递：Sub 过程名 （ByRef 形参名 As 数据类型）。

　　若省略关键词 ByVal、ByRef，则默认为 ByRef，即地址传递。过程调用时选择何种传递方式应根据实际需要而定，若需要将对形参的运算结果返回到调用它的过程中，一般选择地址传递。

2.4.2　Function 过程

　　在 VBA 中，除了可使用诸如 Sin( )、Log( )、Sqr( )等内置函数外，编程者也可自己定义函数并将其作为一个过程来使用（供其他过程调用）。这种自定义函数过程就是 Function 过程，其定义形式为"Function 过程名( )～End Function"。图 2-33 所示的过程 C 即为 Function 过程，以图 2-33 中的过程 B 调用过程 C 为例，Function 过程的调用方法如表 2-7 所示。

表 2-7　Function 过程调用方法

过程 B(调用者)	过程 C(被调用者)	说明
Sub B ( ) …… 变量名＝C(a) …… End Sub	Function C (x As 数据类型) As 数据类型 …… C＝计算公式(x) End Function	调用时仅传递一个参数
Sub B ( ) …… 变量名＝C(a, b, …) …… End Sub	Function C (x As 数据类型, y As 数据类型, …) As 数据类型 …… C＝计算公式(x, y, …) End Function	调用时传递多个参数

　　由表 2-7 可见，与 Sub 过程不同，Function 过程可以给调用处返回一个函数计算值。因此，有必要明确其返回值的数据类型，括号后面的"As 数据类型"部分即是表示函数返回值的数据类型，省略时默认为变体型。此外，调用时也可使用 Cells、Range 等单元格对象代替调用处的变量名。

2.4.3 编程举例

1. Sub 过程调用

【问题】

	A	B	C
1	序号	重量 kg	
2	1	218.2	
3	2	215.3	
4	3	195.7	
5	4	201.3	
6	5	223.2	
7	6	189.6	
8	平均值	207.2167	
9			

图 2-34 物品的重量

已知某物品的重量如图 2-34 所示，编程计算其平均值。要求设计两个过程，其中一个过程负责输入数据并显示结果（主过程），而另外一个过程（子过程）负责平均值的计算。

【求解】

程序代码如图 2-35 所示。

【说明】

（1）调用 Sub 过程时，也可直接使用过程名（省略关键词 Call）。若过程调用中有参数传递，则省略关键词 Call 的过程调用语句中的实际参数，不需要加括号。为了使程序清晰易懂，不建议省略 Call，还是保留为好。

```
Option Explicit

Public Sub 平均值()

Const n As Integer = 6
Dim data(n) As Single
Dim Ave As Single
Dim i As Integer

'输入数据
For i = 1 To n
    data(i) = Cells(i + 1, 2)
Next i

'调用过程并显示结果
Call CalAve(n, data, Ave)
Cells(8, 2) = Ave

End Sub


Public Sub CalAve(n As Integer, data() As Single, Ave As Single)

Dim i As Integer
Dim Sum As Single
Sum = 0
For i = 1 To n
    Sum = Sum + data(i)
Next i
Ave = Sum / n

End Sub
```

图 2-35 计算平均值程序代码

（2）当编写存在多个过程调用、较为复杂的程序时，最好画出类似图 2-33 所示的程序流程图，以便使程序清晰易懂。本例的程序流程较为简单，读者可自行练习画出其流程图，此处省略。绘制程序流程图时，应根据不同的流程特点（数据输入、数据输出、选择计算、循环计算等）选择适宜的框图形状作为流程图标。在 Excel 中点击"插入"→"形状"，可选择各种框图形状为绘图所用，如图 2-36 所示。

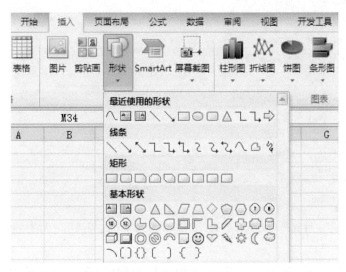

图 2-36　绘制程序流程图时可选择使用的部分框图形状

（3）本例中，还可将三个被传递的参数（n、data（ ）、Ave）定义为模块级变量（在紧接 Option Explicit 之后，即 Sub（ ）与 End Sub 之外定义这些变量）。由于模块级变量在该模块内的所有过程中都有效，故在过程调用时可省去参数的传递，代码如图 2-37 所示。

（4）当编写较为复杂的程序时，可利用如下语句对程序中的变量值进行监视，以便对程序进行调试：

Debug. Print 变量名，变量名，……

当程序执行到如上语句行时，在"立即窗口"（快捷键为"Ctrl＋G"，或在 VBE 中点击"视图"→"立即窗口"）中将显示所设定的变量值，供编程者查看。

2.Function 过程调用

【问题】

已知函数 $F(x，y)=2x^2+y^2+3xy+4$，求对应 $(x_1，y_1)$、$(x_2，y_2)$ 两组自变量数据的函数值，如图 2-38 所示。要求设计两个过程，其中一个负责数据

```
Option Explicit

Const n As Integer = 6    ' 模块级变量
Dim data(n) As Single     ' 模块级变量
Dim Ave As Single         ' 模块级变量

Public Sub 平均值()

Dim i As Integer

' 输入数据
For i = 1 To n
    data(i) = Cells(i + 1, 2)
Next i

' 调用过程并显示结果
Call CalAve               ' 无参数传递，直接使用模块级变量
Cells(8, 2) = Ave

End Sub

Public Sub CalAve()

Dim i As Integer
Dim Sum As Single
Sum = 0
For i = 1 To n
    Sum = Sum + data(i)
Next i
Ave = Sum / n

End Sub
```

图 2-37　计算平均值程序代码(使用模块级变量，过程调用时无参数传递)

输入和结果输出(主过程)，另外一个为函数过程(即 Function 过程、子过程)，负责计算函数值。

	A	B	C	D	E
1	x, y的下标	x	y	F(x, y)	
2	1	2.8	3.5	61.33	
3	2	4.1	7.9	197.2	
4					

图 2-38　自变量数据及函数值

【求解】

代码如图 2-39 所示。

【说明】

(1) 在主过程调用函数的语句中，直接使用了单元格对象而非变量，这样可使程序更加简洁。

(2) 与调用 Sub 过程一样，在调用 Function 过程时，要求实参与形参数量一致，类型按序相配。

```
Option Explicit

Public Sub 函数调用()

'定义变量
Dim x1 As Single, y1 As Single
Dim x2 As Single, y2 As Single

'输入数据
x1 = Cells(2, 2)
y1 = Cells(2, 3)
x2 = Cells(3, 2)
y2 = Cells(3, 3)

'调用函数过程并输出结果
Cells(2, 4) = F(x1, y1)
Cells(3, 4) = F(x2, y2)

End Sub

Public Function F(x As Single, y As Single) As Single
F = 2 * x ^ 2 + y ^ 2 + 3 * x * y + 4
End Function
```

图 2-39　调用函数过程举例程序代码

2.5　自动编程——宏录制

Excel 具有自动编程的功能，即使对编程一无所知的人，利用此功能也可自动生成自己需要的 VBA 程序代码，从而简化在 Excel 中需要处理的一些较为复杂或单调的操作，这种由 Excel 自动生成得到的 VBA 程序代码称为"宏"。本书中将宏与 VBA 程序视为同义语，区别仅在于前者的特征是"自动生成"，而后者则意义更加广泛。

首先介绍如何得到宏，即如何将一些复杂、单调的 Excel 操作录制下来，生成对应的 VBA 代码，即"宏录制"。通过宏录制方法得到自动生成的 VBA 程序后，复杂、单调的 Excel 操作将被简化，从而实现可简单地反复多次执行这些操作的目的。

2.5.1　宏录制举例

【问题】

某实验过程中需要多次测定一个溶液中某种组元浓度随时间的变化情况。第一次测定结果如图 2-40 所示。为了记录第二次之后的其他数据，希望在同一工作簿中生成与第一次记录相同格式的工作表（仅数据部分空白，以便添加新的数据）。试利用宏录制功能自动生成这样的工作表，以使操作简化。

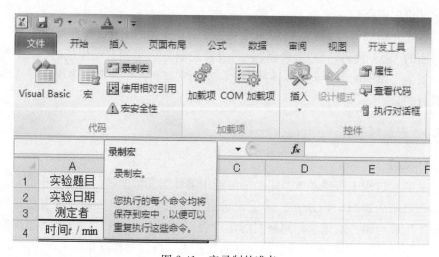

	A	B	C
1	实验题目	浓度测定	
2	实验日期	2015/5/5	
3	测定者	孟繁明	
4	时间t / min	浓度C / mol/m³	
5	0	0.123	
6	1	0.134	
7	2	0.171	
8	3	0.236	
9	4	0.327	
10	5	0.453	
11	6	0.602	
12	7	0.781	
13	8	0.990	
14	9	1.229	
15	10	1.498	

图 2-40　第一次实验测定结果

【求解】

1）启动录制

如图 2-41 所示，打开记录第一次实验数据的 Excel 文件（文件名为"宏录制. xlsm"，文件保存类型为"Excel 启用宏的工作簿"）后，点击"开发工具"→"录制宏"，出现"录制新宏"窗口，如图 2-42 所示。宏名（M）设为"新建实验数据工作表"，宏的保存位置［保存在（Ｉ）］设为"当前工作簿"，快捷键（K）及说明（D）适

图 2-41　宏录制的准备

当设定即可(图 2-42 中设为空白),最后点击"确定"按钮。此时,原来"录制宏"处变为"停止录制",此后的操作将被录制下来,直至点击"停止录制"为止。若中途操作失误,失误的操作也将如实地被记录下来,故需仔细慎重。

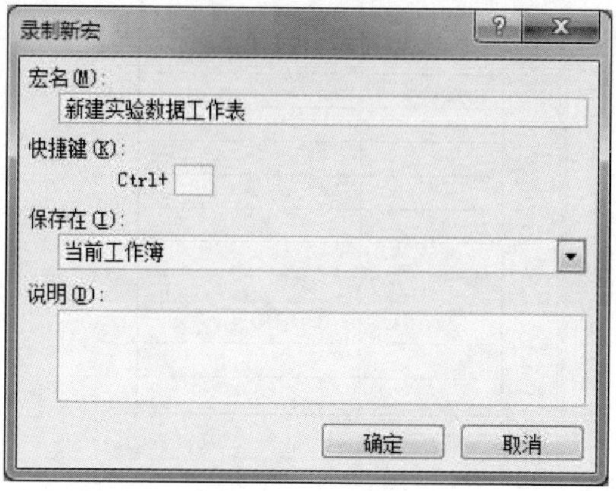

图 2-42　录制新宏

2) 执行操作

可选择以下两种方法完成目标操作。

方法一:将鼠标指针移到名称为"实验数据"的工作表标签上方,按住 Ctrl 键的同时拖动工作表到另一位置,然后松开 Ctrl 键和鼠标左键,即完成了同一工作簿内一个工作表的复制。

方法二:在"实验数据"工作表标签上点击鼠标右键,在弹出的右键菜单中选择"移动或复制工作表",打开"移动或复制工作表"对话框,选中对话框下方的复选框"建立副本",即可将选定的工作表复制到同一工作簿中的指定位置。

通过上述复制操作得到的新工作表的默认名称为"实验数据(2)",将其中的时间、浓度两列单元格中的数据删除,为填写新数据做准备,如图 2-43 所示。

3) 停止录制

点击"停止录制",完成录制。

4) 运行宏

点击"开发工具"→"宏"(快捷键 Alt＋F8),出现有关宏操作的窗口,如图 2-44所示。选择名为"新建实验数据工作表"的宏,点击"执行",则自动生成新的工作表。点击图 2-44 中的"选项"按钮,可以为已经生成的宏设定快捷键,如图 2-45 所示(当然也可在图 2-42 中设定)。本例中设定的快捷键为"Ctrl＋q",当按下"Ctrl＋q"后,即可生成新的工作表。新生成的工作表的默认名称为"实验数据＋(数字)",其中的"数字"自动递增,如图 2-46 所示。

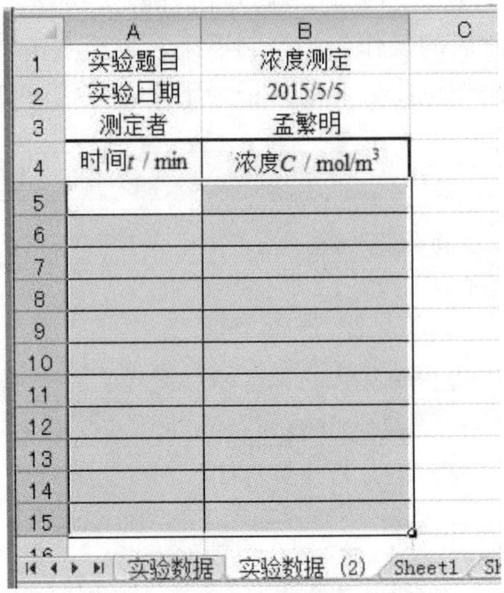

	A	B	C
1	实验题目	浓度测定	
2	实验日期	2015/5/5	
3	测定者	孟繁明	
4	时间t / min	浓度C / mol/m³	
5			
6			
7			
8			
9			
10			
11			
12			
13			
14			
15			
16			

实验数据　实验数据 (2)　Sheet1　Sh

图 2-43　执行工作表复制的操作

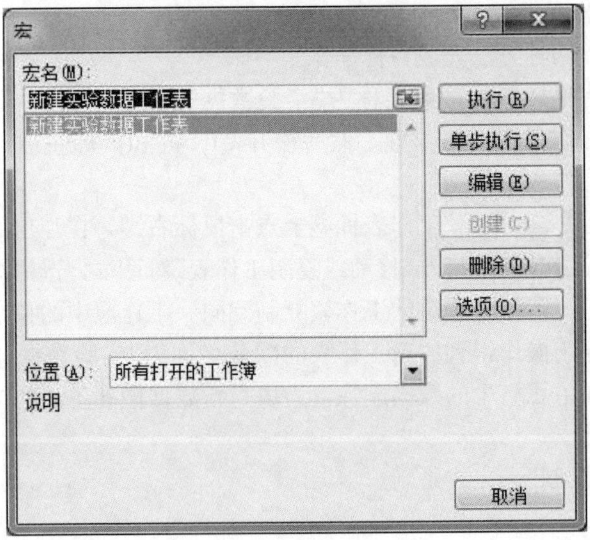

图 2-44　有关宏操作的选择

　　可见，通过宏录制，尤其是利用宏的快捷键，原本需要多个步骤才能完成的复杂操作变得简单易行。当然，本操作举例较为简单，仅为演示宏录制功能。当遇到一些步骤较多或较为复杂的操作时，宏录制功能更能显示其优势。

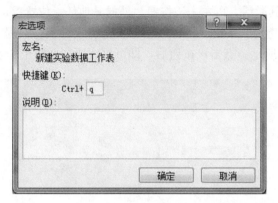

图 2-45　设定宏的快捷键

图 2-46　新生成的工作表

2.5.2　设置宏按钮

运行宏时，除了利用鼠标点击相关菜单、窗口中的按钮以及使用快捷键的方法外，还可以直接在初始工作表中设置宏的执行按钮，通过鼠标单击一次该按钮就可执行宏，完成工作表的复制，使操作更加简单、容易。

点击"实验数据"工作表标签使其处于激活状态，再点击"开发工具"→"插入"→"按钮（窗体控件）"（图 2-47），然后在工作表的适宜位置处用鼠标左键单击一次，在出现的指定宏窗口中链接已经建立的宏（图 2-48），最后点击"确定"即可。鼠标右击该按钮使其激活，再左击该按钮之外的其他任意位置后，可对该按钮进行改名、移动、改变大小等操作，最终生成的名为"新建实验数据工作表"的宏的执行按钮如图 2-49 所示。点击该按钮后，即可生成所需要的工作表。

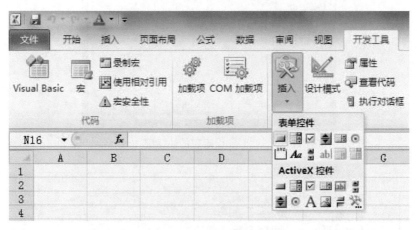

图 2-47　创建宏的执行按钮

图 2-48　指定宏(将按钮链接到宏)

　　打印工作表时，可以选择是否将该按钮打印出来。设置方法为：右击该按钮→"设置控件格式"→"属性"→在"打印对象"前进行选择，如图 2-50、图 2-51 所示。

图 2-49　名为"新建实验数据工作表"的宏的执行按钮

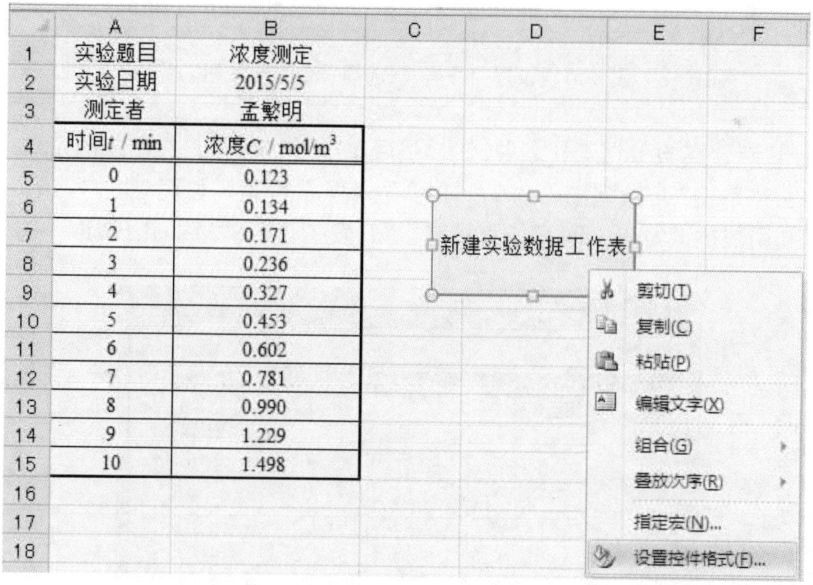

图 2-50　设置控件格式入口（右击按钮）

2.5.3　查看宏代码

通过前面的宏录制操作，使反复新建相似工作表的这种单调复制操作变得简单。其实这是宏代码在后台运作的结果，而宏代码（VBA 程序）就是宏录制过程中自动生成的。通过查看这个程序代码，可了解程序运行过程并为编程学习奠定基础。

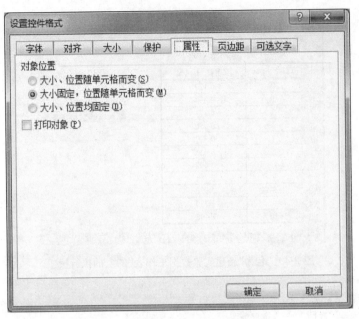

图 2-51　设置控件格式(选择是否打印按钮)

　　右击"新建实验数据工作表"按钮，然后单击"指定宏"，在出现的窗口中选择需要的宏并单击"编辑"(图 2-52)，即可看到程序代码，如图 2-53 所示。当然，也可以利用快捷键"Alt＋F11"或直接点击"开发工具"→"Visual Basic"→双击"模

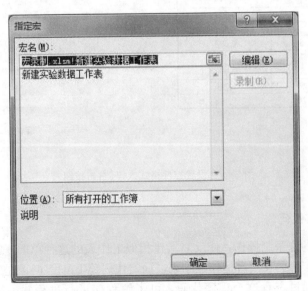

图 2-52　指定宏

块 1"来查看宏代码(模块 1 是宏录制过程中生成的标准 VBA 模块,其中包含相应的 VBA 程序)。

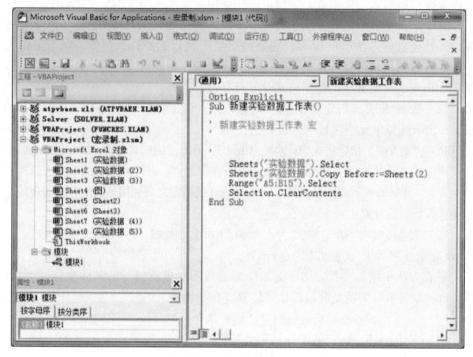

图 2-53　VBE 主窗口

2.5.4　理解宏代码

图 2-53 中右侧代码窗口中所示的程序说明如图 2-54 所示。以下以其为例,分析宏录制后产生的宏代码的意义,也可将其作为 VBA 程序设计的入门学习。

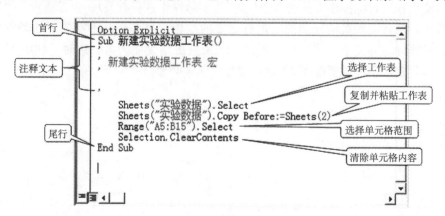

图 2-54　程序说明

在 VBA 中的宏也是一个"过程"，其首行为"Sub 过程名()"，表示该过程的开始；尾行为"End Sub"，表示该过程结束。过程名即宏名，过程名后面的括号内在需要时可写入相关参数，一般可留作空白。

在 2.2.1 小节中已经介绍了有关对象及其属性的概念。其实，对象除了具有属性外，还具有方法(method)，它是指对象所执行的操作。例如，对于工作表对象，方法就是指选择操作、复制操作、移动操作、删除操作等。以下针对本节举例中出现的对象方法的指定格式及其意义进行简介。

(1) 选择方法。指定格式为：对象. Select。例如，Range("A5∶B15"). Select 表示选择单元格区域 A5∶B15。

(2) 清除方法。指定格式为：对象. ClearContents。例如，Selection. ClearContents 表示清除被选择对象内的内容(在 Selection 所在行之前，已经利用 Select 方法选择了一个对象，Selection 就是指该对象，即 Selection 是指定之前利用 Select 方法实现的处于被选择状态的对象)。

(3) 复制方法。指定格式为：对象. Copy。例如，Sheets("实验数据"). Copy 表示复制名为"实验数据"的工作表。

若在方法中增加参数，则可更加详细地指明对象所执行的具体操作。例如，在 Copy 方法中可指明复制后的粘贴位置。在本例中

$$\text{Sheets("实验数据"). Copy Before∶=Sheets(2)}$$

表示复制名为"实验数据"的工作表后，将其粘贴到左数第 2 个工作表之前。其中，"∶="表示为"方法"的内部子参数赋值。

由以上分析可知，"对象"相当于名词，"属性"相当于形容词，而"方法"则相当于动词。对象是命令的执行目标，在对象的右侧是与其相关的属性或方法，其间用半角符号"."分割开来。

Excel 的宏录制功能只能记录在 Excel 中的键盘、鼠标操作，且生成的代码中常常出现与目标操作无关的多余代码(与实际操作过程有关)，为提高程序执行的效率，常常需要对所录制的宏进行必要的编辑。另外，对于需要诸如条件分支、循环计算等复杂计算过程的程序，宏录制更是无能为力。这时，利用 VBE 设计满足自己实际需要的 VBA 程序就显得非常必要。

第3章 数值解析举例

在冶金传输原理及反应工程的相关解析计算中，常会出现微分方程(组)、非线性方程(组)、插值与拟合、最优化等数学问题，由于问题的复杂性，往往难以获得解析解，故对其求解一般只能采用数值法。即使对于具有解析解的相对简单问题，通过数值解法还可以加深对问题的理解，简化求解过程，通过对比计算结果来确保求解的正确性等。所以，掌握常用的数值计算方法非常重要。

对于常用的数值解析计算问题，既可以采用 VBA 编程的方式进行求解，也可以在 Excel 工作表的单元格中直接进行数值计算，二者各具特点。以下针对本书中涉及的主要数值计算问题介绍其求解方法。限于篇幅，本章大部分问题中仅给出一种求解方法，且在利用 VBA 编程计算过程中尽力利用了单元格计算特点，以充分发挥二者的优势。

3.1 常微分方程

3.1.1 一级反应

【问题】

已知某一级反应的速率方程为

$$\frac{\mathrm{d}C_A}{\mathrm{d}t} = -kC_A \tag{3-1}$$

式中，反应速率常数 $k = 1.0 \times 10^{-2} \mathrm{s}^{-1}$；$C_A$ 是反应物 A 在时间 t 时的浓度，且初始浓度 $C_{A0} = 0.2 \mathrm{mol/L}$。求 A 的浓度随时间的变化关系。要求采用数值法求解并与解析解比较。

【分析】

对一阶常微分方程

$$\frac{\mathrm{d}y}{\mathrm{d}x} = y' = f(x, y) \tag{3-2}$$

如果给定初值 $y(x_0) = y_0$，即可从该初值出发，利用常用的龙格-库塔(Runge-Kutta)法对该方程进行数值积分计算。

(1) 数值解。式(3-1)是与式(3-2)同类的一阶常微分方程。对常微分方程式(3-2)，设等间距自变量离散点为 x_0, x_1, x_2, $\cdots$, x_n，对应的函数 y 的近似值

为 y_0，y_1，y_2，…，y_n，经典四阶龙格-库塔法的数值求解公式为

$$y_i = y_{i-1} + \frac{h}{6}(K_1 + 2K_2 + 2K_3 + K_4) \tag{3-3}$$

其中

$$\begin{cases} K_1 = f(x_{i-1},\ y_{i-1}) \\[2mm] K_2 = f\left(x_{i-1} + \frac{h}{2},\ y_{i-1} + \frac{h}{2}K_1\right) \\[2mm] K_3 = f\left(x_{i-1} + \frac{h}{2},\ y_{i-1} + \frac{h}{2}K_2\right) \\[2mm] K_4 = f(x_{i-1} + h,\ y_{i-1} + hK_3) \end{cases} \tag{3-4}$$

式中，h 为等距步长；$i = 1$，…，n。当初值$(x_0,\ y_0)$确定后，可按式(3-4)逐点计算，求出对应各个离散点的函数值。

（2）解析解。经简单积分，可得式(3-1)的解析解为

$$C_A = C_{A0} \exp(-kt) \tag{3-5}$$

【求解】

（1）工作表计算法。将式(3-3)、式(3-4)具体应用到式(3-1)中，在工作表单元格中即可进行计算，如图 3-1 所示。其中，有颜色填充部分为数据或公式的输入区。公式输入完成后，拖动单元格填充柄向下复制到最后时间所在行处即可（本例的最后时间设为 140s）。由计算结果可知，在 140s 时数值解相对于解析解的相对误差仅为 0.002%，故四阶龙格-库塔法完全能满足一般研究的需要。

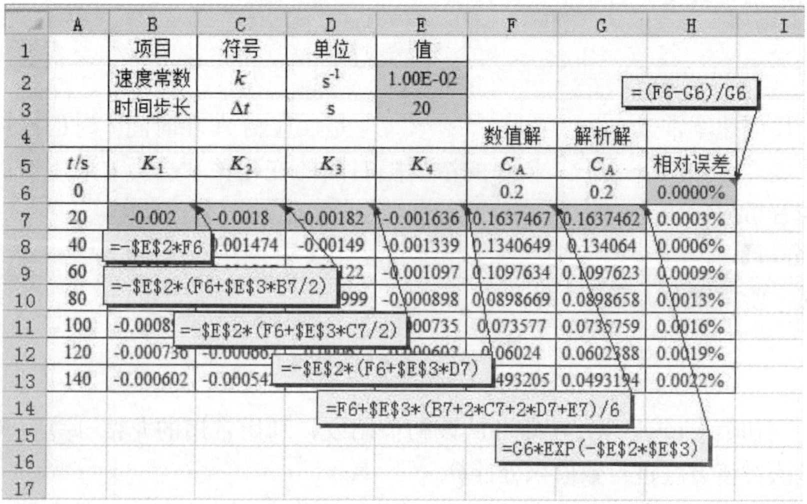

图 3-1　在工作表中利用龙格-库塔法求解一阶常微分方程

根据所得计算数据,将时间与反应物 A 的浓度关系作图,如图 3-2 所示。作图时,浓度值用数值解或解析解都可,二者的曲线几乎重合,在图中看不出区别。

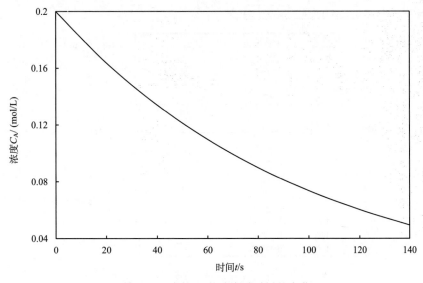

图 3-2 反应物 A 的浓度随时间的变化

(2) VBA 编程法。利用 VBA 编程法求解常微分方程的工作表设计及计算结果如图 3-3 所示。为方便计算,将单元格分为"积分参数"、"其他参数"、"过程变量"、"计算结果"等几个数据区域,其中有颜色填充的部分为常数或公式输入区。例如,单元格 B5 中的数据为输出间隔,表示每输出一次计算结果时所进行的循环计算次数(例如,若积分步长为 0.0005、输出间隔为 10,则输出时的步长间隔为 $0.0005 \times 10 = 0.005$)。此外,虚线框表示的单元格(B1、C8:D10、C14:D15)在本次计算中并没有使用,是在求解常微分方程组时,作为相关数据的扩充填写位置使用(见 3.1.2 小节中的图 3-6)。

与图 3-3 所示的工作表对应的程序代码如图 3-4 所示,程序流程图如图 3-5 所示。在图 3-4 中对程序代码有详细的解释,在此省略说明。在图 3-3 所示的工作表中设置了程序执行按钮(点击"插入"→"按钮(窗体控件)"→链接已经建立的 VBA 程序→"确定"),命名为"龙格-库塔"。点击该按钮后程序自动执行,计算结果与上述的工作表计算法一致。对同一问题采用两种方法求解可加深对算法或解析过程的理解,可根据实际问题的具体情况采用不同的方法求解,确保结果的正确性。

采用工作表与 VBA 程序相结合的方式可使计算更加灵活。例如,将主要参数放在单元格而不是程序本身中,则适当改变这些参数而不必关心程序本身就可

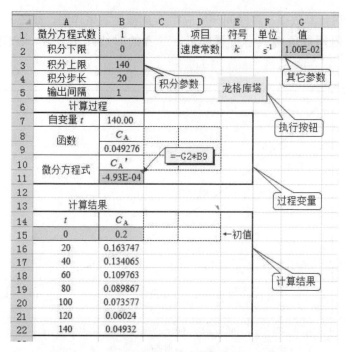

图 3-3　VBA 法求解常微分方程的工作表设计

以简单地对计算模型进行适当扩张和修改以适应各种复杂条件。可见，采用 VBA 编程法比工作表计算法更加灵活，可作为通用程序使用。

　　由于在程序中引用了单元格(输入或输出)，故图 3-3 所示的有颜色填充部分的数据位置不应随意变动，否则需要修改相应的程序代码。

3.1.2　连串反应

【问题】

已知反应物 A 经中间产物 R 后最终生成 S 的简单连串反应如下

$$\left.\begin{aligned} A &\longrightarrow R_{r_1} = k_1 C_A \\ R &\longrightarrow S_{r_2} = k_2 C_R \end{aligned}\right\} \tag{3-6}$$

而且，各个成分的浓度随时间的变化关系可由以下常微分方程组表达

$$\begin{cases} \dfrac{dC_A}{dt} = -k_1 C_A \\[2mm] \dfrac{dC_R}{dt} = k_1 C_A - k_2 C_R \\[2mm] \dfrac{dC_S}{dt} = k_2 C_R \end{cases} \tag{3-7}$$

```
Option Explicit
Dim Y, K(4)
Dim N, I, M
Dim XA, XB, Lin, H, X

Sub A_onClick()

XA = Cells(2, 2)        '始点（积分下限）
XB = Cells(3, 2)        '终点（积分上限）
Y = Cells(15, 2)        '初值

H = Cells(4, 2)         '实际计算步长
M = Cells(5, 2)         '输出间隔（每输出1次的循环计算次数）
X = XA                  '从始点开始计算

N = 0                   '行号初值
Do While X < XB         '循环计算至终点
    N = N + 1           '行号递增
    For I = 1 To M      '做M次循环计算
        Call SubRK      '调用龙格库塔子程序
        X = X + H       '自变量递增一个步长
    Next
    Lin = N + 15        '输出时的实际行号
    Cells(Lin, 1) = X   '输出自变量结果
    Cells(Lin, 2) = Y   '输出函数结果
Loop
End Sub

Sub SubRK()                 '龙格库塔法求解常微分方程

'——第1项，K1
Cells(7, 2) = X         '第1项计算用自变量值
Cells(9, 2) = Y         '第1项计算用函数值
K(1) = Cells(11, 2)     '第1项

'——第2项，K2
Cells(9, 2) = Y + K(1) * H / 2#  '第2项计算用函数值
Cells(7, 2) = X + H / 2#          '第2项计算用自变量值
K(2) = Cells(11, 2)              '第2项

'——第3项，K3
Cells(9, 2) = Y + K(2) * H / 2#  '第3项计算用函数值
'……                             '第3项计算用自变量值与第2项相同
K(3) = Cells(11, 2)              '第3项

'——第4项，K4
Cells(9, 2) = Y + K(3) * H       '第4项计算用函数值
Cells(7, 2) = X + H              '第4项计算用自变量值
K(4) = Cells(11, 2)             '第4项

'——最终结果
Y = Y + (K(1) + 2 * K(2) + 2 * K(3) + K(4)) * H / 6

End Sub
```

图 3-4　龙格-库塔法求解常微分方程的程序代码

式中，C_i 为各个成分的浓度（$i=$A、R、S）；r_1、r_2 为反应速度；反应速率常数 $k_1=1.0$、$k_2=0.5$；设初值 $C_A=1$，$C_R=0.5$，$C_S=0$，求各个成分浓度随时间的变化关系。本例中，主要变量及其单位：时间 t(s)，浓度 C_i(mol/m³)，速率常数 k_1、k_2(s^{-1})。为简便起见，以下省略单位。

【分析】

为简单起见，考虑以下一阶常微分方程组及各个方程对应的初值

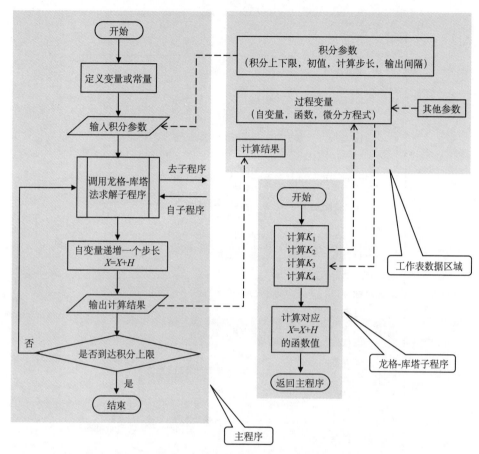

图 3-5　程序流程图(其中虚线箭头代表数据流向)

$$
\begin{cases}
y'_1 = f_1(x, \ y_1, \ y_2, \ y_3), \ y_1(x_0) = y_{1,0} \\
y'_2 = f_2(x, \ y_1, \ y_2, \ y_3), \ y_2(x_0) = y_{2,0} \\
y'_3 = f_3(x, \ y_1, \ y_2, \ y_3), \ y_3(x_0) = y_{3,0}
\end{cases} \tag{3-8}
$$

则相应的四阶龙格-库塔法求解公式为

$$
\begin{cases}
y_{1,\,i} = y_{1,\,i-1} + \dfrac{h}{6}(K_{11} + 2K_{12} + 2K_{13} + K_{14}) \\[2mm]
y_{2,\,i} = y_{2,\,i-1} + \dfrac{h}{6}(K_{21} + 2K_{22} + 2K_{23} + K_{24}) \\[2mm]
y_{3,\,i} = y_{3,\,i-1} + \dfrac{h}{6}(K_{31} + 2K_{32} + 2K_{33} + K_{34})
\end{cases} \tag{3-9}
$$

式中，i 为自变量 x 的节点编号($i=1, \ 2, \ \cdots$)；h 为自变量 x 的等距步长。且

$$
\begin{cases}
\begin{bmatrix} K_{11} \\ K_{21} \\ K_{31} \end{bmatrix} = \begin{bmatrix} f_1(x_{i-1}, y_{1,i-1}, y_{2,i-1}, y_{3,i-1}) \\ f_2(x_{i-1}, y_{1,i-1}, y_{2,i-1}, y_{3,i-1}) \\ f_3(x_{i-1}, y_{1,i-1}, y_{2,i-1}, y_{3,i-1}) \end{bmatrix} \\
\begin{bmatrix} K_{12} \\ K_{22} \\ K_{32} \end{bmatrix} = \begin{bmatrix} f_1(x_{i-1}+(h/2), y_{1,i-1}+(h/2)K_{11}, y_{2,i-1}+(h/2)K_{21}, y_{3,i-1}+(h/2)K_{31}) \\ f_2(x_{i-1}+(h/2), y_{1,i-1}+(h/2)K_{11}, y_{2,i-1}+(h/2)K_{21}, y_{3,i-1}+(h/2)K_{31}) \\ f_3(x_{i-1}+(h/2), y_{1,i-1}+(h/2)K_{11}, y_{2,i-1}+(h/2)K_{21}, y_{3,i-1}+(h/2)K_{31}) \end{bmatrix} \\
\begin{bmatrix} K_{13} \\ K_{23} \\ K_{33} \end{bmatrix} = \begin{bmatrix} f_1(x_{i-1}+(h/2), y_{1,i-1}+(h/2)K_{12}, y_{2,i-1}+(h/2)K_{22}, y_{3,i-1}+(h/2)K_{32}) \\ f_2(x_{i-1}+(h/2), y_{1,i-1}+(h/2)K_{12}, y_{2,i-1}+(h/2)K_{22}, y_{3,i-1}+(h/2)K_{32}) \\ f_3(x_{i-1}+(h/2), y_{1,i-1}+(h/2)K_{12}, y_{2,i-1}+(h/2)K_{22}, y_{3,i-1}+(h/2)K_{32}) \end{bmatrix} \\
\begin{bmatrix} K_{14} \\ K_{24} \\ K_{34} \end{bmatrix} = \begin{bmatrix} f_1(x_{i-1}+h, y_{1,i-1}+hK_{13}, y_{2,i-1}+hK_{23}, y_{3,i-1}+hK_{33}) \\ f_2(x_{i-1}+h, y_{1,i-1}+hK_{13}, y_{2,i-1}+hK_{23}, y_{3,i-1}+hK_{33}) \\ f_3(x_{i-1}+h, y_{1,i-1}+hK_{13}, y_{2,i-1}+hK_{23}, y_{3,i-1}+hK_{33}) \end{bmatrix}
\end{cases}
\tag{3-10}
$$

【求解】

对本例仅采用 VBA 编程方法求解，工作表设计及计算结果如图 3-6 所示(在图 3-3 所示工作表的基础上进行了扩展)，相应的程序代码如图 3-7(主程序)及图 3-8(龙格-库塔法求解子程序)所示。程序中函数设定为一维数组，而龙格-库塔

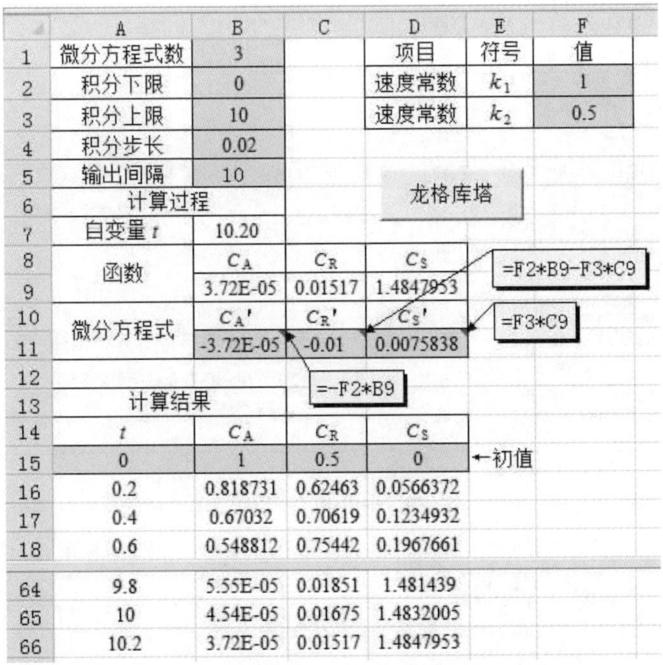

	A	B	C	D	E	F
1	微分方程式数	3		项目	符号	值
2	积分下限	0		速度常数	k_1	1
3	积分上限	10		速度常数	k_2	0.5
4	积分步长	0.02				
5	输出间隔	10		龙格库塔		
6	计算过程					
7	自变量 t	10.20				
8	函数	C_A	C_R	C_S		
9		3.72E-05	0.01517	1.4847953		
10	微分方程式	C_A'	C_R'	C_S'		
11		-3.72E-05	-0.01	0.0075838		
12						
13	计算结果					
14	t	C_A	C_R	C_S		
15	0	1	0.5	0	←初值	
16	0.2	0.818731	0.62463	0.0566372		
17	0.4	0.67032	0.70619	0.1234932		
18	0.6	0.548812	0.75442	0.1967661		
64	9.8	5.55E-05	0.01851	1.481439		
65	10	4.54E-05	0.01675	1.4832005		
66	10.2	3.72E-05	0.01517	1.4847953		

图 3-6　VBA 法求解常微分方程组的工作表设计

```
Nm = Cells(1, 2) - 1        '微分方程式个数减1(数组从0算起)
ReDim Y(Nm), K(4, Nm)       '根据微分方程式个数重新定义数组
XA = Cells(2, 2)            '始点(积分下限)
XB = Cells(3, 2)            '终点(积分上限)
For Nk = 0 To Nm
    Y(Nk) = Cells(15, Nk + 2) '初值
Next
H = Cells(4, 2)             '实际计算步长
M = Cells(5, 2)             '输出间隔(每输出1次的循环计算次数)
X = XA                      '从始点开始计算

N = 0                       '行号初值
Do While X < XB
    N = N + 1
    For I = 1 To M          '用龙格库塔法计算
        Call SubRK
        X = X + H           '自变量递增一个步长
    Next
    Lin = N + 15
    Cells(Lin, 1) = X       '输出自变量结果
    For Nk = 0 To Nm        '输出各函数结果
        Cells(Lin, Nk + 2) = Y(Nk)
    Next
Loop
End Sub
```

图 3-7　程序代码(主程序)

```
Sub SubRK()               '龙格库塔法求解常微分方程组

'———计算K1
Cells(7, 2) = X                       '第1项计算用自变量值
For Nk = 0 To Nm
    Cells(9, Nk + 2) = Y(Nk)          '第1项计算用函数值
Next
For Nk = 0 To Nm
    K(1, Nk) = Cells(11, Nk + 2)  '第1项
Next

'———计算K2
For Nk = 0 To Nm
    Cells(9, Nk + 2) = Y(Nk) + K(1, Nk) * H / 2#  '第2项计算用函数值
Next
Cells(7, 2) = X + H / 2#                          '第2项计算用自变量值
For Nk = 0 To Nm
    K(2, Nk) = Cells(11, Nk + 2)                  '第2项
Next

'———计算K3
For Nk = 0 To Nm
    Cells(9, Nk + 2) = Y(Nk) + K(2, Nk) * H / 2#  '第3项计算用函数值
Next
'……                                  '第3项计算用自变量值与第2项相同
For Nk = 0 To Nm
    K(3, Nk) = Cells(11, Nk + 2)           '第3项
Next

'———计算K4及最终结果
For Nk = 0 To Nm
    Cells(9, Nk + 2) = Y(Nk) + K(3, Nk) * H   '第4项计算用函数值
Next
Cells(7, 2) = X + H                           '第4项计算用自变量值
For Nk = 0 To Nm
K(4, Nk) = Cells(11, Nk + 2)                  '第4项
Y(Nk) = Y(Nk) + (K(1, Nk) + 2 * K(2, Nk) + 2 * K(3, Nk) + K(4, Nk)) * H / 6
Next

End Sub
```

图 3-8　程序代码(龙格-库塔法求解子程序)

的四个计算项则设定为二维数组，程序流程图与图 3-5 类似，在此省略。该程序
具有通用性，可用来计算一般常微分方程组。对具体问题，只需修改图 3-6 所示
工作表中的相关参数及微分方程式公式即可，代码本身无需任何改动，本书后面
将多次使用该通用程序。需要注意的是，由于程序中包含了与工作表单元格间的
信息交换（输入、输出），故与程序对应的工作表设计格式要统一。

根据所得数据作图，如图 3-9 所示。由图可见，随着时间的增长，浓度 C_A
不断减少直至消失为零，C_S 逐渐增加，而 C_R 则经历了逐渐增大、达到最大值
后又逐渐减少，最后为零的过程。

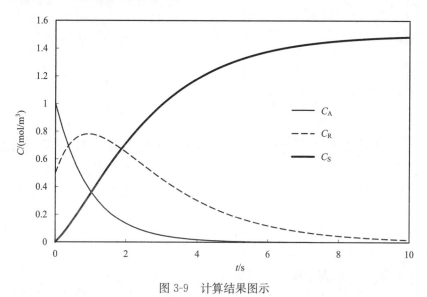

图 3-9　计算结果图示

3.1.3　一维稳态导热

【问题】

已知厚度 $L=0.01\mathrm{m}$、导热系数 $\lambda=20\mathrm{W}/(\mathrm{m \cdot K})$ 的无限大平板内的发热量
$Q=5\times10^7\mathrm{W}/\mathrm{m}^3$，平板左、右两侧温度恒定，且分别为 $T_a=40℃$、$T_b=20℃$，
求温度分布 $T=T(x)$，如图 3-10 所示。

【分析】

对二阶常微分方程，在一定条件下可将其化为一阶常微分方程组，后者在所
有初值都确定的条件下也可利用龙格-库塔法进行求解（如前例所示）。对某些特
殊形式的二阶常微分方程还可在工作表单元格中采用差分法进行计算求解。本例
为伴随内部发热的一维稳态条件下的热传导问题，温度分布满足以下二阶常微分
方程

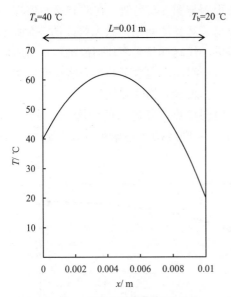

T_a=40 ℃　　　　　　　T_b=20 ℃

L=0.01 m

图 3-10　无限大平板的温度分布

$$\frac{\mathrm{d}^2 T}{\mathrm{d} x^2} + \frac{Q}{\lambda} = 0 \qquad (3\text{-}11)$$

根据题意，边界条件为

$$\begin{cases} x=0, & T=T_a \\ x=L, & T=T_b \end{cases} \qquad (3\text{-}12)$$

针对上述方程及其边界条件，可选择以下两种方法进行求解。

1) 龙格-库塔法（VBA 编程）

令 $\mathrm{d}T/\mathrm{d}x = q$，则可将式(3-11)变为如下所示的常微分方程组

$$\begin{cases} \dfrac{\mathrm{d}T}{\mathrm{d}x} = q \\[2mm] \dfrac{\mathrm{d}q}{\mathrm{d}x} = -\dfrac{Q}{\lambda} \end{cases} \qquad (3\text{-}13)$$

为进行数值求解，将计算区域分割为 n 等分，分割点为 x_0，x_1，…，x_n。

为利用龙格-库塔法求解上式，需确定初值 $T(x_0)$、$q(x_0)$，前者即为 T_a（$x=x_0=0$ 时，$T=T_a$），而后者可根据右边界条件（$x=x_n=L$ 时，$T=T_b$）采用试探方法确定。计算过程中，可利用前述求解常微分方程组的通用龙格-库塔程序。

2) 差分法（工作表计算）

计算区域的分割方式同上，对 $i=1$，2，…，$n-1$，将式(3-11)写成差分形式，得

$$\frac{T_{i+1} - 2T_i + T_{i-1}}{\Delta x^2} + \frac{Q}{\lambda} = 0 \qquad (3\text{-}14)$$

整理，得

$$T_i = \frac{1}{2}(T_{i+1} + T_{i-1}) + \frac{1}{2}\left(\frac{Q}{\lambda}\right)\Delta x^2 \qquad (3\text{-}15)$$

式(3-15)实质是一个递推式，由于边界条件已经确定（即当 $i=0$ 时，$T_0 = T_a$；当 $i=n$ 时，$T_n = T_b$），故可利用单元格的循环引用方法（在单元格中的迭代计算）对上式进行求解。

【求解】

1) 龙格-库塔法

利用龙格-库塔法求解本例中常微分方程组的工作表设计及计算结果如图

3-11所示(本例中使用 3.1.2 节的龙格-库塔解析通用程序，程序执行按钮命名为
"龙格-库塔")。其中，有颜色填充的部分为数据或公式的输入区域。在单元格
B11、C11 中输入式(3-13)中所示的公式。根据已知条件，T 的初值($x=0$ 时的
值)为 40(即单元格 B15 的值)，而 q 的初值(单元格 C15 的值)需要试验探索确
定，即试探着改变 C15 的值，使当 $x=0.01$ 时，$T=20$(右边界条件)。经多次
细致的探索试验后，最终结果可确定为当初值 $q=10\,500$ 时，$T(0.01)=20$，此
即为所求的初值及对应的边界条件。

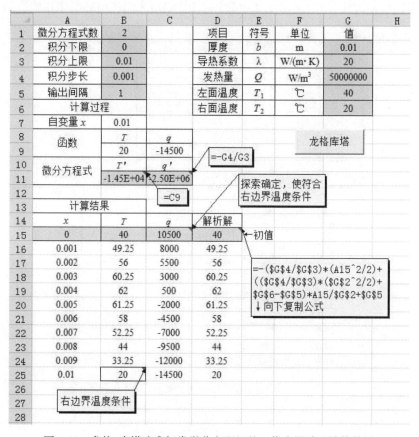

图 3-11　龙格-库塔法求解常微分方程组的工作表设计及计算结果

本例的解析解为

$$T=-\frac{Q}{\lambda}\frac{x^2}{2}+\left(\frac{Q}{\lambda}\frac{L^2}{2}+T_b-T_a\right)\frac{x}{L}+T_a \tag{3-16}$$

为比较数值解与解析解的差异，在对应行的 D 列中同时给出了解析解的结
果(仅在单元格 D15 中示出了公式输入方法，可复制该公式到其他相应单元格

中)，数值解与解析解的结果一致。根据所得计算数据作图得到最终结果，如图 3-11 所示。

2)差分法

工作表设计及计算结果如图 3-12 所示。其中，有颜色填充的单元格为数据或公式输入区，D2：D7为相关计算参数；B11、B21 分别为左、右边界温度值；在 B12 中输入式(3-15)，然后拖动填充柄将该公式向下复制至 B20 为止。由图 3-12可知，工作表计算法与 VBA 编程法二者的计算结果一致。需要注意的是，必须事先启动迭代计算(见 1.1.2 中循环引用一节)才能使循环引用正常进行。

	A	B	C	D	E	F
1	项目	符号	单位	值		
2	厚度	L	m	0.01		
3	导热系数	λ	W/(m·K)	20		
4	发热量	Q	W/m^3	50000000		
5	左面温度	T_a	℃	40		
6	右面温度	T_b	℃	20		
7	积分步长	Δx		0.001		
8						
9	计算结果					
10	x	T				
11	0	40				
12	0.001	49.25				
13	0.002	56				
14	0.003	60.25				
15	0.004	62				
16	0.005	61.25				
17	0.006	58				
18	0.007	52.25				
19	0.008	44				
20	0.009	33.25				
21	0.01	20				

```
=(B11+B13)/2+
(1/2)*($D$4/$D$3)*$D$7^2
↓向下复制
```

图 3-12　工作表计算法

3.2　偏微分方程

3.2.1　一维非稳态导热

【问题】

如图 3-13 所示，一个厚度 $L=0.01$m、初始温度 $T_0=20$℃的无限大平板，当时间 $t>0$ 时其左侧温度恒定为 $T_h=100$℃，而右侧温度保持为 $T_0=20$℃，求平板内的非稳态温度分布 $T=T(x, t)$。

【分析】

本例为一维非稳态导热问题，可用以下微分方程描述

$$\frac{\partial T}{\partial t} = \alpha \frac{\partial^2 T}{\partial x^2} \qquad (3-17)$$

式中，$\alpha(\mathrm{m^2/s})$ 为导温系数。为了将偏微分方程式(3-17)进行差分化处理，需将计算变量分割。位置 x、时间 t 两变量的格子长度分别为 Δx、Δt，除边界外的节点位置用 x、t 两变量的序号 i、k 表示($i=1, 2, \cdots; k=0, 1, \cdots$)，则 $x = i\Delta x$，$t = k\Delta t$。温度 $T(x, t)$ 可用节点 T_i^k 表示，采用全隐式差分方法将偏微分方程式(3-17)用差分式代替可表示为

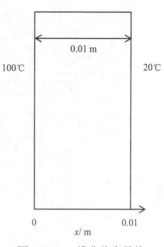

图 3-13　一维非稳态导热

$$\frac{T_i^{k+1} - T_i^k}{\Delta t} = \alpha \frac{T_{i+1}^{k+1} - 2T_i^{k+1} + T_{i-1}^{k+1}}{\Delta x^2} \qquad (3-18)$$

整理，得

$$T_i^{k+1} = \frac{\theta}{(1+2\theta)}(T_{i+1}^{k+1} + T_{i-1}^{k+1}) + \frac{1}{(1+2\theta)}T_i^k \qquad (3-19)$$

式中，$\theta = (\alpha\Delta t)/\Delta x^2$。由于初始及边界条件已经确定，故可利用单元格的循环引用方法(在单元格中的迭代计算)对上式进行求解。

当 $t = \infty$ 时，相应的稳态解为(可参考上一节的一维稳态导热问题)

$$T = T_h - (T_h - T_0)\frac{x}{L} \qquad (3-20)$$

【求解】

计算用工作表设计如图 3-14 所示。计算中取 $\Delta x = 0.001\mathrm{m}$、$\Delta t = 0.01\mathrm{s}$，图中有颜色填充部分的单元格为输入的已知数据(边界温度及相关参数)。在单元格 C10 中输入式(3-19)，然后将该公式复制到计算区域内所属的单元格中即可。在 Excel 中启动迭代计算功能的条件下，计算可自动进行，最终计算结果如图 3-15 所示。

3.2.2　二维稳态导热

【问题】

一个边长为 $0.01\mathrm{m}$ 的正方形板，左边及上边温度恒定为 $100^\circ\mathrm{C}$，而下边及右边温度呈线性分布，如图 3-16 所示。若已知内热源 $Q = -1.0 \times 10^6 \mathrm{W/m^3}$(吸热)，求此板在 (x, y) 平面内的温度分布。

	项目	符号	单位	值							
1	项目	符号	单位	值							
2	位置步长	Δx	m	0.001							
3	时间步长	Δt	s	0.01							
4	导温系数	α	m²/s	2.63158E-05							
5	系数	θ		2.63E-01							

	x/mm →	0	1	2	3	4	5	6	7	8	9	10
t/s↓	0	20.0	20.0	20.0	20.0	20.0	20.0	20.0	20.0	20.0	20.0	20.0
	0.01	100.0	34.2	22.5	20.5	20.1	20.0	20.0	20.0	20.0	20.0	20.0
	0.02	100.0	44.2	26.1	21.4	20.3	20.1	20.0	20.0	20.0	20.0	20.0
	0.03	100.0	51.3	29.					20.0	20.0	20.0	20.0
	0.04	100.0	56.6	33.					20.0	20.0	20.0	20.0
	0.05	100.0	60.7	36.				20.2	20.0	20.0	20.0	20.0
	0.06	100.0	63.9	40.0	27.9	22.8	20.9	20.3	20.1	20.0	20.0	20.0
	0.07	100.0	66.5	42.8	29.8	23.8	21.3	20.4	20.1	20.0	20.0	20.0
	0.08	100.0	68.6	45.3	31.6	24.8	21.8	20.6	20.2	20.1	20.0	20.0
	0.09	100.0	70.4	47.6	33.4	25.8	22.3	20.9	20.3	20.1	20.0	20.0
	0.1	100.0	71.9	49.6	35.1	26.9	22.9	21.2	20.4	20.1	20.0	20.0

=$F$5/(1+2*$F$5)*(D10+B10)+1/(1+2*$F$5)*C9

图 3-14　一维非稳态导热工作表设计（部分）

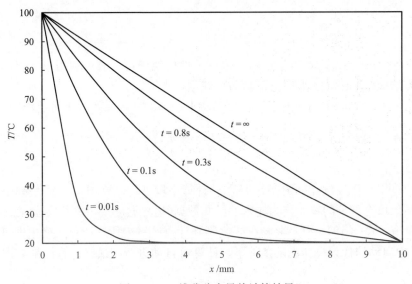

图 3-15　一维非稳态导热计算结果

【分析】

本例属于二维稳态导热问题，描述该问题的导热微分方程为

$$\frac{\partial^2 T}{\partial x^2} + \frac{\partial^2 T}{\partial y^2} + \frac{Q}{\lambda} = 0 \tag{3-21}$$

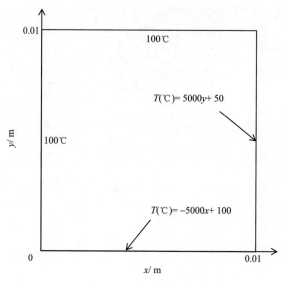

图 3-16　正方形板的温度边界条件

为进行数值计算，将计算区域分割，x、y 两方向的格子长度分别为 Δx、Δy，节点位置用 x、y 两方向的序号 i、j 表示（$i=1, 2, \cdots$；$j=1, 2, \cdots$），相应的节点温度表示为 $T_{i,j}$，则式(3-21)可用以下的差分方程近似

$$\frac{T_{i+1, j} - 2T_{i, j} + T_{i-1, j}}{\Delta x^2} + \frac{T_{i, j+1} - 2T_{i, j} + T_{i, j-1}}{\Delta y^2} + \frac{Q}{\lambda} = 0 \quad (3\text{-}22)$$

整理，得

$$T_{i, j} = \frac{1}{2(\Delta x^2 + \Delta y^2)} \Big[(T_{i, j-1} + T_{i, j+1}) \Delta x^2$$

$$+ (T_{i-1, j} + T_{i+1, j}) \Delta y^2 + \frac{Q}{\lambda} \Delta x^2 \Delta y^2 \Big] \quad (3\text{-}23)$$

式(3-23)实质也是一个递推式，由于边界条件已经确定，故可利用单元格的循环引用方法（在单元格中的迭代计算）对上式进行求解。

【求解】

计算用工作表设计如图 3-17 所示。计算中取 $\Delta x = \Delta y = 0.001\text{m}$，图中有颜色填充部分的单元格为输入的已知数据（边界温度及相关参数）。在单元格 C9 中输入式(3-23)，然后将该公式复制到计算区域内所属的单元格中即可。在 Excel 启动迭代计算功能的条件下，计算可自动进行。

可利用计算所得的温度数据作曲面图。选择温度数据区域→点击"插入"→出现"插入图表"对话框→选择"曲面图"→选择"曲面图"（俯视图）→点击"确定"，得到如图 3-18 所示的初始图形。对图形进行适当的编辑、设置后得到如图 3-19 所参数表：

项目	符号	单位	值
横向步长	Δx	m	0.001
纵向步长	Δy	m	0.001
导热系数	λ	W/(m·K)	0.2
吸热量	Q	W/m³	-1.0E+06

公式：

$$=((B9+D9)*\$F\$3^2+(C10+C8)*\$F\$2^2+(\$F\$5/\$F\$4)*\$F\$2^2*\$F\$3^2)/(2*(\$F\$2^2+\$F\$3^2))$$

y/mm＼x/mm	0	1	2	3	4	5	6	7	8	9	10
10	100.0	100.0	100.0	100.0	100.0	100.0	100.0	100.0	100.0	100.0	100.0
9	100.0	93.1	88.7	85.8	84.0	83.1	83.0	83.8	85.7	89.1	95.0
8	100.0	88.7	80.9	75.5	72.1	70.3	70.1	71.5	74.9	80.7	90.0
7	100.0	85.8	75.5	68.3	63.6	61.1	60.6	62.3	66.5	73.8	85.0
6	100.0	84.0	72.1	63.6	57.9	54.7	53.9	55.6	60.1	68.0	80.0
5	100.0	83.1	70.3	61.1	54.7	51.0	49.7	51.1	55.3	63.1	75.0
4	100.0	83.0	70.1	60.6	53.9	49.7	47.9	48.6	52.1	59.8	70.0
3	100.0	83.8	71.5	62.3	55.6	51.1	48.6	48.3	50.5	55.8	65.0
2	100.0	85.7	74.9	66.5	60.1	55.3	52.1	50.5	50.9	53.7	60.0
1	100.0	89.1	80.7	73.8	68.0	63.1	59.0	55.8	53.7	53.1	55.0
0	100.0	95	90	85	80	75	70	65	60	55	50.0

图 3-17　二维稳态导热工作表设计

示的曲面图。主要设置方法为：鼠标点击该图，再点击"图表工具"→"布局"，然后顺序执行以下操作。

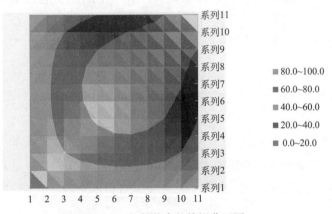

图 3-18　初始状态的俯视曲面图

（1）垂直（值）轴→设置所选内容格式→坐标轴选项：最小值＝40，最大值＝100，主要刻度单位＝10。

（2）竖（系列）坐标轴→设置所选内容格式→选择"逆序系列"，最后调整图形大小，点击图例→双击"40.0～50.0"图例项→选择"三维格式"→"表面效果"→"平面"；"填充"→"纯色填充"→选择自己喜欢的颜色。其他图例项可类似地设

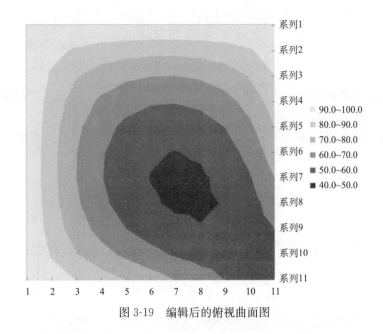

图 3-19　编辑后的俯视曲面图

置，本例为保持与印刷效果一致，采用不同深度的黑白颜色来对应温度分布。

也可以将俯视曲面图更改为三维曲面图。更改方法为：点击该图形→点击"设计"→"更改图表类型"→得到"更改图表类型"对话框窗口→选择"曲面图"→"三维曲面图"。最终得到如图 3-20 所示的三维图形。

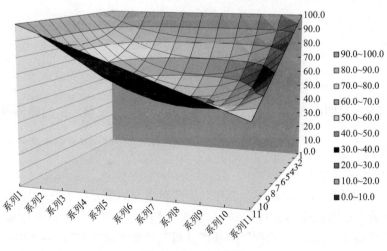

图 3-20　三维曲面图

3.3　非线性方程

【问题】

用裸露的热电偶测量热风管内的热风温度，如图 3-21 所示。已知热风真实温度 $T_f=931K$，热电偶的表面发射率 $\varepsilon=0.7$，管内壁表面温度 $T_w=533K$，热风与热电偶接点间的对流传热系数 $\alpha=116W/(m^2 \cdot K)$，试求热电偶的指示温度 T。

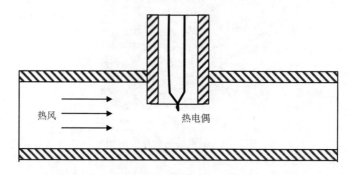

图 3-21　用裸露的热电偶测量热风管内的热风温度

【分析】

热风以对流换热的方式将热量传给热接点，热接点则以辐射方式将热量传给风管内壁，由二者的热平衡可得

$$\alpha(T_f - T) = \varepsilon\sigma(T^4 - T_w^4) \tag{3-24}$$

整理，得

$$\left(\frac{\varepsilon\sigma}{\alpha}\right)T^4 + T - \left(\frac{\varepsilon\sigma}{\alpha}T_w^4 + T_f\right) = 0 \tag{3-25}$$

上式为一元四次方程，可在 Excel 中利用相应工具或单元格的循环引用功能求解。

【求解】

1) 单变量求解法

工作表设计如图 3-22 所示。其中，有颜色填充的单元格为已知数据或公式。在 D9 中输入热电偶指示温度的初值(例如，输入 900℃)，在 D10 中输入公式(3-25)，然后顺序点击："数据"→"模拟分析"→"单变量求解"，在弹出的单变量求解窗口中作如图 3-22 所示的三项设置(目标单元格、目标值、可变单元格)，然后点击"确定"，并在再次出现的窗口中再次点击"确认"即可。图 3-22 中所示的单元格 D9 的值为最终计算结果，即 $T \approx 811\mathrm{K}$。

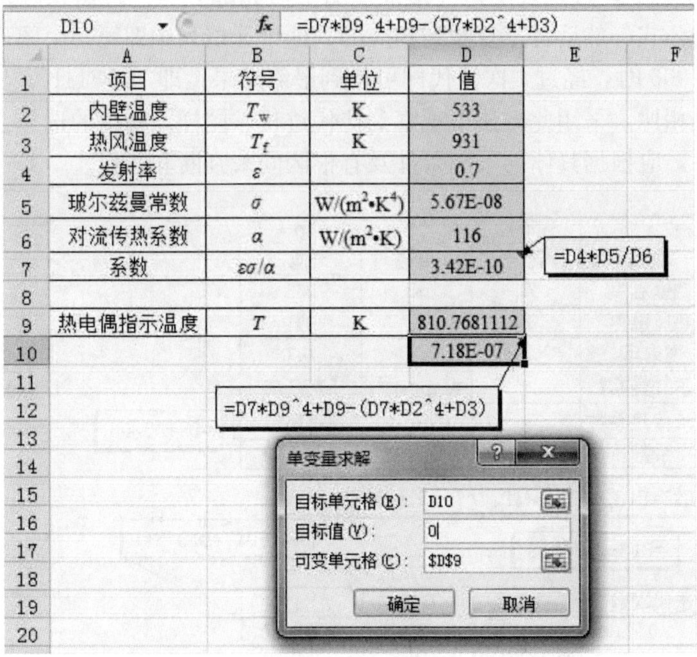

图 3-22　利用单变量求解工具求方程的根

　　需要指出的是，采用这种方法进行求解时，对于有多个解的非线性方程需要不断改变初值进行探索，每次只能求得一个解。初值的选择会影响迭代次数和迭代结果，需根据限制条件、经验等进行探索求解。

　　2) 牛顿迭代法

　　对于一元非线性方程 $f(x)=0$，求根的牛顿迭代公式为

$$x_{k+1} = x_k - \frac{f(x_k)}{f'(x_k)} \tag{3-26}$$

式中，k 为迭代次数。对于本例，相应的迭代公式为

$$T_{k+1} = T_k - \frac{f(T_k)}{f'(T_k)} = T_k - \frac{\left(\dfrac{\varepsilon\sigma}{\alpha}\right)T_k^4 + T_k - \left(\dfrac{\varepsilon\sigma}{\alpha}T_w^4 + T_f\right)}{4\left(\dfrac{\varepsilon\sigma}{\alpha}\right)T_k^3 + 1} \tag{3-27}$$

　　所以，选择适宜的初值 T_k，根据式(3-27)进行迭代计算即可求得方程的根，可在工作表的单元格中直接进行迭代计算，具体计算过程及结果如图 3-23 所示。其中，B13 为初值；C13 至 C17 为原函数列 $f(T)$；D13 至 D17 为原函数的导数

列 $f'(T)$；B14 为第一次迭代结果，B17 为最终迭代结果（$T \approx 810.768111$），此时 C17 中的 $f(T) = 0$，表明迭代结束。图中填充部分为公式输入区，仅输入一个单元格的公式，然后将其复制到相应的其他单元格列中即可。由图可知，当选择初值 $T = 900$ 时，经过 4 次迭代即可得到最终结果，即 $T \approx 811K$。与利用单变量求解工具相比，采用此方法可观察到迭代过程。同样，初值的选择会影响迭代次数和结果，应根据具体的限制条件及有根区间来判断和选择。

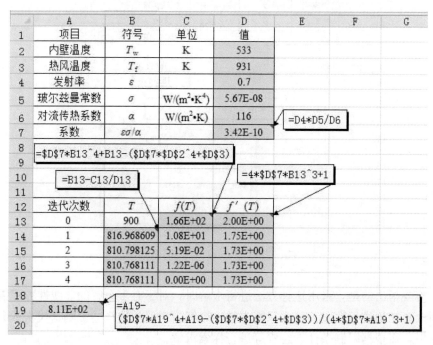

图 3-23　牛顿迭代法求方程的根

也可采用循环引用方式，仅在一个单元格中输入式（3-27）即可得到 $T \approx 811K$ 的最终结果。例如，在图 3-23 中的单元格 A19 的公式中包含了 A19 本身，属于直接循环引用，启动 Excel 的迭代计算功能后（见 1.1.2 中循环引用一节）也可得到相同的结果。采用这种方法省却了初值的设定，计算过程更显简洁。

3.4　线性方程组

【问题】

三个灰体平面构成一个封闭空间，如图 3-24 所示。平面 1、2、3 的温度分别为 $T_1 = 1000℃$、$T_2 = 700℃$、$T_3 = 700℃$，黑度分别为 $\varepsilon_1 = 0.5$、$\varepsilon_2 = 0.6$、

$\varepsilon_3 = 0.6$，求各面的有效辐射 J_1、J_2、J_3（W/m²）。已知相关角系数为：$\varphi_{11} = \varphi_{22} = \varphi_{33} = 0$，$\varphi_{12} = \varphi_{13} = 0.5$，$\varphi_{21} = \varphi_{31} = 0.25$，$\varphi_{32} = \varphi_{23} = 0.75$。

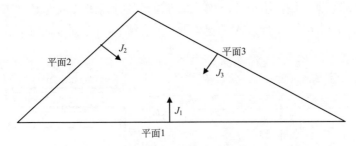

图 3-24　三个灰体平面构成一个封闭空间示意图

【分析】

根据灰体面所构成的封闭空间体系内的辐射传热规律，封闭系统内的三个灰体面中的有效辐射满足式(3-28)：

$$\begin{cases} J_1 = \varepsilon_1 E_{b1} + (1 - \varepsilon_1)(\varphi_{11} J_1 + \varphi_{12} J_2 + \varphi_{13} J_3) \\ J_2 = \varepsilon_2 E_{b2} + (1 - \varepsilon_2)(\varphi_{21} J_1 + \varphi_{22} J_2 + \varphi_{23} J_3) \\ J_3 = \varepsilon_3 E_{b3} + (1 - \varepsilon_3)(\varphi_{31} J_1 + \varphi_{32} J_2 + \varphi_{33} J_3) \end{cases} \tag{3-28}$$

式(3-28)为含有三个未知数的线性方程组，可利用 Excel 函数或规划求解工具进行求解。其中，黑体的辐射力 E_{bi} 与其热力学温度 T_i 的四次方成正比，即

$$E_{bi} = \sigma T_i^4 \,(i = 1,\ 2,\ 3) \tag{3-29}$$

式中，$\sigma = 5.67 \times 10^{-8}\,\text{W/(m}^2 \cdot \text{K}^4)$，称为玻尔兹曼常量。

【求解】

1) 利用 Excel 函数求解

式(3-28)可写为如下形式

$$\boldsymbol{AJ} = \boldsymbol{E} \tag{3-30}$$

其中，

$$\boldsymbol{A} = \begin{bmatrix} 1 - (1 - \varepsilon_1)\varphi_{11} & -(1 - \varepsilon_1)\varphi_{12} & -(1 - \varepsilon_1)\varphi_{13} \\ -(1 - \varepsilon_2)\varphi_{21} & 1 - (1 - \varepsilon_2)\varphi_{22} & -(1 - \varepsilon_2)\varphi_{23} \\ -(1 - \varepsilon_3)\varphi_{31} & -(1 - \varepsilon_3)\varphi_{32} & 1 - (1 - \varepsilon_3)\varphi_{33} \end{bmatrix},$$

$$\boldsymbol{J} = \begin{bmatrix} J_1 \\ J_2 \\ J_3 \end{bmatrix}, \quad \boldsymbol{E} = \begin{bmatrix} \varepsilon_1 E_{b1} \\ \varepsilon_2 E_{b2} \\ \varepsilon_3 E_{b3} \end{bmatrix} \tag{3-31}$$

式(3-30)的解为

$$J = A^{-1}E \tag{3-32}$$

　　工作表设计如图 3-25 所示。其中，第 1 行至第 10 行为输入的已知数据及黑体辐射力的计算数据区域，第 16 行至第 19 行为系数行列式 A 及常数列 E 的计算结果区域，第 21 行至第 24 行为 A 的逆矩阵及最终解（未知向量 J）的数据区域。

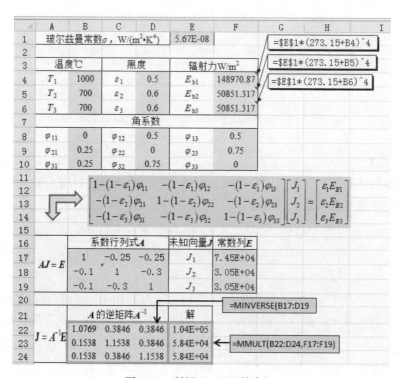

图 3-25　利用 Excel 函数求解

　　对于式(3-32)，利用 Excel 的求逆矩阵函数 MINVERSE( )以及矩阵乘积函数 MMULT( )即可简单求解。

　　(1) 求逆矩阵 A^{-1}。选择逆矩阵区域(B22：D24)，然后用鼠标单击公式输入栏，输入公式"＝MINVERSE(B17：D19)"之后，同时按下"Shift＋Ctrl＋Enter"三键即可。输入公式时，可用鼠标选择系数矩阵区域(B17：D19)。

　　(2) 求方程组的解 J 数列。选择解区域(E22：E24)，然后用鼠标单击公式输入栏，输入公式"＝MMULT(B22：D24，F17：F19)"之后，同时按下"Shift＋Ctrl＋Enter"三键即可。同样，输入公式时，可用鼠标选择逆矩阵区域(E22：E24)及常数列区域(F17：F19)。计算结果为：$J_1 = 1.04 \times 10^5$，$J_2 = J_3 = 5.84 \times 10^4$。

　　2) 利用规划求解工具求解

　　工作表设计如图 3-26 所示。单元格区域 B2：D4 为行列式 A 的数据，与上述方法 1)的计算结果相同(在此省略计算过程)。首先给未知向量 **J** 赋初值(例如,图中均设定为 100),然后利用矩阵乘积函数 MMULT( )求出常数列 **E**,将计算结果放入 F2:F4 中。

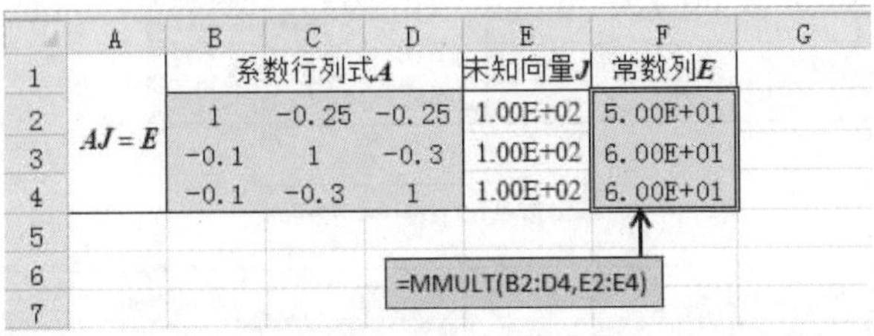

图 3-26　利用规划求解工具计算的工作表设计

点击:"数据"→"规划求解",出现如图 3-27 所示的规划求解设定窗口,进行如图所示的相关设定(主要设置项目有:目标单元格 $F$2,目标值 74 500,通过更改可变单元格 $E$2:$E$4,遵守约束 $F$3＝30 500,$F$4＝30 500,选择求解方法为单纯线性规划),然后点击"确定",得到与上述方法 1)相同的计算结果,如图 3-28 所示。

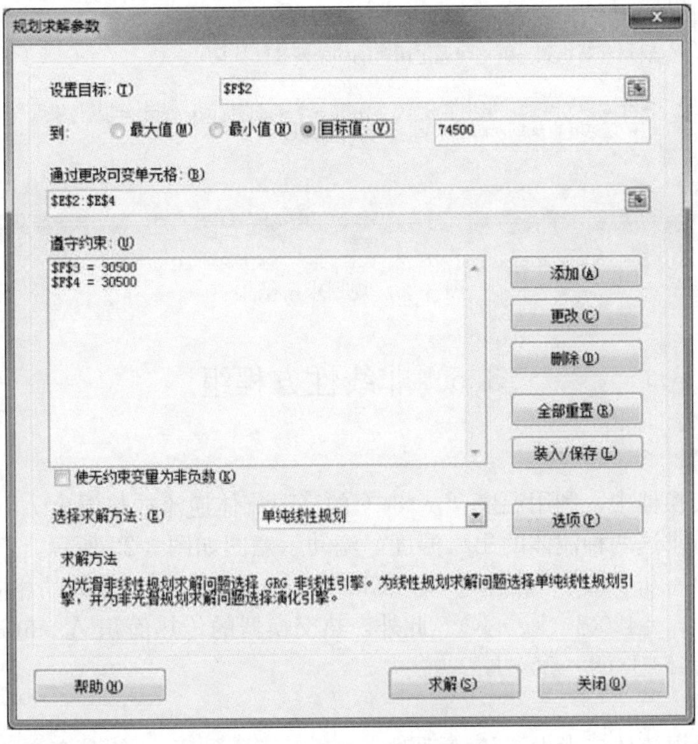

图 3-27　规划求解参数设定

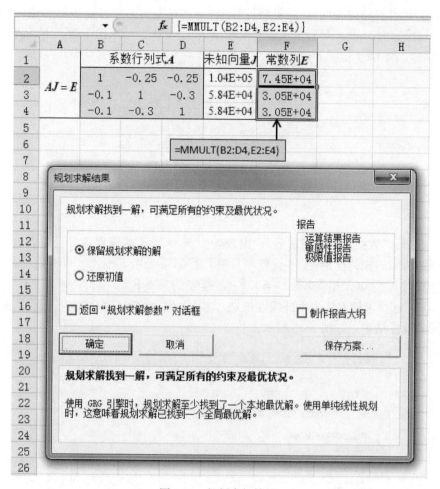

图 3-28　规划求解结果

3.5　非线性方程组

【问题】

在热交换器中，利用温度 $T_1 = 80℃$ 的高温流体逆流加热温度 $t_1 = 25℃$ 的低温流体，试求这两种流体的出口温度，流动示意图如图 3-29 所示。已知高温流体的流量 $W = 0.3\text{kg/s}$，热容量 $C_p = 1800 \text{ J/(kg·K)}$，低温流体的相应参数 $w = 0.15\text{kg/s}$，$c_p = 4200\text{J/(kg·K)}$。此外，热交换器的传热面积 $A = 5\text{m}^2$，综合传热系数 $U = 464 \text{ J/(s·m}^2\text{·K)}$。

【分析】

高、低温流体二者做逆流流动时，$t_2 > t_1$，$T_2 < T_1$。各温度变化与传热量

间的关系满足式(3-33)：

$$Q = WC_p(T_1 - T_2) = wc_p(t_2 - t_1) \tag{3-33}$$

传热器的传热速率为

$$Q = UA(\Delta t) = UA(\Delta t)_m = UA \frac{(T_1 - t_2) - (T_2 - t_1)}{\ln[(T_1 - t_2)/(T_2 - t_1)]} \tag{3-34}$$

式中，$(\Delta t)_m$ 为对数平均温差。这样，问题就转化为求解关于三个未知数 Q、T_2、t_2 的联立方程式，即

$$\begin{cases} Q = WC_p(T_1 - T_2) \\ Q = wc_p(t_2 - t_1) \\ Q = UA[(T_1 - t_2) - (T_2 - t_1)]/\ln[(T_1 - t_2)/(T_2 - t_1)] \end{cases} \tag{3-35}$$

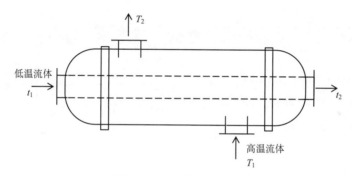

图 3-29　热交换器示意图

【求解】

求解工作表如图 3-30 所示。将已知常数输入到 A1：D4 区域中有颜色填充部分的单元格中。在 B5：B7 中先输入适当的初值(试探确定)，将这些初值与式(3-35)的计算值之间的差值输入到 D5：D7 中，而单元格 D8 则为 D5：D7 中三个数据的平方和(Excel 中的相应函数式为"=SUMSQ(D5：D7)")。

顺序点击："数据"→"规划求解"，在出现的"规划求解参数"窗口中，进行如图 3-31 所示的适当设置后即可求解(主要设置项目有：目标单元格 $D$8 到最小值，通过更改可变单元格 $B$5：$B$7，选择求解方法为非线性 GRG)。由于三个未知数的值差别较大，采用本方法计算时需要多次试探确定才能得到较为精确的结果。例如，可首先设 B6＝60＜B3($t_2＝60＜T_1$)，B5＝30＞B4($T_2＝30＞t_1$)，将这些数据代入式(3-35)中计算可得三个 Q 的平均值为 24 717，故可设 Q＝25 000，然后执行规划求解。图 3-30 中单元格区域 B5：B7 中所示的值为最终计算结果。

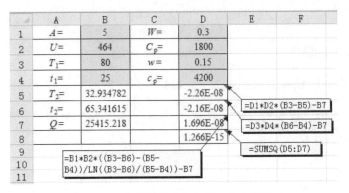

	A	B	C	D	E	F
1	$A=$	5	$W=$	0.3		
2	$U=$	464	$C_p=$	1800		
3	$T_1=$	80	$w=$	0.15		
4	$t_1=$	25	$c_p=$	4200		
5	$T_2=$	32.934782		-2.26E-08		=D1*D2*(B3-B5)-B7
6	$t_2=$	65.341615		-2.16E-08		=D3*D4*(B6-B4)-B7
7	$Q=$	25415.218		1.696E-08		=SUMSQ(D5:D7)
8				1.266E-15		
9	=B1*B2*((B3-B6)-(B5-B4))/LN((B3-B6)/(B5-B4))-B7					
10						
11						

图 3-30　非线性方程组求解工作表设计

规划求解参数

设置目标: (T)　　　$D$8

到:　　◯ 最大值(M)　◉ 最小值(N)　◯ 目标值: (V)　　0

通过更改可变单元格: (B)

$B$5:$B$7

遵守约束: (U)

添加(A)

更改(C)

删除(D)

全部重置(R)

装入/保存(L)

☑ 使无约束变量为非负数(K)

选择求解方法: (E)　　　非线性 GRG　　　　选项(P)

求解方法

为光滑非线性规划求解问题选择 GRG 非线性引擎。为线性规划求解问题选择单纯线性规划引擎,并为非光滑规划求解问题选择演化引擎。

帮助(H)　　　　　　　求解(S)　　　关闭(Q)

图 3-31　规划求解参数设定

3.6　牛 顿 插 值

【问题】

表 3-1 中列出了某液体在各温度下分子摩尔体积的测定值。试根据这些数据计算在 5℃到 95℃之间，每间隔 10℃时的分子摩尔体积。

表 3-1　分子摩尔体积数据

温度 /℃	摩尔体积 /(cm³/mol)	温度 /℃	摩尔体积 /(cm³/mol)	温度 /℃	摩尔体积 /(cm³/mol)
0	94.23	40	98.9	80	104.3
10	95.35	50	100.17	90	105.8
20	96.5	60	101.5	100	107.3
30	97.69	70	102.87		

【分析】

这是以等间隔实验数据作为独立变量进行插值的问题，可利用等间距节点的牛顿插值法进行求解。设函数 f_i 与自变量 x_i 间的关系为

$$f_i = f(x_i)，i = 0，1，2，\cdots，n \tag{3-36}$$

则等距节点的 n 次牛顿向前插值（简称插值）多项式 $N_n(x)$ 为

$$N_n(x) = N_n(x_0 + th)$$

$$= f(x_0) + t\Delta f_0 + \frac{t(t-1)}{2!}\Delta^2 y_0 + \cdots + \frac{t(t-1)\cdots(t-n+1)}{n!}\Delta^n y_0$$

$$\tag{3-37}$$

式中，h 为各个插值节点之间的等距离间隔；t 为插值节点 x 距离初始插值节点 x_0 的间隔数；Δ 为向前差分算子；$\Delta^n y_0$ 表示 f 在 $x = x_0$ 处的 n 阶向前差分（简称差分）。

【求解】

1. 工作表法

工作表的计算过程如图 3-32 所示。以下分步骤进行介绍。

1）输入已知数据

新建工作表，在单元格 B2：L3 中输入表 3-1 中所给的已知数据。工作表的第 1、第 2、第 3 行分别为自变量序号 i、自变量 x 以及函数值 f 的输入区域。本例中，x 代表温度（℃），f 代表分子的摩尔体积（cm³/mol）。

差分表（A1:L13）

行	A	B	C	D	E	F	G	H	I	J	K	L
1	i	0	1	2	3	4	5	6	7	8	9	10
2	x	0	10	20	30	40	50	60	70	80	90	100
3	f	94.23	95.35	96.5	97.69	98.9	100.17	101.5	102.87	104.3	105.8	107.3
4	1阶差分	1.12	1.15	1.19	1.21	1.27	1.33	1.37	1.43	1.5	1.5	
5	2阶差分	0.03	0.04	0.02	0.06	0.06	0.04	0.06	0.07	0		
6	3阶差分	0.01	-0.02	0.04	1.42E-14	-0.02	0.02	0.01	-0.07			
7	4阶差分	-0.03	0.06	-0.04	-0.02	0.04	-0.01	-0.08				
8	5阶差分	0.09	-0.1	0.02	0.06	-0.05	-0.07					
9	6阶差分	-0.19	0.12	0.04	-0.11	-0.02						
10	7阶差分	0.31	-0.08	-0.15	0.09							
11	8阶差分	-0.39	-0.07	0.24								
12	9阶差分	0.32	0.31									
13	10阶差分	-0.01										

注（B4 单元格）：`=C3-B3`

转置结果（C14:L15）

行	C	D	E	F	G	H	I	J	K	L
14	1阶差分	2阶差分	3阶差分	4阶差分	5阶差分	6阶差分	7阶差分	8阶差分	9阶差分	10阶差分
15	1.12	0.03	0.01	-0.03	0.09	-0.19	0.31	-0.39	0.32	-0.01

注：选择单元格 C14:L15，输入以下函数：
`=TRANSPOSE(A4:B13)`，然后按 Ctrl+Shift+Enter 组合键

牛顿插值计算表（A17:L27）

行	x	r	N1	N2	N3	N4	N5	N6	N7	N8	N9	N10
18	5	0.5	94.79	94.78625	94.78688	94.78805	94.79051	94.7944	94.7994	94.80451	94.808	94.80809
19	15	1.5	95.91	95.92125	95.92063	95.91992	95.91887	95.91757	95.91621	95.91503	95.91433	95.91431
20	25	2.5	97.03	97.08625	97.08938	97.09055	97.0916	97.09253	97.09329	97.09382	97.09409	97.0941
21	35	3.5	98.15	98.28125	98.30313	98.29492	98.29246	98.29116	98.29041	98.28999	98.28982	98.28981
22	45	4.5	99.27	99.50625	99.57188	99.49805	99.5202	99.52409	99.52545	99.52599	99.52616	99.52616
23	55	5.5	100.39	100.76125	100.90563	100.63492	100.87855	100.83569	100.8307	100.82952	100.82925	100.82925
24	65	6.5	101.51	102.04625	102.31438	101.61055	102.66629	102.10909	102.17403	102.17913	102.17983	102.17984
25	75	7.5	102.63	103.36125	103.80813	102.29992	105.46715	102.68116	103.65521	103.57862	103.5751	103.57511
26	85	8.5	103.75	104.70625	105.39688	102.54793	110.24008	100.76797	106.28744	104.98547	105.04481	105.04491
27	95	9.5	104.87	106.08125	107.09063	102.16992	118.40824	92.69757	113.67207	105.42604	106.5537	106.55194

计算公式注释：

- r 列（B18）：`=(A18-$B$2)/($C$2-$B$2)`
- N1 列（C18）：`=$B$3+C$15*$B18`
- N2 列（D18）：`=C18+D$15*$B18*($B18-1)/FACT(2)`
- N9 列（K18）：`=J18+K$15*$B18*($B18-1)*($B18-2)*($B18-3)*($B18-4)*($B18-5)*($B18-6)*($B18-7)*($B18-8)/FACT(9)`
- N10 列（L18）：`=K18+L$15*$B18*($B18-1)*($B18-2)*($B18-3)*($B18-4)*($B18-5)*($B18-6)*($B18-7)*($B18-8)*($B18-9)/FACT(10)`

图 3-32　等距节点牛顿插值的工作表计算过程

2) 计算差分

在单元格 B4 中输入差分计算公式"＝C3－B3"，然后将此公式复制到区域 B4：L13 中的对角线(B13→L4)以上部分处。复制公式时，应按照先行、后列的顺序用鼠标拖动单元格的填充柄进行。这样，便得到 f 在 $x=x_0$ 处从 1 阶至 10 阶的向前差分值，即区域 B4：B13 中的 10 个数据。

为方便后面复制公式，将区域 A4：B13 进行转置，得到以行形式存在的差分值。转置方法为：选择单元格区域 C14：L15(目标区域)，输入函数"＝TRANS-POSE(A4：B13)"，然后按"Ctrl＋Shift＋Enter"键。此时，用鼠标单击区域 C14：L15中的任意一个单元格，在公式编辑栏中的显示为"｛＝TRANSPOSE (A4：B13)｝"，表明该区域使用了数组公式。

3) 计算插值多项式

插值多项式的计算区域为 A17：L27。其中，A17：L17 为标题，A18：A27 为插值点。对应各个插值点，需分别计算间隔数 t 及 n 次牛顿插值多项式 $N_n(x)$ [式 (3-37)]。本例中，$n=1$，2，…，10。只要首先完成第一个插值点计算公式的输入(区域 B18：L18)，然后复制这些公式到其他插值点对应的位置处即可。图 3-32 中仅示出了对应第一个插值点 $x=5$ 的间隔数 t 及 1 次、2 次、10 次牛顿插值多项式的计算公式。在区域 C18：L18 的公式输入过程中，应最大限度地利用鼠标拖动的公式复制功能，尽量减少键盘输入，以提高效率、减少劳累并避免输入错误。另外，此处用到了 Excel 中的求阶乘函数"FACT( )"。

4) 计算结果及图示

区域 L18：L27 即为对应 A18：A27 中各所求插值点的函数值。图 3-33 为插值计算结果的图示，图中还一并示出了所给的插值节点。插值节点的取值区域为：x→B2：L2，f→B3：L3；插值点的取值区域为：x→A18：A27，f→L18：L27。

2. VBA 法

1) 输入已知数据

新建工作表，命名为"VBANEWT"。在该工作表中输入表 3-1 中所给的已知数据及所求各插值点数据，计算结果输出到各插值点右侧的单元格中，如图 3-34 所示。

2) 程序设计

程序代码如图 3-35 所示。该程序较为简单，从代码的注释中即可看清其计算流程，故此处省略计算流程图。程序可分为三部分，①已知数据的读入；②计算差分；③计算插值。在②的差分计算中有两个内嵌的循环，在图 3-34 中的插值节点函数值的右侧给出了外循环参数 J 及内循环参数 K 的变化情况，从其变化状况便可理解循环计算过程。所得到的 10 个差分数据(1 阶差分～10 阶差分)

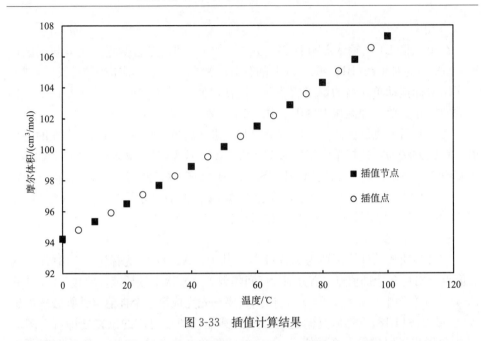

图 3-33　插值计算结果

赋值给数组 A(1)~A(10)。注意，数组 A( ) 的初始值为各插值节点的函数值，其中 A(0) 为第一个插值节点的函数值，在循环过程中不发生变化。

	A	B	C	D	E	F
1		插值节点				
2	i	x	f			
3	0	0	94.23			
4	1	10	95.35			
5	2	20	96.5			
6	3	30	97.69			
7	4	40	98.9			
8	5	50	100.17			
9	6	60	101.5			
10	7	70	102.87			
11	8	80	104.3			
12	9	90	105.8			
13	10	100	107.3			
14		插值点				
15		x	f			
16		5	94.80809			
17		15	95.91431			
18		25	97.0941			
19		35	98.28981			
20		45	99.52616			
21		55	100.8292			
22		65	102.1798			
23		75	103.5751			
24		85	105.0446			
25		95	106.5519			

图 3-34　插值节点及插值计算结果（VBA 法）

```
'─────────────────────────
'等距节点牛顿插值程序
'─────────────────────────
Option Explicit

Public Sub Newton()

Dim X(20) As Double
Dim A(20) As Double
Dim NN(20) As Double

Dim N As Integer
Dim I As Integer
Dim J As Integer
Dim K As Integer
Dim T As Double
Dim TT As Double
Dim JJ As Double

N = 10   '最高插值多项式次数

'──────────────────从单元格中获取插值节点数据
Sheets("VBANEWT").Select      '选择工作表
For I = 0 To N
    X(I) = Cells(I + 3, 2)    '自变量
    A(I) = Cells(I + 3, 3)    '函数值
Next I

'──────────────────差分→A(1)至A(10),A(0)不变
For J = 0 To N - 1
    For K = 1 To N - J
        A(N - K + 1) = A(N - K + 1) - A(N - K)
    Next K
Next J

'──────────────────插值
For J = 16 To 25
    T = (Cells(J, 2) - X(0)) / (X(1) - X(0)) '─────t
    NN(1) = A(0) + T * A(1)      '1点
    TT = T                       '初值: t*(t-1)…*(t-n+1)
    JJ = 1                       '初值: 阶乘n!
    For I = 2 To N               '2点至N点
        TT = TT * (T - I + 1)    't*(t-1)…*(t-n+1)
        JJ = I * JJ              '阶乘n!
        NN(I) = NN(I - 1) + TT * A(I) / JJ '向前插值公式
    Next I
    Cells(J, 3) = NN(N)          '输出结果到单元格
Next J

End Sub
```

图 3-35　等距节点牛顿插值程序代码

　　在③的插值计算代码中，也有两个内嵌的循环，其外循环为从单元格中读入各个插值点数据及进行一次牛顿插值多项式的计算，而内循环为按式(3-37)所进行的对应各插值点的 2～10 次牛顿插值多项式的计算。

3.7　黄　金　分　割

【问题】

已知某反应体系的反应率 X 在 $0.55\sim1.0$，且根据物料平衡及能量平衡可

分别得到以下两式

物料平衡 $$\frac{X}{(1-X)^2}=0.25\exp\left(20-\frac{10\,000}{T}\right)$$ (3-38)

能量平衡 $$T=450+250X$$ (3-39)

式中，T 为反应温度，K。试求反应率 X。

【分析】

针对所给有关 X 及 T 的两个公式，可看出该问题难以求得解析解。可将式 (3-38)变形得

$$F(X,T)=\frac{X}{(1-X)^2}-0.25\exp\left(20-\frac{10\,000}{T}\right)$$ (3-40)

则该问题转化为在 $0.55\leqslant X\leqslant 1.0$ 及式(3-39)的约束下，求式(3-40)的绝对值的最小值问题，当式(3-40)的绝对值趋于零时，对应的 X 就是所求解。显然，该问题可利用 Excel 的规划求解工具进行求解。然而，有时需要连续多次地进行相似的求最小值(或最大值)问题，利用该工具重复进行相同的操作就显得繁琐(利用宏录制有时也无法进行)。因此，针对这类问题有必要了解利用 VBA 编程进行高效求解的方法。

在一定温度 T 下，式(3-40)是具有一个极值点的单峰函数，对这类函数可利用黄金分割法确定极值点(本例为求函数的最小值点)。黄金分割法的示意图如图 3-36 所示(注意，图中的符号 A_1、A_2、B_1、B_2、F_1、F_2 等代表与程序对应的相应变量，非 Excel 的单元格)。在所给自变量区间 A_1 与 A_2 之间(相距为 L)插入两个点：黄金点(0.618 点)B_2 及其对称点 B_1，根据 B_1、B_2 所对应的函数值 F_1、F_2 的相对大小，改变 A_1 或 A_2 的值，从而缩小收索范围，如此不断重复进行，直至 A_1 与 A_2 之差的绝对值(误差)满足所设定的精度为止，即可获得所求解，在本例的计算程序中设置误差为 0.000 001，计算流程如图 3-37 所示。

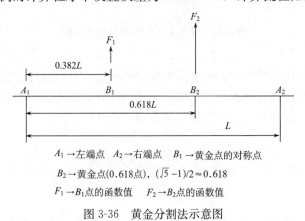

$A_1\rightarrow$左端点　　$A_2\rightarrow$右端点　　$B_1\rightarrow$黄金点的对称点

$B_2\rightarrow$黄金点(0.618点)，$(\sqrt{5}-1)/2\approx 0.618$

$F_1\rightarrow B_1$点的函数值　　$F_2\rightarrow B_2$点的函数值

图 3-36　黄金分割法示意图

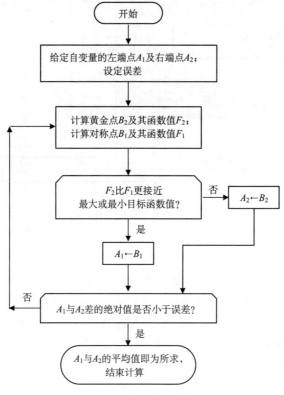

图 3-37　黄金分割法计算流程图

【求解】

新建工作表，起名为"黄金分割"，根据自变量 X 的范围及式(3-39)、式(3-40)，在该工作表中进行如图 3-38 所示的设计。图中有颜色填充的单元格为已知数据或公式的输入区域。此外，在输入完 C6、C7 中的公式后[分别对应式(3-40)、式(3-39)]，将该区域的公式复制到 D6、D7 中即可。在单元格 C8、D8输入的插入点公式中，黄金分割数(0.618)用精确的 $(\sqrt{5}-1)/2$ 代替。B8、E8 分别为不断变化的两个区间的左右端点值。

程序代码如图 3-39 所示，在工作表中建立程序执行按钮，起名为"黄金分割"，点击该按钮后程序执行结果如图 3-40 所示，结果为 $X \approx 0.8363$。此时，$T \approx 659.0833$。为清晰起见，在程序中使用了三个数组变量 $A(2)$、$B(2)$、$F(2)$，分别对应图 3-36 所示的 6 个变量符号(其实，在本例的程序代码中完全可以舍弃变量、直接引用单元格进行计算)。

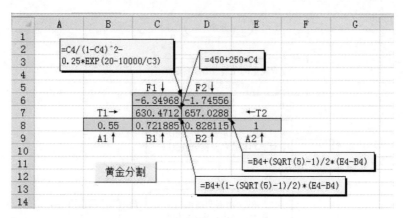

图 3-38　黄金分割法的工作表设计

```
'黄金分割法求函数最小值点程序
'
Option Explicit

Public Sub GoldX()

Sheets("黄金分割").Select        '选择工作表
Dim A(2) As Double              '左右端点
Dim B(2) As Double              '黄金点及其对称点
Dim F(2) As Double              '函数值
Dim Err As Double

Err = 0.000001                 '误差
A(1) = Cells(8, 2)             '左端点
A(2) = Cells(8, 5)             '右端点
Do While Abs(A(1) - A(2)) > Err   '循环计算直至达到要求精度
    '————黄金点及其对称点
    B(1) = Cells(8, 3)         '对称点
    B(2) = Cells(8, 4)         '黄金点
    '————插入点的函数值
    F(1) = Cells(6, 3)         '函数值(左)
    F(2) = Cells(6, 4)         '函数值(右)
    '————缩小收索范围
    If Abs(F(2)) < Abs(F(1)) Then
        A(1) = B(1)
    Else
        A(2) = B(2)
    End If
    '————在单元格中显示结果
    Cells(8, 2) = A(1)
    Cells(8, 5) = A(2)
Loop

End Sub
```

图 3-39　黄金分割法 VBA 代码

	B	C	D	E
5		F1 ↓	F2 ↓	
6		1.06E-05	4.63E-05	
7	T1→	659.0833	659.0833	←T2
8	0.836333	0.836333	0.836333	0.836334
9	A1 ↑	B1 ↑	B2 ↑	A2 ↑
10				
11	黄金分割			
12				

图 3-40 计算结果

传输原理篇

第4章 动量传输

由牛顿黏性定律可知，作用于一维流动的流体内部的黏性应力（即两流体层之间由于流体黏性而产生的切应力）的大小与流体层间速度梯度的大小成正比，即

$$\tau_{yx} = -\mu \frac{\mathrm{d}u}{\mathrm{d}y} \tag{4-1}$$

式中，τ_{yx} 为相邻流体层之间的切应力（流体流动时产生的内摩擦力）或动量通量，$Pa(N/m^2)$，其中，角标 y 代表切应力作用面的法线方向及动量传递的方向，角标 x 代表速度、动量及黏性应力的方向；μ 为流体动力黏度，$Pa \cdot s$；u 为流体流速，m/s；y 为距离，m。

将式(4-1)微分作为摩擦力（黏性力）项并考虑压力、外力等各项平衡后便可得到不可压缩黏性流体的运动方程，即纳维-斯托克斯方程。在直角坐标系中关于 x 方向的速度 u 的运动方程为

$$\rho \frac{\partial u}{\partial t} + \rho \left(u \frac{\partial u}{\partial x} + v \frac{\partial u}{\partial y} + w \frac{\partial u}{\partial z} \right) = -\frac{\partial p}{\partial x} - \left(\frac{\partial \tau_{xx}}{\partial x} + \frac{\partial \tau_{yx}}{\partial y} + \frac{\partial \tau_{zx}}{\partial z} \right) + \rho g$$

$$= -\frac{\partial p}{\partial x} + \mu \left(\frac{\partial^2 u}{\partial x^2} + \frac{\partial^2 u}{\partial y^2} + \frac{\partial^2 u}{\partial z^2} \right) + \rho g \tag{4-2}$$

式中，ρ 为流体密度，kg/m^3；u、v、w 分别为相互垂直的 x、y、z 三方向的速度分量，m/s，本章中最多只考虑 2 个方向的流动，且为方便起见分别用 u_x、u_y 代替 u、v；ρg 为外力（质量力），N/m^3（g 为重力加速度，m/s^2）；τ_{xx}、τ_{zx} 为切应力，Pa；t 为时间，s。

式(4-2)中各项的单位为 N/m^3，即针对单位体积流体的力的平衡式。左侧为惯性力（其中，第一项为非稳态项，第二项为对流项）；右侧第一项为表面净压力（由压力梯度产生的力）；右侧第二项为黏性力；右侧第三项为外力（质量力）。从另外一个角度看，流体之所以会产生流动，正是由式(4-2)中所示的各项造成的，即这些项构成了流体流动的动力源泉。

纳维-斯托克斯方程还有其他多种表达形式（包括柱坐标、球坐标条件下的表达式），但其物理意义是一致的，本书限于篇幅不一一列出，读者可在相关书籍中找到其具体表达方式。求解纳维-斯托克斯方程主要是为了求解速度分布或与速度分布相关的其他物理量（温度分布、浓度分布、流量等）。由于该方

程是非线性的，故很难得到解析解。然而，在一些特殊情况下，可以将纳维-斯托克斯方程化为线性方程或常微分方程以便于求解。本章即从这些特殊例子出发，由简单到复杂逐渐深入，从一定条件下的特殊视角揭示黏性流体流动的某些普遍性质。

本章中若无特殊说明，均为针对等温层流条件下的、满足牛顿黏性定律的不可压缩牛顿型流体的黏性流动解析。

4.1　边界速度引起的流动

4.1.1　一维平板库埃特流动

1. 问题

相距 $h=0.01\mathrm{m}$ 的两个相互平行的平板之间的水处于静止的初始状态，当上面平板以 $U=0.1\mathrm{m/s}$ 的速度水平移动时，求平板之间水在垂直方向（y 方向）的速度分布 $u(y)$，如图 4-1 所示。设水的黏度 $\mu=1.0\times10^{-3}\mathrm{Pa\cdot s}$。

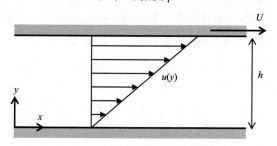

图 4-1　平板间的库埃特流动模型

2. 分析

当与流体相接触的界面（固-液界面）发生运动时，流体将因黏性力的作用而产生流动，这种由边界速度引起的等温稳态下的黏性层流流动称为库埃特流动（Couette flow）。这时，运动方程式中只剩下黏性力一项，在本例中，可在一维直角坐标系中表示为

$$0=\mu\frac{\mathrm{d}^2u}{\mathrm{d}y^2} \tag{4-3}$$

根据式(4-1)，式(4-3)可化为关于切应力 τ_{yx}、速度 u 两个变量的常微分方程组，即

$$\begin{cases} \dfrac{\mathrm{d}\tau_{yx}}{\mathrm{d}y} = 0 \\ \dfrac{\mathrm{d}u}{\mathrm{d}y} = -\dfrac{1}{\mu}\tau_{yx} \end{cases} \tag{4-4}$$

当初始条件(本例为边界条件)已知时,可利用龙格-库塔法求解该常微分方程组。本例中,可根据速度 u 在上、下两个边界处的值(可分别确定为 U 及 0)来确定常微分方程组中变量的初始条件。

3. 求解

利用龙格-库塔法求解本例常微分方程组的工作表设计如图 4-2 所示。其中,有颜色填充的部分为数据或公式的输入区域。在单元格 B11、C11 中输入式(4-4)中所示的公式。根据已知条件,u 的初值($y=0$ 时的值)为 0(即单元格 C15 的值),而 τ_{yx} (在工作表中用"τ"表示)的初值(单元格 B15 的值)需要试验探索确定,即试探着改变 B15 的值,使当 $y=0.01$ 时,$u=0.1$(上边界条件)。例如,当 $\tau_{yx}=-0.009$ 时执行程序后可得 $u(0.01)=0.09$,而当 $\tau_{yx}=-0.011$ 时执行程序后可得 $u(0.01)=0.11$,可见应力值应在二者之间,即 $-0.011<\tau_{yx}<-0.009$。经如此多次细致的探索试验后,最终结果可确定为当初值 $\tau_{yx}=-0.01$ 时,$u(0.01)=0.1$,此即为所求的应力值(初值)及对应的边界条件。本例中使用前述的标准龙格-库塔解析程序(参见第 3 章中的 3.1.2 节),程序执行按钮命名为"龙格-库塔"。

本例的解析解为

$$u = \dfrac{y}{h} \cdot U \tag{4-5}$$

为比较数值解与解析解的差异,在对应行的 E 列中同时给出了解析解的结果(仅在单元格 E15 中示出了公式输入方法,可复制该公式到其他相应单元格中)。最终结果如图 4-3 所示。注意,本例中切应力值(动量通量值)为负值,表明动量的传递方向与所设 y 轴的正向相反,即从上往下传递。

4. 问题扩展

(1) 在本例中,当平行平板间的水改为黏度为 $\mu=2.5\times10^{-3}\mathrm{Pa \cdot s}$ 的某流体时,试确定切应力 τ_{yx} 的值及速度分布 $u(y)$。

(2) 在本例中,若两平行平板间的水改为一半空气、一半水(高度均为 $0.5h$)两层,则当空气一侧的上平板以 $U=1.0\mathrm{m/s}$ 的速度移动时,求水面速度。已知水、空气的运动黏度分别为 $1.57\times10^{-5}\mathrm{m^2/s}$、$1.01\times10^{-6}\mathrm{m^2/s}$。

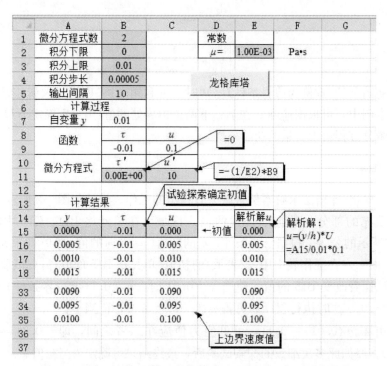

图 4-2　平行平板间流体的库埃特流动工作表设计及计算结果

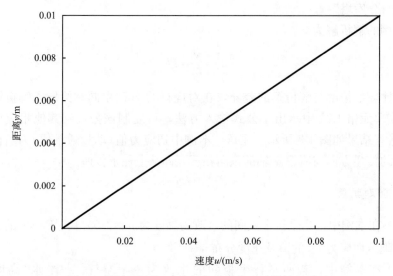

图 4-3　平行平板间流体的库埃特流动计算结果图示

5. 参考解答

(1) 速度分布不变。应力值 $\tau_{yx}=-0.025$。

(2) 当流体的密度及动力黏度随着位置 y 的变化而变化时，可将运动黏度 $(\nu=\mu/\rho)$ 应用于运动方程中，在本问题中可表示为

$$\frac{\mathrm{d}}{\mathrm{d}y}\Big(-\nu\,\frac{\mathrm{d}u}{\mathrm{d}y}\Big)=0 \tag{4-6}$$

令

$$m=-\nu\,\frac{\mathrm{d}u}{\mathrm{d}y} \tag{4-7}$$

则

$$\begin{cases}\dfrac{\mathrm{d}m}{\mathrm{d}y}=0\\[2mm]\dfrac{\mathrm{d}u}{\mathrm{d}y}=-\dfrac{1}{\nu}m\end{cases} \tag{4-8}$$

单元格设计如图 4-4 所示，在单元格 E2 中，利用 IF() 函数对应自变量 y 值的变化选取不同的黏度值。计算结果如图 4-5 所示，水面速率为 0.061m/s。

图 4-4 双层库埃特流动单元格设计及计算结果

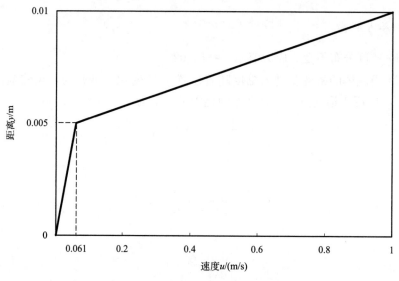

图 4-5　双层库埃特流动计算结果图示

4.1.2　二维平板库埃特流动

1. 问题

已知某流体存在于横截面为正方形的管道中，x、y 两个方向管壁的长度皆为 1m，如图 4-6 所示。当管道上方沿 z 方向施加速度为 $w_0 = 1$m/s 的滑动时将带动其下方的流体流动，求稳态时在 $(x，y)$ 平面内流体沿 z 方向的速率分布 $w(x，y)$。

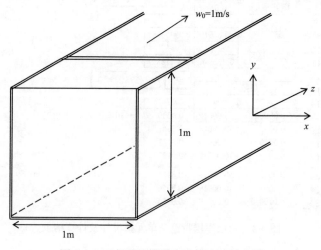

图 4-6　正方形的管道中流体流动示意图

2. 分析

本例为由边界速度引起的二维平板库埃特流动，与式(4-3)类似，在本例二维的条件下，相应的 z 方向的运动方程可表示为

$$0 = \mu\left(\frac{\partial^2 w}{\partial x^2} + \frac{\partial^2 w}{\partial y^2}\right) \tag{4-9}$$

即

$$\left(\frac{\partial^2 w}{\partial x^2} + \frac{\partial^2 w}{\partial y^2}\right) = 0 \tag{4-10}$$

式(4-10)称为拉普拉斯方程，可采用差分法求解该偏微分方程。将计算区域分割，x、y 两方向的格子长度分别为 Δx、Δy，节点位置用 x、y 两方向的序号 n、m 表示，如图 4-7 所示。设速度为 w 的节点值为 $w_{n,m}$，式(4-10)中左侧第一项可用差分式(4-11)表示。

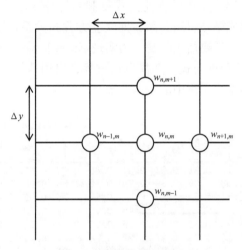

图 4-7　差分格子示意图

$$\frac{\partial^2 w}{\partial x^2} = \frac{\left.\dfrac{\partial w}{\partial x}\right|_{x+\Delta x} - \left.\dfrac{\partial w}{\partial x}\right|_x}{\Delta x} = \frac{(w_{n+1,\,m} - w_{n,\,m}) - (w_{n,\,m} - w_{n-1,\,m})}{(\Delta x)^2}$$

$$= \frac{w_{n+1,\,m} + w_{n-1,\,m} - 2w_{n,\,m}}{(\Delta x)^2} \tag{4-11}$$

同理，式(4-10)中左侧第二项可差分为

$$\frac{\partial^2 w}{\partial y^2} = \frac{(w_{n,\,m+1} - w_{n,\,m}) - (w_{n,\,m} - w_{n,\,m-1})}{(\Delta y)^2}$$

$$= \frac{w_{n,\,m+1} + w_{n,\,m-1} - 2w_{n,\,m}}{(\Delta y)^2} \tag{4-12}$$

为简单起见，设 $\Delta x = \Delta y$。将式(4-11)、式(4-12)代入式(4-10)中，得

$$w_{n,\,m} = \frac{1}{4}(w_{n+1,\,m} + w_{n-1,\,m} + w_{n,\,m+1} + w_{n,\,m-1}) \tag{4-13}$$

由式(4-13)可见，某一节点处的速度值等于其周围相邻点速度值的平均值。将式(4-13)应用于计算区域中的全部节点即转化为联立方程组的求解问题，利用 Excel 的循环引用功能可简单求解。

3. 求解

本例中取 $\Delta x = \Delta y = 1/13(m)$，则 n、m 的取值范围为 $0 \sim 13$，即 x 或 y 单方向共 13 个格子，工作表设计如图 4-8 所示。其中，有颜色填充的部分为边界值，A1：N1 为上边界的速度，$w_{n,1} = 1m/s$；其余边界值为 0。在单元格 B2 中输入差分公式[式(4-13)]，然后将此公式复制到计算区域的其他单元格中。这时，各个单元格间形成循环引用关系，即联立方程式关系，Excel 自动进行循环计算，给出计算结果。需要指出的是，为实现 Excel 自动循环计算功能，需进行一定的设定(文件→选项→公式：选择自动重算、启用迭代计算、设定最多迭代次数及最大误差，参见第 1 章中的 1.1.2 节)。

	A	B	C	D	E	F	G	H	I	J	K	L	M	N
1	1	1	1	1	1	1	1	1	1	1	1	1	1	1
2	0	0.49	0.68	0.77	0.81	0.83	0.84	0.84	0.83	0.81	0.77	0.68	0.49	0
3	0	0.29	0.47	0.58	0.65	0.68	0.70	0.70	0.68	0.65	0.58	0.47	0.29	0
4	0	0.19	0.34	0	0.51	0.55	0.57	0.57	0.55	0.51	0.44	0.34	0.19	0
5	0	0.13	0.25	0	=(A2+B1+C2+B3)/4		0.45	0.45	0.44	0.40	0.34	0.25	0.13	0
6	0	0.10	0.19	0.26	0.31	0.34	0.36	0.36	0.34	0.31	0.26	0.19	0.10	0
7	0	0.07	0.14	0.20	0.24	0.27	0.28	0.28	0.27	0.24	0.20	0.14	0.07	0
8	0	0.06	0.11	0.15	0.18	0.21	0.22	0.22	0.21	0.18	0.15	0.11	0.06	0
9	0	0.04	0.08	0.12	0.14	0.16	0.17	0.17	0.16	0.14	0.11	0.08	0.04	0
10	0	0.03	0.06	0.08	0.10	0.12	0.12	0.12	0.12	0.10	0.08	0.06	0.03	0
11	0	0.02	0.04	0.06	0.07	0.08	0.09	0.09	0.08	0.07	0.06	0.04	0.02	0
12	0	0.01	0.03	0.04	0.05	0.05	0.06	0.06	0.05	0.05	0.04	0.03	0.01	0
13	0	0.01	0.01	0.02	0.02	0.03	0.03	0.03	0.03	0.02	0.02	0.01	0.01	0
14	0	0	0	0	0	0	0	0	0	0	0	0	0	0

（单元格 B2 编辑栏：f_x =(A2+B1+C2+B3)/4）

图 4-8　求解二维平板库埃特流动的工作表解法

为了根据计算结果数据进行作图分析，将计算结果复制到另一单元格区域中(选择数据→复制→选择另一个单元格区域→选择性粘贴→值)并附加坐标数据，如图 4-9 所示。图示结果如图 4-10 所示。

	A	B	C	D	E	F	K	L	M	N	O	P
19		=A22/13 →向右复制公式						=P24/13 ↓向下复制公式				
20												
21												
22	0	1	2	3	4	5	10	11	12	13		
23	0	0.077	0.154	0.231	0.308	0.385	0.769	0.846	0.923	1	←x	
24	1	1	1	1	1	1	1	1	1	1	1	13
25	0	0.493	0.684	0.77	0.813	0.835	0.77	0.684	0.493	0	0.923	12
26	0	0.29	0.474	0.583	0.646	0.682	0.583	0.474	0.29	0	0.846	11
27	0	0.191	0.339	0.442	0.508	0.548	0.442	0.339	0.191	0	0.769	10
28	0	0.135	0.249	0.336	0.397	0.436	0.336	0.249	0.135	0	0.692	9
29	0	0.099	0.187	0.257	0.309	0.343	0.257	0.187	0.099	0	0.615	8
30	0	0.074	0.141	0.197	0.239	0.268	0.197	0.141	0.074	0	0.538	7
31	0	0.055	0.107	0.15	0.184	0.207	0.15	0.107	0.055	0	0.462	6
32	0	0.041	0.08	0.113	0.139	0.157	0.113	0.08	0.041	0	0.385	5
33	0	0.03	0.059	0.083	0.103	0.116	0.083	0.059	0.03	0	0.308	4
34	0	0.021	0.041	0.058	0.072	0.082	0.058	0.041	0.021	0	0.231	3
35	0	0.013	0.026	0.037	0.046	0.052	0.037	0.026	0.013	0	0.154	2
36	0	0.007	0.013	0.018	0.022	0.025	0.018	0.013	0.007	0	0.077	1
37	0	0	0	0	0	0	0	0	0	0	0	0
38											↑y	

图 4-9 为作图分析准备的数据

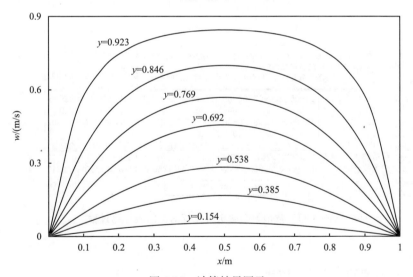

图 4-10 计算结果图示

4. 问题扩展

本例的解析解为

$$\frac{w}{w_0} = \sum_{n=1}^{\infty} A_n \sin(n\pi x)\,\sinh(n\pi y) \tag{4-14}$$

式中，

$$A_n = \frac{2\left[1-\cos(n\pi)\right]}{n\pi\sinh(n\pi)} \tag{4-15}$$

针对 $y=9/13\mathrm{m}$ 的情况，试比较数值解与解析解的计算结果。

5. 参考解答

如图 4-11、图 4-12 所示，"向右复制→"、"向下↓及向右→"等表示用鼠标拖动单元格的填充柄向右(同行)或向下(同列)进行公式复制。

	A	B	C	D	E	F	G	H	I	N	O
1	y=	0.6923	=9/13								
2		1	2	3	4	5	6	7	8	13	14
3	x→	0	0.0769	0.1538	0.2308	0.3077	0.3846	0.4615	0.5385	0.9231	1
4	n↓	=(B2-1)/13, 向右复制→									
5	1		0.1146	0.2226	0.3176	0.3942	0.4478	0.4754	0.4754	0.1146	
6	2		0	0	0	0	0	0	0	0	
7	3		0.0155	0.0232	0.0192	0.0056	-0.011	-0.022	-0.022	0.0155	
8	4		0	0	0	0	0	0	0	0	
9	5		=(2*(1-COS($A5*PI()))/($A5*PI()*SINH($A5*PI())))*SIN($A5*PI()*C$3)*SINH($A5*PI()*$B$1) 将该公式复制到方框内的所有单元格中，向下↓及向右→					0.0017	0.0017	0.0019		
10	6							0	0		
11	7						-04	-1E-04	0.0002		
12	8										
13	9		2E-05	-2E-05	6E-06	2E-05	-2E-05	1E-05	1E-05	2E-05	
14	10		0	0	0	0	0	0	0	0	
15	11		1E-06	-2E-06	3E-06	-3E-06	2E-06	-7E-07	-7E-07	1E-06	
16	12		0								
17	13		-1E-22	2E-22	-5E-22	4E-22	-4E-22	1E-21	3E-22	2E-21	
18	解析解→	0	0.1322	0.247	0.3357	0.3978	0.4366	0.4551	0.4551	0.1322	0
19	数值解→	0	0.1347	0.2491	0.3364	0.3974	0.4356	0.4538	0.4538	0.1347	0
20											
21		=SUM(C5:C17), 向右复制→									

图 4-11　数值解与解析解比较的工作表计算过程

4.1.3　一维双圆筒库埃特流动

1. 问题

设有如图 4-13 所示的同轴线双层圆筒间充满不可压缩牛顿型流体，外筒半径 $R_2=0.05\mathrm{m}$，内筒半径 $R_1=\alpha R_2=0.6\times 0.05=0.03\mathrm{m}$，两圆筒长度 $L=$

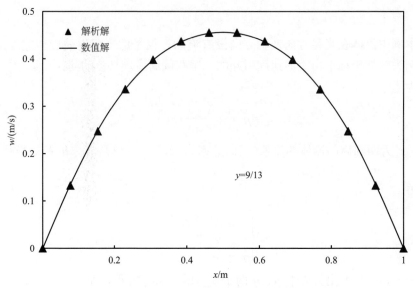

图 4-12 数值解与解析解比较图示

0.036m。当外筒静止、内筒以转速 $\omega = 62.5\text{r/min} = (2\pi \times 62.5)/60\text{rad/s} \approx 6.54\text{rad/s}$(旋转角速度)旋转时,测得中心轴的力矩 $T = 0.00032\text{N} \cdot \text{m}$,试求两个圆筒间液体内的速度分布及液体黏度。

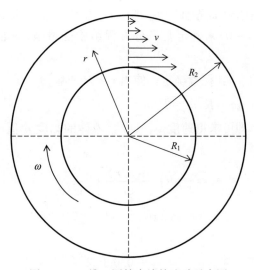

图 4-13 一维双圆筒库埃特流动示意图

2. 分析

本例中流体在半径方向及轴方向没有流动，仅考虑平面内的旋转速度即可，故本例为圆柱坐标下由边界速度引起的一维双圆筒库埃特流动问题，运动方程可简化为

$$0 = \mu \frac{d}{dr}\left[\frac{1}{r}\frac{d}{dr}(rv)\right] \tag{4-16}$$

式中，v 为两圆筒间流体的流速(周向速率)，m/s，它仅是液体位置即半径 r 的函数。

设

$$\begin{cases} p = \frac{1}{r}\frac{d}{dr}(rv) \\ q = rv \end{cases} \tag{4-17}$$

则式(4-16)可化为关于 p、q 两个变量的常微分方程，即

$$\begin{cases} \dfrac{dp}{dr} = 0 \\ \dfrac{dq}{dr} = rp \end{cases} \tag{4-18}$$

当初始条件(本例为边界条件)已知时，可利用龙格-库塔法求解该常微分方程组。本例中，可根据内筒壁面速度(即当 $r=R_1$ 时，$v_1=R_1\omega$)及外筒壁面速度(即当 $r=R_2$ 时，$v_2=0$)来确定常微分方程组中变量 p、q 的初始条件。即当 $r=R_1$ 时，

$$\begin{cases} p：探索确定，使当 \ r=R_2 \ 时，\ q=0 \\ q = R_1 v_1 = R_1^2 \omega \end{cases} \tag{4-19}$$

求得 p、q 后，即可求得速度 v、v/r。液体的黏度 μ 值可由以下联立方程求解

$$\begin{cases} \tau_0 = -\mu R_1 \left[\dfrac{d(v/r)}{dr}\right]_{r=R_1} \\ T = \tau_0 \times 2\pi R_1 L \times R_1 = 0.00032 \end{cases} \tag{4-20}$$

即

$$\mu = \frac{-0.00032}{2\pi R_1^3 L \left[\dfrac{d(v/r)}{dr}\right]_{r=R_1}} \tag{4-21}$$

式中，τ_0 为内圆筒壁面处的切应力，Pa。此外，上式分母中方括号中的项为内

圆筒壁面处(v/r)对 r 的导数，可根据等距节点下的三点公式计算。即对函数 $f(x_i)=f_i$, $i=0,1,2,\cdots,n$，等距插值节点 $x_k=x_0+kh$, $k=0,1,\cdots$, n, $h=(x_n-x_0)/n$，有

$$f'(x_0)\approx\frac{1}{2h}(-3f_0+4f_1-f_2) \tag{4-22}$$

3. 求解

设计工作表计算格式如图 4-14 所示，图中单元格 E15、F15 备注中的"↓向下复制"意为用鼠标拖动单元格的填充柄向下(同列)进行公式复制。本例中使用前述的标准龙格-库塔解析程序(参见第 3 章中的 3.1.2 节)，程序执行按钮命名为"龙格-库塔"。取 p 的初始值为 -7.359，这样当 $r=R_2$ 时，$q=3.0\times10^{-7}\approx0$。经计算，$q$ 的初始值约为 $0.0059~\mathrm{m^2/s}$。求得 p、q 随 r 的变化关系数据后，在 E15:H15 中分别计算 v、v/r、$\mathrm{d}(v/r)/\mathrm{d}r$ 及 μ。最终求得黏度值 $\mu=0.0769\mathrm{Pa\cdot s}$。利用所得数据作图，可得如图 4-15 所示速度分布。

4. 问题扩展

(1) 本例中，黏度 μ 可根据如下所示的力矩 T 的解析解公式计算求得

$$T=4\pi\mu\omega R_2^2 L\left(\frac{\alpha^2}{1-\alpha^2}\right) \tag{4-23}$$

此外，两个圆筒间液体的速率分布解析式为

$$v=v_1\left(\frac{\alpha}{1-\alpha^2}\right)\left(\frac{1-\beta^2}{\beta}\right) \tag{4-24}$$

式中，

$$\begin{cases}\alpha=\dfrac{R_1}{R_2}(\text{本例中，}\alpha=0.6)\\[2mm]\beta=\dfrac{r}{R_2}\end{cases} \tag{4-25}$$

试根据以上公式将本例的数值解与解析解的计算结果进行对比。

(2) 根据式(4-24)，改变本例中的 α 值，考查在不同 α 值条件下，v/v_1 随 γ 的变化关系，γ 表示在内外两个圆筒间液体的相对位置，定义为

$$\gamma=\frac{r-R_1}{R_2-R_1}=\frac{\beta-\alpha}{1-\alpha} \tag{4-26}$$

式中，γ 的取值范围为 $0\sim1$，即 β 的取值范围为 $\alpha\sim1$(对应液体位置为：内圆筒壁面到外圆筒壁面)。

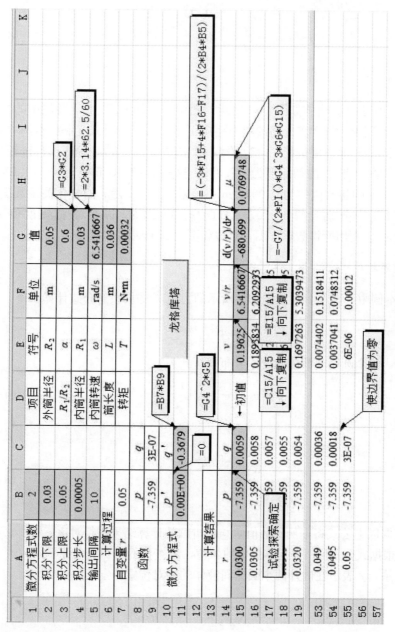

图 4-14　一维双圆筒库埃特流动计算工作表

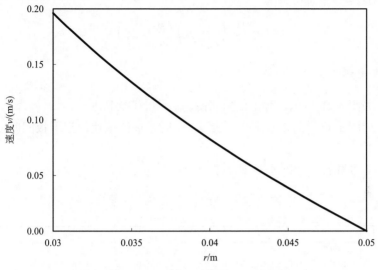

图 4-15 一维双圆筒库埃特流动速度分布

（3）若将本例的条件改为外筒转动（圆周速度为 v_2，m/s）而内筒静止，其他条件不变，试求两圆筒间液体的速度分布并比较数值解与解析解的差异。已知该

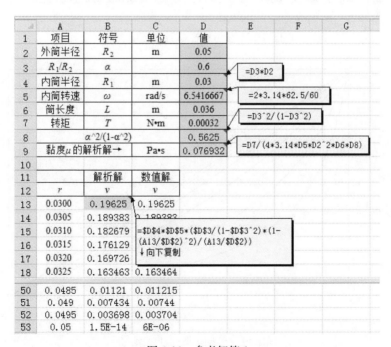

图 4-16 参考解答 1

条件下的速度分布解析解为

$$v = v_2 \left(\frac{\alpha}{1-\alpha^2} \right) \left(\frac{\beta}{\alpha} - \frac{\alpha}{\beta} \right) \tag{4-27}$$

5. 参考解答

（1）如图 4-16 所示，黏度的解析解为 $\mu = 0.0769\text{Pa} \cdot \text{s}$。

（2）如图 4-17、图 4-18 所示，当 $\alpha \to 1$ 时，液体流速趋于平板间库埃特线性分布。

（3）参考解答 3 如图 4-19 所示。

	A	B	C	D	E	F	G	H	I	J	K	L	M
1	$\alpha \to$	0.1	0.2	0.4	0.6	0.8	0.9	0.1	0.2	0.4	0.6	0.8	1
2	$\gamma \downarrow$			$\beta \downarrow$						$v/v_1 \downarrow$			
3	0	0.1	0.2	0.4	0.6	0.8	0.9	1	1	1	1	1	1
4	0.02	0.118	0.216	0.412	0.608	0.804	0.902	0.844	0.92	0.96	0.972	0.977	0.979
5	0.04	0.136	0.2				0.904	0.729					
6	0.06	0.154	0.2				0.906	0.64					
7	0.08	0.172	0.2				0.908	0.57					
8	0.1	0.19	0.28	0.46	0.64	0.82	0.91	0.512	0.686	0.816	0.865	0.888	0.895
51	0.96	0.964	0.968	0.976	0.984	0.992	0.996	0.007	0.014	0.023	0.03	0.036	0.038
52	0.98	0.982	0.984	0.988	0.992	0.996	0.998	0.004	0.007	0.011	0.015	0.018	0.019
53	1	1	1	1	1	1	1	0	0	0	0	0	0

（单元格批注）=(1-B$1)*$A3+B$1 复制该公式到B3: G53

（单元格批注）=B$1/(1-B$1^2)*(1-B3^2)/B3 复制该公式到H3: M53

图 4-17　参考解答 2(计算工作表)

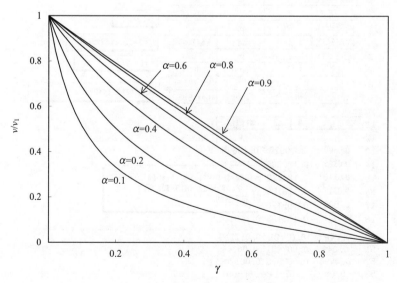

图 4-18　参考解答 2(结果图示)

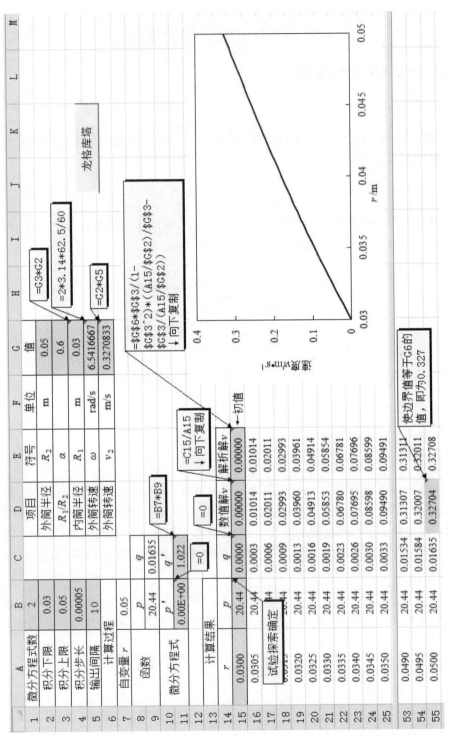

图 4-19 参考解答 3

4.2　压力梯度引起的流动

4.2.1　一维平板泊肃叶流动

1. 问题

相距 $h=0.01\mathrm{m}$ 的相互平行的两个平板之间的水由于压力梯度而发生流动，压力梯度可表示为

$$\frac{\mathrm{d}p}{\mathrm{d}x}=-10\mathrm{Pa/m} \tag{4-28}$$

已知上面的平板以 $U=0.1\mathrm{m/s}$ 的速度运动，求液体的速度分布，流动示意图如图 4-20 所示。设水的黏度 $\mu=1.0\times10^{-3}\mathrm{Pa\cdot s}$。

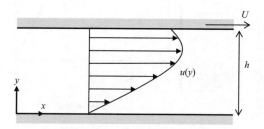

图 4-20　一维平板泊肃叶流动示意图

2. 分析

本例为由于压力梯度(或入口与出口间的压力差)而发生的直角坐标下的一维流体流动，称为一维平板泊肃叶流动(Poiseuille flow)。当同时又存在平板的移动时，则可称为平行平板间的库埃特-泊肃叶流动(Couette-Poiseuille flow)。这时，运动方程式(4-2)的右侧中只存在压力项和黏性项而左侧为零，可写为

$$0=-\frac{\mathrm{d}p}{\mathrm{d}x}+\mu\frac{\mathrm{d}^2u}{\mathrm{d}y^2} \tag{4-29}$$

根据式(4-1)，式(4-29)可化为关于切应力 τ_{yx}、速度 u 两个变量的常微分方程，即

$$\begin{cases} \dfrac{\mathrm{d}\tau_{yx}}{\mathrm{d}y}=-\dfrac{\mathrm{d}p}{\mathrm{d}x} \\[3mm] \dfrac{\mathrm{d}u}{\mathrm{d}y}=-\dfrac{1}{\mu}\tau_{yx} \end{cases} \tag{4-30}$$

当初始条件(本例为边界条件)已知时,可利用龙格-库塔法求解该常微分方程组。本例中,可根据速度 u 在上、下两个边界处的值(可分别确定为 U 及 0)来确定常微分方程组中变量的初始条件。

3. 求解

计算用工作表设计如图 4-21 所示,计算结果输出到初值所在行的下面。图中,有颜色填充的部分为数据或公式的输入区域。在单元格 B11、C11 中输入式(4-30)所示的公式。根据已知条件,u 的初值($y=0$ 时的值)为 0(即单元格 C15的值),而 τ_{yx}(在工作表中用"τ"表示)的初值(单元格 B15 的值)需要试验探索确定,即试探着改变 B15 的值,使当 $y=0.01$ 时,$u=0.1$(上边界条件)。经如此多次细致的探索试验后,最终结果可确定为当初值 $\tau_{yx}=-0.06$ 时,$u(0.01)=0.1$,此即为所求的切应力值(初值)及对应的边界条件。本例中使用前述的标准龙格-库塔解析程序(参见第 3 章中的 3.1.2 节),程序执行按钮命名为"龙格-库塔"。

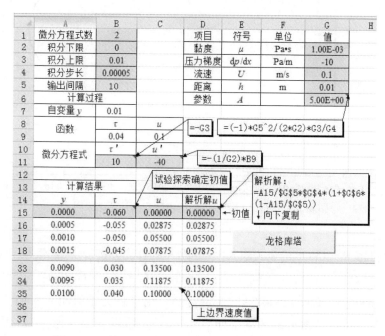

图 4-21 平行平板间泊肃叶流动工作表设计及计算结果

本例的解析解为

$$u = \frac{y}{h}U\left[1 + A\left(1 - \frac{y}{h}\right)\right] \tag{4-31}$$

式中,

$$A = -\frac{h^2}{2\mu}\frac{\mathrm{d}p}{\mathrm{d}x}\cdot\frac{1}{U}$$

(4-32)

　　为比较数值解与解析解的差异，在 D15：D35 中同时给出了解析解的结果（仅在单元格 D15 中示出了公式输入方法，可复制该公式到其他相应单元格中，图中"↓向下复制"即为此意），可见数值解与解析解的计算结果基本一致。最终结果如图 4-22 所示，图中同时示出了切应力及速度两个变量在纵向的分布情况（速度的解析解与数值解曲线看不出差别，几乎重合）。此外，对应最大速度处的切应力为零，而在最大速度面的上下两侧的切应力分别取正、负值，即动量传递方向不同。

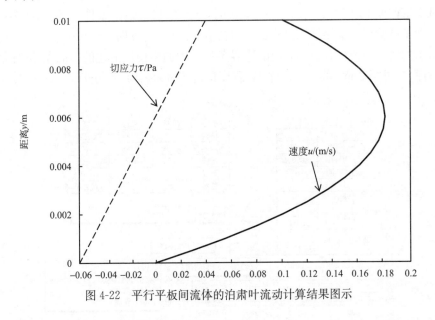

图 4-22　平行平板间流体的泊肃叶流动计算结果图示

　　注意：在单元格 G6 的公式输入中(参数 A 的计算公式)，不能写为"＝－G5^2/(2＊G2)＊G3/G4"，而应写为"＝(－1)＊G5^2/(2＊G2)＊G3/G4"，否则会发生错误。这是因为，Excel 计算"＝－G5^2"时，结果将为正值而非所期待的负值（负号优先于指数，参见第 2 章中的 2.2.4 节），所以一定要把"－1"用括弧括起来。

　　4. 问题扩展

　　(1) 根据式(4-31)，对一定的参数 A，作出无因次速度(u/U)随无因次参数(y/h)变化的关系图，考察当 $A>0$ 及 $A<0$ 时流体流动状态的变化情况。

　　(2) 在本例中，若上下两平板都为静止状态，其他条件不变，即流体流动仅依靠压差维持，计算速度分布 $u(y)$ 及切应力分布 $\tau(y)$，求出最大速度 u_{max}、平均速度 u_m，并考察二者之间的关系。

（3）若将本例中的水改为下半部分为水、上半部分为油的两层液体（不可压缩、不相混合、具有液液界面的双层流体流动），其密度相同但黏度分别为 $\mu_1=0.001\text{Pa} \cdot \text{s}$，$\mu_2=0.005\text{Pa} \cdot \text{s}$，求切应力分布及速度分布。已知，$x$ 方向的压力梯度为 $(\text{d}p/\text{d}x)=-20\text{Pa/m}$。

（4）已知问题扩展 3 的解析解为

$$\begin{cases} \tau_{yx}=-(h/2)\dfrac{\text{d}p}{\text{d}x}\left[\left(\dfrac{y-h/2}{h/2}\right)-\dfrac{1}{2}\left(\dfrac{\mu_1-\mu_2}{\mu_1+\mu_2}\right)\right] \\[4mm] u_1=-\dfrac{(h/2)^2}{2\mu_1}\dfrac{\text{d}p}{\text{d}x}\left[\left(\dfrac{2\mu_1}{\mu_1+\mu_2}\right)+\left(\dfrac{\mu_1-\mu_2}{\mu_1+\mu_2}\right)\left(\dfrac{y-h/2}{h/2}\right)-\left(\dfrac{y-h/2}{h/2}\right)^2\right] \\[4mm] u_2=-\dfrac{(h/2)^2}{2\mu_2}\dfrac{\text{d}p}{\text{d}x}\left[\left(\dfrac{2\mu_2}{\mu_1+\mu_2}\right)+\left(\dfrac{\mu_1-\mu_2}{\mu_1+\mu_2}\right)\left(\dfrac{y-h/2}{h/2}\right)-\left(\dfrac{y-h/2}{h/2}\right)^2\right] \end{cases}$$

$$(4\text{-}33)$$

式中，u_1、u_2 分别为下层水和上层油的速度。试比较数值解和解析解的计算结果。

5. 参考解答

（1）由图 4-23、图 4-24 可知，当压力沿流动方向减小，即 $A>0$ 时，整个横截面上的速度值都是正的；而当压力沿流动方向增加，即 $A<0$ 时，则可能在静止壁面附近产生回流（倒流）。回流主要发生在 $A<-1$ 的情形，此时在下平板附近，上平板的拖动作用不足以克服逆向压差的影响，因而在部分区域内产生了回流。当 $A=0$ 时，即转化为一维平行平板间的库埃特流。

	A	B	C	D	E	F	G	H
1	$A\rightarrow$	-3	-2	-1	0	1	2	3
2	$y/h\downarrow$				$u/U\downarrow$			
3	0.00	0	0	0	0	0	0	0
4	0.05	-0.0925	-0.0450	0.0025	0.0500	0.0975	0.1450	0.1925
5	0.10	-0.1700				0.1900	0.2800	0.3700
6	0.15	-0.2325	=$A3*(1+B$1*(1-$A3))			0.2775	0.4050	0.5325
7	0.20	-0.2800	将该公式复制到B3:H23中			0.3600	0.5200	0.6800
20	0.85	0.4675	0.5950	0.7225	0.8500	0.9775	1.1050	1.2325
21	0.90	0.6300	0.7200	0.8100	0.9000	0.9900	1.0800	1.1700
22	0.95	0.8075	0.8550	0.9025	0.9500	0.9975	1.0450	1.0925
23	1.00	1	1	1	1	1	1	1

图 4-23　参考解答 1（计算工作表）

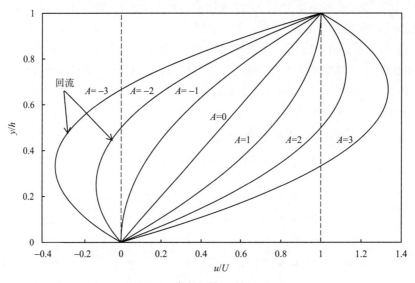

$$图 4\text{-}24　参考解答 1(结果图示)$$

（2）计算工作表如图 4-25 所示，计算结果如图 4-26 所示。可设切应力的初值为 -0.05，上下边界处速率为零。解析解为（y 轴的坐标原点取在下壁面）

$$u = -\frac{1}{2\mu}\frac{\mathrm{d}p}{\mathrm{d}x} \cdot y(h-y) \tag{4-34}$$

最大速度 $u_{\max}$ 的解析解为

$$u_{\max} = -\frac{1}{2\mu}\frac{\mathrm{d}p}{\mathrm{d}x} \cdot \left(\frac{h}{2}\right)^2 \tag{4-35}$$

平均速度 u_{m} 的解析解为

$$u_{\mathrm{m}} = -\frac{1}{3\mu}\frac{\mathrm{d}p}{\mathrm{d}x} \cdot \left(\frac{h}{2}\right)^2 \tag{4-36}$$

二者的关系为

$$\frac{u_{\mathrm{m}}}{u_{\max}} = \frac{2}{3} \tag{4-37}$$

此外，速度 u 与平均速度 u_{m} 的关系为

$$u = \frac{3}{2}u_{\mathrm{m}}\frac{y(h-y)}{(h/2)^2}$$
$$= 6u_{\mathrm{m}}\left[\frac{y}{h} - \left(\frac{y}{h}\right)^2\right] \tag{4-38}$$

可利用函数 MAX() 求算数值解的最大速度，数值解的平均速度可根据流量关系算出。

图 4-25　参考解答 2(计算工作表)

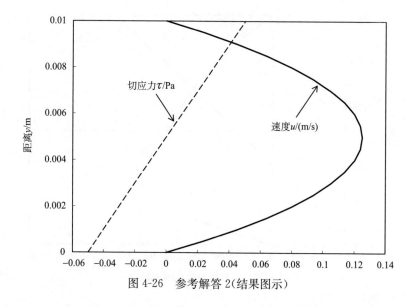

图 4-26　参考解答 2(结果图示)

（3）参考解答 3 如图 4-27、图 4-28 所示。在图 4-27 所示的单元格 G2 中利用
IF()函数根据液体的不同位置选择不同的黏度值。

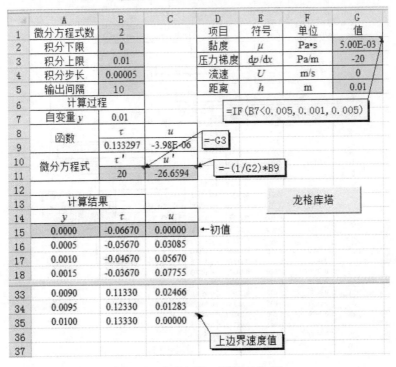

图 4-27　参考解答 3（计算工作表）

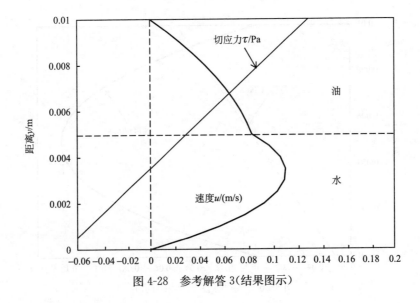

图 4-28　参考解答 3（结果图示）

（4）参考解答4如图4-29所示。

	A	B	C	D	E
1	项目	符号	单位	值	
2	距离	h	m	0.01	
3		$h/2$	m	0.005	
4	压力梯度	dp/dx	Pa/m	-20	
5	黏度	μ_1	Pa·s	1.00E-03	
6		μ_2	Pa·s	5.00E-03	
7		$2\mu_1/(\mu_1+\mu_2)$		3.33E-01	
8		$2\mu_2/(\mu_1+\mu_2)$		1.67E+00	
9		$(\mu_1-\mu_2)/(\mu_1+\mu_2)$		-6.67E-01	
10					
11		数值解		解析解	
12	y	τ	u	τ	u
13	0.0000	-0.06670	0.00000	-0.06667	0.00000
14	0.0005	-0.05670	0.03085	-0.05667	0.03083
15	0.0010	-0.04670	0.05670	-0.04667	0.05667
16	0.0015	-0.03670	0.07755	-0.03667	0.07750
17	0.0020	-0.02670	0.09341	-0.02667	0.09333
18	0.0025	-0.01670	0.10426	-0.01667	0.10417
19	0.0030	-0.00670	0.11011	-0.00667	0.11000
20	0.0035	0.00330	0.11096	0.00333	0.11083
21	0.0040	0.01330	0.10681	0.01333	0.10667
22	0.0045	0.02330	0.09766	0.02333	0.09750
23	0.0050	0.03330	0.08351	0.03333	0.08333
24	0.0055	0.04330	0.07946	0.04333	0.07950
25	0.0060	0.05330	0.07463	0.05333	0.07467
26	0.0065	0.06330	0.06880	0.06333	0.06883
27	0.0070	0.07330	0.06197	0.07333	0.06200
28	0.0075	0.08330	0.05414	0.08333	0.05417
29	0.0080	0.09330	0.04531	0.09333	0.04533
30	0.0085	0.10330	0.03549	0.10333	0.03550
31	0.0090	0.11330	0.02466	0.11333	0.02467
32	0.0095	0.12330	0.01283	0.12333	0.01283
33	0.0100	0.13330	0.00000	0.13333	0.00000

公式标注：
- D3：`=D2/2`
- E5：`=2*D5/(D5+D6)`
- E6：`=2*D6/(D5+D6)`
- E8：`=(D5-D6)/(D5+D6)`
- D13：`=(-1)*$D$3*$D$4*((A13-$D$3)/$D$3-0.5*$D$9)` ↓复制公式到D13:D33
- E13：`=(-1)*$D$3^2/(2*$D$5)*$D$4*($D$7+$D$9*((A13-$D$3)/$D$3)-((A13-$D$3)/$D$3)^2)` ↓复制公式到E13:E23（上层，油）
- E24：`=(-1)*$D$3^2/(2*$D$6)*$D$4*($D$8+$D$9*((A24-$D$3)/$D$3)-((A24-$D$3)/$D$3)^2)` ↓复制公式到E24:E33（下层，水）

图 4-29 参考解答4

4.2.2 二维微小通道泊肃叶流动

1. 问题

已知水在矩形横截面为 $X \times Y = 100~\mu\mathrm{m} \times 40~\mu\mathrm{m}$ 的微小管道（Micro Channel）内在压力差的作用下向 z 方向流动（忽略质量力）。若压力梯度为 $(\mathrm{d}p/\mathrm{d}z) = -203.6\mathrm{kPa/m}$，求管道内水的速度分布 w_a，流动示意图如图 4-30 所示。

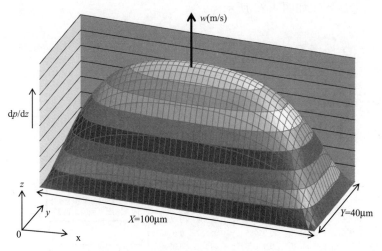

图 4-30　二维微小通道泊肃叶流动

2. 分析

本例为二维直角坐标下由压力梯度引起的泊肃叶流动问题。在本例的条件下，关于 z 方向速率 w 的运动方程式中仅有 z 方向的压力项和 x、y 方向的二维黏性项，即运动方程可写为

$$0 = -\frac{\mathrm{d}p}{\mathrm{d}z} + \mu\left(\frac{\partial^2 w}{\partial x^2} + \frac{\partial^2 w}{\partial y^2}\right) \tag{4-39}$$

与 4.1.2 节（二维平板库埃特流动）类似，用 $\Delta x = \Delta y = 2.0\ \mu\mathrm{m}$ 的格子将计算区域分割，将式(4-39)变为差分形式，即

$$0 = -\frac{\mathrm{d}p/\mathrm{d}z}{\mu} + \left(\frac{w_{n+1,\,m} + w_{n-1,\,m} - 2w_{n,\,m}}{(\Delta x)^2} + \frac{w_{n,\,m+1} + w_{n,\,m-1} - 2w_{n,\,m}}{(\Delta y)^2}\right)$$

$$\tag{4-40}$$

因为 $\Delta x = \Delta y$，所以

$$w_{n,\,m} = \frac{1}{4}(w_{n+1,\,m} + w_{n-1,\,m} + w_{n,\,m+1} + w_{n,\,m-1}) - \frac{1}{4}(\Delta x)^2 \frac{\mathrm{d}p/\mathrm{d}z}{\mu}$$

$$= \frac{1}{4}(w_{n+1,\,m} + w_{n-1,\,m} + w_{n,\,m+1} + w_{n,\,m-1}) - W$$

$$\tag{4-41}$$

式中，参数 W 为

$$W = \frac{1}{4}(\Delta x)^2 \frac{\mathrm{d}p/\mathrm{d}z}{\mu} \tag{4-42}$$

由式(4-42)可见，某一节点处的速度值($w_{n,m}$)等于其周围相邻点速度值的平均值减去一个常数。将式(4-41)应用于计算区域中的全部节点即转化为联立方程组的求解问题，由于边界值已知(为零)，利用 Excel 的循环引用功能可简单求解。同样，需要预先启动 Excel 的循环计算功能并设定循环迭代方式(参见 1.1.2 节)。

3. 求解

本例中取 $\Delta x=\Delta y=2\ \mu m=2\times10^{-6}\,m$，则 x 方向共 50 个格子，y 方向共 20 个格子，工作表设计如图 4-31 所示。其中，有颜色填充的部分为计算所需参数及计算区域的边界值，边界值皆为零。在单元格 C11 中输入差分公式[式(4-41)]，然后将此公式复制到计算区域的其他单元格中。这时，各个单元格间形成循环引用关系，即联立方程式关系，Excel 自动进行循环计算，给出计算结果。根据计算结果数据绘制曲面图如图 4-30 所示。

	C11			▼		f_x	=(B11+C10+D11+C12)/4-$D$5		
	A	B	C	D	E	F	G	AX	AY	AZ
1	项目	符号	单位	值						
2	压力梯度	dp/dz	Pa/m	-203600	=(1/4)*D4^2*D2/D3					
3	黏度	$\mu=$	Pa·s	1.00E-03						
4	步长	$\Delta x=$	m	2.00E-06	=SUM(C11:AY29)*D4^2					
5	参数	W		-2.04E-04						
6	流量	Q	m^3/s	8.09E-11	=D6/(0.00004*0.0001)					
7	平均流速	w_m	m/s	0.02023						
8										
9	↓y\x→	0	2.0E-06	4.0E-06	6.0E-06	8.0E-06	1.0E-05	9.6E-05	9.8E-05	1.0E-04
10	0	0.00	0.00	0.00	0.00	0.00	0.00	0.00	0.00	0.00
11	2.0E-06	0.00	0.00	0.00	0.00	0.00	0.00	0.00	0.00	0.00
12	4.0E-06	0.00	0.00	0.00	0.01	0.01	0.01	0.00	0.00	0.00
13	6.0E-06	0.00	0.00	=(B11+C10+D11+C12)/4-$D$5				0.01	0.00	0.00
14	8.0E-06	0.00	0.00	复制该公式到C11:AY29				0.01	0.00	0.00
15	1.0E-05	0.00	0.00	0.01	0.01	0.01	0.02	0.01	0.00	0.00
16	1.2E-05	0.00	0.01	0.01	0.01	0.02	0.02	0.01	0.00	0.00
17	1.4E-05	0.00	0.01	0.01	0.01	0.02	0.02	0.01	0.01	0.00
18	1.6E-05	0.00	0.01	0.01	0.02	0.02	0.02	0.01	0.01	0.00
19	1.8E-05	0.00	0.01	0.01	0.02	0.02	0.02	0.01	0.01	0.00
20	2.0E-05	0.00	0.01	0.02	0.02	0.02	0.03	0.01	0.01	0.00
21	2.2E-05	0.00	0.01	0.01	0.02	0.02	0.02	0.01	0.01	0.00
22	2.4E-05	0.00	0.01	0.01	0.02	0.02	0.02	0.01	0.01	0.00
23	2.6E-05	0.00	0.01	0.01	0.02	0.02	0.02	0.01	0.01	0.00
24	2.8E-05	0.00	0.01	0.01	0.01	0.02	0.02	0.01	0.01	0.00
25	3.0E-05	0.00	0.01	0.01	0.01	0.02	0.02	0.01	0.00	0.00
26	3.2E-05	0.00	0.01	0.01	0.01	0.02	0.02	0.01	0.00	0.00
27	3.4E-05	0.00	0.00	0.01	0.01	0.01	0.02	0.01	0.00	0.00
28	3.6E-05	0.00	0.00	0.01	0.01	0.01	0.01	0.01	0.00	0.00
29	3.8E-05	0.00	0.00	0.00	0.01	0.01	0.01	0.00	0.00	0.00
30	4.0E-05	0.00	0.00	0.00	0.00	0.00	0.00	0.00	0.00	0.00

图 4-31　求解二维微小通道内泊肃叶流动的工作表解法

4. 问题扩展

(1) 根据本例中所得的速度计算数据，作出俯视曲面图，用不同颜色表示数值范围。

(2) 根据本例中所得的速度计算数据，计算总流量 Q 及平均流速 w_m。

5. 参考解答

(1) 选择速度数据区域，点击"插入"→"插入图表"→"曲面图"→"曲面图(俯视图)"→"确定"，对图形进行适当的设置、编辑后得到如图 4-32 所示的结果。读者可选择自己喜欢的颜色或样式(鼠标单击该图→图表工具→设计→图表样式)，本例为了与印刷效果一致，采用不同深度的黑白色。

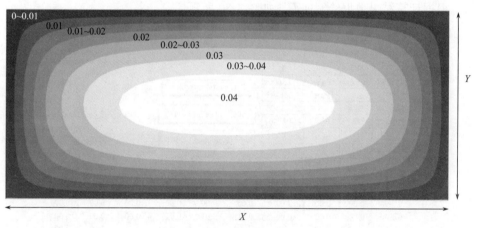

图 4-32　俯视曲面图

(2) 计算结果见图 4-31 中的单元格 D6、D7。总流量 Q 可由式(4-43)计算

$$Q = \left(\sum w_i\right)(\Delta x)^2 \tag{4-43}$$

式中，$\left(\sum w_i\right)$ 表示计算区域中所有单元格速度值的总和，在 Excel 中可用 SUM()函数求算，平均流速等于总流量与微小通道截面积的比值。最终计算结果为 $Q = 8.09 \times 10^{-11} \mathrm{m^3/s}$，$w_m = 0.02 \mathrm{m/s}$。

4.2.3　一维圆管哈根-泊肃叶流动

1. 问题

已知在半径 $R = 0.005\mathrm{m}$ 的圆管内，水在压力梯度 $(\mathrm{d}p/\mathrm{d}z) = -32\mathrm{Pa/m}$ 的

推动下产生流动,在远离进出口位置(即流型已经充分发展)处求管内水的速度分布及流量,流动示意图如图 4-33 所示。

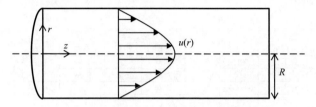

图 4-33 一维圆管哈根-泊肃叶流动示意图

2. 分析

本例为由圆管内轴向压力梯度引起的液体流动,称为哈根-泊肃叶流动(Hagen-Poiseuille flow)。在圆柱坐标下,运动方程中仅考虑有关轴方向的速度 u 的黏性项以及压力梯度即可,变为

$$0 = -\frac{\mathrm{d}p}{\mathrm{d}z} + \mu\left(\frac{\mathrm{d}^2 u}{\mathrm{d}r^2} + \frac{1}{r}\frac{\mathrm{d}u}{\mathrm{d}r}\right) \tag{4-44}$$

切应力为

$$\tau_{rz} = -\mu\frac{\mathrm{d}u}{\mathrm{d}r} \tag{4-45}$$

式(4-44)可化为关于切应力 τ_{rz}、速度 u 两个变量的常微分方程,即

$$\begin{cases} \dfrac{\mathrm{d}u}{\mathrm{d}r} = -\dfrac{1}{\mu}\tau_{rz} \\[2mm] \dfrac{\mathrm{d}\tau_{rz}}{\mathrm{d}r} = -\dfrac{\mathrm{d}p}{\mathrm{d}z} - \dfrac{1}{r}\tau_{rz} \end{cases} \tag{4-46}$$

当初始条件(本例为边界条件)已知时,可利用龙格-库塔法求解该常微分方程组。本例中,从圆管中心积分至管壁,可根据速度 u 在管壁边界处的值(为零)及切应力 τ_{rz} 在中心处的值(为零)来确定常微分方程组中变量的初始条件。

3. 求解

利用龙格-库塔法求解本例常微分方程组的工作表设计如图 4-34 所示。其中,有颜色填充的部分为数据或公式的输入区域。在单元格 B11、C11 中输入式(4-46)中所示的公式。根据已知条件,τ_{yx}(在工作表中用"τ"表示)的初值($r=0$ 时的值)为 0(即单元格 B15 的值),这是因为在圆管中心处速度达最大值,其在半径方向的变化率为零。而速度 u 的初值(单元格 C15 的值)需要试验探索确定,即试探着改变 C15 的值，使当 $r=R=0.005$ 时，$u=0$（管壁边界条件）。经多次细致的探索试验后，最终结果可确定为当初值 $u=0.2$ 时，$u(0.005)=0$，此即为所求的速率初值。

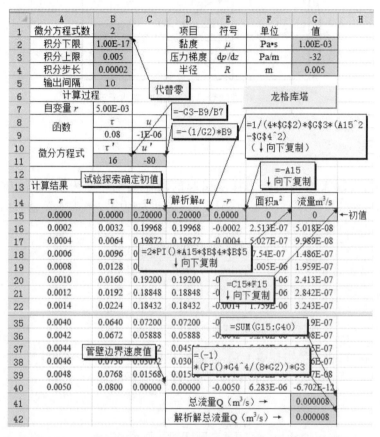

图 4-34　一维圆管哈根-泊肃叶流动计算工作表设计及计算结果

需要指出的是，积分下限（单元格 B2 的值）不能设定为零，否则在单元格 B11 将引起分母为零的错误提示（＃DIV/0!）并使程序中断运行。为此，本例中可设一个很小的值（如 $1.0×10^{-17}$）赋值给单元格 B2。本例使用前述的标准龙格-库塔解析程序（参见 3.1.2 节），程序执行按钮命名为"龙格-库塔"。

本例的解析解为

$$u(r)=\frac{1}{4\mu}\left(\frac{\mathrm{d}p}{\mathrm{d}z}\right)(r^2-R^2) \tag{4-47}$$

为比较数值解与解析解的差异，在对应行的 D 列中（D15：D40）同时给出了解析解的结果（仅在单元格 D15 中示出了公式输入方法，可复制该公式到其他相应单元格中)。此外，为了作图方便，在 F15：F40 列出了 $(-r)$ 的值，供作图时作为纵坐标的一部分使用。

流量 $Q(\mathrm{kg/m^3})$ 可根据下式计算

$$\begin{cases} \Delta S = 2\pi r \Delta r \\ Q = \sum (\Delta S \cdot u) \end{cases} \tag{4-48}$$

式中，ΔS 为微元面积。最终结果如图 4-35 所示，流量 $Q \approx 0.0078\mathrm{kg/s}$。

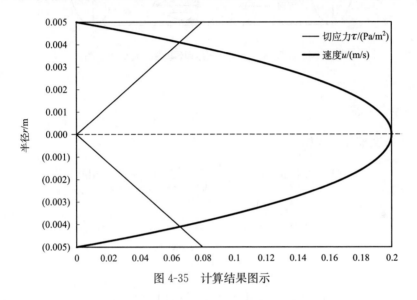

图 4-35　计算结果图示

4. 问题扩展

(1) 根据速度的解析解公式[式(4-47)]，推导流量 Q 的解析解公式及速度 u、最大速度 $u_{\max}$、平均速度 u_{m} 三者间的关系，比较流量的数值解与解析解的差异。

(2) 若将本例的条件改为水在同轴的套管环隙内的流动(外管内半径 $R_2 = 0.005\mathrm{m}$，内管外半径 $R_1 = 0.0015\mathrm{m}$)，其他条件不变，求速度分布及流量，流动示意图如图 4-36 所示。

(3) 对上一个问题，设 $\alpha = R_1/R_2$，作出质量流量 $W(\mathrm{kg/s})$ 随 α 的变化关系图。

(4) 对问题扩展 2，若外管长度 $L = 0.1\mathrm{m}$ 且两端封闭，内管以 $u_0 = 0.1\mathrm{m/s}$ 的速度作相对于外管的运动，则充满套管环隙内的水将产生循环流动，求水在半径方向的速度分布。

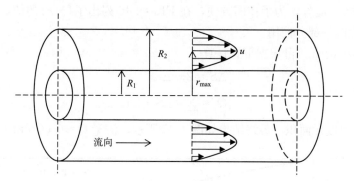

图 4-36　问题扩展 2(水在套管环隙内的流动示意图)

5. 参考解答

(1) 答案推导过程如下

$$Q = 2\pi \int_0^R ur\,\mathrm{d}r = 2\pi \int_0^R \frac{1}{4\mu} \cdot \frac{\mathrm{d}p}{\mathrm{d}z}(r^2 - R^2)\,r\,\mathrm{d}r$$

$$= -\frac{\pi R^4}{8\mu} \cdot \frac{\mathrm{d}p}{\mathrm{d}z} \tag{4-49}$$

$$u_{\max} = -\frac{1}{4\mu}\left(\frac{\mathrm{d}p}{\mathrm{d}z}\right)R^2 \tag{4-50}$$

$$u = u_{\max}\left[1 - \left(\frac{r}{R}\right)^2\right] = 2u_{\mathrm{m}}\left[1 - \left(\frac{r}{R}\right)^2\right] \tag{4-51}$$

$$u_{\mathrm{m}} = \frac{Q}{\pi R^2} = -\frac{\pi R^4}{8\mu} \cdot \frac{\mathrm{d}p}{\mathrm{d}z} \cdot \frac{1}{\pi R^2} = -\frac{1}{8\mu}\left(\frac{\mathrm{d}p}{\mathrm{d}z}\right)R^2 \tag{4-52}$$

流量解析解的计算结果见图 4-34 中的单元格 G42,可以看出数值解与解析解的计算结果基本一致。

(2) 工作表设计如图 4-37 所示,计算结果如图 4-38 所示。相关解析解公式如下(利用这些公式计算后,读者可自行与数值解的相关计算结果进行比较)。

最大速度处的半径(工作表中简称"最大位置",其计算结果见图 4-37 中的单元格 G7)

$$r_{\max} = \sqrt{\frac{R_2^2 - R_1^2}{2\ln(R_2/R_1)}} \tag{4-53}$$

速度

$$u = \frac{1}{2\mu}\frac{\mathrm{d}p}{\mathrm{d}z}\left(\frac{r^2 - R_1^2}{2} - r_{\max}^2 \ln\frac{r}{R_1}\right) \tag{4-54}$$

平均速度

$$u_m = -\frac{1}{8\mu}\frac{\mathrm{d}p}{\mathrm{d}z}(R_2^2 + R_1^2 - 2r_{\max}^2) \tag{4-55}$$

体积流量

$$Q = -\frac{\pi}{8\mu}\frac{\mathrm{d}p}{\mathrm{d}z}(R_2^2 + R_1^2 - 2r_{\max}^2)(R_2^2 - R_1^2) \tag{4-56}$$

切应力

$$\tau_{rz} = -\frac{1}{2}\frac{\mathrm{d}p}{\mathrm{d}z}\left(r - \frac{R_2^2 - R_1^2}{2r\ln(R_2/R_1)}\right) \tag{4-57}$$

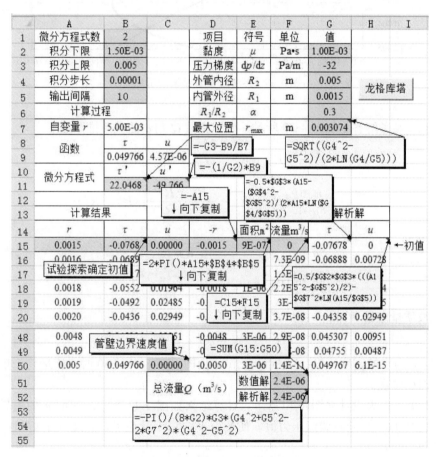

图 4-37　参考解答 2（工作表设计）

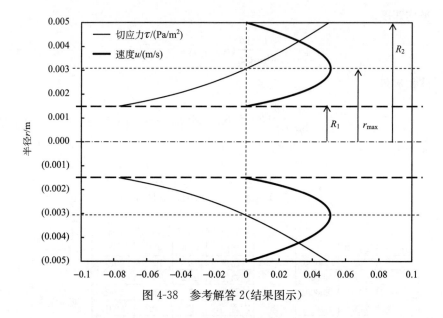

图 4-38　参考解答 2(结果图示)

(3) 参考解答 3 如图 4-39 所示。体积流量 Q 与 α 的关系推导如下

$$
\begin{aligned}
Q &= -\frac{\pi}{8\mu} \frac{\mathrm{d}p}{\mathrm{d}z} (R_2^2 + R_1^2 - 2r_{\max}^2)(R_2^2 - R_1^2) \\
&= -\frac{\pi}{8\mu} \frac{\mathrm{d}p}{\mathrm{d}z} \left(R_2^2 + R_1^2 - \frac{R_2^2 - R_1^2}{\ln(R_2/R_1)} \right)(R_2^2 - R_1^2) \\
&= -\frac{\pi}{8\mu} \frac{\mathrm{d}p}{\mathrm{d}z} R_2^4 \left(1 + \alpha^2 - \frac{1 - \alpha^2}{\ln(R_2/R_1)} \right)(1 - \alpha^2) \\
&= -\frac{\pi}{8\mu} \frac{\mathrm{d}p}{\mathrm{d}z} R_2^4 \left((1 - \alpha^4) + \frac{(1 - \alpha^2)^2}{\ln\alpha} \right)
\end{aligned}
\tag{4-58}
$$

故质量流量 $W(\mathrm{kg/s})$ 为

$$
W = \rho Q \tag{4-59}
$$

式中，ρ 为水的密度，设 $\rho = 1000\mathrm{kg/m^3}$。由图可知，当 $\alpha \to 0$ 时，流量趋于单个圆管时的情况。

(4) 工作表设计如图 4-40 所示，计算结果如图 4-41 所示。速度 u 的边界值分别为 0.1、0，同时调试压力值，使断面平均总流量为零。速度 u 的解析解公式如下

$$
u = \frac{\beta_1 \alpha_1 - \beta_2}{\alpha_2} \tag{4-60}
$$

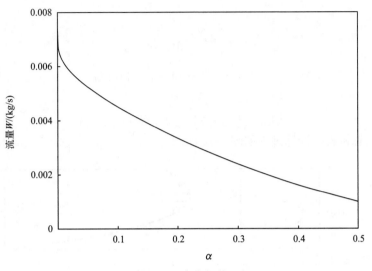

图 4-39 参考解答 3

	A	B	C	D	E	F	G
1	微分方程式数	2		项目	符号	单位	值
2	积分下限	1.50E-03		黏度	μ	Pa·s	1.00E-03
3	积分上限	0.005		外管内径	R_2	m	0.005
4	积分步长	0.00001		内管外径	R_1	m	0.0015
5	输出间隔	10		R_1/R_2	α		0.3
6	计算过程			压力梯度	dp/dz	Pa/m	30.6
7	自变量 r	5.00E-03				试验探索确定	
8	函数	τ	u	=-G3-B9/B7			
9		-0.03092	-0.00038			龙格库塔	
10	微分方程式	τ'	u'	=-(1/G2)*B9			
11		-24.417	30.915			=-A15 ↓向下复制	
12							
13	计算结果						
14	r	τ	u	$-r$	面积m^2	流量m^3/s	
15	0.0015	0.1290	0.10000	-0.0015	9E-07	9.4E-08	←初值
16	0.0016	0.1180				8.8E-08	
17	试验探索确定初值		=2*PI()*A15*B$4*B$5 ↓向下复制			8.2E-08	
18	0.0018	0.0991	0.06002	1E-06		7.5E-08	
19	0.0019	0.0909	0.05653	-0.	=C15*F15	6.7E-08	
20	0.0020	0.0834	0.04782	-0.	↓向下复制	6E-08	
21	0.0021	0.0764	0.03983	-0.0021	1E-06	5.3E-08	
47	0.0047	-0.02342	-0.00854	-0.0047	3E-06	-2.5E-08	
48	0.0048	管壁边界速度值		-0.0048	3E-06	-1.8E-08	
49	0.0049	-0.02845	-0.00335	-0.	=SUM(G15:G50)	-08	
50	0.005	-0.03092	-0.00038	-0.0050	3E-06	-1.2E-09	
51				总流量Q（m^3/s）		数值解	6.8E-09

图 4-40 参考解答 4(工作表设计)

式中，

$$\begin{cases} \alpha_1 = 1 - \dfrac{2\alpha^2}{1-\alpha^2}\ln(1/\alpha) \\ \alpha_2 = (1-\alpha^2) - (1+\alpha^2)\ln(1/\alpha) \\ \beta_1 = 1 - (r/R_2)^2 \\ \beta_2 = (1-\alpha^2)\ln[1/(r/R_2)] \end{cases} \tag{4-61}$$

速度 u 的解析解的计算过程如图 4-42 所示。

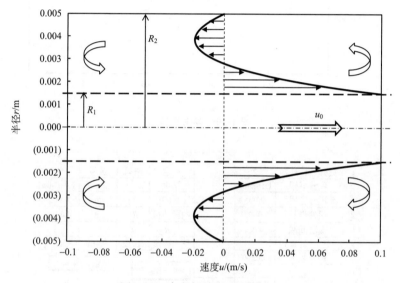

图 4-41　参考解答 4(结果图示)

	A	H	I	J	K	L	M	N	O
14	r	β_1	β_2	α_1	α_2	解析解u			
15	0.0015	0.91	1.0956	0.7619	-0.4023	0.1			
16	0.0016	0.8976	1.0369	0.7619	-0.4023	0.087751	=(H15*J15-I15)/K15)*0.1		
17	0.0017	0.8844	0.9817	0.7619	-0.4023	0.076538			
18	0.0018	0.8704	0.9297	0.7619	-0.4023		=(1-$G$5^2)-(1+$G$5^2)*LN(1/$G$5)		
19	0.0019	0.8556	0.8805	0.7619	-0.4023				
20	0.0020	=1-(A15/$G$3)^2					=1-((2*$G$5^2)/(1-$G$5^2))*LN(1/$G$5)		
21	0.0021	0.8236	0.7894	0.7619					
22	0.0022	0.8064	0.7471	0.7619		=(1-$G$5^2)*LN(1/(A15/$G$3))			
23	0.0023	0.7884	0.7066	0.7619					
24	0.0024	0.7696	0.6679	0.7619	-0.4023	0.02028			向下复制公式 ↓
25	0.0025	0.75	0.6308	0.7619	-0.4023	0.014758			
45	0.0045	0.19	0.0959	0.7619	-0.4023	-0.01215			
46	0.0046	0.1536	0.0759	0.7619	-0.4023	-0.01023			
47	0.0047	0.1164	0.0563	0.7619	-0.4023	-0.00805			
48	0.0048	0.0784	0.0371	0.7619	-0.4023	-0.00561			
49	0.0049	0.0396	0.0184	0.7619	-0.4023	-0.00293			
50	0.005	5E-14	2E-14	0.7619	-0.4023	-3.8E-15			

图 4-42　参考解答 4(工作表设计)

4.3　外力引起的流动

1. 问题

已知水液膜在重力作用下沿垂直壁面向下呈稳态层流流动，如图 4-43 所示。单位宽度（垂直纸面方向）的体积流量为 $Q=3.0\times10^{-4}\,\mathrm{m^3/s}$，求水液膜的厚度。

2. 分析

本例为由重力引起的一维黏性流动，运动方程中只包含黏性项和作为外力的重力项，可改写为

$$0=\mu\frac{\mathrm{d}^2u}{\mathrm{d}y^2}+\rho g \qquad (4\text{-}62)$$

式中，g 为重力加速度。根据式（4-1），式（4-62）可化为关于切应力 τ_{yx}、速度 u 两个变量的常微分方程，即

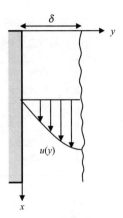

图 4-43　下降水液膜流动示意图

$$\begin{cases}\dfrac{\mathrm{d}\tau_{yx}}{\mathrm{d}y}=\rho g\\[2mm]\dfrac{\mathrm{d}u}{\mathrm{d}y}=-\dfrac{1}{\mu}\tau_{yx}\end{cases} \qquad (4\text{-}63)$$

当初始条件（本例为边界条件）已知时，可利用龙格-库塔法求解该常微分方程组。本例中，可根据所求变量在左、右两个边界处的值来确定常微分方程组中变量的初始条件。

右边水面：在 $y=\delta$ 处，没有动量经过自由表面向外传递，故切应力 τ_{yx} 为零；

左边壁面：在 $y=0$ 处，液体黏附于壁面，故流动速度 $u=0$。

3. 求解

利用龙格-库塔法求解本例常微分方程组的工作表设计如图 4-44 所示。其中，有颜色填充的部分为数据或公式的输入区域。在单元格 B11、C11 中输入式（4-63）所示的公式。根据已知条件，速度 u 的初值为 0（单元格 C15 的值），而 τ_{yx}（在工作表中用"τ"表示）的初值（即单元格 B15 的值）需要试验探索确定，即试探着改变 B15 的值，使在某个 y 处 $\tau=0[(\mathrm{d}u/\mathrm{d}y)=0]$，同时使体积流量 Q 满足

所给条件($Q=3.0\times10^{-4}\,\mathrm{m^3/s}$)。$Q$ 的数值计算方法已在图中所示的单元格 D41 中给出，其计算公式为 $Q=\sum(\Delta y\cdot u)$，在工作表中可利用 SUM() 函数求算。最终膜厚度计算结果在单元格 G6 中给出，为 $\delta=4.5\times10^{-4}\,\mathrm{m}$，计算结果如图 4-45 所示。

	A	B	C	D	E	F	G
1	微分方程式数	2		项目	符号	单位	值
2	积分下限	0		黏度	μ	Pa·s	0.001
3	积分上限	0.0005		密度	ρ	kg/m³	1000
4	积分步长	0.000002		常数	g	m/s²	9.8
5	输出间隔	10		流量	Q	m³/s	3.00E-04
6	计算过程			膜厚度数值解	δ	m	4.50E-04
7	自变量 y	0.00		膜厚度解析解	δ	m	4.51E-04
8	函数	τ	u		=AVERAGE(A37:A38)		
9		0.5	0.975				
10	微分方程式	τ'	u'	=(3*G2*G5/G3/G4)^(1/3)			
11		9800	-500				
12				=G3*G4	=-B9/G2	龙格库塔	
13	计算结果						
14	y	τ	u	Q	解析解 u		
15	0.00000	-4.4000	0.0000	0.00E+00	0	←初值	
16	0.00002	-4.2040	0.0860	1.72E-06	0.0864 7		
17	0.00004	-4.00	=C15*$B$4*$B$5	06	0.16902		
18	0.00006	-3.812	0.7463	3.93E-06	0.24765		
19	0.00008	-3.616	=$G$3*$G$4/(2*$G$2)		2236		
20	0.00010	-3.420	*(2*$G$6*A15-A15^2)		9315		
33	0.00036	-0.8720	0.9490	1.90E-05	0.95668		
34	0.00038	-0.6760	0.9644	1.93E-05	0.97259		
35	0.00040	-0.4800	0.9760	1.95E-05	0.98458		
36	0.00042	-0.2840	0.9836	1.97E-05	0.99265		
37	0.00044	-0.0880	0.9874	1.97E-05	0.9968		
38	0.00046	0.1080	0.9872				
39	0.00048	0.3040	0.9830				
40	0.00050	0.5000	0.9750				
41	流量数值解 Q		m³/s	2.97E-04	=SUM(D15:D40)		

图 4-44　下降液膜计算工作表设计

本例中相关解析解计算公式如下

速度 u_x

$$u_x=\frac{\rho g}{2\mu}(2\delta y-y^2)\tag{4-64}$$

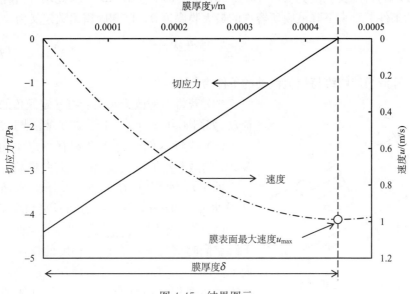

图 4-45　结果图示

最大速度（表面处速度）$u_{\max}$

$$u_{\max} = \frac{\rho g}{2\mu}\delta^2 \tag{4-65}$$

显然，

$$u_x = u_{\max}\left[2\left(\frac{y}{\delta}\right) - \left(\frac{y}{\delta}\right)^2\right] \tag{4-66}$$

体积流量 Q

$$Q = \frac{\rho g}{3\mu}\delta^3 \tag{4-67}$$

平均流速 u_{m}

$$u_{\mathrm{m}} = \frac{\rho g}{3\mu}\delta^2 \tag{4-68}$$

膜厚度

$$\delta = \left(\frac{3\mu Q}{\rho g}\right)^{1/3} \tag{4-69}$$

其中，膜厚度解析解的计算结果已在图 4-44 所示的单元格 G7 中给出，可比较二者的差异。

4. 问题扩展

（1）熔融钢液的密度及黏度为 $\mu_1 = 6.5 \times 10^{-3}\,\mathrm{Pa \cdot s}$、$\rho_1 = 7.1 \times 10^3\,\mathrm{kg/m^3}$，

熔融玻璃的密度及黏度为 $\mu_2 = 10\mathrm{Pa \cdot s}$、$\rho_2 = 3 \times 10^3 \mathrm{kg/m^3}$，求此两种流体在层流流动条件下垂直下降液膜所容许的最大膜厚度 δ。已知膜雷诺数定义为

$$N_{Re} = \frac{4\delta u_m \rho}{\mu} \tag{4-70}$$

下降液膜能够维持层流流动的条件为 $N_{Re} \leqslant 20$。

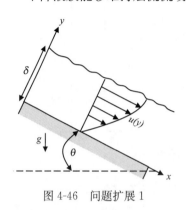

图 4-46　问题扩展 1

（2）若将本例改为水沿着有一定倾角的壁面流动（如图 4-46 所示），求运动方程的表达式。

（3）若将本例改为水沿着有一定倾角 $\theta = 0.001°$ 的敞开流道中流动（沿 x 方向流动，如图 4-47 所示），水深（y 方向）$h = 0.1\mathrm{m}$，水面宽度（z 方向）$L = 0.4\mathrm{m}$，求速率分布及平均流速。

（4）若将本例改为水液膜沿着垂直圆筒内壁下降、同时筒内气体在压力梯度的作用下垂直向上流动，如图 4-50（上图）所示，求筒内流体速度分布及切应力分布。已知水及气体的黏度分别为 $1.0 \times 10^{-3}\mathrm{Pa}$、$1.7 \times 10^{-5}\mathrm{Pa}$，水及气体的密度分别为 1000 $\mathrm{kg/m^3}$、1.3 $\mathrm{kg/m^3}$，气体的压力梯度为 $\mathrm{d}p/\mathrm{d}z = 30\ \mathrm{Pa/m}$，水液膜的厚度为 0.0005m。

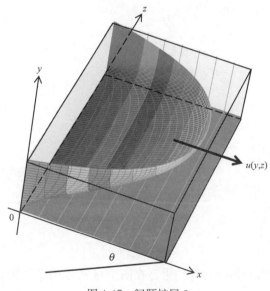

图 4-47　问题扩展 3

5. 参考解答

(1) 令

$$N_{Re} = \frac{4\delta u_m \rho}{\mu} = \frac{4\delta \rho}{\mu} \cdot \frac{\rho g}{3\mu}\delta^2 = 20 \qquad (4-71)$$

得

$$\delta = \left(\frac{15\mu^2}{\rho^2 g}\right)^{1/3} \qquad (4-72)$$

对钢液膜，$\delta = 0.108\text{mm}$；对玻璃液膜，$\delta = 25.6\text{mm}$。

(2)

$$0 = \mu \frac{\mathrm{d}^2 u}{\mathrm{d}y^2} + \rho g \sin\theta \qquad (4-73)$$

(3) 此为由重力引起的二维流动问题。运动方程式变为

$$0 = \mu \left(\frac{\mathrm{d}^2 u}{\mathrm{d}y^2} + \frac{\mathrm{d}^2 u}{\mathrm{d}z^2}\right) + \rho g \sin\theta \qquad (4-74)$$

边界条件为：在水面处 $(\partial u/\partial y) = 0$，在其他三个边界处 $(z = 0，z = L，y = 0)$ $u = 0$。与 4.2.2 节类似，差分方程可写为

$$u_{n,m} = \frac{1}{4}(u_{n+1,m} + u_{n-1,m} + u_{n,m+1} + u_{n,m-1}) + \frac{1}{4}(\Delta y)^2 \frac{\rho g \sin\theta}{\mu}$$

$$= \frac{1}{4}(u_{n+1,m} + u_{n-1,m} + u_{n,m+1} + u_{n,m-1}) + W \qquad (4-75)$$

式中，参数 W 为

$$W = \frac{1}{4}(\Delta y)^2 \frac{\rho g \sin\theta}{\mu} \qquad (4-76)$$

计算工作表设计如图 4-48 所示，图中计算区域为 B14：CD34，其中有颜色填充的计算区域部分为边界条件。计算结果的俯视曲面图如图 4-49 所示(指 y，z 平面的俯视图)。平均流速约为 0.39m/s。

注意，本问题需要预先启动 Excel 的循环计算功能并设定循环迭代方式(参见 1.1.2 节)。此外，在 Excel 中使用函数 SIN() 时自变量要用弧度形式，即需要利用 RADIANS() 函数将角度值换算为弧度值(见单元格 D3)。

(4) 水液膜由重力引起下降流动，气体则由于压力梯度向上流动，这是湿壁塔吸收操作等典型的化学装置模型。一维柱坐标下同时考虑两种流动的运动方程为

	A	B	C	D	E	F	G	H		CC	CD
			C15				▼	f_x	=(B15+C14+D15+C16)/4+$D$9		
1	项目	符号	单位	值							
2	角度	θ	°	0.001	=RADIANS(D2)						
3	弧度		rad	1.75E-05							
4	正弦	$\sin\theta$		1.75E-05	=SIN(D3)						
5	黏度	μ	Pa•s	1.00E-03							
6	密度	ρ		1000	=(1/4)*D8^2						
7	加速度	g	m/s²	9.8	*(D6*D7*D4/D5)						
8	步长	$\Delta y=\Delta z$	m	0.005							
9	参数	W		1.07E-03	=SUM(B14:CD34)*D8^2						
10	流量	Q	m³/s	1.58E-02	=D10/(0.1*0.4)						
11	平均流速	w_m	m/s	0.3939							
12											
13	↓y \ z→	0	0.005	0.01	0.015	0.02	0.025	0.03		0.395	0.4
14	0	0.00	0.06	0.12	0.17	0.21	0.26	0.30		0.06	0.00
15	0.005	0.00	0.06	0.12	0.17	0.21	0.26	0.30		0.06	0.00
16	0.010	0.00	0.06	0.11	0.17	0.21	0.26	0.30		0.06	0.00
17	0.015	0.00	0.06	0.11	=C15					0.06	0.00
18	0.020	0.00	0.06	0.11	→将该公式复制到C14：CC14					0.06	0.00
19	0.025	0.00	0.06	0.11	0.16	0.20	0.25	0.29		0.06	0.00
20	0.030	0.00	0.05	0.10	=(B15+C14+D15+C16)/4+$D$9				0.28	0.06	0.00
21	0.035	0.00	0.05	0.10	↓ →向下、向右拖动填充柄，				0.27	0.05	0.00
22	0.040	0.00	0.05	0.10	将该公式复制到C15：CC33				0.26	0.05	0.00
23	0.045	0.00	0.05	0.10	0.14	0.18	0.22	0.25		0.05	0.00
24	0.050	0.00	0.05	0.09	0.14	0.17	0.21	0.24		0.05	0.00
25	0.055	0.00	0.05	0.09	0.13	0.16	0.20	0.23		0.05	0.00
26	0.060	0.00	0.04	0.08	0.12	0.15	0.18	0.21		0.04	0.00
27	0.065	0.00	0.04	0.08	0.11	0.14	0.17	0.19		0.04	0.00
28	0.070	0.00	0.04	0.07	0.10	0.13	0.15	0.17		0.03	0.00
29	0.075	0.00	0.03	0.06	0.09	0.11	0.13	0.15		0.03	0.00
30	0.080	0.00	0.03	0.05	0.08	0.10	0.11	0.13		0.03	0.00
31	0.085	0.00	0.02	0.04	0.06	0.08	0.09	0.10		0.02	0.00
32	0.090	0.00	0.02	0.03	0.04	0.05	0.06	0.07		0.02	0.00
33	0.095	0.00	0.01	0.02	0.02	0.03	0.03	0.04		0.01	0.00
34	0.100	0.00	0.00	0.00	0.00	0.00	0.00	0.00		0.00	0.00

图 4-48　参考解答 3(计算工作表设计)

$$0 = -\frac{\mathrm{d}p}{\mathrm{d}z} + \mu\left(\frac{\mathrm{d}^2 u}{\mathrm{d}r^2} + \frac{1}{r}\,\frac{\mathrm{d}u}{\mathrm{d}r}\right) + \rho g \tag{4-77}$$

类似于 4.2.3 节，上式可改写为

$$\begin{cases} \dfrac{\mathrm{d}u}{\mathrm{d}r} = -\dfrac{1}{\mu}\tau_{rz} \\[2mm] \dfrac{\mathrm{d}\tau_{rz}}{\mathrm{d}r} = -\dfrac{\mathrm{d}p}{\mathrm{d}z} - \dfrac{1}{r}\tau_{rz} + \rho g \end{cases} \tag{4-78}$$

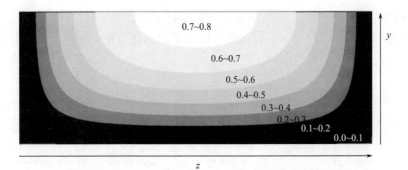

图 4-49　参考解答 3(计算结果俯视曲面图)

　　从圆管中心积分至管壁,可根据速度 u 在管壁边界处的值(为零)及切应力 τ_{rz} 在中心处的值(为零)来确定常微分方程组中变量的初始条件。此外,应根据不同的积分位置选择不同的黏度及密度值(见单元格 G2、G3),压力梯度值仅赋值给气体流动区域(见单元格 G4),这些都可以利用 IF() 函数来实现。

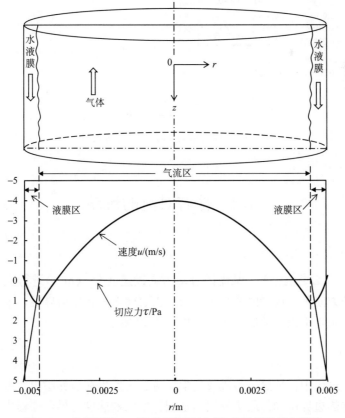

图 4-50　参考解答 4:流动示意图(上图)及计算结果(下图)

计算工作表设计如图 4-51 所示，计算结果图示如图 4-50（下图）所示。注意，图中纵坐标采用了逆序坐标，根据图中坐标系的选择方法，速度为正值时表示向下流动，速度为负值时表示向上流动。

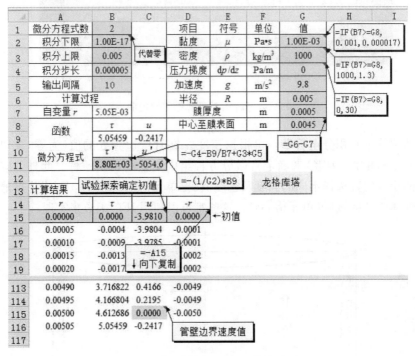

图 4-51　参考解答 4（计算工作表设计）

4.4　伴有对流的流动

1. 问题

设在 x-y 二维坐标上，某流体沿 x 方向以速度 U_∞（m/s）进行流动，流体经过与其流动方向平行放置的薄平板，沿平板表面形成速率边界层，求流体在平板上的速度分布，平板上的层流边界层如图 4-52 所示。

2. 分析

在冶金过程中，传热、传质及化学反应往往发生在边界层中，求解速度边界层是求解传热边界层和传质边界层的基础。本例的速度边界层方程式为

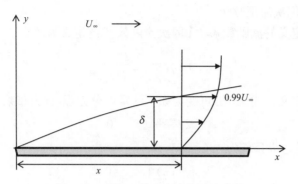

图 4-52 平板上的速度边界层示意图

$$\rho\left(u_x\,\frac{\partial u_x}{\partial x}+u_y\,\frac{\partial u_x}{\partial y}\right)=\mu\,\frac{\partial^2 u_x}{\partial y^2} \tag{4-79}$$

此偏微分方程左侧为含有两个方向速度(u_x、u_y)的对流项,右侧为关于在 y 方向变化的速度 u_x 的黏性项。由于含有两个速度变量,式(4-79)必须与连续方程联立求解。连续方程为

$$\frac{\partial u_x}{\partial x}+\frac{\partial u_y}{\partial y}=0 \tag{4-80}$$

采用以下方法,可将式(4-79)变为常微分方程,以便于求解。

1)定义耦合自变量 η

引入耦合自变量 η(相似变量),用一个独立变量 η 来代替两个独立变量 x、y(η 代表了 y 方向的无因次距离)

$$\eta=\frac{y}{x}\sqrt{Re_x}=y\sqrt{\frac{U_\infty}{\nu x}} \tag{4-81}$$

式中,雷诺数 Re_x 为

$$Re_x=\frac{\rho U_\infty x}{\mu}=\frac{U_\infty x}{\nu} \tag{4-82}$$

其中,μ 为流体的动力黏度;ν 为流体的运动黏度;ρ 为流体的密度。

2)定义流函数 ϕ

引入流函数 $\phi(x,y)$,其定义为

$$\begin{cases}u_x=\dfrac{\partial\phi}{\partial y}\\[2mm]u_y=-\dfrac{\partial\phi}{\partial x}\end{cases} \tag{4-83}$$

由其定义可知,流函数自动满足连续方程式(4-80)。

3) 定义无因次流函数 f

利用上述定义的流函数 ϕ，无因次流函数 f 的定义为

$$f(\eta) = \frac{\phi}{\sqrt{\nu x U_\infty}} \tag{4-84}$$

利用上述定义，式(4-79)可变为如下的常微分方程(称为布莱修斯方程)：

$$2f''' + ff'' = 0 \tag{4-85}$$

式(4-85)的边界条件为

$$\begin{cases} f'(\eta) \mid_{\eta=0} = 0 \\ f(\eta) \mid_{\eta=0} = 0 \\ f'(\eta) \mid_{\eta=\infty} = 1 \end{cases} \tag{4-86}$$

无因次流函数 f 是无因次耦合自变量 η 的函数，由其导数可求得流体在 x 方向的无因次速度分布 u_x/U_∞：

$$\frac{u_x}{U_\infty} = f'(\eta) \tag{4-87}$$

流体在 y 方向的无因次速度分布则为

$$\frac{u_y}{U_\infty} \sqrt{Re_x} = \frac{1}{2}(\eta f' - f) \tag{4-88}$$

至此，经过上述推导实现了将偏微分方程式(4-79)进行转化的目的，得到了常微分方程式(4-85)。然而，式(4-85)是三阶的常微分方程式，仍然无法获得解析解。为此，可将 f、f'、f'' 分别作为独立变量看待，即令 $y_0 = f$，$y_1 = f'$，$y_2 = f''$，则

$$\begin{cases} y_0' = y_1(初值：y_0(0) = 0) \\ y_1' = y_2(初值：y_1(0) = 0) \\ y_2' = -(1/2)y_0 y_2(初值：探索确定 \ y_2(0) = 0.33206) \end{cases} \tag{4-89}$$

式(4-89)为联立常微分方程组，可采用龙格-库塔法求解。但是，在利用龙格-库塔法进行求解时还缺少一个条件，即初值 $y_2(0)$ 还没有确定。这时，可利用积分上限 $\eta = \infty$(可用 $\eta = 8$ 代替)时速度 $y_1 = f' = 1$ 的限制条件，采用试验探索方法确定速度 $y_2 = f''$ 的初值(结果为 $y_2(0) = f''(0) = 0.33206$，见后面求解部分)。计算用的相关参数及公式总结在表 4-1 中。

3. 求解

与表 4-1 对应的 Excel 工作表中的设置见图 4-53。其中，用颜色填充的部分为输入的数据或公式。本例中使用前述的标准龙格-库塔解析程序(参见 3.1.2 节)，

表 4-1　计算用的相关参数及公式

微分方程式数	3		
积分下限	0		
积分上限	8		
区间分割数	80		
自变量	η		
函数	$y_0=f$	$y_1=f'$	$y_2=f''$
微分方程式	$y_0'=y_1=f'$	$y_1'=y_2=f''$	$y_2'=f'''=-(1/2)ff''$
函数初值	0	0	探索取值($=0.33206$)，使当 $\eta=\infty$($\eta=8$)时，$y_1=f'=1$

程序执行按钮命名为"龙格-库塔"。图中单元格 D15 的值需试验探索确定，最终结果确定为 0.33206，这样当 $\eta=8$ 时，速度 $y_1=f'=1$。所得速度分布结果如图 4-54 所示，由图可知，$f'(\eta)=(u_x/U_\infty)$ 是一条光滑的曲线，在板面附近曲率很小，接近于直线；而后很快地趋于无穷远处的渐进值(1)。若规定 $f'(\eta)=$

图 4-53　边界层解析用工作表设计

$(u_x/U_\infty)=0.99$ 处为边界层外缘，则由计算结果可知其对应的无因次位置为 $\eta=5$，此即为边界层厚度 δ。此外，纵向无因次速度 u_y 同样趋于无穷远处的渐进值(0.865)。

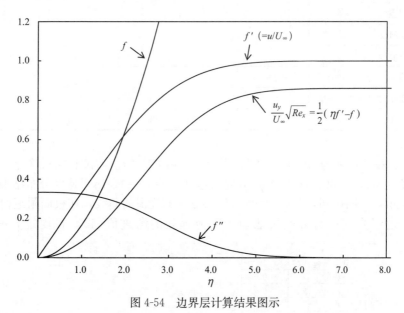

图 4-54　边界层计算结果图示

需要说明的是，本例的解析解为 $f''(0)=0.332$，积分步长越小，则所得结果会越接近此值，相应计算所需时间会增加。

4. 问题扩展

(1) 设空气在与其流动方向平行的平板上形成边界层，如图 4-52 所示。已知 $U_\infty=0.3\text{m/s}$，$x=0.02\text{m}$，求平板上的流体速度分布。

(2) 对于(1)中问题，计算边界层厚度、板面局部切应力、局部阻力系数及平均阻力系数。

5. 参考解答

(1) 计算工作表如图 4-55 所示，计算结果图如图 4-56 所示。相关变量计算如下

$$y=1000\times\frac{\eta x}{\sqrt{Re_x}}(\text{mm}) \tag{4-90}$$

将式(4-90)输入到 E15：E96 中。

$$u_x = U_\infty f'(\eta) \tag{4-91}$$

将式(4-91)输入到 F15：F96 中。

$$u_y = \frac{1}{2}\frac{U_\infty}{\sqrt{Re_x}}(\eta f' - f) \tag{4-92}$$

将式(4-92)输入到 G15：G96 中。

由图 4-56 可见，u_y 从板面上的零值缓慢地上升，在无穷远处趋于定值，表明在边界层外缘有一向外的流体流动，它是由于板面黏性阻滞作用使边界层厚度增长从而把流体从板面附近排挤出去所造成的。

	A	B	C	D	E	F	G	H	I
1	微分方程式数	3			项目	符号	单位	值	
2	积分下限	0			距离	x	m	0.02	
3	积分上限	8			速度	U_∞	m/s	0.3	
4	积分步长	0.01			密度	ρ	kg/m^3	1.3	=G5/G4
5	输出间隔	10			动力黏度	μ	Pa·s	1.7E-05	=G3*G2/G6
6	计算过程				运动黏度	ν	m^2/s	1.3E-05	
7	自变量 η	8.10			雷诺数	Re		458.824	
8	函数	f	f'	f''					
9		6.379252	1.000003	8.92E-06			龙格库塔		
10	微分方程式	$(f)'$	$(f')'$	$(f'')'$					
11		1.000003	8.92E-06	-2.85E-05					
12			=C9	=D9	=-(1/2)*B9*D9				
13	计算结果								
14	η	f	f'	f''	y/mm	u_x/m·s^{-1}	u_y/m·s^{-1}		
15	0.00	0.00000	0	0.33206	0.000	0.000	0.000		←初值
16	0.10	0.00166	0.0332058	0.33205	0.093	0.010	0.000		
17	0.20	0. 试验探索确定			0.187	0.020	0.000		
18	0.30	0. 使f(8)=1.0		0.33181	0.280	0.030	0.000		
19	0.40	0.02656			0.000				
20	0.50	0.04149	=1000*A15*$G$2/		=C15*$G$3		0.000		
21	0.60	0.05974	$G$7^0.5		↓向下复制		0.000		
22	0.70	0.08128	↓向下复制				0.001		
23	0.80	0.10611		=0.5*$G$3*(A15*C15					
24	0.90	0.13421	0.2973563	-B15)/$G$7^0.5					
25	1.00	0.16557	0.3297827	↓向下复制		0.099	0.001		
92	7.70	5.97925	0.9999956	0.00003	7.189	0.300	0.012		
93	7.80	6.07925	0.9999982	0.00002	7.283	0.300	0.012		
94	7.90	6.17925	1.0000002	0.00002	7.376	0.300	0.012		
95	8.00	6.27925	1.0000016	0.00001	7.470	0.300	0.012		
96	8.10	6.37925	1.0000027	0.00001	7.563	0.300	0.012		

图 4-55　参考解答 1(计算工作表设计)

(2) 由式(4-81)可知，边界层厚度 δ 为

$$\delta = x\frac{\eta}{\sqrt{Re_x}} = x\frac{5.0}{\sqrt{Re_x}} \approx 0.00467\text{m} = 4.67\text{mm} \tag{4-93}$$

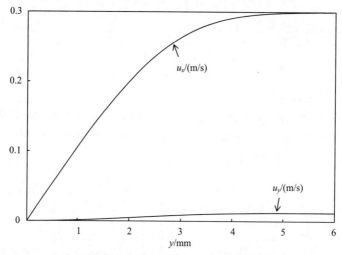

图 4-56　参考解答 1(计算结果图示)

离平板前缘 x 处的局部切应力

$$\tau = -\mu \left. \frac{\mathrm{d}u}{\mathrm{d}y} \right|_{y=0} = \mu U_\infty \sqrt{\frac{U_\infty}{\nu x}} f''(0) = 0.332 U_\infty \sqrt{\frac{U_\infty \rho u}{x}} \qquad (4\text{-}94)$$

局部阻力系数

$$C_f = \frac{\tau}{(\rho U_\infty^2 / 2)} = \frac{0.664}{\sqrt{Re_x}} = 0.031 \qquad (4\text{-}95)$$

平均阻力系数

$$C_f = \frac{1.38}{\sqrt{Re_x}} = 0.062 \qquad (4\text{-}96)$$

4.5　非稳态流动

1. 问题

如图 4-57 所示,平板与其上面的水接触,呈静止的初始状态。在时间 $t=0$ 时平板以速度 $u_0 = 0.2\mathrm{m/s}$ 开始水平流动,求平板上面水的速度 $u(y, t)$ 的分布。

2. 分析

前面所涉及的问题都是稳定状况的流动,即流动不随时间而变化。若速度分

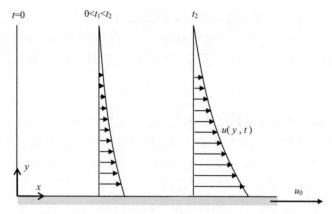

图 4-57 平板开始运动后其上的流体流动变化示意图

布不仅随位置变化，而且也随时间变化，则称为非稳态流动。本例中平板开始运动后，在 y 方向上发生动量传递，导致流体中的速度分布不仅是 y 坐标的函数，同时也是时间 t 的函数，故水的速度应表示为 $u(y, t)$。

在本例的情况下，运动方程中只有左侧的非稳态项和右侧的黏性项，在一维直角坐标下可写为

$$\rho \frac{\partial u}{\partial t} = \mu \frac{\partial^2 u}{\partial y^2} \qquad (4\text{-}97)$$

将计算变量分割，位置 y、时间 t 两变量的格子长度分别为 Δy、Δt，节点位置用 y、t 两变量的序号 n、m 表示，则 $y = n\Delta y$，$t = m\Delta t$。x 方向的速度 $u(y, t)$ 可用节点 u_n^m 表示，微分用差分式代替可表示为

$$\frac{\partial u}{\partial t} \approx \frac{u_n^{m+1} - u_n^m}{\Delta t} \qquad (4\text{-}98)$$

$$\frac{\partial^2 u}{\partial y^2} \approx \frac{u_{n+1}^m + u_{n-1}^m - 2u_n^m}{(\Delta y)^2} \qquad (4\text{-}99)$$

经如上差分处理后，式(4-97)可变为如下的差分方程

$$\rho \frac{u_n^{m+1} - u_n^m}{\Delta t} = \mu \frac{u_{n+1}^m + u_{n-1}^m - 2u_n^m}{(\Delta y)^2} \qquad (4\text{-}100)$$

整理得

$$u_n^{m+1} = \theta(u_{n+1}^m + u_{n-1}^m) + (1 - 2\theta)u_n^m \qquad (4\text{-}101)$$

式中，

$$\theta = \frac{\mu \Delta t}{\rho (\Delta y)^2} = \frac{\nu \Delta t}{(\Delta y)^2} \qquad (4\text{-}102)$$

其中，ν 为运动黏度$[\nu = (\mu/\rho)]$。

由式(4-101)可知，下一时刻某位置的速度可由上一时刻对应位置及其相邻位置的速度值计算而得。由于初始状态的速度值及边界位置(平板与水接触处，即 $y=0$ 处)的速度值已知，故全部计算区域可由初始状态出发逐一求得。

3. 求解

本例的计算工作表设计如图 4-58 所示。列方向(B8→AP8)为从平面开始的距离增加方向，行方向(A10→A510)为时间增加方向。边界条件区域为 B10：B510，设定其值为平板运动速度 $u_0=0.2m/s$，初始条件区域为 C10：AQ10，设定其值为 0。需要按式(4-101)进行计算的区域为 C11：AP510，仅在其中的一个单元格 C11 中输入计算公式，然后复制该公式到其他相应单元格中即可。本例中设定时间步长为 $\Delta t=0.2s$，位置步长为 $\Delta y=0.001m$，参数 θ 值为 0.2。速度分布的计算结果如图 4-59 所示。

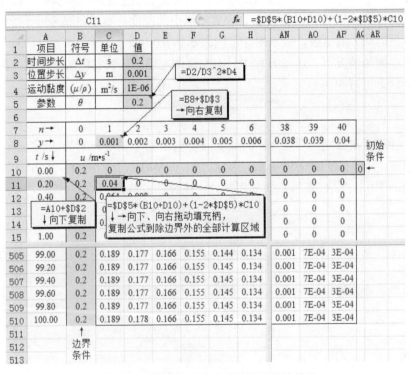

图 4-58　非稳态流动工作表设计及计算结果

注意：本例为显式差分，其数值解收敛的条件为 $\theta<0.5$，应综合考虑计算所需时间、计算精度要求及收敛条件，根据式(4-102)选择适宜的时间步长 Δt 及位置步长 Δy。

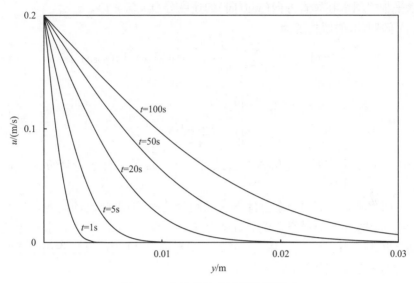

图 4-59 非稳态流动计算结果图示

4. 问题扩展

(1) 适当改变时间步长 Δt 及位置步长 Δy,考察计算结果在 $\theta < 0.5$ 及 $\theta > 0.5$ 时的收敛情况。

(2) 本例的解析解为

$$u = u_0 [1 - \mathrm{erf}(\eta)] \tag{4-103}$$

式中,

$$\eta = \frac{y}{2\sqrt{\nu t}} \tag{4-104}$$

$\mathrm{erf}(\eta)$ 为误差函数,它与标准正态累积分布函数 $\varphi(\ )$ 的关系为

$$\mathrm{erf}(\eta) = 2\varphi(\eta\sqrt{2}) - 1 \tag{4-105}$$

在 Excel 中,可利用 NORMDIST( ) 函数计算标准正态累积分布函数 $\varphi(\ )$,故利用式(4-105)$\mathrm{erf}(\eta)$ 可简单求解,从而式(4-103)可解。在本例的条件下,利用以上解析解公式计算当 $t = 50\mathrm{s}$、$t = 100\mathrm{s}$ 时流体的速度分布并与数值解进行比较。

(3) 回顾 4.1.1 节中稳态条件下一维平板库埃特流动问题,试对其进行非稳态过程求解。具体条件为:相距 $h = 0.01\mathrm{m}$ 的两个相互平行的平板之间的水处于静止的初始状态,当时间 $t = 0\mathrm{s}$ 时,下面平板开始以 $u_0 = 0.1\mathrm{m/s}$ 的速度水平移

动，求平板之间水在垂直方向(y 方向)的速度分布 $u(y, t)$。

(4) 问题(3)的解析解为

$$\frac{u}{u_0} = (1 - \eta) - \sum_{n=1}^{\infty} \left[\frac{2}{n\pi} \exp(-n^2 \pi^2 \lambda) \sin(n\pi\eta) \right] \tag{4-106}$$

$$\begin{cases} \eta = \dfrac{y}{h} \\[2mm] \lambda = \dfrac{(\mu/\rho)t}{h^2} \end{cases} \tag{4-107}$$

试在工作表中按照上述解析解公式针对 $t=5\mathrm{s}$ 的条件进行计算并与数值解比较。

(5) 回顾 4.2.3 节中稳态条件下一维圆管哈根-泊肃叶流动问题，试对其进行非稳态过程求解。具体条件为：在半径 $R=0.005\mathrm{m}$ 的圆管内，水开始处于静止的初始状态。当 $t=0$ 时，压力梯度$(\mathrm{d}p/\mathrm{d}z)=-32\mathrm{Pa/m}$ 开始作用于系统，试确定速度分布随时间的变化。

5. 参考解答

(1) 当 $\theta > 0.5$ 时不收敛。

(2) 计算工作表设计如图 4-60 所示，计算结果如图 4-61 所示。图 4-60 中只给出了 $t=100\mathrm{s}$ 时的计算公式，$t=50\mathrm{s}$ 时可类似地计算。

	A	B	C	D	E	F	G	H	I
1	项目	符号	单位	值					
2	运动黏度	(μ/ρ)	m²/s	1.00E-06	=B6/2/SQRT($D$2*$B$5) →向右复制公式				
3	初始速度	u_0	m/s	0.2					
4					=2*NORMSDIST(B7*SQRT(2))-1 →向右复制公式				
5	t/s	100							
6	y/m	0.000	0.004	0.008	0.012	0.016	0.020	0.024	0.028
7	η	0	0.2	0.4	0.6	0.8	1	1.2	1.4
8	erf	0.000	0.223	0.428	0.604	0.742	0.843	0.910	0.952
9	$u=u_0(1\text{-erf}(\eta))$	0.200	0.155	0.114	0.079	0.052	0.031	0.018	0.010
10				=$D$3*(1-B8) →向右复制公式					
11	t/s	50							
12	y/m	0.000	0.004	0.008	0.012	0.016	0.020	0.024	0.028
13	η	0	0.2828	0.565685	0.8485	1.1314	1.4142	1.6971	1.9799
14	erf	0.000	0.311	0.576	0.770	0.890	0.954	0.984	0.995
15	$u=u_0(1\text{-erf}(\eta))$	0.200	0.138	0.085	0.046	0.022	0.009	0.003	0.001

图 4-60 参考解答 2(计算工作表设计)

(3) 计算工作表设计与图 4-58 类似，如图 4-62 所示。相对 4.1.1 节中稳态条件下一维平板库埃特流动问题，对应的非稳态问题需修改的地方有：①初始速

度。单元格区域 B10：B510 的值设定为 0.1。②上面平板边界条件。单元格区域
L10：L510 的值设定为 0。L 列对应的是 $n=10$，即 $y=0.01$m（相比而言，
图 4-58 的条件是 $y=\infty$）。由图 4-62 可见，当时间 $t>50$s 时流动已接近稳态（速
度与 y 方向的距离呈直线关系，即图 4-3 所示的结果）。

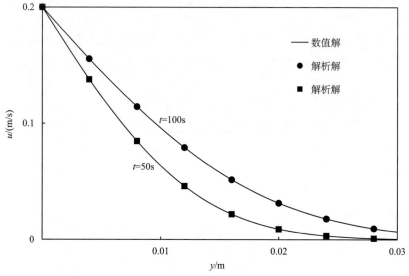

图 4-61 参考解答 2（计算结果图示）

（4）计算工作表设计如图 4-63 所示。由图 4-63 或式（4-106）可知，解析解为
稳态的极限项减去过渡项，该过渡项随时间的增加将逐渐消失。解析解与数值解
的比较计算结果如图 4-62 所示。

（5）在非稳态条件下，式（4-44）变为

$$\rho \frac{\partial u}{\partial t} = -\frac{\mathrm{d}p}{\mathrm{d}z} + \mu\left(\frac{\mathrm{d}^2 u}{\mathrm{d}r^2} + \frac{1}{r}\frac{\mathrm{d}u}{\mathrm{d}r}\right) \qquad (4\text{-}108)$$

式（4-108）为速度 u 关于时间 t、半径 r 的偏微分方程，可用差分法求解。将计算
变量分割，半径 r、时间 t 两变量的格子长度分别为 Δr、Δt，节点位置用 r、t
两变量的序号 n、m 表示，则 $r=n\Delta r$，$t=m\Delta t$。z 方向的速度 $u(r, t)$ 可用节
点 u_n^m 表示，用差分式代替微分式后，式（4-108）可改写为

$$\rho \frac{u_n^{m+1} - u_n^m}{\Delta t} = -\frac{\mathrm{d}p}{\mathrm{d}z} + \mu\left[\frac{u_{n+1}^m + u_{n-1}^m - 2u_n^m}{(\Delta r)^2} + \frac{1}{n\Delta r}\frac{u_{n+1}^m - u_{n-1}^m}{2\Delta r}\right] \qquad (4\text{-}109)$$

即

$$u_n^{m+1} = \frac{-(\mathrm{d}p/\mathrm{d}z)}{\rho}\Delta t + \theta\left[\left(1+\frac{1}{2n}\right)u_{n+1}^m + \left(1-\frac{1}{2n}\right)u_{n-1}^m - 2u_n^m\right] + u_n^m$$

$$(4\text{-}110)$$

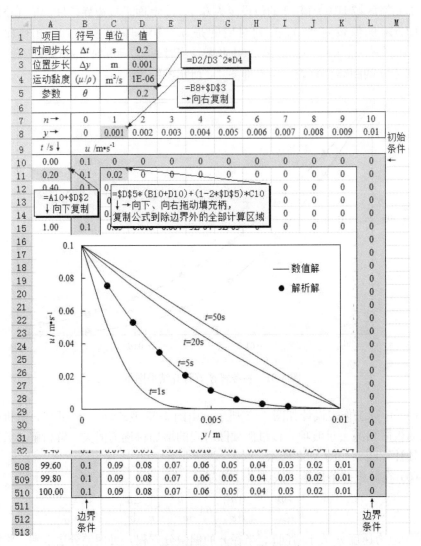

图 4-62 参考解答 3(计算工作表设计)

式中，

$$\theta = \frac{\mu \Delta t}{\rho (\Delta r)^2} = \frac{\nu \Delta t}{(\Delta r)^2} \tag{4-111}$$

本问题的解析解(当时间 $t \to \infty$ 时的速度 u_∞)同式(4-47)，可写为

$$u_\infty = \left(-\frac{\mathrm{d}p}{\mathrm{d}z}\right)\left(\frac{R^2}{4\mu}\right)\left[1-\left(\frac{r}{R}\right)^2\right] \tag{4-112}$$

	P	Q	R	S	T	U	V	W	X
1									
2	运动黏度	(μ/ρ)	m^2/s	1.00E-06					
3	距离	h	m	0.010					
4	速度	u_0	m/s	0.1					
5	时间	t	s	5					
6	参数	λ		0.050					
7									
8	y	0.001	0.002	0.003	0.004	0.005	0.006	0.007	0.008
9	η	0.1	0.2	0.3	0.4	0.5	0.6	0.7	0.8
10	n								
11	1	0.1202	0.2286	0.314636	0.3699	0.389	0.3701	0.315	0.2291
12	2	0.026	[illegible]	[illegible]	[illegible]	[illegible]	[illegible]	[illegible]	[illegible]
13	3	0.002	[illegible]	[illegible]	[illegible]	[illegible]	[illegible]	[illegible]	[illegible]
14	4	6E-05	[illegible]	[illegible]	[illegible]	[illegible]	[illegible]	[illegible]	[illegible]
15	5	6E-07	9E-10	-5.7E-07	-2E-09	6E-07	3E-09	-6E-07	-4E-09
16	u	0.0752	0.0527	0.034245	0.0206	0.0113	0.0057	0.0026	0.0011
17									
18									
19									

图 4-63　参考解答 4

	A	B	C	D	E	F	G	H	I	J	K	L
1		项目	符号	单位	值							
2		半径	R	m	0.005							
3		时间步长	Δt	s	0.05							
4		位置步长	Δr	m	0.0005							
5		动力黏度	μ	Pa•s	0.001							
6		密度	ρ	kg/m^3	1000							
7		运动黏度	(μ/ρ)	m^2/s	1E-06							
8		压力梯度	dp/dz	Pa/m	-32							
9		参数	θ		0.2							
10												
11												
12		解析解（$t=\infty$）↓　u /m•s^{-1}										
13		0.2	0.198	0.192	0.182	0.168	0.15	0.128	0.102	0.072	0.038	-9E-17
14	n→	0	1	2	3	4	5	6	7	8	9	10
15	y→	0	5.0E-04	1.0E-03	1.5E-03	2.0E-03	2.5E-03	3.0E-03	3.5E-03	4.0E-03	4.5E-03	5.0E-03
16	t /s↓	数值解↓　u /m•s^{-1}										
17	0.00	0	0	0	0	0	0	0	0	0	0	0
18	0.05	1.6E-03	1.6E-03	1.6E-03	1.6E-03	1.6E-03	1.6E-03	1.6E-03	1.6E-03	1.6E-03	1.6E-03	0
19	0.10	3.2E-03	3.2E-03	3.2E-03	3.2E-03	[illegible]	[illegible]	3.2E-03	3.2E-03	3.2E-03	2.9E-03	0
20	0.15	4.8E-03	[illegible]	[illegible]	4.8E-03	[illegible]	[illegible]	4.8E-03	4.8E-03	4.7E-03	3.9E-03	0
21	0.20	6.4E-03	[illegible]	[illegible]	[illegible]	[illegible]	[illegible]	[illegible]	[illegible]	[illegible]	[illegible]	0
22	0.25	8.0E-03	[illegible]	[illegible]	[illegible]	[illegible]	[illegible]	[illegible]	[illegible]	[illegible]	[illegible]	0
23	0.30	9.6E-03	9.6E-03	9.6E-03	[illegible]	[illegible]	[illegible]	[illegible]	[illegible]	[illegible]	[illegible]	0
24	0.35	1.1E-02	1.1E-02	1.1E-02	1.1E-02	1.1E-02	1.1E-02	1.1E-02	1.1E-02	1.0E-02	7.1E-03	0
621	30.20	2.0E-01	2.0E-01	1.9E-01	1.8E-01	1.7E-01	1.5E-01	1.3E-01	1.0E-01	7.2E-02	3.8E-02	0
622	30.25	2.0E-01	2.0E-01	1.9E-01	1.8E-01	1.7E-01	1.5E-01	1.3E-01	1.0E-01	7.2E-02	3.8E-02	0
623	30.30	2.0E-01	2.0E-01	1.9E-01	1.8E-01	1.7E-01	1.5E-01	1.3E-01	1.0E-01	7.2E-02	3.8E-02	0
624												
625												
626												

图 4-64　参考解答 5(计算工作表设计)

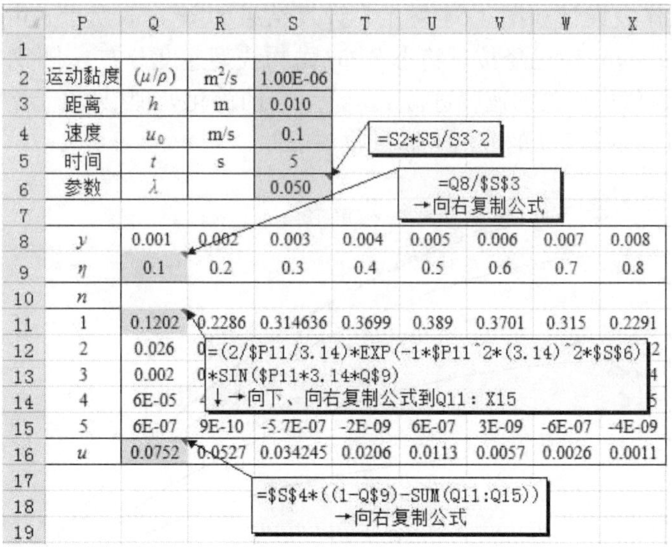

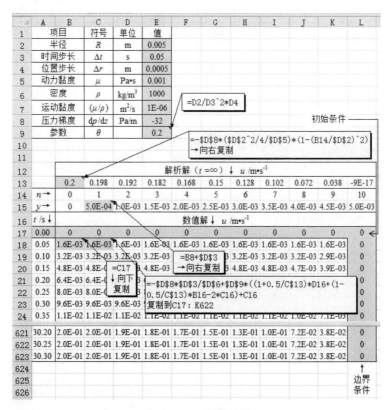

　　计算工作表设计如图 4-64 所示。计算结果如图 4-65 所示。由计算结果可知，当时间 $t=25\mathrm{s}$ 时已经接近稳态分布(抛物线型速度分布)。此外，本例为简单起见，对圆管中心处的速度进行了 $u_0^m = u_1^m$ 的简化处理(见单元格 B18 中的公式)。需要注意的是，θ 的取值应满足收敛条件。

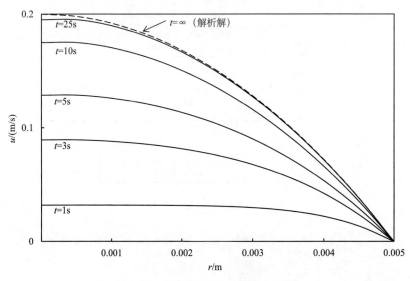

图 4-65　参考解答 5(计算结果图示)

第 5 章 热 量 传 输

由导热的基本定律即傅里叶定律可知，单位时间内通过单位面积的导热量（传热通量）与温度梯度成正比，其比例系数称为导热系数。即

$$q = \frac{Q}{A} = -\lambda \frac{\mathrm{d}T}{\mathrm{d}y} \tag{5-1}$$

式中，T 为温度，K；y 为距离，m；λ 为导热系数，W/(m·K)；q 为传热通量，W/m^2＝J/(m^2·s)；Q 为传热量，W＝J/s；A 为传热面积，m^2。

将式(5-1)微分作为热传导项（热扩散项），再考虑累积项（非稳态项）、对流项及热生成项等便可构成如下直角坐标条件下的传热基本方程（能量方程）：

$$\rho C_p \frac{\partial T}{\partial t} + \rho C_p \left(u \frac{\partial T}{\partial x} + v \frac{\partial T}{\partial y} + w \frac{\partial T}{\partial z} \right) = \lambda \left(\frac{\partial^2 T}{\partial x^2} + \frac{\partial^2 T}{\partial y^2} + \frac{\partial^2 T}{\partial z^2} \right) + Q$$

$$\tag{5-2}$$

式中，ρ 为流体密度，kg/m^3；u、v、w 分别为 x、y、z 三方向的速度分量，m/s，本章中最多只考虑 2 个方向的流动，且为方便起见分别用 u_x、u_y 代替 u、v；Q 为材料的单位体积的发热量（发热密度），W/m^3；C_p 为流体的恒压热容，J/(kg·K)；t 为时间，s。

式(5-2)是针对单位体积流体的能量平衡式[即单位体积流体的能量变化速率式，单位为 W/m^3＝J/(m^3·s)]。左侧第一项为非稳态项（累积项），第二项为对流项；右侧第一项为热传导项，第二项为发热项（热生成项）[注意：式(5-1)、式(5-2)中用了相同的符号 Q，具有不同的单位和意义，由于习惯，不另外更改符号了]。

能量方程还有其他多种表达形式（包括柱坐标、球坐标条件下的表达式），但其物理意义是一致的，本书限于篇幅不一一列出，读者可在相关书籍中找到其具体表达方式。求解传热问题，就是以式(5-1)、式(5-2)为基础，根据具体问题条件作出适宜的计算模型，然后求出温度分布及与其相关的其他物理量。

辐射传热机理与导热及对流传热相比有其特殊性，本章将在 5.3 节中对其进行详细总结介绍。

5.1　传　导　传　热

5.1.1　一维传导传热

1. 问题

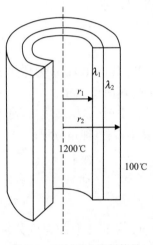

图 5-1　双层耐火材料管的
温度分布

内半径 $r_1=0.75$m，外半径 $r_2=1.0$m 的双层耐火材料管中，内外层的厚度分别为 0.1m、0.15m。内外层材料的导热系数 λ_1 及 λ_2 分别为 0.5J/(m·s·K)、2.0J/(m·s·K)。管的内表面温度为 1200℃，外表面温度为 100℃，管长为 1m（如图 5-1 所示）。求传热量及管壁内的温度分布。

2. 分析

本例为无对流项、无发热项的一维稳态传导传热问题。根据本例的情况应采用圆柱坐标进行解析，对于圆柱坐标情况，设柱面到对称轴中心的距离为 r，圆柱长为 L，面积为 $2\pi rL$，则傅里叶定律可写为

$$-\lambda \frac{\mathrm{d}T}{\mathrm{d}r} = \frac{Q}{2\pi rL} \tag{5-3}$$

即

$$\frac{\mathrm{d}T}{\mathrm{d}r} = -\frac{1}{r} \cdot \frac{Q}{2\pi \lambda L} \tag{5-4}$$

根据所给条件，$r_1=0.75$m，$r_2=1.0$m，从 r_1 到 r_2 对式(5-4)进行积分即可求解。需要注意的是，积分过程中，传热量 Q 为未知量，可通过已知的温度限定条件确定。此外，对不同的积分区域，导热系数值不同。

3. 求解

求解工作表设计如图 5-2 所示。其中，单元格区域 G2：G4 为常数项，可预先在 G2 中给出传热量 Q 的假设值。此外，G4 中的导热系数 λ 值需根据 B7 中自变量 r 的值而改变，可利用 Excel 函数 IF() 进行设定。利用前述标准程序（参见3.1.2 节），点击执行按钮"龙格-库塔"后，使半径 $r=1.0$m 处的温度 $T=100$℃就成为约束条件。这样，经多次探索取值后就可以确定传热量 Q 的值（最终确定为 $Q=20\,815$W）。温度分布的计算结果及图示也在图 5-2 中给出。

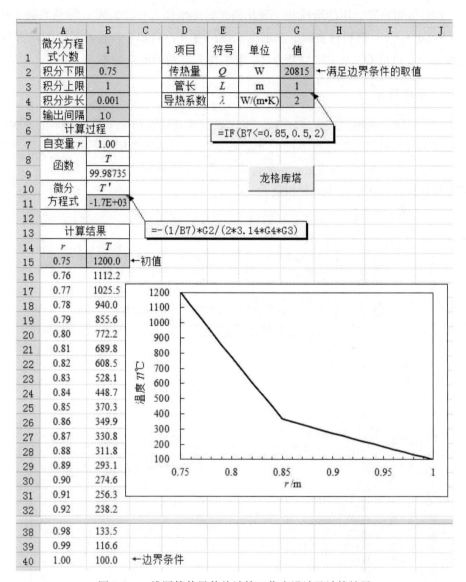

图 5-2　一维圆管传导传热计算工作表设计及计算结果

4. 问题扩展

(1) 将本例的双层耐火材料管的温度分布问题改为墙壁的温度分布问题。具体条件为：墙壁由 A、B、C 三层材料构成，厚度（m）分别为 0.15、0.025、0.015；导热系数 λ[W/(m·K)]分别为 1.4、0.037、0.17。墙壁内外的温度（℃）分别为 25、0，求截面的温度分布。

(2) 已知核发电用的圆柱状二氧化铀燃料棒半径 $R=0.006\text{m}$，导热系数 $\lambda=7.0\text{W/(m·K)}$。燃料棒表面由沸水冷却保持在 $T_s=133℃$，若燃料棒的内部具有稳定的发热量 $Q=2.1\times10^8\text{W/m}^3$，求半径 r 方向的温度分布。

5. **参考解答**

(1) 本例的适用公式为式(5-1)。工作表设计及计算结果如图 5-3 所示。为实现根据不同的材料位置选择不同的导热系数，在工作表中使用了嵌套的 IF() 函数，见单元格 G3。传热通量 q 需要探索取值，最终确定为 $q=28.715\text{W/m}^2$，这样可保证在边界 $y=0.19\text{m}$ 处温度为 $0℃$。

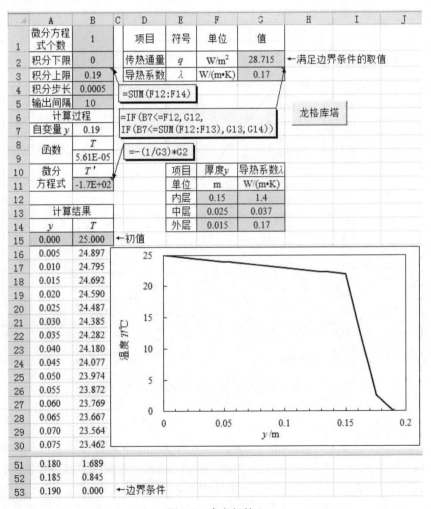

图 5-3　参考解答 1

(2) 本问题解法与 4.2.3 节(一维圆管哈根-泊肃叶流动)类似。当存在稳定的内部发热条件时，圆柱坐标下的半径方向一维稳态传导传热方程为

$$0 = \lambda \left(\frac{\partial^2 T}{\partial r^2} + \frac{1}{r} \frac{\partial T}{\partial r} \right) + Q \tag{5-5}$$

以上偏微分方程可由如下两个常微分方程表达

$$\begin{cases} \dfrac{\mathrm{d}T}{\mathrm{d}r} = -\dfrac{1}{\lambda} q \\[2mm] \dfrac{\mathrm{d}q}{\mathrm{d}r} = -\dfrac{1}{r} q + Q \end{cases} \tag{5-6}$$

工作表设计及计算结果如图 5-4 所示。初值条件为：当 $r=0$ 时，$q=(\mathrm{d}T/\mathrm{d}r)=0$，$T=403℃$(探索取值，使之满足表面温度条件)

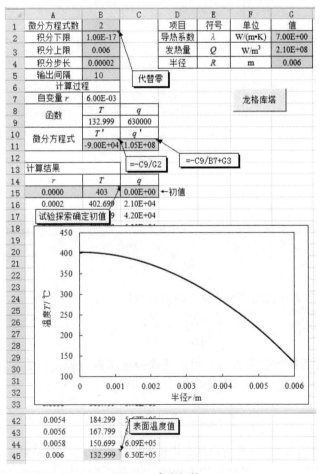

图 5-4　参考解答 2

5.1.2 二维传导传热

1. 问题

已知边长为 1.0m 的正方形平板，它的下边、左边及右边保持恒温 $T_1 = 20℃$，而上边温度按正弦波分布：$T = 100\sin(\pi x/L) + 20(℃)$。求稳态时平板内的温度分布，如图 5-5 所示。

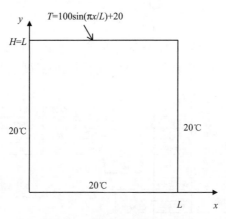

图 5-5 二维稳态导热示意图

2. 分析

本例为二维稳态热传导问题。直角坐标下二维传导传热方程为

$$0 = \lambda\left(\frac{\partial^2 T}{\partial x^2} + \frac{\partial^2 T}{\partial y^2}\right) \tag{5-7}$$

当导热系数 λ 不随位置变化时(即为常数)，上式可改写为

$$\left(\frac{\partial^2 T}{\partial x^2} + \frac{\partial^2 T}{\partial y^2}\right) = 0 \tag{5-8}$$

式(5-8)称为拉普拉斯方程，可采用差分法求解该偏微分方程。与 4.1.2 节的问题解法类似，式(5-8)可改为如下差分方程

$$T_{n, m} = \frac{1}{4}(T_{n+1, m} + T_{n-1, m} + T_{n, m+1} + T_{n, m-1}) \tag{5-9}$$

式中，n、m 分别为 x、y 两方向的节点位置序号。由式(5-9)可见，某一节点处的温度值等于其周围相邻点温度值的平均值。将式(5-9)应用于计算区域中的全部节点即转化为联立方程组的求解问题，利用 Excel 的循环引用功能可简单求解。

3. 求解

本例中取 $\Delta x = \Delta y = 0.1m$，则 n、m 的取值范围为 $0 \sim 10$，即 x 或 y 单方向共 10 个格子，工作表设计如图 5-6 所示。其中，有颜色填充的部分为边界值，左侧、右侧、下侧边界温度为 20℃；上侧边界温度按公式 $T = 100\sin(\pi x/L) + 20$ 进行计算（单元格区域 B2：L2）。在单元格 C3 中输入差分公式[式(5-9)]，然后将此公式复制到计算区域的其他单元格中（无颜色填充的单元格）。这时，各个单元格间形成循环引用关系，即联立方程式关系，Excel 自动进行循环计算，给出计算结果。需要指出的是，为实现 Excel 自动循环计算功能，需进行一定的设定（文件→选项→公式：选择自动重算、启用迭代计算、设定最多迭代次数及最大误差，参见 1.1.2 节）。最终计算结果如图 5-7（三维曲面图）所示。

	A	B	C	D	E	F	G	H	I	J	K	L	M
1		0	1	2	3	4	5	6	7	8	9	10	←x
2	10	20	50.9	78.78	100.9	115.1	120	115.1	100.9	78.78	50.9	20	
3	9	20	42.59	62.97	=100*SIN(PI()*C1/$L$1)+20					62.97	42.59	20	
4	8	20	36.49	51.3						51.36	36.49	20	
5	7	20	32	42.83	=(B3+C2+D3+C4)/4			56.94	51.42	42.83	32	20	
6	6	20	28.69	36.53				46.75	42.75	36.53	28.69	20	
7	5	20	26.23	31.85	36.31	39.17	40.16	39.17	36.31	31.85	26.23	20	
8	4	20	24.38	28.33	31.46	33.48	34.17	33.48	31.46	28.33	24.38	20	
9	3	20	22.96	25.62	27.74	29.1	29.57	29.1	27.74	25.62	22.96	20	
10	2	20	21.82	23.47	24.77	25.61	25.9	25.61	24.77	23.47	21.82	20	
11	1	20	20.87	21.65	22.28	22.68	22.81	22.68	22.28	21.65	20.87	20	
12	0	20	20	20	20	20	20	20	20	20	20	20	
13	y↑												

图 5-6 二维稳态传导传热计算工作表设计

本例的解析解为

$$T = 100\frac{\sinh(\pi y/L)}{\sinh(\pi H/L)}\sin\left(\frac{\pi x}{L}\right) + 20 \tag{5-10}$$

由于 $H = L$，故

$$T = 100\frac{\sinh(\pi y/L)}{\sinh(\pi)}\sin\left(\frac{\pi x}{L}\right) + 20 \tag{5-11}$$

该解析解的计算公式比较简单，可利用 Excel 内置函数计算，在此省略计算过程。数值解与解析解的计算结果比较如图 5-8 所示。由图可知，上侧以正弦波分布的温度形式逐渐向其周围扩散，由于边界条件的限制，这种扩散逐渐减弱。

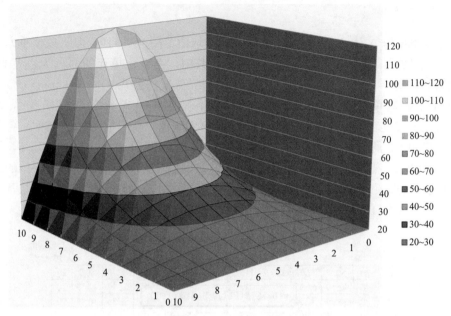

图 5-7　二维稳态传导传热计算结果图示

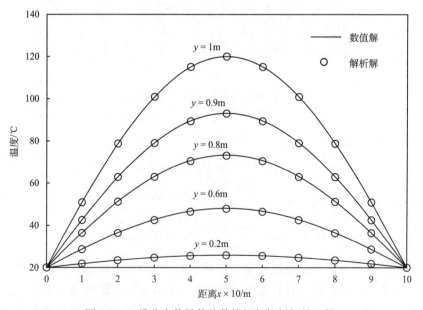

图 5-8　二维稳态传导传热数值解与解析解的比较

4. 问题扩展

(1) 已知横截面为正方形(边长为 0.2m)、温度为 100℃的管道外面包裹着厚度为 0.4m 的保温壁,如图 5-9 所示。保温壁的外侧温度为 20℃,求保温壁的内部温度分布。

(2) 已知半径 $R = 0.06$m、高 $H = 0.105$m 的圆柱材料的底面温度为 100℃,侧面及上面温度为 0℃,求该材料内部的温度分布,如图 5-10 所示。

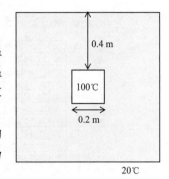

图 5-9 正方形保温壁截面图

5. 参考解答

(1) 取 $\Delta x = \Delta y = 0.1$m,$n$、$m$ 的取值范围为 0~10,工作表设计如图 5-11 所示。其中,有颜色填充的部分为边界值(外部边界及内部边界),外部边界温度为 20℃;内部边界温度为 100℃。在单元格 C3 中输入差分公式[式(5-9)],然后将此公式复制到计算区域的其他单元格中。最终计算结果如图 5-12 所示(俯视曲面图)。

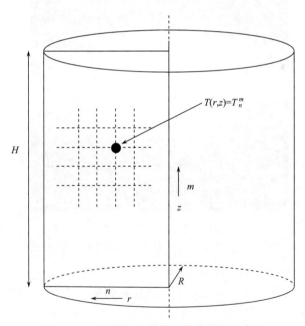

图 5-10 二维圆柱坐标传导传热差分示意图

(2) 此问题属于二维圆柱坐标下的稳态传导传热问题,传热方程可写为

$$0 = \frac{\partial^2 T}{\partial r^2} + \frac{1}{r}\frac{\partial T}{\partial r} + \frac{\partial^2 T}{\partial z^2} \qquad (5\text{-}12)$$

▲	A	B	C	D	E	F	G	H	I	J	K	L	M
1		0	1	2	3	4	5	6	7	8	9	10	←x
2	10	20	20	20	20	20	20	20	20	20	20	20	
3	9	20	23.79	27.58	31.16	33.92	34.89	33.92	31.16	27.58	23.79	20	
4	8	20	27.58	3 =(B3+C2+D3+C4)/4	51.73	49.62	43.14	35.36	27.58	20			
5	7	20	31.16	43.14	56.42	69.71	72.79	69.71	56.43	43.14	31.16	20	
6	6	20	33.92	49.63	69.71	100	100	100	69.71	49.63	33.92	20	
7	5	20	34.89	51.73	72.79	100		100	72.79	51.73	34.89	20	
8	4	20	33.92	49.63	69.71	100	100	100	69.71	49.63	33.92	20	
9	3	20	31.16	43.14	56.43	69.71	72.79	69.71	56.43	43.14	31.16	20	
10	2	20	27.58	35.36	43.14	49.63	51.73	49.63	43.14	35.36	27.58	20	
11	1	20	23.79	27.58	31.16	33.92	34.89	33.92	31.16	27.58	23.79	20	
12	0	20	20	20	20	20	20	20	20	20	20	20	
13	y↑												

图 5-11 参考解答 1（保温壁的内部温度分布计算）

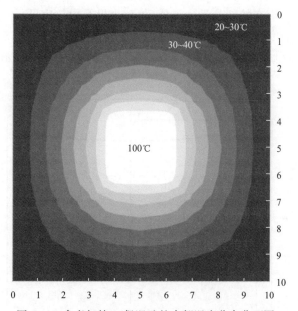

图 5-12 参考解答 1（保温壁的内部温度分布曲面图）

将计算变量分割，半径 r、高度 z 两变量的格子长度分别为 Δr、Δz，节点位置用 r、z 两变量的序号 n、m 表示，则 $r=n\Delta r$，$z=m\Delta z$。温度 $T(r,z)$ 可用节点 T_n^m 表示，如图 5-10 所示。用差分式代替微分式后，式(5-12)可改写为

$$\frac{T_{n+1}^m+T_{n-1}^m-2T_n^m}{(\Delta r)^2}+\frac{1}{n\Delta r}\frac{T_{n+1}^m-T_{n-1}^m}{2\Delta r}+\frac{T_n^{m+1}+T_n^{m-1}-2T_n^m}{(\Delta z)^2}=0$$

(5-13)

令 $\Delta r = \Delta z$，得

$$T_n^m = \frac{1}{4}\left[\left(1+\frac{1}{2n}\right)T_{n+1}^m + \left(1-\frac{1}{2n}\right)T_{n-1}^m + T_n^{m+1} + T_n^{m-1}\right] \qquad (5\text{-}14)$$

中心节点 $(r=0)$ 的温度 T_0^m 可根据热平衡关系求出。考虑含有中心节点的微元体(图 5-13)，有

$$z\text{ 方向传入热量} = z\text{ 方向传出热量} + r\text{ 方向传出热量}$$

即

$$\pi\left(\frac{\Delta r}{2}\right)^2 \frac{T_0^{m-1}-T_0^m}{\Delta z} = \pi\left(\frac{\Delta r}{2}\right)^2 \frac{T_0^m - T_0^{m+1}}{\Delta z} + 2\pi\left(\frac{\Delta r}{2}\right)\Delta z \frac{T_0^m - T_1^m}{\Delta r} \quad (5\text{-}15)$$

根据 $\Delta r = \Delta z$ 并整理式(5-15)，得

$$T_0^m = \frac{1}{6}(T_0^{m+1}+T_0^{m-1}) + \frac{2}{3}T_1^m \qquad (5\text{-}16)$$

计算工作表设计如图 5-14 所示。设定区间步长 $\Delta r = \Delta z = 0.005\text{m}$，半径 r 方向从中心开始取 $n=0\sim12$，高度 z 方向取 $m=0\sim21$。第 22 行为底面温度(100℃)，第 1 行及 C 列为上面及侧面温度(0℃)。内部节点温度按式(5-14)计算，中心节点温度按式(5-16)计算。利用 Excel 的循环引用功能，计算自动进行。与前述同样，本问题需要预先启动 Excel 的循环计算功能并设定循环迭代方式(参见 1.1.2 节)，计算结果图示如图 5-15 所示(俯视曲面图)。

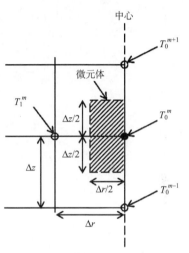

图 5-13　参考解答 2(含有中心节点的微元体)

5.1.3　一维非稳态传导传热

1. 问题

将一个厚度为 0.02m(半厚度 $L=0.01\text{m}$)、初始温度 $T_0 = 20$℃的板状材料浸入 $T_1 = 100$℃的水中进行加热，试求此板状材料内部的温度分布随时间的变化关系，如图 5-16 所示。已知水的密度 $\rho = 983\text{kg/m}^3$，热容 $C_p = 4.17\times10^3\text{J/(kg·K)}$，导热系数 $\lambda = 0.653\text{J/(m·s·K)}$，导温系数 $\alpha = 0.159\times10^{-6}\text{m}^2/\text{s}$。

2. 分析

本例为一维非稳态导热问题，在一维直角坐标下传热方程中只有非稳态项和热传导项，可写为

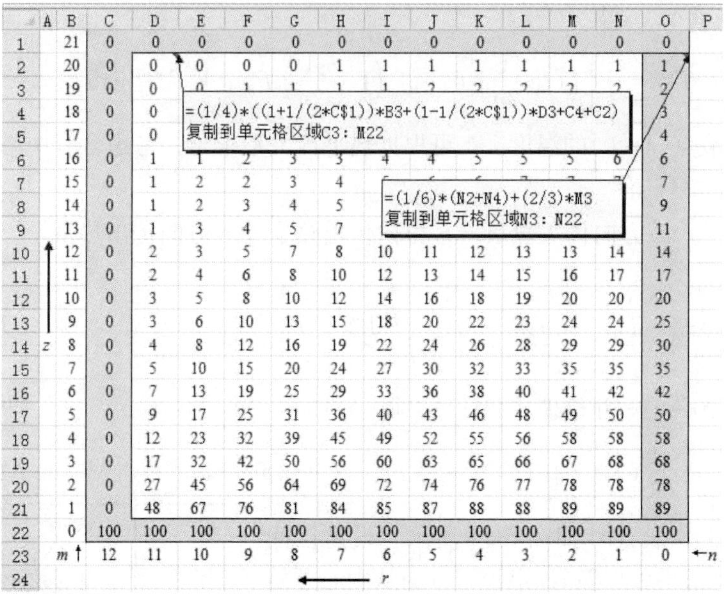

计算工作表（图 5-14）：

左上角的公式标注：

```
=(1/4)*((1+1/(2*C$1))*B3+(1-1/(2*C$1))*D3+C4+C2)
复制到单元格区域C3: M22
```

右侧的公式标注：

```
=(1/6)*(N2+N4)+(2/3)*M3
复制到单元格N3: N22
```

z (B)	C	D	E	F	G	H	I	J	K	L	M	N	O	P
21	0	0	0	0	0	0	0	0	0	0	0	0	0	0
20	0	0	0	0	0	0	1	1	1	1	1	1	1	1
19	0													3
18	0													3
17	0													4
16	0	1												6
15	0	1	2											8
14	0	1	2	3										9
13	0	1	3	4										11
12	0	2	3	5	7	8	10	11	12	13	13	14	14	14
11	0	2	4	6	8	10	12	13	14	15	16	17	17	17
10	0	3	5	8	10	12	14	16	18	19	20	20	20	20
9	0	4	6	10	13	15	18	20	22	23	24	24	25	25
8	0	4	8	12	16	19	22	24	26	28	29	29	30	30
7	0	5	10	15	20	24	27	30	32	33	35	35	35	35
6	0	7	13	19	25	29	33	36	38	40	41	42	42	42
5	0	9	17	25	31	36	40	43	46	48	49	50	50	50
4	0	12	23	32	39	45	49	52	55	56	58	58	58	58
3	0	17	32	42	50	56	60	63	65	66	67	68	68	68
2	0	27	45	56	64	69	72	74	76	77	78	78	78	78
1	0	48	67	76	81	84	85	87	88	88	89	89	89	89
0	100	100	100	100	100	100	100	100	100	100	100	100	100	100

行 23： m ↑ | 12 | 11 | 10 | 9 | 8 | 7 | 6 | 5 | 4 | 3 | 2 | 1 | 0 | ←n

行 24： ← r

图 5-14　参考解答 2(计算工作表设计)

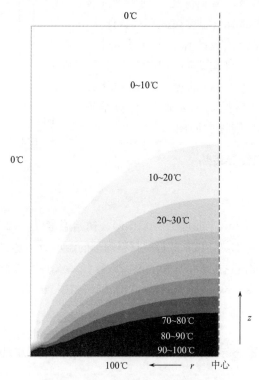

0℃

0~10℃

0℃

10~20℃

20~30℃

70~80℃
80~90℃
90~100℃

100℃　←　r　中心

z

图 5-15　参考解答 2(计算结果图示)

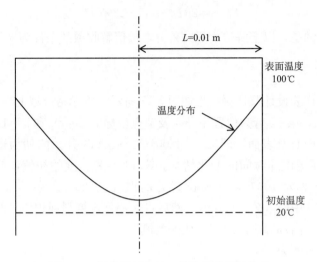

图 5-16　板状材料内的一维非稳态传导传热

$$\rho C_{\mathrm{p}} \frac{\partial T}{\partial t} = \lambda \frac{\partial^2 T}{\partial x^2} \tag{5-17}$$

即

$$\frac{\partial T}{\partial t} = \alpha \frac{\partial^2 T}{\partial x^2} \tag{5-18}$$

式中，$\alpha = \lambda / (\rho C_{\mathrm{p}})$ 称为导温系数。式(5-18)为偏微分方程，可进行差分化处理。将计算变量分割，位置 x、时间 t 两变量的格子长度分别为 Δx、Δt，节点位置用 x、t 两变量的序号 n、m 表示，则 $x = n\Delta x$，$t = m\Delta t$。温度 $T(x, t)$ 可用节点 T_n^m 表示，偏微分方程式(5-18)用差分式代替可表示为

$$\frac{T_n^{m+1} - T_n^m}{\Delta t} = \alpha \frac{T_{n-1}^m - 2T_n^m + T_{n+1}^m}{(\Delta x)^2} \tag{5-19}$$

整理式(5-19)，得

$$T_n^{m+1} = \theta(T_{n-1}^m + T_{n+1}^m) + (1 - 2\theta) T_n^m \tag{5-20}$$

式中，

$$\theta = \frac{\alpha \Delta t}{(\Delta x)^2} \tag{5-21}$$

此外，根据材料中心($n=0$)处的边界条件$(\partial T / \partial x) = 0$ 可知通过中心节点的热通量为零。由宽为($\Delta x / 2$)的中间区间的单位面积热平衡可得

$$1 \times \frac{\Delta x}{2} \times \rho C_p \frac{T_0^{m+1} - T_0^m}{\Delta t} = 1 \times \lambda \frac{T_1^m - T_0^m}{\Delta x} \tag{5-22}$$

整理，得

$$T_0^{m+1} = 2\theta T_1^m + (1 - 2\theta) T_0^m \tag{5-23}$$

需要注意的是，以上解法为显式差分，数值解收敛的条件为 $\theta < 0.5$。

3. 求解

计算用工作表设计及计算结果如图 5-17 所示。单元格区域 F2：F8 为计算所需参数，第 10、第 11 行为位置序号 n 及节点坐标 x。$n = 0$ 和 $n = 10$ 的节点位置分别为材料的中心及表面，即 $\Delta x = 0.001\text{m}$。从 A14 开始的列为逐渐递增的时间 t，用于显示温度随时间的变化情况。第 14 行为温度的初值，时间 $t = 0$ 时，材料表面的温度为 100℃，其他位置处的温度为 20℃。在 B15 中输入公式 (5-23)，在 C15 中输入公式 (5-20)，然后将这些公式复制到相应计算区域中。这样，便求得材料内部温度随时间变化的数值解。

本例的解析解为

$$\theta = \frac{T - T_1}{T_0 - T_1} = \sum_{n=0}^{\infty} \frac{4\sin(\beta_n)}{\{\sin(2\beta_n) + 2\beta_n\}} \mathrm{e}^{-\beta_n^2 F_0} \cos(\beta_n X) \tag{5-24}$$

式中，

$$\begin{cases} X = \dfrac{x}{L} \\[2mm] F_0 = \dfrac{\alpha t}{L^2} \\[2mm] \beta_n = \dfrac{(2n + 1)\pi}{2} \end{cases} \tag{5-25}$$

当时间 $t = 240\text{s}$ 时，数值解与解析解的计算结果比较如图 5-18 所示。

4. 问题扩展

(1) 若将本例的平板材料改为：①圆柱材料；②圆球材料。其他条件不变，求两种条件下材料内的温度分布，已知圆柱或圆球材料的直径与图 5-16 所示的平板状材料的厚度相同（即半径为 0.01m）。同时，在同一图中比较平板、圆柱、圆球三种相同厚度（直径）尺寸但不同形状材料的中心温度随时间变化的差异。

(2) 若上述问题中的圆柱材料为二氧化铀燃料棒，其半径方向各处的初期温度 T_0 与所在半径位置 r 的关系为 $T_0 = -27\,000 \times r + 400$。当反应停止后，其衰变热 $Q = 1.0 \times 10^8\,\text{W/m}^3$，若此时燃料棒表面无冷却装置且处于绝热状态，求燃料棒内的温度分布随时间的变化。已知燃料棒的参数为：导热系数 $\lambda = 7.0\text{W/(m·K)}$，密度 $\rho = 1.1 \times 10^4\,\text{kg/m}^3$，热容 $C_p = 220\text{J/(kg·K)}$。

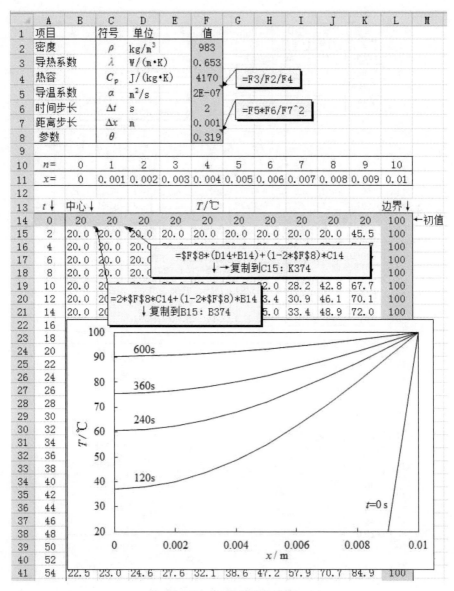

图 5-17　一维非稳态导热

5. 参考解答

(1) a. 圆柱坐标下半径方向一维非稳态传导传热方程为

$$\frac{\partial T}{\partial t} = \frac{\alpha}{r}\frac{\partial}{\partial r}\left(r\frac{\partial T}{\partial r}\right) = \alpha\left(\frac{\partial^2 T}{\partial r^2} + \frac{1}{r}\frac{\partial T}{\partial r}\right) \tag{5-26}$$

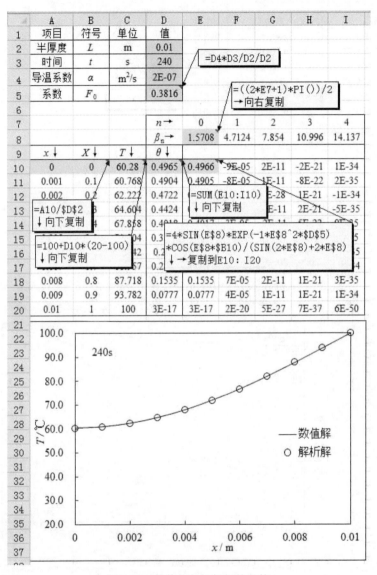

图 5-18　数值解与解析解的比较

将计算变量分割，位置 r、时间 t 两变量的格子长度分别为 Δr、Δt，节点位置用 r、t 两变量的序号 n、m 表示，则 $r=n\Delta r$，$t=m\Delta t$。温度 $T(r,t)$ 可用数值解的节点 T_n^m 表示，偏微分方程式(5-26)用差分式代替可表示为

$$\frac{T_n^{m+1}-T_n^m}{\Delta t}=\alpha\left(\frac{T_{n-1}^m-2T_n^m+T_{n+1}^m}{(\Delta r)^2}+\frac{1}{n\Delta r}\frac{T_{n+1}^m-T_{n-1}^m}{2\Delta r}\right) \tag{5-27}$$

整理式(5-27)，得

$$T_n^{m+1} = \theta\left[\left(1+\frac{1}{2n}\right)T_{n+1}^m + \left(1-\frac{1}{2n}\right)T_{n-1}^m\right] + (1-2\theta)T_n^m \qquad (5\text{-}28)$$

式中，

$$\theta = \frac{\alpha\,\Delta t}{(\Delta r)^2} \qquad (5\text{-}29)$$

对于中心轴上的节点，由包含中心轴、宽为$(\Delta r/2)$的区间单位高度的热平衡可知

$$\pi\left(\frac{\Delta r}{2}\right)^2 \times \rho C_p\,\frac{T_0^{m+1} - T_0^m}{\Delta t} = 2\pi\left(\frac{\Delta r}{2}\right)\times\lambda\,\frac{T_1^m - T_0^m}{\Delta r} \qquad (5\text{-}30)$$

整理，得

$$T_0^{m+1} = 4\theta T_1^m + (1-4\theta)T_0^m \qquad (5\text{-}31)$$

b. 球坐标下半径方向一维非稳态传导传热方程为

$$\frac{\partial T}{\partial t} = \frac{\alpha}{r^2}\,\frac{\partial}{\partial r}\left(r^2\,\frac{\partial T}{\partial r}\right) = \alpha\left(\frac{\partial^2 T}{\partial r^2} + \frac{2}{r}\,\frac{\partial T}{\partial r}\right) \qquad (5\text{-}32)$$

相应的差分式为

$$\frac{T_n^{m+1} - T_n^m}{\Delta t} = \alpha\left(\frac{T_{n-1}^m - 2T_n^m + T_{n+1}^m}{(\Delta r)^2} + \frac{2}{n\Delta r}\,\frac{T_{n+1}^m - T_{n-1}^m}{2\Delta r}\right) \qquad (5\text{-}33)$$

整理式(5-33)，得

$$T_n^{m+1} = \theta\left[\left(1+\frac{1}{n}\right)T_{n+1}^m + \left(1-\frac{1}{n}\right)T_{n-1}^m\right] + (1-2\theta)T_n^m \qquad (5\text{-}34)$$

对于中心的节点，由包含中心点、厚度为$(\Delta r/2)$的球空间的热平衡可知

$$\frac{4}{3}\pi\left(\frac{\Delta r}{2}\right)^3 \times \rho C_p\,\frac{T_0^{m+1} - T_0^m}{\Delta t} = 4\pi\left(\frac{\Delta r}{2}\right)^2 \times\lambda\,\frac{T_1^m - T_0^m}{\Delta r} \qquad (5\text{-}35)$$

整理，得

$$T_0^{m+1} = 6\theta T_1^m + (1-6\theta)T_0^m \qquad (5\text{-}36)$$

本扩展问题的计算工作表与图 5-17 类似，故省略其图示。在图 5-17 的工作表的基础上，只需根据材料形状修改中心节点温度公式及内部节点的差分方程式即可得到相应形状材料的温度分布随时间的变化关系。圆柱与圆球形材料的温度分布计算结果对比如图 5-19 所示。三种材料的中心温度计算结果比较如图 5-20 所示。由图可知，加热速率按照平板→圆柱→圆球的顺序递增。

（2）在内部发热条件下的圆柱坐标半径方向一维非稳态传导传热方程为

$$\frac{\partial T}{\partial t} = \alpha\left(\frac{d^2 T}{dr^2} + \frac{1}{r}\,\frac{dT}{dr}\right) + \frac{Q}{\rho C_p} \qquad (5\text{-}37)$$

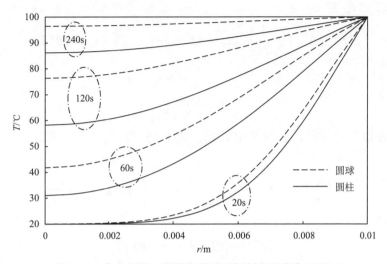

图 5-19　参考解答 1(圆柱与圆球形材料温度分布对比)

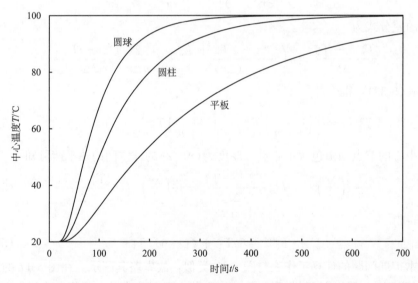

图 5-20　参考解答 1(三种形状材料中心温度随时间变化的比较,即加热速率的比较)

参考式(5-28),对应式(5-37)的差分方程为

$$T_n^{m+1} = \theta\left[\left(1+\frac{1}{2n}\right)T_{n+1}^m + \left(1-\frac{1}{2n}\right)T_{n-1}^m\right] + (1-2\theta)T_n^m + \frac{Q\Delta t}{\rho C_p} \quad (5\text{-}38)$$

对于中心轴上的节点,类似式(5-31),可根据式(5-39)进行计算

$$T_0^{m+1} = 4\theta T_1^m + (1 - 4\theta) T_0^m + \frac{Q \Delta t}{\rho C_p} \tag{5-39}$$

　　计算工作表设计与图 5-17 类似，故省略其图示，可在图 5-17 的工作表基础上修改物性参数值、中心节点温度公式及内部节点的差分方程式。此外，作为表面绝热条件的简单处理方法，可令 L 列($n=10$)的表面温度值等于 K 列($n=9$)的温度值。计算结果如图 5-21 所示，由图可知，当失去冷却处理装置时，仅仅 20s 的时间，燃料棒的温度就超过了 1000℃。

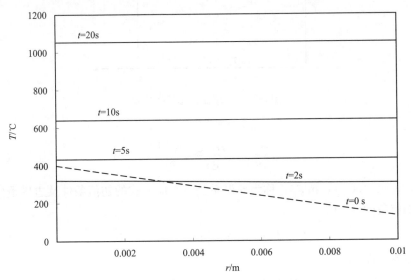

图 5-21　参考解答 2(计算结果图示)

5.1.4　二维非稳态传导传热

1. 问题

　　如图 5-22 所示，一个边长 $L=0.01$m 的正方形区域的初始温度 $T_0=20$℃。当时间 $t>0$ 时，其上边被温度 $T_H=80$℃的热源加热，其余三边则保持原温度不变，求该区域温度随时间的变化。已知该矩形区域的比热 $C_p=400$J/(kg·K)，密度 $\rho=9000$kg/m³，导热系数 $\lambda=400$W/(m·K)。

2. 分析

　　本例为二维非稳态传导传热问题。在无内热源、直角坐标系条件下，导热方程为

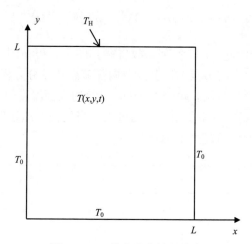

图 5-22　二维非稳态传导传热

$$\frac{\partial T}{\partial t} = \alpha \left(\frac{\partial^2 T}{\partial x^2} + \frac{\partial^2 T}{\partial y^2} \right) \tag{5-40}$$

式中，$\alpha = \lambda / (\rho C_p)$，$\mathrm{m^2/s}$，称为导温系数。对应上式的初值条件及边界条件为

初值条件$(t=0)$

$$T = T_0 \, (0 \leqslant x \leqslant L, \, 0 \leqslant y \leqslant L) \tag{5-41}$$

边界条件$(t>0)$

$$\begin{cases} T = T_0 \, (x=0 \text{、} x=L \text{、} y=0) \\ T = T_H \, (y=L) \end{cases} \tag{5-42}$$

针对微分方程式(5-40)，将计算变量分割，位置 x、y 及时间 t 三个变量的格子长度分别为 Δx、Δy、Δt，节点位置分别用 x、y、t 变量的序号 i、j 及 k 表示，温度 $T(x, y, t)$ 可用节点 $T_{i,j}^k$ 表示，偏微分方程式(5-40)用差分式代替可表示为

$$\frac{T_{i,j}^{k+1} - T_{i,j}^k}{\Delta t} = \alpha \left(\frac{T_{i+1,j}^{k+1} - 2T_{i,j}^{k+1} + T_{i-1,j}^{k+1}}{\Delta x^2} + \frac{T_{i,j+1}^{k+1} - 2T_{i,j}^{k+1} + T_{i,j-1}^{k+1}}{\Delta y^2} \right)$$

$$\tag{5-43}$$

其中，时间采用了前进差分，空间位置采用了中心差分，利用全隐式方法求解。

将式(5-43)整理，可得

$$T_{i,j}^{k+1} = \frac{1}{(1 + 2\theta_x + 2\theta_y)} \left[\theta_x (T_{i+1,j}^{k+1} + T_{i-1,j}^{k+1}) + \theta_y (T_{i,j+1}^{k+1} + T_{i,j-1}^{k+1}) + T_{i,j}^k \right]$$

$$\tag{5-44}$$

式中，

$$
\begin{cases}
\theta_x = \dfrac{\alpha \Delta t}{\Delta x^2} \\[2mm]
\theta_y = \dfrac{\alpha \Delta t}{\Delta y^2}
\end{cases}
\tag{5-45}
$$

为简单起见，可令 $\Delta x = \Delta y$，则 $\theta_x = \theta_y \equiv \theta$，式(5-44)可变为

$$
T_{i,j}^{k+1} = \frac{1}{(1+4\theta)} \left[\theta (T_{i+1,j}^{k+1} + T_{i-1,j}^{k+1} + T_{i,j+1}^{k+1} + T_{i,j-1}^{k+1}) + T_{i,j}^{k} \right] \tag{5-46}
$$

除了上面得到的全隐式差分方程外，还可利用显式法或 Crank-Nicolson 法推导得到相应的差分方程，后两者的差分方法及差分方程式分别如下。

（1）显式差分法及其方程

$$
\begin{cases}
\dfrac{T_{i,j}^{k+1} - T_{i,j}^{k}}{\Delta t} = \alpha \left(\dfrac{T_{i+1,j}^{k} - 2T_{i,j}^{k} + T_{i-1,j}^{k}}{\Delta x^2} + \dfrac{T_{i,j+1}^{k} - 2T_{i,j}^{k} + T_{i,j-1}^{k}}{\Delta y^2} \right) \\[3mm]
T_{i,j}^{k+1} = \theta_x (T_{i+1,j}^{k} + T_{i-1,j}^{k}) + \theta_y (T_{i,j+1}^{k} + T_{i,j-1}^{k}) + (1 - 2\theta_x - 2\theta_y) T_{i,j}^{k}
\end{cases}
\tag{5-47}
$$

（2）Crank-Nicolson 差分法及其方程

$$
\begin{cases}
\dfrac{T_{i,j}^{k+1} - T_{i,j}^{k}}{\Delta t} = \dfrac{\alpha}{2} \left[\dfrac{T_{i+1,j}^{k+1} - 2T_{i,j}^{k+1} + T_{i-1,j}^{k+1}}{\Delta x^2} + \dfrac{T_{i,j+1}^{k+1} - 2T_{i,j}^{k+1} + T_{i,j-1}^{k+1}}{\Delta y^2} \right. \\[3mm]
\left. + \dfrac{T_{i+1,j}^{k} - 2T_{i,j}^{k} + T_{i-1,j}^{k}}{\Delta x^2} + \dfrac{T_{i,j+1}^{k} - 2T_{i,j}^{k} + T_{i,j-1}^{k}}{\Delta y^2} \right] \\[4mm]
T_{i,j}^{k+1} = \dfrac{1}{2(1+\theta_x+\theta_y)} \left[\begin{array}{l} \theta_x (T_{i+1,j}^{k+1} + T_{i-1,j}^{k+1} + T_{i+1,j}^{k} + T_{i-1,j}^{k}) \\[1mm] + \theta_y (T_{i,j+1}^{k+1} + T_{i,j-1}^{k+1} + T_{i,j+1}^{k} + T_{i,j-1}^{k}) \\[1mm] + 2(1 - \theta_x - \theta_y) T_{i,j}^{k} \end{array} \right]
\end{cases}
\tag{5-48}
$$

采用显式差分法时应注意收敛问题（应选取合适的 θ_x、θ_y 值，一般取小于 0.25 的值即可），本例仅采用全隐式差分方程进行求解。

3. 求解

在一维非稳态导热的解析中（见前节问题），时间序列值是在工作表中的不同行中表示的。在二维非稳态导热的解析中，在同一工作表中来表示时间序列值理论上可行，但实际实施起来却较为繁琐和困难。为此，本例采用设置三个计算区域的方法进行解析，具体求解步骤如下。

1) 输入数据

将已知数据输入到工作表单元格中，如图 5-23 所示。其中，第 1～14 行有颜色填充的单元格为计算用参数，第 16～28 行为温度分布值的"初值区域"。初值区域中有颜色填充的单元格为边界温度值（固定不变），其中所包围的内部单元格即为将要计算的温度值（初值为 20℃）。

	A	B	C	D	E	F	G	H	I	J	K	L	M
1	项目		符号	单位	值								
2	横向长度		L	m	0.01	=E2/E3							
3	横向分割数				10								
4	横向步长		Δx	m	0.001								
5	纵向长度		$H=L$	m	0.01	=E5/E6							
6	纵向分割数				10								
7	纵向步长		Δy	m	0.001								
8	比热		C_p	J/(kg·K)	400								
9	密度		ρ	kg/m³	9000								
10	导热系数		λ	W/(m·K)	400	=E10/E9/E8							
11	初始温度		T_0	℃	20								
12	导温系数		α	m²/s	0.0001	=E12*E13/E4^2							
13	时间步长		Δt	s	0.01								
14	参数		θ		1.1111								
15													
16	y/mm					初值区域							
17	10	80	80	80	80	80	80	80	80	80	80	80	
18	9	20	49.33	60.4756	65.245	67.32	67.91	67.32	65.25	60.48	49.33	20	
19	8	20	36.84	47.33	53.192	56.12	57.01	56.12	53.19	47.33	36.84	20	
20	7	20	30.71	38.8147	44.078	46.97	47.88	46.97	44.08	38.81	30.71	20	
21	6	20	27.2	33.1426	37.348	39.8	40.6	39.8	37.35	33.14	27.2	20	
22	5	20	24.95	29.2139	32.379	34.3	34.93	34.3	32.38	29.21	24.95	20	
23	4	20	23.4	26.3884	28.669	30.08	30.56	30.08	28.67	26.39	23.4	20	
24	3	20	22.27	24.2773	25.836	26.82	27.15	26.82	25.84	24.28	22.27	20	
25	2	20	21.39	22.6249	23.592	24.2	24.41	24.2	23.59	22.62	21.39	20	
26	1	20	20.66	21.2478	21.71	22	22.1	22	21.71	21.25	20.66	20	
27	0	20	20	20	20	20	20	20	20	20	20	20	
28		0	1	2	3	4	5	6	7	8	9	10	x/mm

图 5-23　二维非稳态传导传热解析工作表(1)

2) 新值区域的设置

根据初值区域中的数据，按照式(5-46)即可计算经过一个时间步长 Δt 后的温度分布。具体步骤为：将初值区域复制一份放置在其下方，如图 5-24 中的第 29～41 行所示。在单元格 C31 中输入公式[式(5-46)]并将其复制到单元格区域 C31：K39 中，这样便得到了经过一个时间步长 Δt 后的温度分布值。需要指出的是，计算中利用了单元格的循环引用功能，需参照前述进行必要的设置(参见 1.1.2 节)。

	A	B	C	D	E	F	G	H	I	J	K	L	M
29	y / mm				新值区域								
30	10	80	80	80	80	80	80	80	80	80	80	80	
31	9	20	37.99	42.3989	43.546	43.85	43.92	43.85	43.55	42.4	37.99	20	
32	8	20	25.74	28						28.22	25.74	20	
33	7	20	21.92	2						23.01	21.92	20	
34	6	20	20.67	2					4	21.11	20.67	20	
35	5	20	20.24	20.4107	20.512	20.56	20.57	20.56	20.51	20.41	20.24	20	
36	4	20	20.09	20.1532	20.195	20.22	20.22	20.22	20.22	20.15	20.09	20	
37	3	20	20.03	20.0574	20.075	20.08	20.09	20.08	20.07	20.06	20.03	20	
38	2	20	20.01	20.0213	20.028	20.03	20.03	20.03	20.03	20.02	20.01	20	
39	1	20	20	20.007	20.009	20.01	20.01	20.01	20.01	20.01	20	20	
40	0	20	20	20	20	20	20	20	20	20	20	20	
41		0	1	2	3	4	5	6	7	8	9	10	x / mm
42	y / mm				初始状态区域								
43	10	80	80	80	80	80	80	80	80	80	80	80	
44	9	20	20	20	20	20	20	20	20	20	20	20	
45	8	20	20	20	20	20	20	20	20	20	20	20	
46	7	20	20	20	20	20	20	20	20	20	20	20	
47	6	20	20	20	20	20	20	20	20	20	20	20	
48	5	20	20	20	20	20	20	20	20	20	20	20	
49	4	20	20	20	20	20	20	20	20	20	20	20	
50	3	20	20	20	20	20	20	20	20	20	20	20	
51	2	20	20	20	20	20	20	20	20	20	20	20	
52	1	20	20	20	20	20	20	20	20	20	20	20	
53	0	20	20	20	20	20	20	20	20	20	20	20	
54		0	1	2	3	4	5	6	7	8	9	10	x / mm
55													
56	每次计算循环次数N		10			计算			复位				
57	时间t/s		0.01										

公式框：=($E$14*(B31+D31+C30+C32)+C18)/(1+4*$E$14)

图 5-24　二维非稳态传导传热解析工作表(2)

3) 利用宏录制自动计算

将新值区域中的数据复制到初值区域中(注意：不能复制公式，应该是"选择性粘贴→值")，则在新值区域中又可得到下一个时刻的温度分布值，如此反复操作即可得到各个时刻的温度分布值。然而，这种手工操作很繁琐，应该利用宏功能将其记录下来，利用程序来自动完成。在工作表中设置名为"计算"的宏执行按钮(如图 5-24 所示)，将其链接到名为(即过程名)"计算"的宏中，点击该按钮即可自动完成上述复制工作(为宏设置快捷键则更加方便)，"计算"的宏代码如图 5-25 所示，宏录制及宏的快捷键设置方法请参见 2.5 节。

在名为"计算"的宏执行按钮的左侧单元格中设置了每次循环计算的次数 N(如图 5-24 所示)且在其下方设置了计算所经过的时间 t(其值由程序自动完成计算)。当设置 $N=1$ 时可单步进行计算、细微观察温度分布随时间的变化情况。图 5-26 为时间 $t=0.02\mathrm{s}$ 时的温度分布曲面图，图 5-27 为温度分布的稳态解曲面图[经过时间 $t\approx0.31\mathrm{s}$，稳态解可参考式(5-9)进行计算]，图 5-28 为对应的俯视

```
Option Explicit
Sub 复位()

Sheets("Sheet1").Select    '选择工作表
Cells(57, 5) = Cells(13, 5) '耗时, s
'拷贝初始数据
Range("B43:L53").Select
Selection.Copy

'复制数据（选择性粘贴→值）
Range("B17").Select
Selection.PasteSpecial Paste:=xlPasteValues, Operation:=xlNone, SkipBlanks _
    :=False, Transpose:=False

'清除粘贴板并使鼠标指针回到指定位置
Application.CutCopyMode = False
End Sub
Sub 计算()
Dim I As Integer
Dim T As Single
Dim N As Integer

Sheets("Sheet1").Select    '选择工作表
N = Cells(56, 5)           '设定循环计算次数
Cells(57, 5) = Cells(57, 5) + N * Cells(13, 5) '耗时, s
For I = 1 To N
Range("B30:L40").Select     '选定新值区域
Selection.Copy              '拷贝

Range("B17").Select              '选定旧值区域并选择性粘贴（值）
Selection.PasteSpecial Paste:=xlPasteValues, Operation:=xlNone, SkipBlanks _
    :=False, Transpose:=False
Next I
Application.CutCopyMode = False  '清除粘贴板并使鼠标指针回到指定位置
End Sub
```

图 5-25　宏代码

曲面图（进行了旋转、修改颜色、去掉三维设置等编辑过程）。执行程序时，可观察到曲面图随时间增加的动态变化情况。

4）设置复位按钮

在计算过程中，初值区域的数据不断发生变化，其值将不再是真正意义上的"初值"。为使其恢复原来的初始状态值，可将开始输入数据时创建的初值区域复制一份放置在新值区域下方（如图 5-24 所示），命名为"初始状态区域"，同时在工作表中设置名为"复位"的宏执行按钮，将其链接到名为"复位"的宏中，点击该按钮即可将初始状态区域复制到初值区域，使初值区域恢复到原来的初值状态，同时在新值区域得到经过一个时间步长的温度分布值，"复位"的宏代码如图 5-25 所示。

以上在工作表中所建立的三个数据区域间的关系如图 5-29 所示，其中实线箭头方向表示数据值的复制流向，虚线箭头方向表示时间递增一个步长的方向。读者可不断点击图 5-24 所示的"复位"、"计算"按钮，或改变 N 值，可得到所需时刻的温度分布值并可观察温度分布的变化情况。

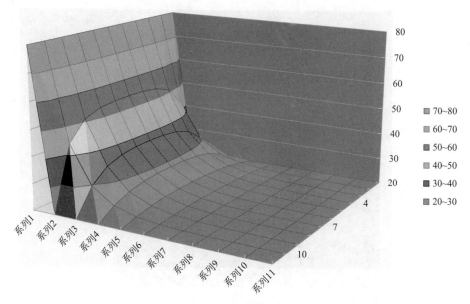

图 5-26　温度分布曲面图($t=0.02$s)

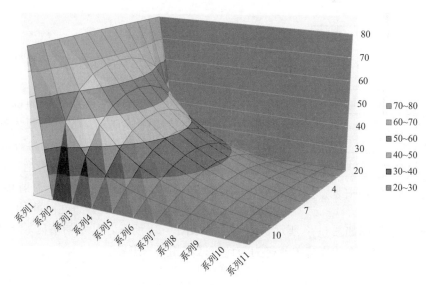

图 5-27　温度分布曲面图(稳态解，$t\approx0.31$s)

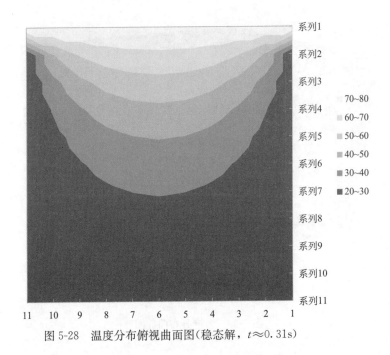

图 5-28　温度分布俯视曲面图(稳态解，$t \approx 0.31\text{s}$)

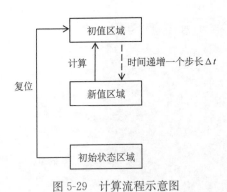

图 5-29　计算流程示意图

4. 问题扩展

设图 5-22 所示的区域是一块正方形铁板（初始温度 $T_0 = 20℃$），割枪以 20mm/s 的移动速率从左侧中间部位开始向右移动将其切割。假定电弧发热密度 Q 一定且仅限在其移动半径为 r_0 的铁板内的圆形区域内，铁板周围绝热，即忽略其向周围的对流传热及辐射传热，求铁板平面内的温度分布随时间的变化。

切割过程示意图如图 5-30 所示，相关参数如图 5-31 所示，其中初值区域 B18：N30 中有颜色填充的周边单元格为与计算区域相邻的边界。

5. 参考解答

1) 差分方程

本问题为直角坐标系下有热源的非稳态二维传导传热问题，其导热方程为

$$\frac{\partial T}{\partial t} = a\left(\frac{\partial^2 T}{\partial x^2} + \frac{\partial^2 T}{\partial y^2}\right) + \frac{Q}{\rho C_p} \tag{5-49}$$

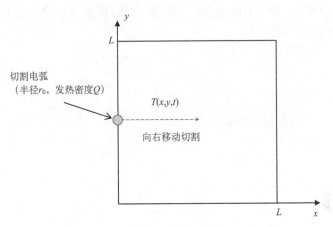

图 5-30　切割铁板示意图

	项目	符号	单位	值	
1	项目	符号	单位	值	
2	横向长度	L	m	0.01	=E2/E3
3	横向分割数			10	
4	横向步长	Δx	m	0.001	
5	纵向长度	$H=L$	m	0.01	=E5/E6
6	纵向分割数			10	
7	纵向步长	Δy	m	0.001	
8	比热	C_p	J/(kg·K)	775	
9	密度	ρ	kg/m³	7300	=E10/E9/E8
10	导热系数	λ	W/(m·K)	27	
11	导温系数	α	m²/s	5E-06	=E11*E12/E4^2
12	时间步长	Δt	s	0.05	
13	参数	θ		0.2386	=E12/E9/E8
14	参数	θ_q		9E-09	
15	加热半径	r_0	m	0.0021	
16	发热密度	Q	W/m³	1E+11	

初值区域

	y/mm	B	C	D	E	F	G	H	I	L	M	N
18			20	20	20	20	20	20	20	20	20	
19	10	20	20	20	20	20	20	20	20	20	20	20
20	9	20	20	20	20	20	20	20	20	20	20	20
21	8	20	20	20	20	20	20	20	20	20	20	20
22	7	20	20	20	20	20	20	20	20	20	20	20
23	6	20	20	20	20	20	20	20	20	20	20	20
24	5	20	20	20	20	20	20	20	20	20	20	20
25	4	20	20	20	20	20	20	20	20	20	20	20
26	3	20	20	20	20	20	20	20	20	20	20	20
27	2	20	20	20	20	20	20	20	20	20	20	20
28	1	20	20	20	20	20	20	20	20	20	20	20
29	0	20	20	20	20	20	20	20	20	20	20	20
30			20	20	20	20	20	20	20	20	20	
31			0	1	2	3	4	5	6	9	10	x/mm

图 5-31　计算参数及初值

参考式(5-49)，利用 Crank-Nicolson 差分法(读者也可自行选择其他差分方法)，可得以下差分式

$$T_{i,j}^{k+1} = \frac{1}{2(1+\theta_x+\theta_y)} \cdot$$

$$\begin{cases} \theta_x(T_{i+1,j}^{k+1}+T_{i-1,j}^{k+1}+T_{i+1,j}^k+T_{i-1,j}^k)+\theta_y(T_{i,j+1}^{k+1}+T_{i,j-1}^{k+1}+T_{i,j+1}^k+T_{i,j-1}^k) \\ +2(1-\theta_x-\theta_y)T_{i,j}^k+2\theta_q Q_{i,j} \end{cases}$$

(5-50)

式中，

$$\begin{cases} \theta_x = \dfrac{a\Delta t}{\Delta x^2} \\[2mm] \theta_y = \dfrac{a\Delta t}{\Delta y^2} \\[2mm] \theta_q = \dfrac{\Delta t}{c\rho} \end{cases}$$

(5-51)

为简单起见，令 $\Delta x = \Delta y$，则 $\theta_x = \theta_y \equiv \theta$，差分方程式(5-50)可变为

$$T_{i,j}^{k+1} = \frac{1}{(1+2\theta)} \cdot$$

(5-52)

$$\begin{cases} \dfrac{\theta}{2}(T_{i+1,j}^{k+1}+T_{i-1,j}^{k+1}+T_{i,j+1}^{k+1}+T_{i,j-1}^{k+1}+T_{i+1,j}^k \\ +T_{i-1,j}^k+T_{i,j+1}^k+T_{i,j-1}^k)+(1-2\theta)T_{i,j}^k+\theta_q Q_{i,j} \end{cases}$$

2) 发热密度

由于差分方程中含有发热密度项 $Q_{i,j}$，故必须首先计算发热密度，才能确定温度分布随时间递增而发生变化的情况。其中电弧的纵坐标 $y_0=5$ 固定不变，而横坐标 $x_0=20\times t$(坐标单位都是 mm)。此外，只有满足 $\sqrt{(x-x_0)^2+(y-y_0)^2} < r_0$ 的单元格其发热密度为 Q，否则为 0。根据以上分析，作出计算发热密度的单元格区域(在初值区域的右侧)，如图 5-32 所示。其中，单元格 S15 公式中的 E64 为计算经过的时间 t(图 5-33)。在 R19 中输入利用 IF() 函数进行发热密度计算方式选择的公式，然后将其复制到 R19：AB29 中即可。

3) 新值区域及初始状态区域的设置

类似图 5-24，设置新值区域及初始状态区域，并在初始状态区域下方设置类似的宏执行按钮，如图 5-33 所示。与图 5-24 相比，图 5-33 存在如下不同点。

(1)边界条件。由于边界处绝热，故可参考式(4-22)确定边界温度。例如，左下边界单元格 B44 处的温度梯度为零，其温度 T_0 与相邻单元格 C44、D44 的温度 T_1、T_2 之间满足式(5-53)：

	P	Q	R	S	T	U	V	W	X	Y	Z	AA	AB	AC
14		电弧坐标												
15		x_0	mm	1	=20*E64									
16		y_0	mm	5										
17					发热密度（W/m³）									
18	y / mm													
19	10		0	0	0	0	0	0	0	0	0	0	0	
20	9		0	0	0	0	0	0	0	0	0	0	0	
21	8		0	=IF((((R$31-$S$15)^2+($P19-$S$16)^2)^0.5)							0	0	
22	7		0	<($E$15*1000),$E$16,0)							0	0	
23	6		1E+11	1E								0	0	
24	5		1E+11	1E+11	1E+11	1E+11	0	0	0	0	0	0	0	
25	4		1E+11	1E+11	1E+11	0	0	0	0	0	0	0	0	
26	3		0	1E+11	0	0	0	0	0	0	0	0	0	
27	2		0	0	0	0	0	0	0	0	0	0	0	
28	1		0	0	0	0	0	0	0	0	0	0	0	
29	0		0	0	0	0	0	0	0	0	0	0	0	
30														
31			0	1	2	3	4	5	6	7	8	9	10	x/mm

图 5-32　发热密度的计算

	A	B	C	D	E	F	G	H	I	L	M	N
32			新值区域									
33	y / mm		19.64	18.7635	19.63	19.92	19.99	20		20	20	
34	10	20.1	20.13	20.3265	20.131	20	20.01	20		20	20	
35	9	20.5	21.6	25.0156	21.637	=(4*C34-C35)/3		20		20	20	
36	8	19.4	34.21	78.536	34.745	22.86	20.47	20.07	20.01	=(4*M34-L34)/3		
37	7	-55	136.4	710.79	139.53	39.77	22.86	20.37	20.05	20	20	
38	6	818	g=(0.5*$E$13						20.17	20	20	
39	5	889	*(B34+D34+C35+C33+B19+D19+C20+C18)						20.44	20	20	
40	4	818	+(1-2*$E$13)*C19+$E$14*R19)						20.17	20	20	
41	3	-55	/(1+2*$E$13)						20.05	20	20	
42	2	19.4	34	=(4*C44-D44)/3		22.86	20.47	20.07	20.01	20	20	
43	1	20.5					20.37	20.07	20.01	20	=(4*M44-M43)/3	
44	0	20.1	20.13	20.3265	20.131	20.03	20.01	20		20	20	
45			19.64	18.7635	19.63	19.92	19.99	20		20	20	
46			0	1	2	3	4	5	6	9	10	x/mm
47			初始状态区域									
48	y / mm		20	20	20	20	20	20		20	20	
49	10	20	20	20	20	20	20	20		20	20	20
50	9	20	20	20	20	20	20	20		20	20	20
51	8	20	20	20	20	20	20	20		20	20	20
52	7	20	20	20	20	20	20	20		20	20	20
53	6	20	20	20	20	20	20	20		20	20	20
54	5	20	20	20	20	20	20	20		20	20	20
55	4	20	20	20	20	20	20	20		20	20	20
56	3	20	20	20	20	20	20	20		20	20	20
57	2	20	20	20	20	20	20	20		20	20	20
58	1	20	20	20	20	20	20	20		20	20	20
59	0	20	20	20	20	20	20	20		20	20	20
60			20	20	20	20	20	20		20	20	
61			0	1	2	3	4	5	6	9	10	x/mm
62												
63	每次计算循环次数N		1	计算		复位						
64	时间t/s		0.05									

图 5-33　新值区域及初始状态区域的设置

$$T'(x_0) = \frac{1}{2\Delta x}(-3T_0 + 4T_1 - T_2) = 0 \qquad (5\text{-}53)$$

所以

$$T_0 = \frac{4T_1 - T_2}{3} \qquad (5\text{-}54)$$

故在单元格 B44 中输入公式"＝(4 * C44－D44)/3"，然后将其复制到左侧边界的其他单元格中即可。

对上侧、下侧及右侧边界可作同样处理，图 5-33 中仅示出了一个边界单元格中的公式，需将其复制到有颜色填充的所在行或列单元格中。

(2) 计算区域公式的输入。在单元格区域 C34：M44 中输入公式(5-52)。图 5-33 中仅给出了单元格 C34 的公式，将其复制到 C34：M44 中即可。

(3)宏代码。本扩展问题的"复位"、"计算"两个宏代码与图 5-25 所示的宏代码类似(故省略其图示)，不同之处仅在于单元格区域的复制、粘贴位置有所变化，故只需将图 5-25 所示的宏代码中出现的单元格区域的复制、粘贴位置做相应的修改，其余保持不变即可将其移植到本扩展问题中。

4) 计算结果

当点击"计算"按钮后，即可执行程序并观察到各个时间间隔条件下铁板内温度分布的变化情况。作为示例，图 5-34、图 5-35 分别为时间 $t=0.05$ s 及 $t=0.5$ s 时铁板中的温度分布情况(三维曲面图)。为节省空间，图中均省略了坐标轴的标

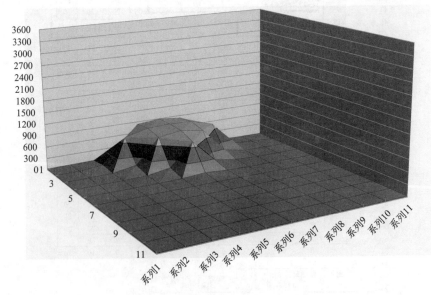

图 5-34　温度分布(时间 $t=0.05$s)

题。除了曲面图外，也可利用单元格条件格式中的色阶设置来强化数据的可视化效果，直接从单元格数据的颜色变化来观察温度分布情况。以 $t=0.5$ s 时为例，选择单元格区域 C34：M44，点击"开始"→"条件格式"→"色阶"→"红黄绿色阶"，即可得到如图 5-36 所示的单元格温度分布，其数据值与图 5-35 对应。由图可见，当割枪移动到铁板右侧边缘时，铁板内最高温度可达 3000℃以上。

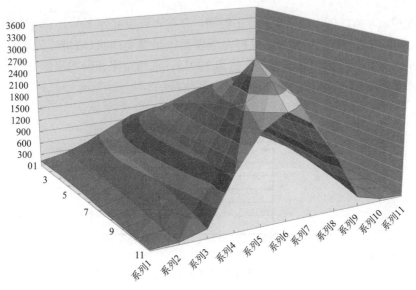

图 5-35　温度分布(时间 $t=0.5$s)

	A	B	C	D	E	F	G	J	K	L	M	N
32						新值区域						
33	y / mm		76.77	81.1998	83.198	78.43	66.55	21.59	14.09	12.91	15.86	
34	10	113	116.5	127.237	136.81	137.7	127.7	65.35	46.7	33.01	25.01	22.3
35	9	226	235.6	265.349	297.64	315.5	311.1	196.6	144.6	93.33	52.45	38.8
36	8	426	448.1	515.511	596.35	658.3	683.8	555.9	462.9	356.4	211.4	163
37	7	693	733.8	857.321	1015.8	1159	1259	1290	1243	1132	1264	1308
38	6	940	1000	1181.12	1422.9	1663	1865	2261	2308	2531	2071	1918
39	5	1044	1113	1319.2	1600	1889	2150	2854	3323	2941	2418	2244
40	4	940	1000	1181.12	1422.9	1663	1865	2261	2308	2531	2071	1918
41	3	693	733.8	857.321	1015.8	1159	1259	1290	1243	1132	1264	1308
42	2	426	448.1	515.511	596.35	658.3	683.8	555.9	462.9	356.4	211.4	163
43	1	226	235.6	265.349	297.64	315.5	311.1	196.6	144.6	93.33	52.45	38.8
44	0	113	116.5	127.237	136.81	137.7	127.7	65.35	46.7	33.01	25.01	22.3
45			76.77	81.1998	83.198	78.43	66.55	21.59	14.09	12.91	15.86	
46			0	1	2	3	4	7	8	9	10	x/mm

图 5-36　利用条件格式色阶显示的单元格温度值分布(时间 $t=0.5$s)

5.2 对流传热

5.2.1 内部流动

1. 问题

在相距 $h=0.008\text{m}$ 的两个平行平板间，存在入口温度为 20℃、平均流速 $u_\text{m}=0.2\text{m/s}$ 的流动空气，速度分布已经充分发展，呈抛物线状（泊肃叶流动）。若上面平板为绝热、下面平板的温度保持为 100℃，求两个平板间的温度分布，流动示意图如图 5-37 所示。已知空气的导温系数 $\alpha=2.73\times10^{-5}\text{m}^2/\text{s}$。

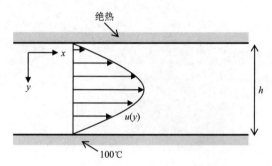

图 5-37　平行平板间泊肃叶流动中的对流传热

2. 分析

本例为由高温壁面向流动中的流体传热，属于对流传热问题。当速度为 u 的流体流动方向(x)与传热方向(y)互相垂直时，对流传热方程最为简单，即可由以下偏微分方程表达：

$$u\,\frac{\partial T}{\partial x}=\alpha\,\frac{\partial^2 T}{\partial y^2} \tag{5-55}$$

式中，α 为导温系数，m^2/s；等式的左侧为对流项，右侧为热传导项。此处根据已知条件，速度 u 为已知，且沿 x 方向不发生变化。

将式(5-55)进行差分化处理。纵向传热位置变量 y、横向流动方向位置变量 x 的格子长度分别为 Δy、Δx，节点位置用 y、x 两变量的序号 n、m 表示，则 $y=n\Delta y$，$x=m\Delta x$。温度 $T(y,x)$ 可用节点 T_n^m 表示，则差分方程式可表示为（可参考 4.5 节的处理方法）

$$u_n\,\frac{T_n^{m+1}-T_n^m}{\Delta x}=\alpha\,\frac{T_{n+1}^m+T_{n-1}^m-2T_n^m}{(\Delta y)^2} \tag{5-56}$$

整理得

$$T_n^{m+1} = \theta_n (T_{n+1}^m + T_{n-1}^m) + (1 - 2\theta_n) T_n^m \qquad (5\text{-}57)$$

式中,

$$\theta_n = \frac{\alpha \Delta x}{u_n (\Delta y)^2} \qquad (5\text{-}58)$$

此外,由 4.2.1 节问题扩展(2)可知节点流体流速 u_n 可由式(5-59)求得:

$$u_n = \frac{3}{2} u_m \frac{y(h-y)}{(h/2)^2} = \frac{3}{2} u_m \frac{n\Delta y(h - n\Delta y)}{(h/2)^2} \qquad (5\text{-}59)$$

对于上平板壁面节点($n=0$, $u_0=0$),根据绝热条件,考虑节点 T_0^{m+1} 周围的热平衡可得(如图 5-38 所示)

$$\rho C_p \left(\frac{u_1}{4}\right) \left(\frac{\Delta y}{2}\right) T_0^m + (\Delta x) \lambda \frac{T_1^m - T_0^m}{\Delta y} - \rho C_p \left(\frac{u_1}{4}\right) \left(\frac{\Delta y}{2}\right) T_0^{m+1} = 0 \qquad (5\text{-}60)$$

整理,得

$$T_0^{m+1} = T_0^m + \frac{8\alpha \Delta x}{u_1 (\Delta y)^2} (T_1^m - T_0^m) \qquad (5\text{-}61)$$

此处,为前进差分计算上的方便,用$(T_1^m - T_0^m)$代替了$(T_1^{m+1} - T_0^{m+1})$。

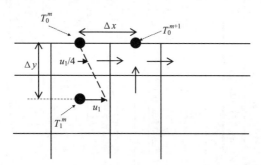

图 5-38　上平板壁面在绝热条件下节点的热平衡示意图

3. 求解

计算工作表设计及计算结果如图 5-39 所示。其中,D2:D6 区域为计算所需的基本参数,B10:V13 区域为纵向 y 的位置($n\Delta y$)及与其对应的相关参数;A16:A10016 区域为横向流动方向位置($m\Delta x$),B16:V10016 区域为各个节点上的温度计算结果。此外,主要计算区域的设定如下:

(1)上平板壁面的绝热条件,按式(5-61),将计算公式输入到 B17:B10016 中;

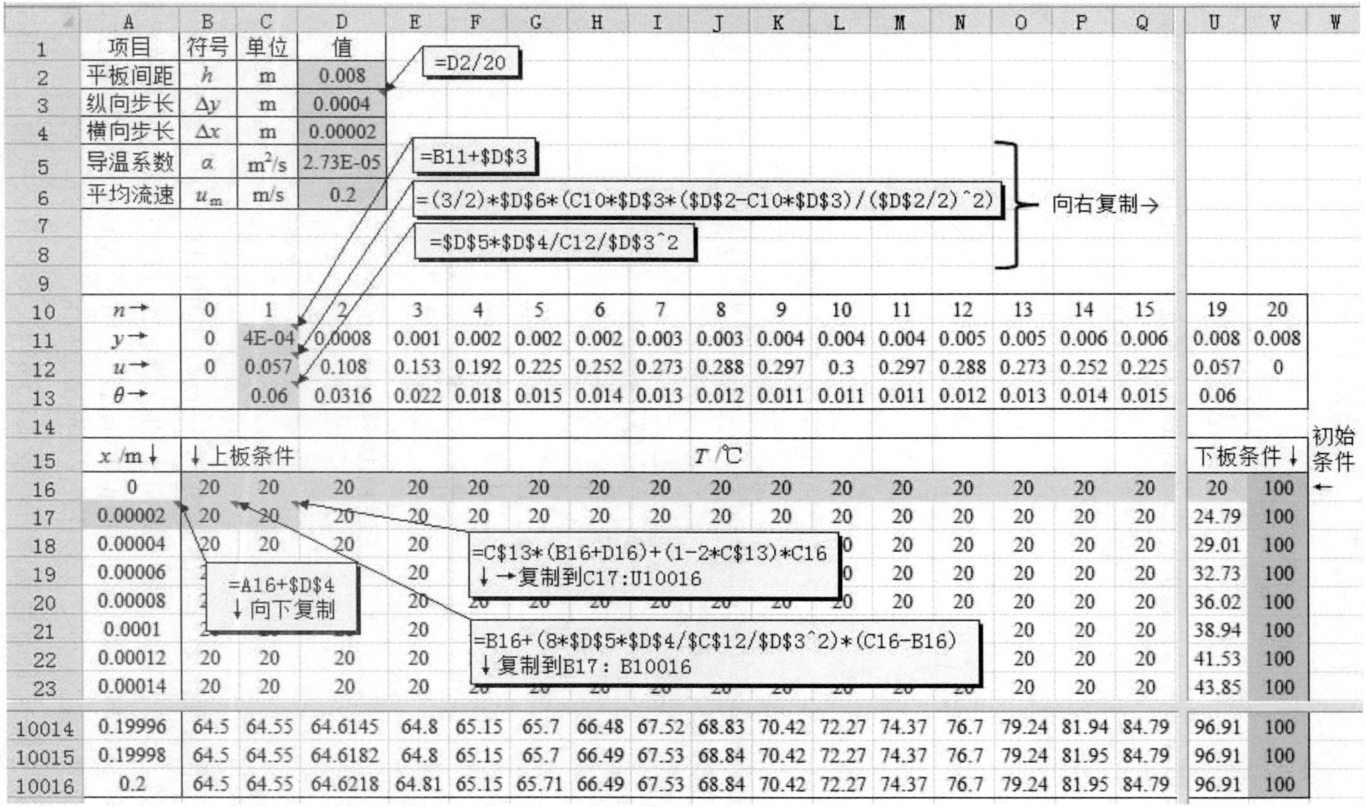

参数输入区（A～D 列）

行	A 项目	B 符号	C 单位	D 值
1	项目	符号	单位	值
2	平板间距	h	m	0.008
3	纵向步长	Δy	m	0.0004
4	横向步长	Δx	m	0.00002
5	导温系数	α	m^2/s	2.73E-05
6	平均流速	u_m	m/s	0.2

公式标注：
- D3：`=D2/20`
- C11：`=B11+$D$3`
- C12：`=(3/2)*$D$6*(C10*$D$3*($D$2-C10*$D$3)/($D$2/2)^2)`
- C13：`=$D$5*$D$4/C12/$D$3^2`

速度分布计算区（行 10～13，向右复制→）

行	B	C	D	E	F	G	H	I	J	K	L	M	N	O	P	Q	…	U	V
10 $n\to$	0	1	2	3	4	5	6	7	8	9	10	11	12	13	14	15	…	19	20
11 $y\to$	0	4E-04	0.0008	0.001	0.002	0.002	0.002	0.003	0.003	0.004	0.004	0.004	0.005	0.005	0.006	0.006	…	0.008	0.008
12 $u\to$	0	0.057	0.108	0.153	0.192	0.225	0.252	0.273	0.288	0.297	0.3	0.297	0.288	0.273	0.252	0.225	…	0.057	0
13 $\theta\to$		0.06	0.0316	0.022	0.018	0.015	0.014	0.013	0.012	0.012	0.011	0.011	0.012	0.013	0.014	0.015	…	0.06	0

温度分布计算区 $T/℃$（上板条件 B 列 ↓，下板条件 V 列 ↑，初始条件 行16 ↓）

行	A x/m	B	C	D	E	F	G	H	I	J	K	L	M	N	O	P	Q	…	U	V
15	x/m	0	1	2	3	4	5	6	7	8	9	10	11	12	13	14	15	…	19	20
16	0	20	20	20	20	20	20	20	20	20	20	20	20	20	20	20	20	…	20	100
17	0.00002	20	20	20	20	20	20	20	20	20	20	20	20	20	20	20	20	…	24.79	100
18	0.00004	20	20	20	20	20	20	20	20	20	20	20	20	20	20	20	20	…	29.01	100
19	0.00006	20	20	20	20	20	20	20	20	20	20	20	20	20	20	20	20	…	32.73	100
20	0.00008	20	20	20	20	20	20	20	20	20	20	20	20	20	20	20	20	…	36.02	100
21	0.0001	20	20	20	20	20	20	20	20	20	20	20	20	20	20	20	20	…	38.94	100
22	0.00012	20	20	20	20	20	20	20	20	20	20	20	20	20	20	20	20	…	41.53	100
23	0.00014	20	20	20	20	20	20	20	20	20	20	20	20	20	20	20	20	…	43.85	100
10014	0.19996	64.5	64.55	64.6145	64.8	65.15	65.7	66.48	67.52	68.83	70.42	72.27	74.37	76.7	79.24	81.94	84.79	…	96.91	100
10015	0.19998	64.5	64.55	64.6182	64.8	65.15	65.7	66.49	67.53	68.84	70.42	72.27	74.37	76.7	79.24	81.95	84.79	…	96.91	100
10016	0.2	64.5	64.55	64.6218	64.81	65.15	65.71	66.49	67.53	68.84	70.42	72.27	74.37	76.7	79.24	81.95	84.79	…	96.91	100

公式标注：
- C17（复制到 C17:U10016）：`=C$13*(B16+D16)+(1-2*C$13)*C16`
- B17（复制到 B17:B10016）：`=B16+(8*$D$5*$D$4/($C$12/$D$3^2)*(C16-B16)`
- A17（向下复制↓）：`=A16+$D$4`

图 5-39　对流传热（内部流动）工作表设计及计算结果

（2）下平板壁面的恒温条件，将 V16：V10016 区域设定为 100；

（3）初始温度条件，将 B16：U16 区域设定为 20；

（4）内部节点温度，按式(5-57)，将计算公式输入到 C17：U10016 中。

图中已给出相关公式的输入方式及复制方法。根据计算结果，可作出带平滑线的散点图或俯视曲面图。图 5-40 显示出了温度分布随流体流动位置而发生变化的情况（带平滑线的散点图）；图 5-41 为计算结果的俯视曲面图。

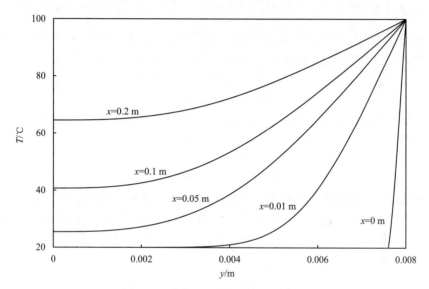

图 5-40　空气入口处开始的温度分布

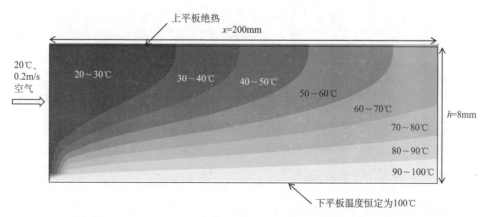

图 5-41　平行平板间泊肃叶流动中的对流传热计算结果俯视曲面图

4. 问题扩展

可将本例改为圆管内的对流传热问题，具体条件如下：圆管半径 $R = 0.03\text{m}$，长度 $L = 10\text{m}$，其中的流体为水，入口温度为 $20℃$，平均流速 $u_{\text{m}} = 0.004\text{m/s}$。若管壁的温度恒定为 $T_{\text{s}} = 100℃$，求管内的温度分布。已知水的导温系数 $\alpha = 1.59 \times 10^{-7}\text{m}^2/\text{s}$。

5. 参考解答

本问题为管壁向充分发展的圆管内流动流体的传热，半径 (r) 方向的传热与圆管轴方向 (z) 的流体流动速度 (u) 垂直，在圆柱坐标下传热方程为

$$u\,\frac{\partial T}{\partial z} = \alpha\left(\frac{\mathrm{d}^2 T}{\mathrm{d} r^2} + \frac{1}{r}\,\frac{\mathrm{d} T}{\mathrm{d} r}\right) \tag{5-62}$$

根据 4.2.3 节参考解答(1)中的式(4-51)可知，管内的流体速度分布为抛物线状，即

$$u = 2u_{\text{m}}\left[1 - \left(\frac{r}{R}\right)^2\right] \tag{5-63}$$

将式(5-62)进行差分化处理。纵向传热位置变量 r、横向流动方向位置变量 z 的格子长度分别为 Δr、Δz，节点位置用 r、z 两变量的序号 n、m 表示，则 $r = n\Delta r$，$z = m\Delta z$。温度 $T(r, z)$ 可用节点 T_n^m 表示，则相应的差分方程式可表示为

$$u_n\,\frac{T_n^{m+1} - T_n^m}{\Delta z} = \alpha\left(\frac{T_{n+1}^m + T_{n-1}^m - 2T_n^m}{(\Delta r)^2} + \frac{1}{n\Delta r}\,\frac{T_{n+1}^m - T_{n-1}^m}{2\Delta r}\right) \tag{5-64}$$

整理，得

$$T_n^{m+1} = \frac{\theta}{u_n}\left[\left(1 + \frac{1}{2n}\right)T_{n+1}^m + \left(1 - \frac{1}{2n}\right)T_{n-1}^m - 2T_n^m\right] + T_n^m \tag{5-65}$$

式中，

$$\begin{cases} \theta = \dfrac{\alpha \Delta z}{(\Delta r)^2} \\[2mm] u_n = 2u_{\text{m}}\left[1 - \left(\dfrac{n\Delta r}{R}\right)^2\right] \end{cases} \tag{5-66}$$

根据包含中心轴节点的圆柱微元体的热平衡关系式

$$u_0\pi\left(\frac{\Delta r}{2}\right)^2 T_0^m + 2\pi\left(\frac{\Delta r}{2}\right)\Delta z\alpha\,\frac{T_1^m - T_0^m}{\Delta r} - u_0\pi\left(\frac{\Delta r}{2}\right)^2 T_0^{m+1} = 0 \tag{5-67}$$

得到中心轴节点温度的计算公式，即

$$T_0^{m+1} = T_0^m + \frac{4\theta}{u_0}(T_1^m - T_0^m) \tag{5-68}$$

工作表设计及计算结果如图 5-42、图 5-43、图 5-44 所示。

下表（图 5-42）为 Excel 工作表设计及计算结果。其中标注的公式如下：

- D3：`=D2/20`
- D7：`=$D$5*$D$4/$D$3^2`
- 第 10 行（u→）：`=2*$D$6*(1-(B10*$D$3/$D$2)^2)` → 向右复制
- 第 11 行（r→）：`=B11+$D$3`
- A16：`=A16+$D$4` ↓向下复制
- C17：`=$D$7/C$12*((1+0.5/C$10)*D16+(1-0.5/C$10)*B16-2*C16)+C16` 复制到 C17:U10016
- B17：`=B16+(4*$D$7/$B$12)*(C16-B16)` 复制到 B17:B10016

说明：↓中心轴条件（B 列），管壁条件→（V 列），初始条件↓，中心←→管壁。

行	A	B	C	D	E	F	G	H	I	J	K	L	M	N	O	P	…	U	V	W
1	项目	符号	单位	值																
2	半径	R	m	0.03																
3	径向步长	Δr	m	0.0015																
4	轴向步长	Δz	m	0.001																
5	导温系数	α	m²/s	1.59E-07																
6	平均流速	u_m	m/s	0.004																
7	参数	θ		7.07E-05																
8	中心																		管壁	
10	n→	0	1	2	3	4	5	6	7	8	9	10	11	12	13	14	…	19	20	
11	r→	0	0.002	0.003	0.005	0.006	0.008	0.009	0.011	0.012	0.014	0.015	0.017	0.018	0.02	0.021	…	0.029	0.03	
12	u→	0.008	0.008	0.00792	0.008	0.008	0.007	0.007	0.007	0.006	0.006	0.005	0.005	0.004	0.004		…	8E-04	0	
15	z/m↓																		管壁条件↓	初始条件↓
16	0	20	20	20	20	20	20	20	20	20	20	20	20	20	20	20	…	20	100	
17	0.001	20	20	20	20	20	20	20	20	20	20	20	20	20	20	20	…	27.44	100	
18	0.002	20	20	20	20	20	20	20	20	20	20	20	20	20	20	20	…	33.53	100	
19	0.003	20	20	20	20	20	20	20	20	20	20	20	20	20	20	20	…	38.55	100	
20	0.004	20	20	20	20	20	20	20	20	20	20	20	20	20	20	20	…	42.71	100	
21	0.005	20	20	20	20	20	20	20	20	20	20	20	20	20	20	20	…	46.19	100	
22	0.006	20	20	20	20	20	20	20	20	20	20	20	20	20	20	20	…	49.12	100	
23	0.007	20	20	20	20	20	20	20	20	20	20	20	20	20	20	20	…	51.61	100	
10014	9.998	76.449	76.56	76.8769	77.4	78.12	79.03	80.09	81.29	82.62	84.04	85.53	87.07	88.63	90.19	91.74	…	98.78	100	
10015	9.999	76.453	76.56	76.8806	77.41	78.13	79.03	80.09	81.3	82.62	84.04	85.53	87.07	88.63	90.19	91.74	…	98.78	100	
10016	10	76.457	76.56	76.8844	77.41	78.13	79.03	80.1	81.3	82.62	84.04	85.53	87.07	88.63	90.19	91.74	…	98.78	100	

图 5-42　参考解答 1（工作表设计及计算结果）

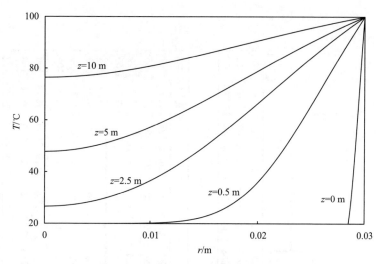

图 5-43　参考解答 1(计算结果图示)

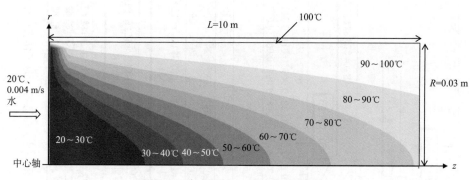

图 5-44　参考解答 1(计算结果曲面图)

5.2.2　强制对流

1. 问题

设有速度 $U_\infty = 1\text{m/s}$、温度 $T_\infty = 20℃$ 的不可压缩流体(空气，普朗特准数 $Pr = 0.7$)流过壁面温度恒为 $T_s = 100℃$ 的平板，在平板附近同时形成层流速度边界层及温度边界层。流体流速及温度分布主要集中在相应的边界层内(图 5-45)，试求两边界层内的速度分布及温度分布。

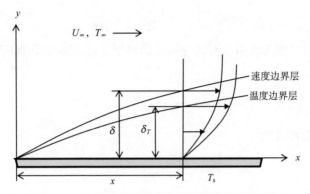

图 5-45　流体沿平板层流边界层的强制对流给热

2. 分析

本例为从固体表面向与其接触且具有一定流速的流体(气体或液体)中的传热，即强制对流传热。流体的速度分布会影响固体表面处的温度梯度及传热量。

(1)速度边界层。在 4.4 节中已经对速度边界层进行了论述，即速度边界层方程(布莱修斯方程)为

$$2f''' + ff'' = 0 \tag{5-69}$$

式中，f 为无因次流动函数，它是无因次耦合自变量 η 的函数，由其导数可求得速度分布：

$$f'(\eta) = \frac{u_x}{U_\infty} \tag{5-70}$$

式中，u_x 为流体 x 方向的速度，耦合自变量 η 为

$$\eta = \frac{y}{x}\sqrt{Re_x} = y\sqrt{\frac{U_\infty}{\nu x}} \tag{5-71}$$

式中，雷诺数 Re_x 为

$$Re_x \equiv \frac{\rho U_\infty x}{\mu} = \frac{U_\infty x}{\nu} \tag{5-72}$$

式(5-69)的边界条件为

$$\begin{cases} f'(\eta)\mid_{\eta=0} = 0 \\ f(\eta)\mid_{\eta=0} = 0 \\ f'(\eta)\mid_{\eta=\infty} = 1 \end{cases} \tag{5-73}$$

(2) 温度边界层。类似速度边界层方程式(4-79)，温度边界层方程为

$$u_x \frac{\partial T}{\partial x} + u_y \frac{\partial T}{\partial y} = \alpha \frac{\partial^2 T}{\partial y^2} \tag{5-74}$$

可将式(5-74)变为常微分形式的温度边界层方程即波尔豪森(Pohlhausen)方程,即

$$\theta'' + \frac{Pr}{2} f\theta' = 0 \tag{5-75}$$

式中,无量纲温度 θ 为

$$\theta = \frac{T - T_s}{T_\infty - T_s} = \theta(\eta) \tag{5-76}$$

其中,T 为温度边界层中对应 η 处的温度;Pr 为普朗特(Prandtl)准数,其定义为动力扩散系数 ν(运动黏度)与热量扩散系数 α 之比,即

$$Pr = \frac{\nu}{\alpha} = \frac{\mu C_p}{\lambda} \tag{5-77}$$

其中,μ 为流体的动力黏度;λ 为流体的导热系数;C_p 为流体的恒压热容。普朗特准数是流体物性参数的组合,它体现了流体动量扩散与热量扩散的相对程度,也可看做是流体的物性对于对流换热的影响。

式(5-75)的边界条件为

$$\begin{cases} \theta(\eta) \mid_{\eta=0} = 0 \\ \theta(\eta) \mid_{\eta=\infty} = 1 \end{cases} \tag{5-78}$$

(3) 边界层方程的变形。为利用前述龙格-库塔法程序(参见第 3 章中的 3.1.2 节)求解边界层方程,需要对相应的方程进行变形处理。对速度边界层方程式进行变形,可令 $y_0 = f$, $y_1 = f'$, $y_2 = f''$,则

$$\begin{cases} y'_0 = y_1 (y_0(0) = 0) \\ y'_1 = y_2 (y_1(0) = 0) \\ y'_2 = -(1/2) y_0 y_2 (探索确定 y_2(0) = 0.33206) \end{cases} \tag{5-79}$$

同样,对温度边界层方程式进行变形,可令 $y_3 = \theta$, $y_4 = \theta'$,则

$$\begin{cases} y'_3 = y_4 (y_3(0) = 0) \\ y'_4 = -(Pr/2) y_0 y_4 (探索确定 y_4(0) = 0.2927) \end{cases} \tag{5-80}$$

在利用龙格-库塔法进行求解时还缺少两个条件,即初值 $y_2(0)$ 和 $y_4(0)$。这时,可利用积分上限 $\eta = 8$(代替 $\eta = \infty$)时速度 $y_1 = f' = 1$ 及 $y_3 = \theta = 1$ 的限制条件,采用探索方法确定速度 $y_2 = f''$ 及温度 $y_4 = \theta'$ 的初值。结果为 $y_2(0) = f''(0) = 0.33206$、$y_4(0) = \theta'(0) = 0.2927$。计算用的相关参数及公式总结在表 5-1 中。

表 5-1 计算用的相关参数及公式

微分方程式数	5				
积分下限	0		常数：普朗特准数 $Pr=0.7$		
积分上限	8				
区间分割数	800				
自变量	η				
函数	$y_0=f$	$y_1=f'$	$y_2=f''$	$y_3=\theta$	$y_4=\theta'$
微分方程式	$y_0'=y_1=f'$	$y_1'=y_2=f''$	$y_2'=f'''=-(1/2)ff''$	$y_3'=y_4=\theta'$	$y_4'=-(Pr/2)f\theta'$
函数初值	0	0	探索取值（=0.33206），使当 $\eta=\infty(\eta=8)$ 时，$y_1=f'=1$	0	探索取值（=0.2927），使当 $\eta=\infty(\eta=8)$ 时，$y_3=\theta=1$

3. 求解

与表 5-1 对应的 Excel 工作表中的设置如图 5-46 所示。其中，用颜色填充的部分为输入的数据或公式。本例中使用前述的标准龙格-库塔解析程序（参见 3.1.2 节），程序执行按钮命名为"龙格-库塔"。图 5-46 中同时给出了速度分布与温度分布（无因次）图，由图可见，速度分布与温度分布曲线相似。

4. 问题扩展

（1）针对本例，当 x 分别为 0.01m、0.05m、0.1m、0.2m 时，试作出流体速率及温度随距离 y 的变化关系图。

（2）已知式（5-81）为无因次温度梯度初值 $\theta'(0)$ 与普朗特常数 Pr 间的近似关系式

$$\theta'(0)=\frac{1}{\sqrt{\pi}}\frac{Pr^{1/2}}{(1+1.973Pr^{0.272}+21.29Pr)^{1/6}} \tag{5-81}$$

利用图 5-46 所示的工作表，考察不同普朗特常数 Pr 条件下，无因次温度 θ_T 随耦合自变量 η 的变化关系。

（3）针对上一问题，对数值范围为 0.6~15 的 Pr 值，作图分析 θ 与 $\eta \cdot Pr^{1/3}$ 的关系并推导如下关系式（强制对流条件下平板固体表面向层流流体的局部传热公式）：

$$Nu_x=0.332Pr^{1/3}Re_x^{1/2} \tag{5-82}$$

式中，局部努塞特数 Nu_x 的定义为

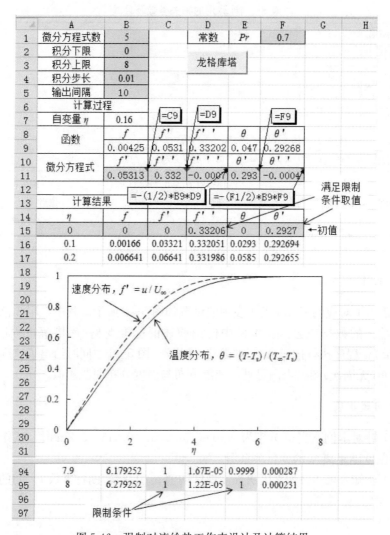

图 5-46　强制对流给热工作表设计及计算结果

$$Nu_x = \frac{q_x}{\lambda (T_s - T_\infty)/x} \qquad (5\text{-}83)$$

根据定义式，说明努塞特数在对流传热中的意义。

（4）针对本例，试证明速度边界层厚度 δ 与温度边界层厚度 δ_T 之间存在如下近似关系式：

$$\frac{\delta}{\delta_T} = Pr^{1/3} \qquad (5\text{-}84)$$

（5）根据两个不同的计算公式，即式（5-81）及式（5-88），在同一图中比较无因次温度梯度初值 $\theta'(0)$ 的计算结果（$Pr=0.01\sim10000$）。

（6）针对本例，试求壁面局部热通量 q_x 随距离 x 的变化关系并作图显示计算结果。已知空气的导热系数 $\lambda=3.17\times10^{-2}\,\mathrm{W/(m\cdot K)}$，运动黏度 $\nu=1.93\times10^{-5}\,\mathrm{m^2/s}$。

5. 参考解答

（1）在本例的同一工作表中计算（图 5-46），计算结果及图示如图 5-47 所示，图中以 $x=0.1\mathrm{m}$ 为例，相关计算公式如下：

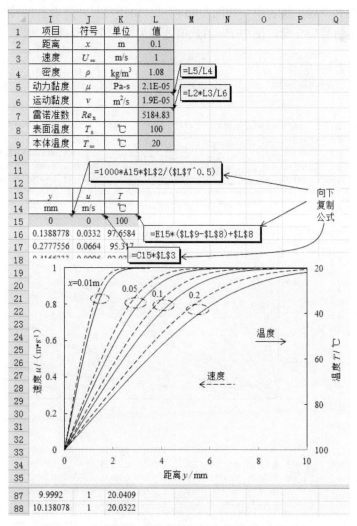

图 5-47　参考解答 1（流体速率及温度随距离 y 的变化）

$$y = \frac{\eta x}{\sqrt{Re_x}} \tag{5-85}$$

$$u_x = U_\infty f'(\eta) \tag{5-86}$$

$$T = T_s + (T_\infty - T_s)\theta(\eta) \tag{5-87}$$

当 x 取其他值时可按同样方法计算，获得相关数据并作图。由图 5-47 可见，随着 x 的增加，两边界层随之增厚。

（2）新建工作表，首先利用式(5-81)算出不同普朗特常数 Pr 条件下，无因次温度梯度初值 $\theta'(0)$（B1：J2），然后利用图 5-46 所示的工作表进行计算，将计算结果复制到新建工作表中，如图 5-48 所示。由图可见，随着普朗特常数 Pr 的增大，温度边界层变薄，图中 Pr 的数值范围为 $0.016\sim1000$。

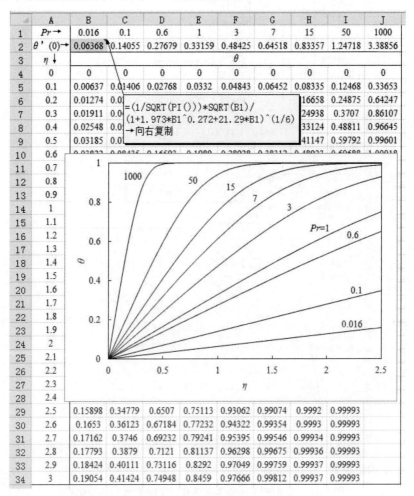

图 5-48　参考解答 2（不同普朗特常数 Pr 时无因次温度 θ 随耦合自变量 η 的变化关系）

（3）由图 5-49 可知，

$$\theta'(0) \approx 0.332 Pr^{1/3} \tag{5-88}$$

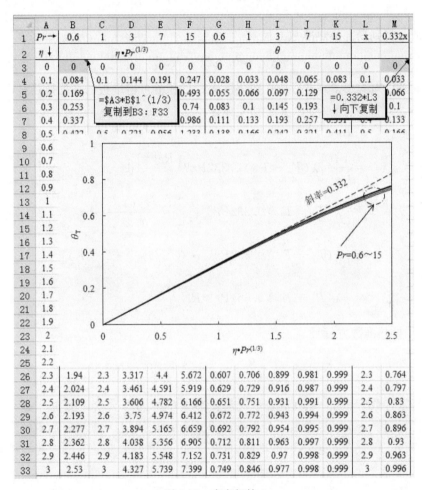

图 5-49 参考解答 3

局部热通量 q_x 为

$$\begin{aligned}
q_x &= -\lambda \left.\frac{dT}{dy}\right|_{y=0} \\
&= -\lambda \left.\frac{d[\theta(T_\infty - T_s) + T_s]}{d(\eta/\sqrt{U_\infty/(\nu x)})}\right|_{\eta=0} \\
&= \frac{\lambda(T_s - T_\infty)}{x}\sqrt{Re_x}\left.\frac{d\theta}{d\eta}\right|_{\eta=0}
\end{aligned} \tag{5-89}$$

即

$$\frac{q_x}{\lambda(T_s - T_\infty)/x} = 0.332 Pr^{1/3} Re_x^{1/2} \tag{5-90}$$

故可得到局部换热准数方程

$$Nu_x = 0.332 Pr^{1/3} Re_x^{1/2} \tag{5-91}$$

此外，对式(5-90)进行从 0 到全板长 L 的积分可得平板的平均换热式，即

$$
\begin{aligned}
q &= \frac{1}{L}\int_0^L q_x \,\mathrm{d}x \\
&= \frac{1}{L}\int_0^L \left[\lambda(T_s - T_\infty)\, 0.332 Pr^{1/3} \frac{Re_x^{1/2}}{x}\right]\mathrm{d}x \\
&= \frac{1}{L}\lambda(T_s - T_\infty)\, 0.332 Pr^{1/3} \int_0^L \left[\frac{(U_\infty x/\nu)^{1/2}}{x}\right]\mathrm{d}x \\
&= \frac{1}{L}\lambda(T_s - T_\infty)\, 0.332 Pr^{1/3} \cdot (U_\infty/\nu)^{1/2} \cdot 2 \cdot (L)^{1/2} \\
&= \frac{1}{L}\lambda(T_s - T_\infty)\, 0.664 Pr^{1/3} Re^{1/2}
\end{aligned}
\tag{5-92}
$$

即（平均换热准数方程）

$$Nu = \frac{q}{\lambda(T_s - T_\infty)/L} = 0.664 Pr^{1/3} Re^{1/2} \tag{5-93}$$

努塞特数(Nu_x、Nu)是表示对流传热大小的无因次数。例如，对于 Nu，其意义可理解为实际热通量 q 与标准热通量 q_0 的比值（表示前者是后者的多少倍数），而 q_0 即为 Nu 定义式(5-93)中的分母（可理解为边界处流体内传导传热强度）：

$$q_0 = \lambda(T_s - T_\infty)/L \tag{5-94}$$

由于热通量与温度梯度成正比，故 Nu 还可以理解为实际温度梯度与标准温度梯度 $(T_s - T_\infty)/L$ 的比值。

对流传热中的重要参数——传热系数 $h[\mathrm{W/(m^2 \cdot K)}]$ 的定义可由牛顿冷却定律中得出

$$
\begin{cases}
\text{牛顿冷却定律：} q = \dfrac{Q}{A} = h(T_s - T_\infty) \\[2mm]
\text{传热系数：} h = \dfrac{\lambda}{\delta_T}
\end{cases}
\tag{5-95}
$$

显然，传热系数 h 是热传导的"距离"不易确定的对流传热中最具代表性的重要参数，它等于导热系数 λ 与温度边界层厚度 δ_T 之比。

所以

$$Nu = \frac{q}{\lambda(T_s - T_\infty)/L} = \frac{h(T_s - T_\infty)}{\lambda(T_s - T_\infty)/L} = \frac{hL}{\lambda} = \frac{L}{\delta_T} \qquad (5\text{-}96)$$

由式(5-96)可知，Nu 还可以理解为特征长度 L 与温度边界层厚度 δ_T 之比（层流条件下）。

在实际应用过程中，直接利用准数方程可能更加便利。例如，对于平板与空气间的传热($Pr = 0.717$)，空气(300K)的导热系数 $\lambda = 0.0263\text{W}/(\text{m} \cdot \text{K})$，运动黏度 $\nu = \mu/\rho = 15.9 \times 10^{-6}\text{m}^2/\text{s}$，则

$$Re = \frac{uL}{15.9 \times 10^{-6}} = 62\,900uL \qquad (5\text{-}97)$$

$$Nu = \frac{hL}{0.0263} = 0.664(62900uL)^{1/2}0.717^{1/3} \qquad (5\text{-}98)$$

所以，强制对流条件下的传热系数为

$$h = 3.92(u/L)^{1/2}[\text{W}/(\text{m}^2 \cdot \text{K})] \qquad (5\text{-}99)$$

(4) 将无因次温度梯度和无因次速度梯度在边界层内近似地认为恒定不变，则

$$\theta'(0) = \frac{1-0}{\delta_T\sqrt{U_\infty/\nu x} - 0} = \frac{1}{\delta_T\sqrt{U_\infty/\nu x}} = 0.332Pr^{1/3} \qquad (5\text{-}100)$$

$$f''(0) = \frac{1-0}{\delta\sqrt{U_\infty/\nu x} - 0} = \frac{1}{\delta\sqrt{U_\infty/\nu x}} = 0.332 \qquad (5\text{-}101)$$

将式(5-100)与式(5-101)相除，可得

$$\frac{\delta}{\delta_T} = Pr^{1/3} \qquad (5\text{-}102)$$

(5) 由图 5-50 可知，当 $Pr > 0.6$ 时，两种计算方法所得结果较为一致。注意，图中横、纵坐标都采用了基为 10 的对数刻度坐标形式。

(6) 由式(5-89)可知，

$$q_x = \lambda(T_s - T_\infty)\sqrt{U_\infty/(\nu x)}\left.\frac{\mathrm{d}\theta}{\mathrm{d}\eta}\right|_{\eta=0} \qquad (5\text{-}103)$$

利用如图 5-46 所示的工作表进行计算，计算结果如图 5-51 所示。单元格 J11 的公式中出现的"$\$F\$10$"为无因次温度梯度的初值，其值为 0.2927（图 5-46）。由图 5-51 可见，随着平板长度 x 的增加，局部传热通量逐渐减小。

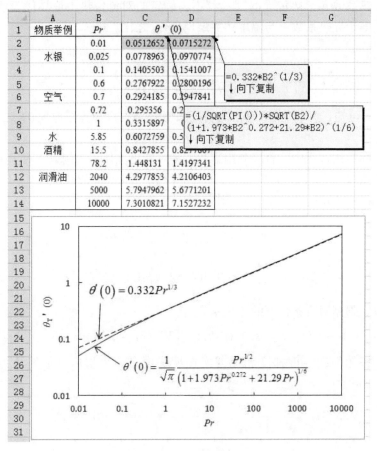

图 5-50　参考解答 5

5.2.3　自然对流

1. 问题

长度 $L=0.2\text{m}$、温度 $T_s=100℃$ 的垂直壁面与 20℃的空气(普朗特数 $Pr=0.7$，导热系数 $\lambda=0.0327\text{W/(m·K)}$，体积膨胀系数 $\beta=3.1\times10^{-3}\text{K}^{-1}$)接触，形成层流流动，如图 5-52 所示。求在 $x=0.1\text{m}$ 的壁面处流体的速度分布、温度分布及热通量。

2. 分析

(1) 自然对流传热基本方程式。与强制对流传热不同，本例的自然对流传热

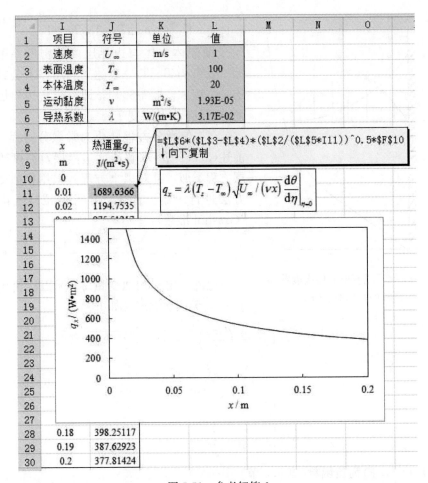

图 5-51　参考解答 6

是由于温度变化引起流体密度变化，从而产生浮力引起对流流动并影响传热的过程，其基本方程为

速度

$$u_x \frac{\partial u_x}{\partial x} + u_y \frac{\partial u_x}{\partial y} = \nu \frac{\partial^2 u_x}{\partial y^2} + g\beta(T - T_\infty) \tag{5-104}$$

温度

$$u_x \frac{\partial T}{\partial x} + u_y \frac{\partial T}{\partial y} = \alpha \frac{\partial^2 T}{\partial y^2} \tag{5-105}$$

式中，β 为气体的体积膨胀系数（无因次），其定义为

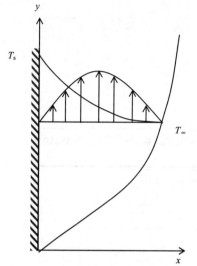

图 5-52　垂直壁面层流边界
层内的自然对流给热

$$\beta \approx -\frac{1}{\rho}\frac{\Delta\rho}{\Delta T} = \frac{1}{\rho}\frac{\rho_\infty - \rho}{T - T_\infty} \quad (5\text{-}106)$$

即流体本体与边界层内的密度差可由 $\rho_\infty - \rho = \rho\beta(T - T_\infty)$ 表达。利用以上公式及连续方程式[式(4-80)]，即可求解边界层内的速度 u、v 及温度 T。

（2）偏微分方程转化为常微分方程。与前述(5.2.2 节)求解速度边界层及温度边界层方程类似，针对以上方程式采用相似变换方法进行求解。首先，导入格拉晓夫准数（Grashof 准数）：

$$Gr_x = \frac{g\beta(T_s - T_\infty)x^3}{\nu^2} \quad (5\text{-}107)$$

此外，定义相似变量 η、无因次流函数 $f(\eta)$、无因次温度 θ 如下：

$$\begin{cases} \eta = \dfrac{y}{x}\left(\dfrac{Gr_x}{4}\right)^{1/4} \\[2mm] f(\eta) = \dfrac{\phi(x,\ y)}{4\nu\left(\dfrac{Gr_x}{4}\right)^{1/4}} \\[2mm] \theta = \dfrac{T - T_\infty}{T_s - T_\infty} \end{cases} \quad (5\text{-}108)$$

式中，$\phi(x,\ y)$ 为流函数(见 4.5 节)。

经以上变换后，边界层速度可写为

$$\begin{cases} u_x = \dfrac{2\nu}{x}\sqrt{Gr_x}\,f' \\[2mm] u_y = \dfrac{\nu}{\sqrt{2}\,x}(\eta f' - 3f) \end{cases} \quad (5\text{-}109)$$

而式(5-104)、式(5-105)可分别变为如下所示的常微分方程：

$$f''' + 3ff'' - 2(f')^2 + \theta = 0 \quad (5\text{-}110)$$

$$\theta'' + 3Prf\theta' = 0 \quad (5\text{-}111)$$

相应的边界条件为

$$\begin{cases} \eta = 0: \ f = f' = 0, \ \theta = 1 \\[1mm] \eta = \infty: \ f' = 0, \ \theta = 0 \end{cases} \quad (5\text{-}112)$$

以上常微分方程的存在说明自然对流边界层各截面处的速率分布或温度分布是相似的[也可参见本节问题扩展(4)]。

（3）常微分方程式的变形。与 5.2.2 节类似，为利用前述龙格-库塔法程序（参见 3.1.2 节）求解常微分方程，需要对相应的方程进行变形处理。令 $y_0 = f$，$y_1 = f'$，$y_2 = f''$，$y_3 = \theta$，$y_4 = \theta'$，则

$$\begin{cases} y'_0 = y_1 \, (y_0(0) = 0) \\ y'_1 = y_2 \, (y_1(0) = 0) \\ y'_2 = -3y_0 y_2 + 2(y_1)^2 - y_3 \,(\text{探索确定 } y_2(0) = 0.679) \\ y'_3 = y_4 \, (y_1(0) = 1) \\ y'_4 = -3Pr y_0 y_4 \,(\text{探索确定 } y_4(0) = -0.5) \end{cases} \tag{5-113}$$

式中，初值 $y_2(0)$ 和 $y_4(0)$ 没有确定。这时，可利用积分上限 $\eta = 8$（代替 $\eta = \infty$）时速度 $y_1 = f' = 0$ 及 $y_3 = \theta = 0$ 的限制条件，采用探索方法确定速度 $y_2 = f''$ 及温度 $y_4 = \theta'$ 的初值。结果为 $y_2(0) = f''(0) = 0.679$、$y_4(0) = \theta'(0) = -0.5$。计算用的相关参数及公式总结在表 5-2 中。

表 5-2　计算用的相关参数及公式

微分方程式数	5				
积分下限	0	常数：普朗特准数 $Pr = 0.7$			
积分上限	8				
区间分割数	700				
自变量	η				
函数	$y_0 = f$	$y_1 = f'$	$y_2 = f''$	$y_3 = \theta$	$y_4 = \theta'$
微分方程式	$y'_0 = y_1 = f'$	$y'_1 = y_2 = f''$	$y'_2 = -3y_0 y_2 + 2(y_1)^2 - y_3$	$y'_3 = y_4 = \theta'$	$y'_4 = -3Pr y_0 y_4$
函数初值	0	0	探索取值 $(=0.679)$，使当 $\eta = \infty (\eta = 8)$ 时，$y_1 = f' = 0$	1	探索取值 (-0.5)，使当 $\eta = \infty (\eta = 8)$ 时，$y_3 = \theta = 0$

3. 求解

（1）无因次速度分布及温度分布。与表 5-2 对应的 Excel 工作表中的设置如图 5-53 所示。其中，用颜色填充的部分为输入的数据或公式。本例中使用前述的标准龙格-库塔解析程序（参见 3.1.2 节），程序执行按钮命名为"龙格-库塔"。图中同时给出了无因次的速度分布与温度分布图。由图可见，温度单调下降，而

速度分布则具有两头小中间大的特征。这是因为贴壁处速度必为零，而在边界层外无温差，而浮力取决于温差，所以速度也等于零，在这二者之间速度有一个峰值。可以想见，换热越强，边界层内的温度变化越大，自然对流也就越强。

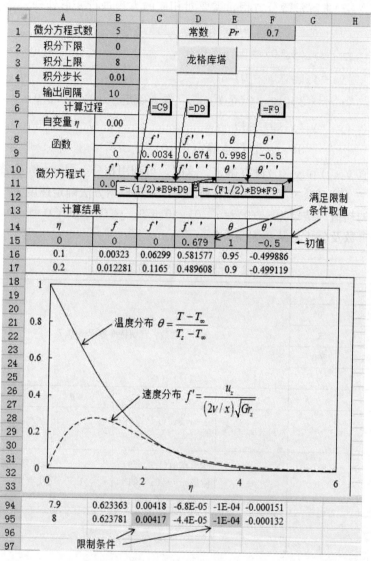

图 5-53　自然对流传热条件下无因次温度及速率分布计算结果

（2）实际速度分布及温度分布。距离、速度、温度等实际相关变量计算如下。

距离

$$y = \frac{\eta x}{(Gr_x/4)^{1/4}} \tag{5-114}$$

速度

$$u_x = \frac{2\nu}{x}\sqrt{Gr_x}\, f' \tag{5-115}$$

温度

$$T = \theta(T_s - T_\infty) + T_\infty \tag{5-116}$$

热通量

$$q_x = -\lambda\frac{\mathrm{d}T}{\mathrm{d}y} = \lambda\frac{T_1 - T_0}{y_0 - y_1} \tag{5-117}$$

在如图 5-53 所示的同一工作表中计算，计算结果如图 5-54 所示。

4. 问题扩展

(1) 针对本例，试求热通量 q_x 随距离 x 的变化关系。

(2) 已知本例中的局部努塞特数可按式(5-118)近似计算：

$$Nu_x = \frac{h_x x}{\lambda} = -\left(\frac{Gr_x}{4}\right)^{1/4}\left(\frac{\mathrm{d}\theta}{\mathrm{d}\eta}\right)\Bigg|_{\eta=0} = \left(\frac{Gr_x}{4}\right)^{1/4} f(Pr) \tag{5-118}$$

式中，

$$-\left(\frac{\mathrm{d}\theta}{\mathrm{d}\eta}\right)\Bigg|_{\eta=0} = f(Pr) = \frac{0.75Pr^{1/2}}{(0.609 + 1.221Pr^{1/2} + 1.238Pr)^{1/4}} \tag{5-119}$$

试按式(5-119)计算热通量 q_x 并与问题扩展(1)中的数值解比较。

(3) 根据式(5-118)，试证明长度为 x 的竖壁层流自然对流给热条件下的平均对流给热系数 h 与局部对流给热系数 h_x 的关系为

$$h = \frac{4}{3}h_x \tag{5-120}$$

(4) 利用图 5-53 所示的计算方法，计算在不同 Pr 值（Pr 可取值为：0.01、0.7、1、10、100）条件下，无因次速度 f' 及温度 θ 随 η 的变化关系。

5. 参考解答

(1) 参考解答 1 如图 5-55 所示。在图 5-54 所示的工作表中进行计算。改变单元格 L2 中的距离 x 的值，即可相应得到单元格 L10 中的热通量 q_x 的值。由图 5-55 可见，随着平板长度 x 的增加，局部传热通量逐渐减小。也可以通过编程自动完成这些计算步骤，程序代码如图 5-56 所示。

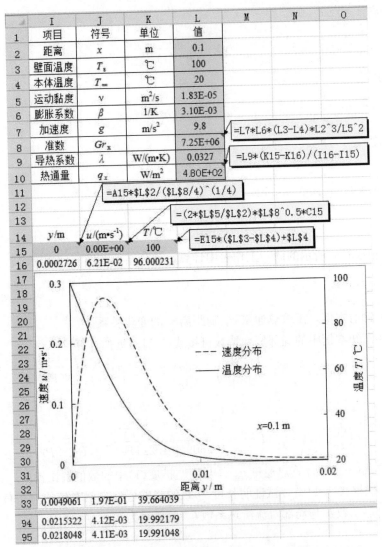

图 5-54　自然对流传热条件下温度及速率分布计算结果

（2）参考解答 2 如图 5-57 所示。其中，Q 列为问题扩展（1）中的数值解，而 U 列为按公式计算的解（公式解）。由图 5-57 可见，数值解与公式解基本一致。

（3）证明如下：

$$h = \frac{1}{x}\int_0^x h_x \mathrm{d}x = \frac{1}{x}\int_0^x \left[\lambda\left(\frac{Gr_x}{4}\right)^{1/4}\frac{f(Pr)}{x}\right]\mathrm{d}x$$

$$= \frac{\lambda}{x}f(Pr)\left[\frac{g\beta(T_s - T_\infty)}{4\nu^2}\right]^{1/4}\int_0^x \frac{\mathrm{d}x}{x^{1/4}}$$

$$= \frac{4}{3} \frac{\lambda}{x} f(Pr) \left[\frac{g\beta(T_s - T_\infty) x^3}{4\nu^2} \right]^{1/4}$$

$$= \frac{4}{3} h_x$$

(5-121)

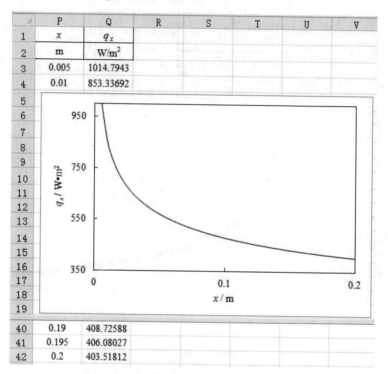

图 5-55 参考解答 1(热通量 q 与距离 x 的关系)

```
Option Explicit
' 计算热通量与x的关系
Public Sub Calcq()
Dim X As Double    ' 距离
Dim dX As Double   ' 步长
Dim q As Double    ' 热通量
Dim I As Integer
X = 0
dX = 0.005
For I = 1 To 40
    X = X + dX
    Cells(2, 12) = X
    q = Cells(10, 12)
    Cells(2 + I, 16) = X
    Cells(2 + I, 17) = q
Next I
End Sub
```

图 5-56 参考解答 1(计算热通量与 x 关系的程序代码)

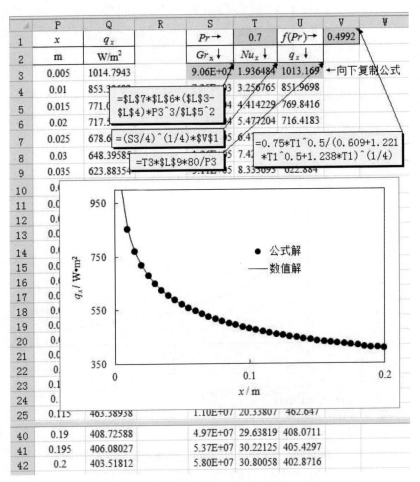

图 5-57　参考解答 2(数值解与公式解的比较)

(4) 计算结果如图 5-58、图 5-59 所示。由图可知，对于给定的 Pr 及 x 值，温度分布和速度分布各自相似。计算过程中无因次速度及温度的初值选取如表 5-3 所示。

表 5-3　无因次速率及温度的初值选取

Pr	0.01	0.7	1	10	100
$f''(0)$	0.987	0.679	0.645	0.42	0.253
$\theta'(0)$	−0.080769	−0.49917	−0.566692	−1.170605	−2.193732

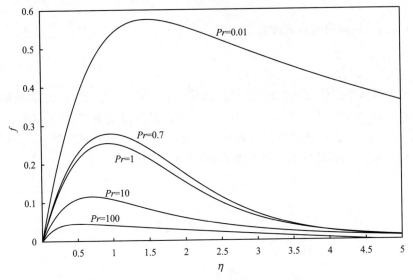

图 5-58　参考解答 4（不同 Pr 值条件下的速度分布）

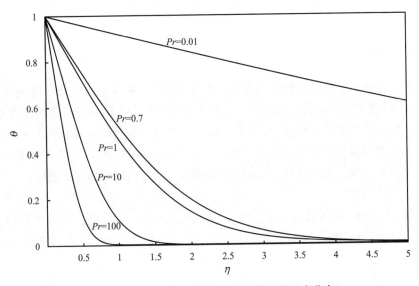

图 5-59　参考解答 4（不同 Pr 值条件下的温度分布）

5.3 辐 射 传 热

5.3.1 封闭空间内的辐射传热

1. 问题

三个灰体平面构成一个封闭空间，如图 5-60 所示。平面 1、2、3 的面积分别为 $A_1=0.5m^2$、$A_2=1.0m^2$、$A_3=1.0m^2$，温度分别为 $T_1=1000℃$、$T_2=700℃$、$T_3=700℃$，黑度分别为 $\varepsilon_1=0.5$、$\varepsilon_2=0.6$、$\varepsilon_3=0.6$，求各面的辐射传热量 Q_1、Q_2、Q_3（即各表面的净辐射换热量）。

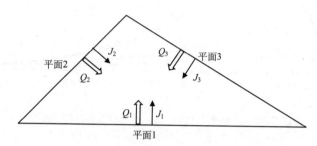

图 5-60　三个灰体平面构成的封闭空间示意图

2. 分析

动量、热量、质量传输所遵循的三个实验定律（牛顿黏性定律、傅里叶导热定律、菲克扩散定律）具有类似性，它们可统一表示为传输速率与传输推动力（动量、热量、质量的浓度梯度）成正比的形式。然而，与导热及对流传热相比，辐射传热机理却有其自身的特殊性，与前二者有着本质的区别。下面在对辐射传热中的重要定理及关系式进行归纳总结的基础上，给出本例的解析思路。

1）重要定律

（1）斯特藩-玻尔兹曼定律。黑体的辐射力 E_b（单位时间、单位面积向半球空间发射的全部波长的辐射能量，W/m^2）与其热力学温度 T 的四次方成正比，即

$$E_b=\sigma T^4 \tag{5-122}$$

式中，$\sigma=5.67\times10^{-8}W/(m^2 \cdot K^4)$，称为玻尔兹曼常量。

（2）基尔霍夫定律。同温度下单色发射率 ε_λ 与单色吸收率 α_λ 相等，即

$$\varepsilon_\lambda=\alpha_\lambda \tag{5-123}$$

对于灰体，ε_λ、α_λ 与波长无关，故其发射率 ε 总是等于同温度下的吸收率 α，即

$$\varepsilon = \alpha \tag{5-124}$$

2）角系数的定义及其关系式

由表面 1 投射到表面 2 的辐射能占离开表面 1 的总辐射能量的分数称为表面 1 对表面 2 的角系数，用符号 φ_{12} 表示，它体现了表面的几何因素对辐射换热的影响。角系数具有下列性质（关系式）。

（1）相互关系。

$$\varphi_{12}A_1 = \varphi_{21}A_2 \tag{5-125}$$

式中，A_1、A_2 分别为表面 1、表面 2 的面积；φ_{21} 为表面 2 对表面 1 的角系数。

（2）总和关系。

对由 n 个等温表面组成的封闭空间，任意一个表面对其余各表面的角系数之和等于 1，即

$$\sum_{j=1}^{n} \varphi_{ij} = 1 \tag{5-126}$$

（3）自我关系。

对于平面或凸面等自己"看"不到自己的情况下，"自我角系数"φ_{ii} 为零，即

$$\varphi_{ii} = 0 \tag{5-127}$$

3）有效辐射与入射辐射

有效辐射与入射辐射的定义及二者之间的关系如图 5-61 所示。图中符号意义如下：A 为灰体的面积，m^2；Q 为净辐射传热量，简称辐射传热量，W；ε 为发射率，即黑度；ρ 为反射率。

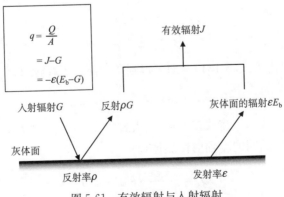

图 5-61　有效辐射与入射辐射

设灰体为不透明体，则 $\rho=1-\alpha=1-\varepsilon$。由图 5-61 可知，有效辐射 J 与入射辐射 G 之间存在如下关系

$$J=\varepsilon E_b+\rho G=\varepsilon E_b+(1-\varepsilon)G \tag{5-128}$$

辐射传热通量 q 为

$$q=\frac{Q}{A}=J-G=\varepsilon(E_b-G) \tag{5-129}$$

对于 $\varepsilon\neq1$ 的灰体，联立式(5-128)及式(5-129)，消去 G 可得

$$Q=\frac{E_b-J}{(1-\varepsilon)/(A\varepsilon)} \tag{5-130}$$

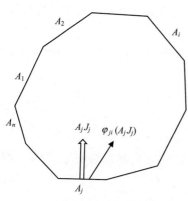

图 5-62　灰体面所构成的封闭
空间体系内的辐射传热系统

4) 灰体封闭空间内的辐射传热

由 n 个灰体面所构成的封闭空间体系内的辐射传热系统如图 5-62 所示。

根据式(5-128)，面积为 A_i 的灰体面 i 的有效辐射 J_i 与入射辐射 G_i 的关系为

$$J_i=\varepsilon_i E_{bi}+(1-\varepsilon_i)G_i \tag{5-131}$$

而面积为 A_j 的灰体面 j 所发射的全部辐射能为 $A_j J_j$，其中能够到达灰体面 i 的辐射能为 $\varphi_{ji}(A_j J_j)=A_j\varphi_{ji}J_j$，所以体系内到达灰体面 i 的全部辐射能 $G_i A_i$ 为

$$G_i A_i=\sum_{j=1}^n A_j\varphi_{ji}J_j=\sum_{j=1}^n A_i\varphi_{ij}J_j \tag{5-132}$$

所以

$$G_i=\sum_{j=1}^n \varphi_{ij}J_j \tag{5-133}$$

将式(5-133)代入式(5-131)，即可得到灰体面 i 的有效辐射 J_i

$$J_i=\varepsilon_i E_{bi}+(1-\varepsilon_i)\sum_{j=1}^n \varphi_{ij}J_j \tag{5-134}$$

其中，$i=1,2,\cdots,n$。将式(5-134)代入式(5-130)，消去 J_j，可得到灰体面 i 与其周围全部灰体面间的净辐射传热量 Q_i：

$$Q_i=\frac{A_i\varepsilon_i}{1-\varepsilon_i}(E_{bi}-J_i)$$

$$=A_i\varepsilon_i\left(E_{bi}-\sum_{j=1}^n \varphi_{ij}J_j\right) \tag{5-135}$$

需要指出的是，以上虽然考虑的是灰体面所构成的封闭系统内的辐射传热，推导所得到的辐射传热量计算公式具有通用性，即若其中存在黑体面，只要令其黑度（即发射率）$\varepsilon = 1$ 即可。

5) 三个灰体面构成的封闭空间辐射传热

将式（5-134）应用于封闭系统内的三个灰体面中，得

$$\begin{cases} J_1 = \varepsilon_1 E_{b1} + (1 - \varepsilon_1)(\varphi_{11} J_1 + \varphi_{12} J_2 + \varphi_{13} J_3) \\ J_2 = \varepsilon_2 E_{b2} + (1 - \varepsilon_2)(\varphi_{21} J_1 + \varphi_{22} J_2 + \varphi_{23} J_3) \\ J_3 = \varepsilon_3 E_{b3} + (1 - \varepsilon_3)(\varphi_{31} J_1 + \varphi_{32} J_2 + \varphi_{33} J_3) \end{cases} \tag{5-136}$$

式中，

$$E_{bi} = \sigma T_i^4 \quad (i = 1, 2, 3) \tag{5-137}$$

式（5-136）中所包含的角系数满足以下关系。

（1）总和关系。

$$\begin{cases} \varphi_{11} + \varphi_{12} + \varphi_{13} = 1 \\ \varphi_{21} + \varphi_{22} + \varphi_{23} = 1 \\ \varphi_{31} + \varphi_{32} + \varphi_{33} = 1 \end{cases} \tag{5-138}$$

（2）相互关系。

$$\begin{cases} \varphi_{12} A_1 = \varphi_{21} A_2 \\ \varphi_{23} A_2 = \varphi_{32} A_3 \\ \varphi_{31} A_3 = \varphi_{13} A_1 \end{cases} \tag{5-139}$$

（3）自我关系。

$$\varphi_{11} = \varphi_{22} = \varphi_{33} = 0 \tag{5-140}$$

联立以上三个方程可得

$$\begin{cases} \varphi_{12} + \varphi_{13} + 0 \times \varphi_{23} = 1 \\ \varphi_{12} \dfrac{A_1}{A_2} + 0 \times \varphi_{13} + \varphi_{23} = 1 \\ 0 \times \varphi_{12} + \varphi_{13} \dfrac{A_1}{A_3} + \varphi_{23} \dfrac{A_2}{A_3} = 1 \end{cases} \tag{5-141}$$

显然，各个面的角系数可求。求出角系数后，即可根据式（5-136）计算有效辐射 J_1、J_2、J_3。确定了有效辐射后，各个灰体面的传热量可根据式（5-135）计算，具体可写为

$$\begin{cases} Q_1 = \varepsilon_1 E_{b1} A_1 - \varepsilon_1 (\varphi_{11} J_1 + \varphi_{12} J_2 + \varphi_{13} J_3) A_1 \\ Q_2 = \varepsilon_2 E_{b2} A_2 - \varepsilon_2 (\varphi_{21} J_1 + \varphi_{22} J_2 + \varphi_{23} J_3) A_2 \\ Q_3 = \varepsilon_3 E_{b3} A_3 - \varepsilon_3 (\varphi_{31} J_1 + \varphi_{32} J_2 + \varphi_{33} J_3) A_3 \end{cases} \tag{5-142}$$

3. 求解

1）角系数的计算

新建工作表，命名为"角系数"，计算过程及结果如图 5-63 所示。在该工作表中，首先输入已知三个灰体面的面积值，然后根据式(5-141)计算角系数。

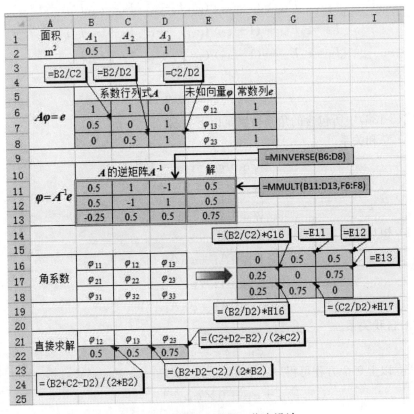

图 5-63　计算角系数的工作表设计

参见 3.4 节，式(5-141)可写为如下形式

$$A\boldsymbol{\varphi}=\boldsymbol{e} \tag{5-143}$$

其中，

$$A=\begin{bmatrix}1 & 1 & 0\\ \dfrac{A_1}{A_2} & 0 & 1\\ 0 & \dfrac{A_1}{A_3} & \dfrac{A_2}{A_3}\end{bmatrix},\quad \boldsymbol{\varphi}=\begin{bmatrix}\varphi_{12}\\ \varphi_{13}\\ \varphi_{23}\end{bmatrix},\quad \boldsymbol{e}=\begin{bmatrix}1\\ 1\\ 1\end{bmatrix} \tag{5-144}$$

A 称为系数矩阵(其逆矩阵为 A^{-1});e 称为常数列;$\boldsymbol{\varphi}$ 称为未知向量。

式(5-143)的解为

$$\boldsymbol{\varphi} = A^{-1} e \qquad (5\text{-}145)$$

对于式(5-145),利用 Excel 的求逆矩阵函数 MINVERSE()及矩阵乘积函数 MMULT()即可简单求解。

(1) 求逆矩阵 A^{-1}。选择逆矩阵区域(B11:D13),然后用鼠标单击公式输入栏,输入公式"=MINVERSE(B6:D8)"之后,同时按下"Shift+Ctrl+Enter"三键即可。输入公式时,可用鼠标选择系数矩阵区域(B6:D8)。

(2) 求方程组的解 $\boldsymbol{\varphi}$ 数列。选择解区域(E11:E13),然后用鼠标单击公式输入栏,输入公式"=MMULT(B11:D13,F6:F8)"之后,同时按下"Shift+Ctrl+Enter"三键即可。同样,输入公式时,可用鼠标选择逆矩阵区域(B11:D13)及常数列区域(F6:F8)。计算结果为:$\varphi_{12}=0.5$,$\varphi_{13}=0.5$,$\varphi_{23}=0.75$。

当然,也可直接求解联立方程组[式(5-141)],得出三个未知的角系数:

$$\begin{cases} \varphi_{12} = \dfrac{A_1 + A_2 - A_3}{2A_1} \\[2mm] \varphi_{13} = \dfrac{A_1 + A_3 - A_2}{2A_1} \\[2mm] \varphi_{23} = \dfrac{A_2 + A_3 - A_1}{2A_2} \end{cases} \qquad (5\text{-}146)$$

直接求解的计算结果见单元格 B22:D22,可见两种方法的计算结果一致。当联立方程组较为复杂时,直接求解较为繁琐,这时利用 Excel 函数来计算较为方便(见下面有效辐射的计算)。

φ_{21}、φ_{31}、φ_{32} 可根据角系数相互关系式(5-139)求算。最终角系数计算结果显示在区域 F16:H18 中。

2) 有效辐射及辐射传热的计算

关于有效辐射的联立方程组,即式(5-136)较为复杂,直接求解较为不便。这时,利用 Excel 的相关函数(求逆矩阵函数 MINVERSE()及矩阵乘积函数 MMULT())来计算是最佳选择。式(5-136)可写为如下形式

$$\begin{bmatrix} 1-(1-\varepsilon_1)\varphi_{11} & -(1-\varepsilon_1)\varphi_{12} & -(1-\varepsilon_1)\varphi_{13} \\ -(1-\varepsilon_2)\varphi_{21} & 1-(1-\varepsilon_2)\varphi_{22} & -(1-\varepsilon_2)\varphi_{23} \\ -(1-\varepsilon_3)\varphi_{31} & -(1-\varepsilon_3)\varphi_{32} & 1-(1-\varepsilon_3)\varphi_{33} \end{bmatrix} \begin{bmatrix} J_1 \\ J_2 \\ J_3 \end{bmatrix} = \begin{bmatrix} \varepsilon_1 E_{b1} \\ \varepsilon_2 E_{b2} \\ \varepsilon_3 E_{b3} \end{bmatrix}$$

$$(5\text{-}147)$$

参考式(5-143)的形式,式(5-147)可写为

$$AJ = E \qquad (5\text{-}148)$$

其中，

$$A = \begin{bmatrix} 1-(1-\varepsilon_1)\varphi_{11} & -(1-\varepsilon_1)\varphi_{12} & -(1-\varepsilon_1)\varphi_{13} \\ -(1-\varepsilon_2)\varphi_{21} & 1-(1-\varepsilon_2)\varphi_{22} & -(1-\varepsilon_2)\varphi_{23} \\ -(1-\varepsilon_3)\varphi_{31} & -(1-\varepsilon_3)\varphi_{32} & 1-(1-\varepsilon_3)\varphi_{33} \end{bmatrix},$$

$$J = \begin{bmatrix} J_1 \\ J_2 \\ J_3 \end{bmatrix}, \quad E = \begin{bmatrix} \varepsilon_1 E_{b1} \\ \varepsilon_2 E_{b2} \\ \varepsilon_3 E_{b3} \end{bmatrix} \tag{5-149}$$

式(5-147)的解为

$$J = A^{-1}E \tag{5-150}$$

上式的解法与角系数的计算过程类似，不再详述。计算过程及结果如图5-64所示，最终得到三个面的辐射传热量（单位为 W）分别为

$$\begin{cases} Q_1 = 2.26 \times 10^4 \\ Q_2 = -1.13 \times 10^4 \\ Q_3 = -1.13 \times 10^4 \end{cases} \tag{5-151}$$

4. 问题扩展

本例中，还可以采用"辐射换热网络法"求解有效辐射，三个灰体表面间的辐射换热网络如图 5-65 所示，根据流入每个节点的热流总和为零原理，得到关于有效辐射 J_i 的方程组为

$$\begin{cases} \text{节点 1} \quad \dfrac{E_{b1}-J_1}{\dfrac{1-\varepsilon_1}{\varepsilon_1 A_1}} + \dfrac{J_2-J_1}{\dfrac{1}{\varphi_{12}A_1}} + \dfrac{J_3-J_1}{\dfrac{1}{\varphi_{13}A_1}} = 0 \\[4mm] \text{节点 2} \quad \dfrac{E_{b2}-J_2}{\dfrac{1-\varepsilon_2}{\varepsilon_2 A_2}} + \dfrac{J_1-J_2}{\dfrac{1}{\varphi_{12}A_1}} + \dfrac{J_3-J_2}{\dfrac{1}{\varphi_{23}A_2}} = 0 \\[4mm] \text{节点 3} \quad \dfrac{E_{b3}-J_3}{\dfrac{1-\varepsilon_3}{\varepsilon_3 A_3}} + \dfrac{J_1-J_3}{\dfrac{1}{\varphi_{13}A_1}} + \dfrac{J_2-J_3}{\dfrac{1}{\varphi_{23}A_2}} = 0 \end{cases} \tag{5-152}$$

利用本例的计算结果验证上式的正确性并确定回路中各处的热流量。

5. 参考解答

计算结果如图 5-66 所示，辐射传热量的绝对值及传热方向如图 5-67 所示。对三个节点而言，热流离开节点为负，进入节点为正；对三个灰体面而言，热流

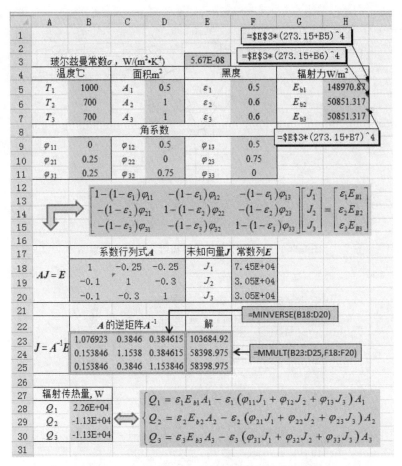

图 5-64 有效辐射及辐射传热计算的工作表设计

离开为正，进入为负。

5.3.2 含有辐射的混合传热

1. 问题

用一个发射率 $\varepsilon_1 = 0.7$ 的热电偶测量在一内壁温度 $T_2 = 260℃$ 的长管中流动的气体温度，气体和热电偶表面间的对流传热系数 $h = 120\text{W}/(\text{m}^2 \cdot \text{K})$，该气体的实际温度 $T_f = 700℃$，试求该热电偶指示的温度 T_1。

2. 分析

由于存在热电偶对管壁的辐射作用，导致其显示温度低于气体的实际温度。

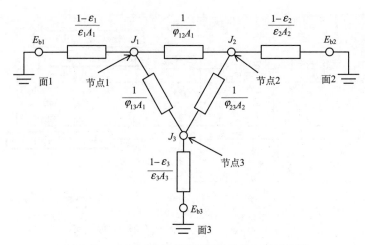

图 5-65　三个灰体表面间的辐射换热网络示意图

	J	K	L	M	N
1		第1项	第2项	第3项	Σ
2	节点.1	2.26E+04	-1.13E+04	-1.13E+04	0.00
3	节点.2	-1.13E+04	1.13E+04	0.00	0.00
4	节点.3	-1.13E+04	1.13E+04	0.00	0.00

$$节点1\quad \frac{E_{b1}-J_1}{\dfrac{1-\varepsilon_1}{\varepsilon_1 A_1}}+\frac{J_2-J_1}{\dfrac{1}{\varphi_{12}A_1}}+\frac{J_3-J_1}{\dfrac{1}{\varphi_{13}A_1}}=0$$

$$节点2\quad \frac{E_{b2}-J_2}{\dfrac{1-\varepsilon_2}{\varepsilon_2 A_2}}+\frac{J_1-J_2}{\dfrac{1}{\varphi_{12}A_1}}+\frac{J_3-J_2}{\dfrac{1}{\varphi_{23}A_2}}=0$$

$$节点3\quad \frac{E_{b3}-J_3}{\dfrac{1-\varepsilon_3}{\varepsilon_3 A_3}}+\frac{J_1-J_3}{\dfrac{1}{\varphi_{13}A_1}}+\frac{J_2-J_3}{\dfrac{1}{\varphi_{23}A_2}}=0$$

图 5-66　辐射换热网络法计算结果

根据稳态下的热平衡可知，从热电偶到管壁的辐射热流量等于从气体到热电偶的对流热流量。本例中，可将热电偶视为一个灰体，则有

$$hA_1(T_f-T_1)=A_1\varphi_{12}\varepsilon_1\sigma(T_1^4-T_2^4) \tag{5-153}$$

式中，A_1 为热电偶的表面积；φ_{12} 为热电偶对壁面的角系数，因为热电偶被管壁完全包围，故 $\varphi_{12}=1$。

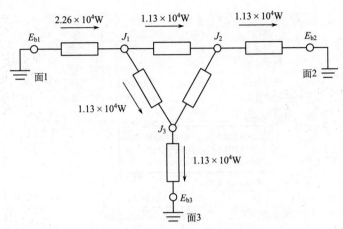

图 5-67 辐射换热网络法热流计算结果及流动方向

整理式(5-153)可得

$$F(T_1) = (\varepsilon_1 \sigma) T_1^4 + (h) T_1 - (\varepsilon_1 \sigma T_2^4 + h T_f) = 0 \qquad (5\text{-}154)$$

式(5-154)为关于变量 T_1 的非线性方程,可利用 Excel 的单变量求解工具或牛顿迭代法直接求解(参见第 3 章中的 3.3 节)。需要指出的是,以上两式中的温度单位为热力学温度(K),计算时需将所给的摄氏温度值再加 273.15 代入其中。

3. 求解

计算工作表设计如图 5-68 所示。在单元格区域 D2:D6 中输入已知常数数据,在 A13 中输入所求温度的初值(如设 $T_1 = 500℃$),B13 为对应的热力学温度值,在 C13 中输入关于 T_1 的函数[式(5-154)]。然后在 Excel 中顺序点击"数据"→"模拟分析"→"单变量求解",出现单变量求解窗口,在其中进行适当设置后(如图 5-68 所示)即可求解。最终解为 $T_1 \approx 564.16℃$(约 837.31K)。

4. 问题扩展

(1) 针对本例,试用牛顿迭代法求解并与本例计算结果比较。

(2) 由本例的计算结果可知,热电偶显示温度与实际气体温度之间存在较大差异。在实际测量过程中,为减小这样的误差,常常在热电偶周围加入辐射挡板或采用其他增大流体与热电偶之间传热系数的方法。试作图分析流体与热电偶之间的传热系数对热电偶显示温度的影响。

(3) 将本例改为同时存在对流、传导、辐射三种传热方式的温度求解问题,具体条件如下:导热体的左侧被高温壁面的辐射及高温气体的对流传热所加热,

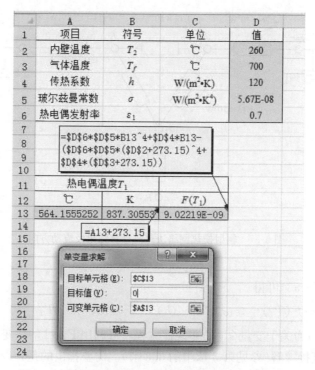

图 5-68　利用单变量求解工具计算热电偶显示温度 T_1

而导热体的右侧被低温液体所冷却，试计算热平衡时导热体左右两侧的表面温度 T_1、T_2。

5. 参考解答

（1）参见第 3 章中的 3.3 节，牛顿迭代法求解非线性方程的公式为

$$T_{k+1} = T_k - \frac{F(T_k)}{F'(T_k)} \tag{5-155}$$

式中，k 为迭代次数。$F'(T_k)$ 为 $F(T_k)$ 对 T_k 的导数，具体表达式为

$$F'(T_k) = 4(\varepsilon_1\sigma)T_k^3 + h \tag{5-156}$$

计算时可在本例的同一工作表中（图 5-68）进行，计算过程及结果如图 5-69 所示。首先在图中所示有颜色填充的单元格中输入公式，然后拖动单元格的填充柄将公式复制到对应列的下面单元格中即可。由图可知，在如图所设定的初值条件下，迭代四次即可完成求解（初值的选择对求解有影响），计算结果与利用 Excel 的单变量求解工具的计算结果一致。

（2）根据式（5-154），不同传热系数（h）条件下函数 $F(T_1)$ 随自变量 T_1 的变

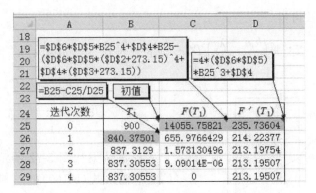

图 5-69　参考解答 1（牛顿迭代法求解热电偶显示温度）

化关系如图 5-70 所示（图中横坐标用摄氏温度℃表示）。由图可知，函数 $F(T_1)$
为单调递增函数，且随着 h 的增大，曲线与横轴的交点（即热电偶显示温度）向
右移动，即向气体温度靠近。

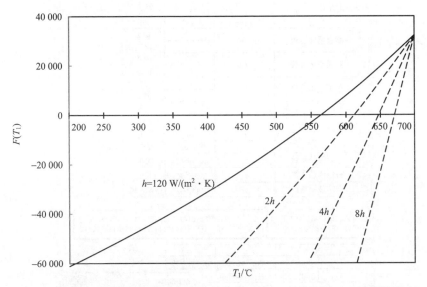

图 5-70　参考解答 2（流体与热电偶之间的传热系数 (h) 对热电偶显示温度的影响）

（3）导热体的高温侧（左侧，如图 5-71 所示）热平衡方程为

$$A\varepsilon(\sigma T_{\mathrm{H}}^4 - \sigma T_1^4) + Ah_{\mathrm{g}}(T_{\mathrm{g}} - T_1) = A\lambda \frac{T_1 - T_2}{b} \qquad (5\text{-}157)$$

导热体的低温侧（右侧）热平衡方程为

$$A\lambda \frac{T_1 - T_2}{b} = Ah_{\mathrm{L}}(T_2 - T_{\mathrm{L}}) \qquad (5\text{-}158)$$

由以上两式可得

$$T_1^4 + \left(\frac{h_g}{\varepsilon\sigma} + \frac{\lambda}{\varepsilon\sigma b}\right)T_1 - \left(T_H^4 + \frac{h_g}{\varepsilon\sigma}T_g + \frac{\lambda}{\varepsilon\sigma b}T_2\right) = 0 \qquad (5\text{-}159)$$

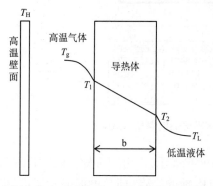

$$T_2 = \frac{T_1 + \frac{h_L b}{\lambda}T_L}{1 + \frac{h_L b}{\lambda}} \qquad (5\text{-}160)$$

计算结果如图 5-72 所示。在单元格 C22 中输入式(5-160)的右侧，在单元格 D21 中输入式(5-159)的左侧，利用 Excel 中的单变量求解工具求解，得到 $T_1 \approx 362℃$，$T_2 \approx 248℃$。

图 5-71　参考解答 3(混合传热示意图)

	A	B	C	D	E	F	G
1	项目		符号	单位	值		
2	高温壁面温度		T_H	℃	1200		
3				K	1473		
4	高温气体温度		T_g	℃	800		
5				K	1073		
6	低温液体温度		T_L	℃	20		
7				K	293		
8	导热体	发射率	ε		0.8		
9		表面积	A	m²	1		
10		厚度	b	m	0.01		
11		导热系数	λ	W/(m·K)	20		
12	左侧传热系数		h_g	W/(m²·K)	50		
13	右侧传热系数		h_L	W/(m²·K)	1000		
14	玻尔兹曼常数		σ	W/(m²·K⁴)	5.67E-08		
15							
16	=(C20+E13*E10*E7/E11)		=C20^4+(E12/(E8*E14)+E11/(E8*E14*E10))*C20-				
17	/(1+(E13*E10/E11))		(E3^4+E12*E5/(E8*E14)+E11*C21/(E8*E14*E10))				
18							
19			℃	K			
20	T_1	362.193	635.342985	0.00E+00			
21	T_2	248.1287	521.2786566				

$$T_2 = \frac{T_1 + \frac{h_L b}{\lambda}T_L}{1 + \frac{h_L b}{\lambda}}$$

单变量求解

目标单元格(E): $D$20

目标值(V): 0

可变单元格(C): $C$20

确定　　取消

$$T_1^4 + \left(\frac{h_g}{\varepsilon\sigma} + \frac{\lambda}{\varepsilon\sigma b}\right)T_1 - \left(T_H^4 + \frac{h_g}{\varepsilon\sigma}T_g + \frac{\lambda}{\varepsilon\sigma b}T_2\right)$$

图 5-72　参考解答 3(混合传热参数及计算结果)

第6章 质量传输

质量传输的基本定律为菲克扩散定律(菲克扩散第一定律),即物质的扩散通量 $J_A (\text{mol}/\text{m}^2 \cdot \text{s})$ 与该物质的浓度梯度成正比

$$J_A = -D_{AB} \frac{\mathrm{d}C_A}{\mathrm{d}y} \tag{6-1}$$

式中,D_{AB} 为扩散系数,m^2/s;C_A 为扩散组元 A 的浓度,mol/m^3;y 为扩散方向的距离,m。

将式(6-1)微分作为扩散项,再考虑累积项(非稳态项)、对流项以及化学反应项等便可构成传质基本方程(传质方程)。常用的二维直角坐标条件下的传质方程为

$$\frac{\partial C_A}{\partial t} + \left(u\, \frac{\partial C_A}{\partial x} + v\, \frac{\partial C_A}{\partial y} \right) = D_{AB} \left(\frac{\partial^2 C_A}{\partial x^2} + \frac{\partial^2 C_A}{\partial y^2} \right) + r_A \tag{6-2}$$

式中,u、v 分别对应 x、y 方向的速度分量,m/s,本章为方便起见分别用 u_x、u_y 代替 u、v;r_A 为化学反应引起的 A 的变化速率(生成或消失项),$\text{mol}/\text{m}^3 \cdot \text{s}$;$t$ 为时间,s。

式(6-2)表达了扩散过程的质量平衡,其左边的第一项为浓度随时间的变化项,即累积项(非稳态项);第二项为对流项(流体流动对扩散的影响)。右边第一项为扩散项;第二项为化学反应引起的 A 的生成或消失项。由于在对流项中包含了流体的流动速度项(u_x、u_y 或 u、v),所以为求解含有对流项的传质方程必须首先确定流体的速度分布,即传质方程的求解依赖于运动方程的求解。本章从仅有扩散项的简单情况出发,对各种特殊条件下的典型传质问题进行求解。

6.1 稳 态 扩 散

1. 问题

设有一厚度 $L=0.02\text{m}$ 的无限大板状材料被置于水面上,稳态时其底面的水分浓度为 $C_{A0}=100\text{mol}/\text{m}^3$,与空气接触的上面水分浓度为 $C_{As}=0$,求该材料内部的水分浓度分布及扩散通量(只考虑由底面至表面的单方向扩散),已知材料中水分扩散系数 $D_{AB}=3.0\times10^{-10}\,\text{m}^2/\text{s}$,扩散示意图如图 6-1 所示。

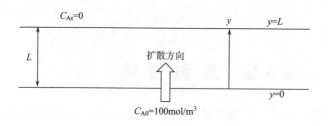

图 6-1　无限大平板中水分扩散示意图

2. 分析

本例为液体在静止固体材料介质中的一维稳态扩散传质问题。当扩散系数为常数时，传质方程可表达为

$$0 = \frac{\partial^2 C_A}{\partial y^2} \tag{6-3}$$

即

$$\frac{dC_A}{dy} = -\frac{J_A}{D_{AB}} \tag{6-4}$$

由于边界条件已经确定，故式(6-4)可解。

3. 求解

计算工作表设计及计算结果如图 6-2 所示。在单元格 B11 中输入微分公式 (6-4)，单元格 G2 为扩散通量值，可试探确定该值，使其满足当 $y = 0.02$ 时上表面浓度为 0 的边界条件，计算结果为 $J_A = 1.5 \times 10^{-6} \, \text{mol}/(\text{m}^2 \cdot \text{s})$。

4. 问题扩展

(1) 针对本例，若扩散系数不为常数，而是按以下公式随扩散位置 y 的不同而发生变化：

$$D_{AB} = 3.0 \times 10^{-10} [1 - 0.9(y/L)] \, \text{m}^2/\text{s},$$

求此材料中的水分浓度分布及扩散通量。

(2) 针对本例，若将材料改为边长 $L = 0.02\text{m}$、横截面为正方形的块状同质材料，稳态时与水接触的底面水分浓度为 $C_{A0} = 100\text{mol}/\text{m}^3$，与空气接触的其他面的水分浓度为 $C_{As} = 0$，求该材料内部的水分浓度分布。

(3) 一根铁管(内径 $r_1 = 0.1\text{m}$，外径 $r_2 = 0.12\text{m}$)被置于加热炉的等温区，

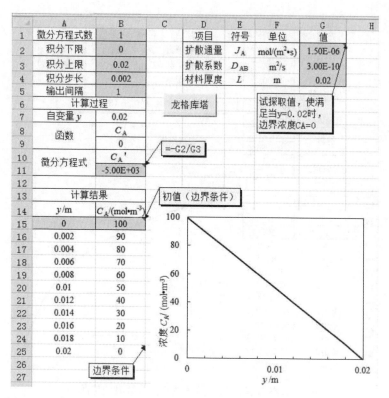

图 6-2 液体在静止固体材料介质中的一维稳态扩散传质计算工作表及结果

碳化性气体在管内流过，同时另有一不同成分的碳化性气体流过其外部。稳态时管的内外壁面处的碳浓度分别为 $C_{A1}=1250\text{mol/m}^3$、$C_{A2}=6500\text{mol/m}^3$，求此管内、外半径之间的碳浓度分布。设碳在铁中的扩散系数为常数。

5. 参考解答

（1）可在本例的基础上，在单元格 G3 中输入扩散系数的计算公式，如图 6-3 所示。由图可知，浓度分布变为曲线，扩散通量变小：$J_A=5.86\times10^{-7}$ $\text{mol/(m}^2 \cdot \text{s)}$。

（2）问题转化为二维扩散问题。当扩散系数为常数时，二维直角坐标下的传质方程可表达为

$$0=\frac{\partial^2 C_A}{\partial x^2}+\frac{\partial^2 C_A}{\partial y^2} \tag{6-5}$$

参考 5.1.2 节（二维传导传热）中的式(5-8)、式(5-9)，采用差分方法，式(6-5)可转化为如下差分方程：

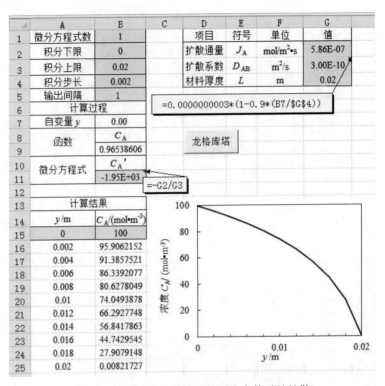

图 6-3　参考解答 1(扩散系数不为常数时的扩散)

$$C_{n,\,m} = \frac{1}{4}(C_{n+1,\,m} + C_{n-1,\,m} + C_{n,\,m+1} + C_{n,\,m-1}) \tag{6-6}$$

式中，n、m 分别为 x、y 两方向的节点位置序号。由式(6-6)可见，某一节点处的浓度值等于其周围相邻点浓度值的平均值。将式(6-6)应用于计算区域中的全部节点即转化为联立方程组的求解问题，利用 Excel 的循环引用功能可简单求解。

计算工作表如图 6-4 所示，浓度分布如图 6-5 所示。计算方法与 5.1.2 节(二维传导传热)中的类似。

(3) 需采用圆柱坐标下的稳态传质方程进行求解。在扩散系数为常数的条件下，其传质方程为

$$\frac{1}{r}\frac{\mathrm{d}}{\mathrm{d}r}\left(r\frac{\mathrm{d}C_A}{\mathrm{d}r}\right) = \frac{\mathrm{d}^2 C_A}{\mathrm{d}r^2} + \frac{1}{r}\frac{\mathrm{d}C_A}{\mathrm{d}r} = 0 \tag{6-7}$$

参考 5.1.1 节(一维传导传热)中的式(6-5)及式(6-6)的解法，以上偏微分方程可由如下两个常微分方程表达

	A	B	C	D	E	F		M	N	O	P	Q
1	0	0	0	0	0	0		0	0	1	13	
2	0	0.652	1.264	1.8	2.228	2.526		0.652	0	0.923	12	
3	0	1.344	2.605	3.707	4.586	5.197		1.344	0	0.846	11	
4	0					6.166		2.12	0	0.769	10	
5	0					11.6		3.031	0	0.692	9	
6	0					15.7		4.143	0	0.615	8	
7	0	5.547	10.66	15.01	18.39	20.67		5.547	0	0.538	7	
8	0	7.38	14.1	19.7	23.95	26.78		7.38	0	0.462	6	
9	0	9.875	18.65	25.73	30.93	34.3		9.875	0	0.385	5	
10	0	13.47	24.91	33.64	39.74	43.56		13.47	0	0.308	4	
11	0	19.08	33.89	44.16	50.84	54.8		19.08	0	0.231	3	
12	0	28.95	47.39	58.3	64.64	68.16		28.95	0	0.154	2	
13	0	49.35	68.44	77	81.28	83.46		49.35	0	0.077	1	
14	100	100	100	100	100	100		100	100	0	0	
15	0	1	2	3	4	5		12	13	$y\uparrow$		
16	0	0.077	0.154	0.231	0.308	0.385		0.923	1	$x\leftarrow$		
17												
18												
19												

=(A2+B1+C2+B3)/4
↓→复制到除边界的整个区域

=A15/13
→向右复制

=P14/13
↑向上复制

图 6-4　参考解答 2(二维稳态扩散计算工作表)

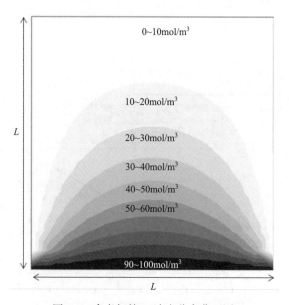

图 6-5　参考解答 2(浓度分布曲面图)

$$\begin{cases} \dfrac{\mathrm{d}C_A}{\mathrm{d}r} = q \\[2mm] \dfrac{\mathrm{d}q}{\mathrm{d}r} = -\dfrac{q}{r} \end{cases} \tag{6-8}$$

工作表设计及计算结果如图 6-6 所示。初值条件：当 $r = 0.1$ 时，$C_A = 1250$，$q = 287\,953$（探索取值，使之满足当 $r = 0.12$ 时，$C_A = 6500$ 的边界条件）。

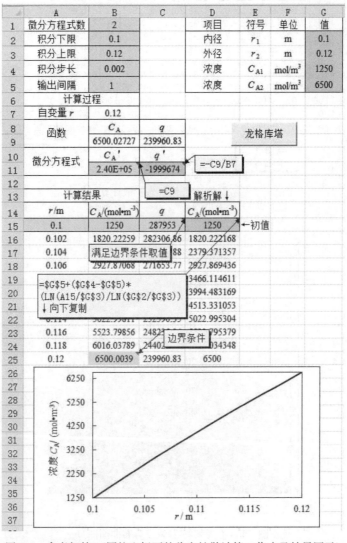

图 6-6　参考解答 3（圆柱坐标下的稳态扩散计算工作表及结果图示）

6.2 非稳态扩散

6.2.1 半无限大扩散介质

1. 问题

设有一钢件在一定温度下进行渗碳，渗碳前钢件内部的碳浓度为 $C_{A0}=0.2\%$，渗碳时在钢件的表面保持碳的平衡浓度为 $C_{As}=1.0\%$。在该温度下，碳在铁中的扩散系数 $D_{AB}=2.0\times10^{-7}\,\mathrm{cm^2/s}$，试求钢件内部碳浓度分布随时间的变化。

2. 分析

本例为一维非稳态扩散问题，其扩散基本方程为

$$\frac{\partial C_A}{\partial t}=D_{AB}\,\frac{\partial^2 C_A}{\partial y^2} \tag{6-9}$$

式(6-9)为浓度 C_A 关于时间 t 和位置 y 的偏微分方程。根据边界条件的不同，该偏微分方程可有几种计算模型，本例为针对半无限大物体的扩散体系、表面浓度为常数的边界条件。

参考 5.1.3 节(一维非稳态传导传热)，对偏微分方程式(6-9)进行差分化处理。将计算变量分割，位置 y、时间 t 两变量的格子长度分别为 Δy、Δt，节点位置用 y、t 两变量的序号 n、m 表示，则 $y=n\Delta y$，$t=m\Delta t$。浓度 $C(y,t)$ 可用节点 C_n^m 表示(省略下角标"A")，偏微分方程式(6-9)用差分式代替可表示为

$$\frac{C_n^{m+1}-C_n^m}{\Delta t}=D_{AB}\,\frac{C_{n-1}^m-2C_n^m+C_{n+1}^m}{(\Delta y)^2} \tag{6-10}$$

整理式(6-10)，得

$$C_n^{m+1}=\theta(C_{n-1}^m+C_{n+1}^m)+(1-2\theta)C_n^m \tag{6-11}$$

式中，

$$\theta=\frac{D_{AB}\Delta t}{(\Delta y)^2} \tag{6-12}$$

需要注意的是，本例为显式差分，数值解收敛的条件为 $\theta<0.5$。

3. 求解

计算用工作表设计及计算结果如图 6-7 所示。单元格区域 D2：D5 为计算所需参数，第 7、8 行为位置序号 n 及节点坐标 y。$n=0$ 的节点位置为钢件的表面，无限远处的位置节点(即渗透涉及不到的位置)用 $n=100$ 代替。

	A	B	C	D	E	F	G	H	CW	CX	CY
1	项目	符号	单位	值							
2	扩散系数	D_{AB}	cm²/s	2.0E-07							
3	时间步长	Δt	s	60							
4	距离步长	Δy	cm	0.005							
5	参数	θ		0.48							
6											
7	$n\rightarrow$	0	1	2	3	4	5	6	99	100	
8	$y\rightarrow$	0	0.005	0.01	0.015	0.02	0.025	0.03	0.495	0.5	
9											
10	$t\downarrow$	界面↓			C_A/(%)				无限远处↓		
11	0	1	0.2	0.2	0.2	0.2	0.2	0.2	0.2	0.2	←初值
12	60	1	0.584	0.2	0.2	0.2	0.2	0.2	0.2	0.2	
13	120	1	0.5994	0.3843	0.2	0.2	0.2	0.2	0.2	0.2	
14	180	1									
15	240	1	0.6991								
16	300	1	0.7407	0.4985	0.3611	0.2493	0.2204	0.2	0.2	0.2	
609	35880	1	0.9734	0.9468	0.9203	0.894	0.8678	0.8419	0.2	0.2	
610	35940	1	0.9734	0.9469	0.9204	0.8941	0.8679	0.842	0.2	0.2	
611	36000	1	0.9734	0.9469	0.9205	0.8942	0.868	0.8422	0.2	0.2	

公式标注：=D2*D3/D4/D4；=B8+$D$4 →向右复制；=$D$3+A11；=$D$5*(D11+B11)+(1-2*$D$5)*C11 ↓→向下、向右复制；=CX11 ↓向下复制

图 6-7　钢件渗碳计算工作表

　　从 A11 开始的列为逐渐递增的时间 t，用于显示浓度随时间的变化情况。第 11 行为浓度的初值，时间 $t=0$ 时，钢件表面的碳浓度为 1%，其他位置处的浓度为 0.2%。在 C12 中输入公式(6-11)，然后将这些公式复制到相应计算区域中。这样，便求得钢件内部碳浓度随时间变化的数值解。

　　为满足数值解的收敛条件($\theta<0.5$)，本例中取 $\Delta t=60s$，$\Delta y=0.005cm$。根据计算结果作图，如图 6-8 所示。

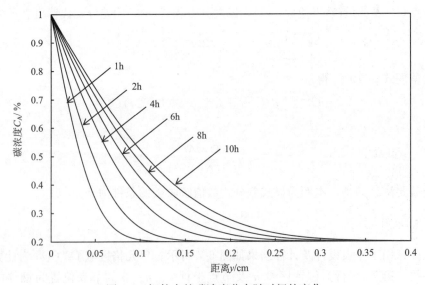

图 6-8　钢件内的碳浓度分布随时间的变化

4. 问题扩展

(1) 已知本例的解析解为

$$\frac{C_{As} - C_A}{C_{As} - C_{A0}} = \text{erf}(\eta) \tag{6-13}$$

式中,

$$\eta = \frac{y}{2\sqrt{D_{AB}t}} \tag{6-14}$$

试确定渗碳 1 小时及 10 小时后,钢件内部距离表面 0.05cm 处的碳浓度并比较数值解与解析解的差异。

(2) 将本例改为空气中氧向水中溶解的过程(物理吸收)。具体条件:液面氧浓度 $C_{As} = 0.3\text{mol/m}^3$,无穷深处(即 $y = \infty$ 处),$C_{A0} = 0$,氧在水中的扩散系数 $D_{AB} = 2.0 \times 10^{-9}\text{m}^2/\text{s}$。试求水中氧浓度分布随时间的变化及液面处的气体吸收速度(氧的扩散通量)。

5. 参考解答

(1) 根据所给公式,可推导出

$$\begin{aligned}
C_A &= C_{As} - (C_{As} - C_{A0})\,\text{erf}(\eta) \\
&= 1 - (1 - 0.2)\,\text{erf}(\eta) \\
&= 1 - 0.8\text{erf}(\eta)
\end{aligned} \tag{6-15}$$

误差函数 $\text{erf}(\eta)$ 与标准正态累积分布函数 $\varphi(\ )$ 的关系为

$$\text{erf}(\eta) = 2\varphi(\eta\sqrt{2}) - 1 \tag{6-16}$$

在 Excel 中,可利用 NORMDIST() 函数计算标准正态累积分布函数 $\varphi(\ )$,故利用式(6-16)$\text{erf}(\eta)$ 可简单求解,即式(6-15)可解。计算过程及结果如图 6-9 所示,由图可知,1 小时后距离表面 0.05cm 处的碳浓度约为 0.35%,而 10 小时后则变为大约 0.742%。图中同时给出了数值解,数值解与解析解基本一致。

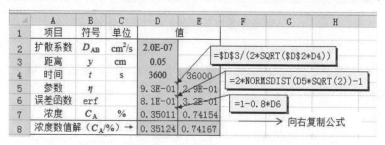

图 6-9 参考解答 1(钢件内部距离表面 0.05cm 处的碳浓度)

（2）参照本例的图 6-7，设计计算工作表如图 6-10 所示。无限远处的位置节点（即渗透涉及不到的位置）用 $n=50$ 代替。液面处的氧扩散速率［即扩散通量 N_A，mol/(m²·s)］为

$$N_A = -D_{AB}\frac{\partial C_A}{\partial y}\bigg|_{y=0} \tag{6-17}$$

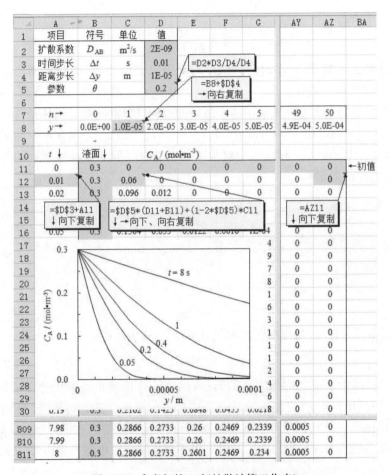

图 6-10　参考解答 2（氧扩散计算工作表）

参考 4.1.3 节（一维双圆筒库埃特流动）的式(4-22)，液面处的氧浓度梯度可按式(6-18)计算（数值解）：

$$\frac{\partial C_A}{\partial y}\bigg|_{y=0} = \frac{-3C_0^m + 4C_1^m - C_2^m}{2\Delta y} \tag{6-18}$$

此外，还可考虑按照解析解公式进行计算。对式(6-15)求导可得

$$\left.\frac{\partial C_A}{\partial y}\right|_{y=0} = -(C_{As} - C_{A0})\frac{1}{2\sqrt{D_{AB}t}}\frac{d[\mathrm{erf}(\eta)]}{d\eta}\bigg|_{\eta=0}$$

$$= -(C_{As} - C_{A0})\frac{1}{2\sqrt{D_{AB}t}}\frac{2}{\sqrt{\pi}}e^{-\eta^2}\bigg|_{\eta=0} \tag{6-19}$$

$$= -(C_{As} - C_{A0})\frac{1}{\sqrt{D_{AB}\pi t}}$$

将式(6-19)代入式(6-17)，并考虑 $C_{A0}=0$，得

$$N_A = C_{As}\sqrt{\frac{D_{AB}}{\pi t}} \tag{6-20}$$

计算在如图 6-10 所示的同一工作表中进行，计算过程及结果如图 6-11 所示。根据 N_A 的计算结果作图，如图 6-12 所示。由图 6-12 可见，数值解与解析解仅有微小差异。

	A	B	C	D	E		BB	BC	BD	BE
1	项目	符号	单位	值						
2	扩散系数	D_{AB}	m²/s	2E-09						
3	时间步长	Δt	s	0.01						
4	距离步长	Δy	m	1E-05						
5	参数	θ		0.2						
6							=(-3*B11+4*C11-D11) /(2*$D$4)			
7	$n\to$	0	1	2	3					
8	$y\to$	0.0E+00	1.0E-05	2.0E-05	3.0E-05					
9							$\frac{\partial C_A}{\partial y}\big|_{y=0}$	通量 N_A, mol/(m²·s)		
10	$t\downarrow$	液面$\downarrow$		C_A/(mol·m⁻³)				数值解$\downarrow$	解析解$\downarrow$	向
11	0	0.3	0	0	0		-45000	0.00009		下
12	0.01	0.3	0.06	0	0		-3?	0.00006	7.569E-05	复
13	0.02	0.3	0.096	0.012	0		-2?	=-$D$2*BB11	5.352E-05	制
14	0.03	0.3	0.12	0.0264	0.0024		-2?	=0.3*SQRT($D$2/PI()/A12)		公
15	0.04	0.3	0.1373	0.0403	0.0067					式
16	0.05	0.3	0.1504	0.053	0.0122		-17563.2	3.513E-05	3.385E-05	
301	2.9	0.3	0.2778	0.2558	0.2342		-2226.687	4.453E-06	4.445E-06	
302	2.91	0.3	0.2779	0.2559	0.2343		-2222.8435	4.446E-06	4.437E-06	
303	2.92	0.3	0.2779	0.256	0.2345		-2219.0198	4.438E-06	4.43E-06	
304	2.93	0.3	0.2779	0.2561	0.2346		-2215.2158	4.43E-06	4.422E-06	
305	2.94	0.3	0.278	0.2561	0.2347		-2211.4313	4.423E-06	4.415E-06	
306	2.95	0.3	0.278	0.2562	0.2348		-2207.6662	4.415E-06	4.407E-06	
307	2.96	0.3	0.2781	0.2563	0.2349		-2203.9202	4.408E-06	4.4E-06	
308	2.97	0.3	0.2781	0.2564	0.235		-2200.1932	4.4E-06	4.392E-06	
309	2.98	0.3	0.2781	0.2564	0.2351		-2196.485	4.393E-06	4.385E-06	
310	2.99	0.3	0.2782	0.2565	0.2352		-2192.7955	4.386E-06	4.377E-06	
311	3	0.3	0.2782	0.2566	0.2353		-2189.1246	4.378E-06	4.37E-06	

图 6-11　参考解答 2(液面处的氧扩散通量计算工作表)

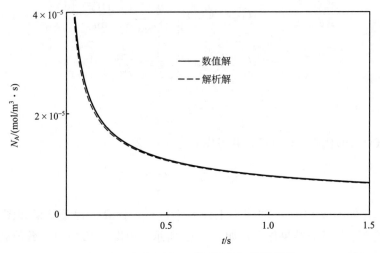

图 6-12　参考解答 2(液面处的氧扩散通量)

6.2.2　有限大扩散介质

1. 问题

设有一厚度 $D=0.02\text{m}$(半厚度 $L=0.01\text{m}$)的板状材料需进行去除水分的干燥处理。该材料的初期水分浓度 $C_{\text{A0}}=100\text{mol/m}^3$,若控制材料表面浓度为 $C_{\text{As}}=0$,求该材料内部水分浓度分布随时间的变化,已知材料中水分扩散系数 $D_{\text{AB}}=3.0\times10^{-10}\text{m}^2/\text{s}$。

2. 分析

本例为一维非稳态扩散问题,其扩散基本方程如式(6-9)所示。根据边界条件的不同,该偏微分方程可有几种计算模型,本例为针对有限大物体的扩散体系、表面浓度为常数的边界条件。参考 5.1.3 节(一维非稳态传导传热)及 6.2.1 节(半无限大扩散介质),偏微分方程式(6-9)用差分式代替可表示为

$$C_n^{m+1}=\theta(C_{n-1}^m+C_{n+1}^m)+(1-2\theta)C_n^m \qquad (6\text{-}21)$$

式中,

$$\theta=\frac{D_{\text{AB}}\Delta t}{(\Delta y)^2} \qquad (6\text{-}22)$$

此外,根据材料中心($n=0$)处的边界条件$(\partial C_{\text{A}}/\partial y)=0$可知[参考式(5-23)]

$$C_0^{m+1}=2\theta C_1^m+(1-2\theta)C_0^m \qquad (6\text{-}23)$$

3. 求解

由于对称关系，本例只考虑材料中心到表面的浓度分布即可（即半厚度区域）。计算工作表如图 6-13 所示。单元格区域 D2：D5 为计算所需参数，第 7、8 行为位置序号 n 及节点坐标 y。$n=0$ 的节点位置为材料的中心，表面的位置节点序号为 $n=10$。

从 A11 开始的列为逐渐递增的时间 t，用于显示浓度随时间的变化情况。第 11 行为浓度的初值，时间 $t=0$ 时，材料表面的浓度值为 0（单元格 L11），其他位置处的浓度值为 100（单元格 B11：K11）。在 B12、C12 中分别输入式（6-23）、式（6-21），然后将这些公式复制到相应计算区域中。这样，便求得材料内部水分浓度随时间变化的数值解。

为满足数值解的收敛条件（$\theta < 0.5$），本例中取 $\Delta t = 900 \mathrm{s}$，$\Delta y = 0.001 \mathrm{m}$。根据计算结果所作的图同样显示在图 6-13 中。由图可见，材料中水分浓度呈抛物线状，且随着时间的增加其高度逐渐降低。

4. 问题扩展

（1）针对本例，求所给材料内部的水分平均浓度随时间的变化。

（2）若将本例的材料形状改为圆柱形（半径 $R = 0.01 \mathrm{m}$），其他条件不变，求该材料内部水分浓度分布随时间的变化。

（3）若将本例的材料形状改为球形（半径 $R = 0.01 \mathrm{m}$），其他条件不变，求该材料内部水分浓度分布随时间的变化。

（4）针对本例及问题扩展（2）、（3），在同一图中比较三种相同厚度（直径）尺寸，不同形状材料的中心水分浓度随时间变化的差异。

5. 参考解答

（1）针对本例，利用如图 6-13 所示的计算工作表，某一时刻材料截面上的平均水分浓度 C_{Am} 的数值解可根据下式计算：

$$C_{Am} = \frac{1}{L} \int_0^L C_A \mathrm{d}y$$
$$= \frac{1}{L} \left[C_0 \frac{\Delta y}{2} + \left(\sum_{i=1}^9 C_i \right) \Delta y + C_{10} \frac{\Delta y}{2} \right] \tag{6-24}$$

此外，也可根据以下的解析解公式进行计算

$$\frac{C_{Am} - C_{As}}{C_{A0} - C_{As}} = \frac{C_{Am}}{C_{A0}} = \frac{8}{\pi^2} \sum_0^\infty \left\{ \frac{1}{(2n+1)^2} \exp\left[-(2n+1)^2 t\beta \right] \right\} \tag{6-25}$$

式中，

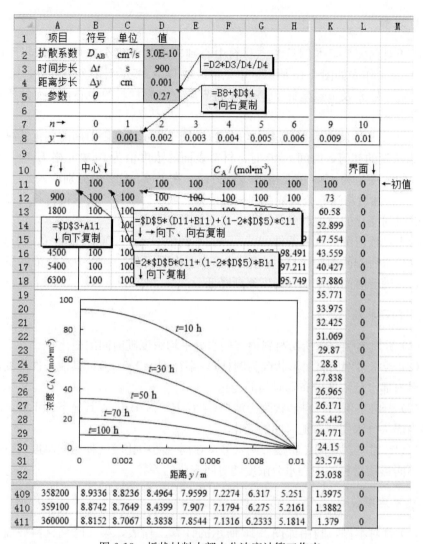

图 6-13 板状材料内部水分浓度计算工作表

$$\beta = \frac{D_{AB}\pi^2}{4L^2} \qquad (6-26)$$

计算在如图 6-13 所示的同一工作表中进行,结果如图 6-14 所示。其中,在第 11 行中仅给出了一个单元格的计算公式,需将其复制到相应的列或计算区域中。根据计算结果数据所作的图显示在同一图 6-14 中,由图可见,数值解与解析解的计算结果基本一致。此外,为显示方便,图中的横坐标为时间(h),而纵坐标为无因次浓度 C_{Am}/C_{A0}(浓度比)。

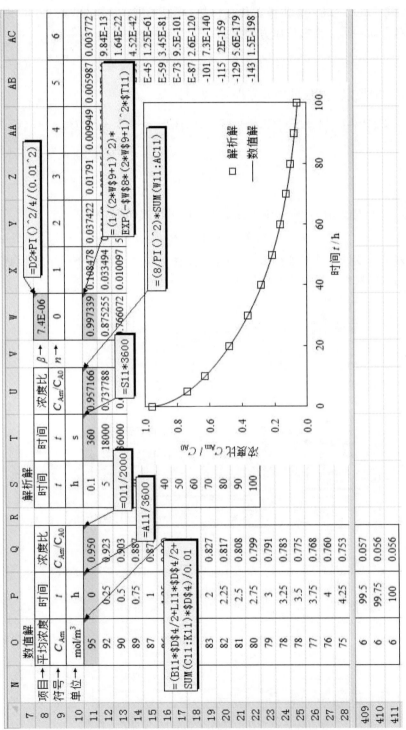

图 6-14 参考解答 1（材料内部水分平均浓度随时间的变化的计算工作表）

（2）参考 5.1.3 节（一维非稳态传导传热）问题扩展（3）中的式（5-26），圆柱坐标下半径方向一维非稳态传质方程为

$$\frac{\partial C_A}{\partial t} = D_{AB}\left(\frac{\partial^2 C_A}{\partial r^2} + \frac{1}{r}\frac{\partial C_A}{\partial r}\right) \tag{6-27}$$

与式（5-28）类似，相应的差分方程为

$$C_n^{m+1} = \theta\left[\left(1+\frac{1}{2n}\right)C_{n+1}^m + \left(1-\frac{1}{2n}\right)C_{n-1}^m\right] + (1-2\theta)C_n^m \tag{6-28}$$

式中，

$$\theta = \frac{D_{AB}\Delta t}{(\Delta r)^2} \tag{6-29}$$

同理，参考式（5-31），中心轴上的节点浓度可按式（6-30）计算

$$C_0^{m+1} = 4\theta C_1^m + (1-4\theta)C_0^m \tag{6-30}$$

工作表设计及计算结果如图 6-15 所示。由图可见，与同等条件下的板状材料相比，圆柱形材料干燥速率明显加快。

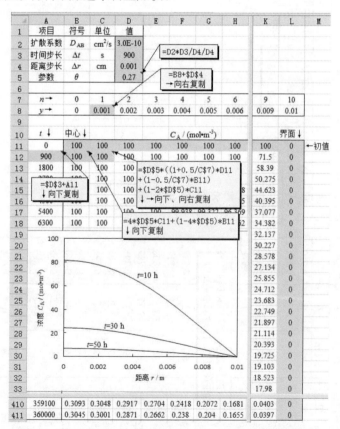

图 6-15　参考解答 2（圆柱形材料内部水分浓度计算工作表）

（3）参考 5.1.3 节（一维非稳态传导传热）问题扩展（4）中的式（5-32），球坐标下半径方向一维非稳态传质方程为

$$\frac{\partial C_A}{\partial t} = D_{AB}\left(\frac{\partial^2 C_A}{\partial r^2} + \frac{2}{r}\frac{\partial C_A}{\partial r}\right) \tag{6-31}$$

相应的差分方程为

$$C_n^{m+1} = \theta\left[\left(1 + \frac{1}{n}\right)C_{n+1}^m + \left(1 - \frac{1}{n}\right)C_{n-1}^m\right] + (1 - 2\theta)C_n^m \tag{6-32}$$

式中，

$$\theta = \frac{D_{AB}\Delta t}{(\Delta r)^2} \tag{6-33}$$

中心轴上的节点浓度可按下式计算

$$C_0^{m+1} = 6\theta C_1^m + (1 - 6\theta)C_0^m \tag{6-34}$$

工作表设计及计算结果如图 6-16 所示。由图可见，同等条件下球状材料与

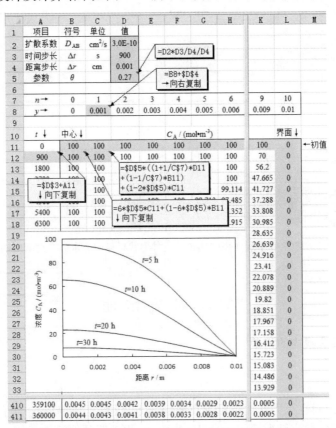

图 6-16　参考解答 3（球形材料内部水分浓度计算工作表）

板状材料相比，前者的干燥速率较大。

（4）将本例及以上问题扩展中的数据（时间及材料中心处的相应浓度值）整理到一个工作表中并作图分析，如图 6-17 所示。由图可知，干燥速率按照平板→圆柱→球的顺序递增。

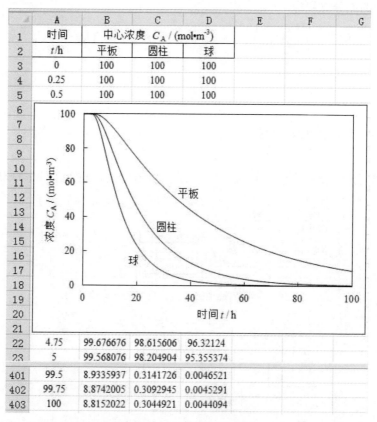

	A	B	C	D	E	F	G
1	时间	中心浓度 C_A / (mol·m^{-3})					
2	t/h	平板	圆柱	球			
3	0	100	100	100			
4	0.25	100	100	100			
5	0.5	100	100	100			
22	4.75	99.676676	98.615606	96.32124			
23	5	99.568076	98.204904	95.355374			
401	99.5	8.9335937	0.3141726	0.0046521			
402	99.75	8.8742005	0.3092945	0.0045291			
403	100	8.8152022	0.3044921	0.0044094			

图 6-17　参考解答 4（干燥速率的比较：三种形状材料中心水分浓度随时间的变化）

6.3　对流传质

6.3.1　下降液膜内的扩散

1. 问题

已知水液膜在重力作用下沿垂直壁面向下呈稳态层流流动，单位宽度（垂直纸面方向）的体积流量为 $Q = 3.0 \times 10^{-4}$ m^3/s，水液膜的厚度 $\delta = 4.5 \times 10^{-4}$ m，流动示意图如图 6-18 所示（与 4.3 节"外力引起的流动"中的图 4-43 类似）。设在水液膜表面二氧化碳的溶解浓度 $C_{As} = 30\,mol/m^3$，求液膜内二氧化碳的浓度分布。已知二氧化碳在水中的扩散系数 $D_{AB} = 2.0 \times 10^{-9}\,m^2/s$。

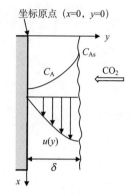

图 6-18 下降液膜对气体的吸收示意图

2. 分析

本例为流体流动方向（x 方向）与气体扩散方向（y 方向）相互垂直的二维对流扩散问题，在直角坐标下的基本方程为

$$u \frac{\partial C_A}{\partial x} = D_{AB} \frac{\partial^2 C_A}{\partial y^2} \tag{6-35}$$

式中，D_{AB} 为扩散系数，m^2/s；等式的左侧为对流项，右侧为扩散项。此处根据已知条件，x 方向的速度 u 为已知，且沿 x 方向不发生变化（流动已经充分发展）。比较式(6-35)与式(5-55)可知，二者的形式相同，故解法类似。

将式(6-35)进行差分化处理。横向扩散位置变量 y、纵向流动方向位置变量 x 的格子长度分别为 Δy、Δx，节点位置用 y、x 两变量的序号 n、m 表示，则 $y = n\Delta y$，$x = m\Delta x$。浓度 $C(y, x)$（即图 6-18 中的 C_A）可用节点 C_n^m 表示，则相应的差分方程式可表示为

$$u_n \frac{C_n^{m+1} - C_n^m}{\Delta x} = D_{AB} \frac{C_{n+1}^m + C_{n-1}^m - 2C_n^m}{(\Delta y)^2} \tag{6-36}$$

整理得

$$C_n^{m+1} = \theta_n (C_{n+1}^m + C_{n-1}^m) + (1 - 2\theta_n) C_n^m \tag{6-37}$$

式中，

$$\theta_n = \frac{D_{AB} \Delta x}{u_n (\Delta y)^2} \tag{6-38}$$

式(6-38)中的 u_n 可参考 4.3 节中的式(4-66)计算，即

$$u_n = u_{max} \left[2\left(\frac{y_n}{\delta}\right) - \left(\frac{y_n}{\delta}\right)^2 \right]$$

$$= u_{max} \left[2\left(\frac{n\Delta y}{\delta}\right) - \left(\frac{n\Delta y}{\delta}\right)^2 \right] \tag{6-39}$$

对于壁面节点（$n = 0$，$u_0 = 0$），根据节点 C_0^{m+1} 周围的质量平衡可得（如图 6-19所示，与图 5-38 所示的分析方法类似）

$$\left(\frac{u_1}{4}\right)\left(\frac{\Delta y}{2}\right)C_0^m + (\Delta x)\,D_{AB}\frac{C_1^m - C_0^m}{\Delta y} - \left(\frac{u_1}{4}\right)\left(\frac{\Delta y}{2}\right)C_0^{m+1} = 0 \qquad (6\text{-}40)$$

整理，得

$$C_0^{m+1} = C_0^m + \frac{8D_{AB}\Delta x}{u_1(\Delta y)^2}(C_1^m - C_0^m) \qquad (6\text{-}41)$$

此处，为前进差分计算上的方便，用 $(C_1^m - C_0^m)$ 代替了 $(C_1^{m+1} - C_0^{m+1})$。

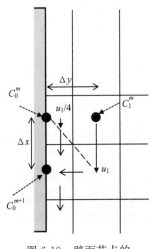

图 6-19　壁面节点的
质量平衡示意图

3. 求解

计算工作表设计及计算结果如图 6-20 所示。其中，D2：D6 区域为计算所需的基本参数，B10：V13 区域为横向 y 的位置 $(n\Delta y)$ 以及与其对应的相关参数；A16：A10016 区域为纵向流动方向位置 $(m\Delta x)$，B16：V10016 区域为各个节点上的浓度计算结果。此外，主要计算区域的设定如下：

（1）壁面条件，按式(6-41)，将计算公式输入到 B17：B10016 中；

（2）液膜表面条件，将 V16：V10016 区域设定为 30；

（3）初始浓度条件，将 B16：U16 区域设定为 0；

（4）内部节点浓度，按式(6-37)，将计算公式输入到 C17：U10016 中。

图 6-20 中已给出相关公式的输入方式及复制方法。根据计算结果，可作出带平滑线的散点图或俯视曲面图。图 6-21 示出了浓度分布随流体流动位置而发生变化的情况(带平滑线的散点图)；图 6-22 是为了作俯视曲面图而在新工作表中进行的计算结果数据整理(在 x 方向每间隔 1m 取浓度数据)，图 6-23 为对应的俯视曲面图。

4. 问题扩展

（1）针对本例，计算下降液膜在下降距离 $x=5$m、$x=10$m、$x=15$m、$x=20$m 等处的气体吸收速率。

（2）将本例转化为由壁面向下降液膜内的物质扩散问题。具体条件如下：壁面为可溶于水的某种物质，壁面的该种物质浓度 $C_{As}=30$mol/m³，该物质在水中的扩散系数 $D_{AB}=1.0\times10^{-9}$m²/s，其余参数同本例，求液膜内该扩散物质的浓度分布。

	A 项目	B 符号	C 单位	D 值	E	F	G	H	I	J	K	L	U	V	W
1	项目	符号	单位	值					向右复制公式→						初始条件
2	液膜厚度	δ	m	4.5E-04											
3	扩散步长	Δy	m	2.25E-05	=D2/20										
4	流动步长	Δx	m	0.002											
5	扩散系数	D_{AB}	m²/s	2.0E-09											
6	最大流速	u_{max}	m/s	1											
9		0	1	2	3	4	5	6	7	8	9	10	19	20	
10	$n\rightarrow$	0	1	2	3	4	5	6	7	8	9	10	19	20	
11	$y\rightarrow$	0	2.3E-05	4.5E-05	6.8E-05	9.0E-05	1.1E-04	1.4E-04	1.6E-04	1.8E-04	2.0E-04	2.3E-04	4.3E-04	4.5E-04	
12	$u\rightarrow$	0	0.0975	0.19	0.2775	0.36	0.4375	0.51	0.5775	0.64	0.6975	0.75	0.9975	1	
13	$\theta\rightarrow$	0	0.081	0.041585	0.0285	0.0219	0.0181	0.0155	0.0137	0.0123	0.0113	0.0105	0.0079		

公式注释：
- =B11+$D$3
- =$D$6*(2*(C10*$D$3/$D$2)−(C10*$D$3/$D$2)^2)
- =$D$5*$D$4/C12/$D$3^2

$C_A/(\text{mol}\cdot\text{m}^3)$

	A x/m	B 壁面→	C	D	E	F	G	H	I	J	K	L	U	V 液膜表面→
16	0	0	0	0	0	0	0	0	0	0	0	0	0	30
17	0.002	0	0	0	0	0	0	0	0	0	0	0	0.2376	30
18	0.004	0	0	0	0	0	0	0	0	0	0	0	0.4715	30
19	0.006	0	0	0	0	0	0	0	0	0	0	0	0.7017	30
20	0.008	0	0	0	0	0	0	0	0	0	0	0	0.9282	30
21	0.01	0	0	0	0	0	0	0	0	0	0	0	1.1512	30
22	0.012	0	0	0	0	0	0	0	0	0	0	0	1.3708	30
23	0.014	0	0	0	0	0	0	0	0	0	0	0	1.5869	30
10014	19.996	15.4	15.413	15.43322	15.489	15.596	15.769	16.022	16.365	16.809	17.361	18.025	28.53	30
10015	19.998	15.4	15.414	15.43469	15.49	15.597	15.77	16.023	16.366	16.81	17.362	18.027	28.53	30
10016	20	15.4	15.416	15.43615	15.492	15.599	15.772	16.024	16.368	16.812	17.363	18.028	28.53	30

公式注释：
- =C$13*(B16+D16)+(1−2*C$13)*C16 复制到 C17:U10016
- =B16+(8*$D$5*$D$4/$C$12/$D$3^2)*(C16−B16) 复制到 B17:B10016
- =A16+$D$4 向下复制

图 6-20 下降液膜的扩散工作表设计及计算结果

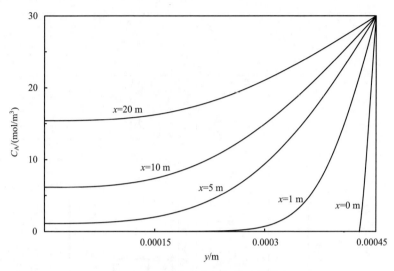

图 6-21 下降液膜内的气体浓度分布

	A	B	C	D	E		U	V
1	$n\rightarrow$	0	1	2	3		19	20
2	$y/m\rightarrow$	0	0.0000225	0.000045	0.0000675		0.0004275	0.00045
3	$x/m\downarrow$			$C_A/(mol\cdot m^3)$				
4	0	0	0	0	0		0	30
5	1	2.446E-05	2.528E-05	3.289E-05	5.714E-05		21.67201	30
6	2	0.0116296	0.0117558	0.0128992	0.0161699		24.091023	30
7	3	0.1340311	0.1347359	0.1410981	0.1588191		25.188044	30
22	18	13.869893	13.872392	13.894874	13.956249		28.372461	30
23	19	14.660523	14.662903	14.684321	14.74279		28.453575	30
24	20	15.413493	15.41576	15.436152	15.49182		28.530391	30

图 6-22 作曲面图用的计算结果数据整理(新建工作表)

(3) 考虑与本例相类似的一个典型问题，即水蒸气向流动空气中的扩散问题。具体条件为：在相距 $h=0.002\text{m}$ 的相互平行的两个平板之间，流动着平均流速 $u_m=0.2\text{m/s}$ 的干燥空气，速度分布已经充分发展，其流动速度 u 呈抛物线状，可按式(6-42)计算[参考 4.2.1 节中的式(4-38)]：

$$u=\frac{3}{2}u_m\frac{y(h-y)}{(h/2)^2}$$

$$=6u_m\left[\frac{y}{h}-\left(\frac{y}{h}\right)^2\right]$$

(6-42)

若上壁面处的水蒸气浓度保持为 $C_A=1.0\text{mol/m}^3$，求两平板间水蒸气浓度

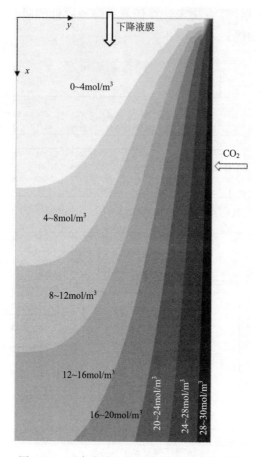

图 6-23 下降液膜内的气体扩散俯视曲面图

分布。已知水蒸气的扩散系数 $D_{AB}=2.5\times10^{-5}\,\mathrm{m^2/s}$。

5. 参考解答

(1) 根据液膜下降所达到位置处的浓度（出口浓度），按式(6-43)进行积分计算得出吸收速率 $Q(\mathrm{mol/s})$：

$$Q=\int_0^\delta uC_A\mathrm{d}y$$

$$=u_0C_0^m\Delta y/2+\sum_{n=1}^{19}u_nC_n^m\Delta y+u_{20}C_{20}^m\Delta y/2 \qquad(6\text{-}43)$$

$$=\sum_{n=1}^{19}u_nC_n^m\Delta y+u_{20}C_{20}^m\Delta y/2$$

式中，m 对应所给的各个液膜下降所达到的位置。计算工作表及计算结果如图

6-24 所示。可按照该计算方法来计算任意下降液膜处的吸收速率，从而得到更加光滑的吸收速率曲线。

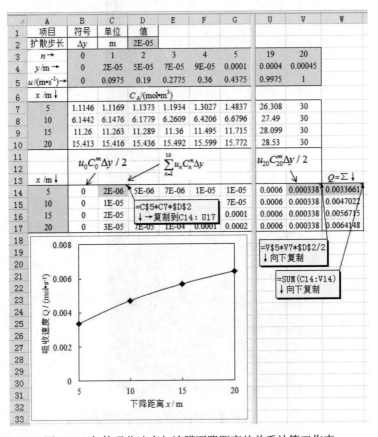

图 6-24　气体吸收速率与液膜下降距离的关系计算工作表

（2）计算工作表如图 6-25 所示，计算结果如图 6-26 所示，下降液膜内的浓度分布曲面图作图用数据整理结果如图 6-27 所示，对应的曲面图如图 6-28 所示。液膜表面边界条件可按式(6-44)处理：

$$\frac{dC_A}{dy} = 0 \qquad\qquad (6\text{-}44)$$

参考式(4-22)，可得液膜表面边界处浓度 C_{20} 与其左侧相邻的两处浓度 C_{19}、C_{18} 的关系为

$$C_{20} = (1/3)(4C_{19} - C_{18}) \qquad\qquad (6\text{-}45)$$

按式(6-45)即可确定液膜边界条件。

向右复制公式→

	A	B	C	D	E	F	G	H	I	J	K	L	…	U	V	W
1	项目	符号	单位	值												
2	液膜厚度	δ	m	4.5E-04												
3	扩散步长	Δy	m	2.25E-05												
4	流动步长	Δx	m	0.002												
5	扩散系数	D_{AB}	m²/s	1.0E-09												
6	最大流速	u_{max}	m/s	1												
10	n→	0	1	2	3	4	5	6	7	8	9	10	…	19	20	
11	y→	0	2.3E-05	4.5E-05	6.8E-05	9.0E-05	1.1E-04	1.4E-04	1.6E-04	1.8E-04	2.0E-04	2.3E-	…	4.3E-04	4.5E-04	
12	u→		0.0975	0.19	0.2775	0.36	0.4375	0.51	0.5775	0.64	0.6975	0.7:	…	0.9975	1	
13	θ→		0.0405	0.020793	0.0142	0.011	0.009	0.0077	0.0068	0.0062	0.0057	0.00:	…	0.004		
15	x /m	↓壁面													液膜表面↓	初始条件→
16	0	30	1.2156	0.0252	0.0033	2E-05	4E-08	0	0	0	0	0	0	0	0	0
17	0.002	30	2.3326	0.23344	0.023955	21.962	19.997	18.073	0	0	0	0	0	0	0	0
18	0.004	30	3.1787	0.23344 95	23.955	21.962	19.997	18.073	16.207	14.414	12.711	11.1	0	0	0	0
19	0.006	30	27.981	25.9647	23.955	21.962	19.997	18.073	16.207	14.414	12.711	11.1	0	0.9975	0.9975	0
20	0.008	30	27.981	25.96485	23.956	21.963	19.997	18.074	16.207	14.414	12.711	11.1	0	0.004	0.004	0
21	0.01	30	27.982	25.96501	23.956	21.963	19.998	18.074	16.208	14.415	12.712	11.1	0	0	0	0
10014	19.996	30	27.981	25.9647	23.955	21.962	19.997	18.073	16.207	14.414	12.711	11.1		3.2039	3.1227	
10015	19.998	30	27.981	25.96485	23.956	21.963	19.997	18.074	16.207	14.414	12.711	11.1		3.2046	3.1234	
10016	20	30	27.982	25.96501	23.956	21.963	19.998	18.074	16.208	14.415	12.712	11.1		3.2052	3.124	

$C_A/(\mathrm{mol \cdot m^3})$

公式注释：

- `=D2/20`
- `=B11+$D$3`
- `=$D$6*(2*(C10*$D$3/$D$2)-(C10*$D$3/$D$2)^2)`
- `=$D$5*$D$4/C12/$D$3^2`
- `=A16+$D$4 ↓向下复制`
- `=C$13*(B16+D16)+(1-2*C$13)*C16 →复制到C17:U10016`
- `=(1/3)*(4*U17-T17) ↓向下复制`

图 6-25 参考解答 2 壁面扩散过程中下降液膜内的浓度分布计算工作表）

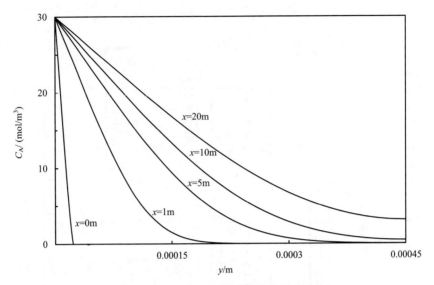

图 6-26　参考解答 2(下降液膜内的浓度分布)

	A	B	C	D	E	U	V
1	$n\rightarrow$	0	1	2	3	19	20
2	$y/m\rightarrow$	0	0.0000225	0.000045	0.0000675	0.0004275	0.00045
3	$x/m\downarrow$			$C_A/(\text{mol}\cdot m^3)$			
4	0	30	0	0	0	0	0
5	1	30	24.186043	18.470241	13.124479	2.324E-09	-5.9E-09
6	2	30	25.419624	20.878306	16.486717	1.128E-05	-3.79E-06
7	3	30	26.020594	22.063969	18.19516	0.0005268	0.0001524
22	18	30	27.899488	25.801133	23.711171	2.5712628	2.492675
23	19	30	27.941792	25.885607	23.837291	2.8856456	2.8055424
24	20	30	27.981551	25.965007	23.955878	3.2052348	3.1240086

图 6-27　参考解答 2(下降液膜内的浓度分布的曲面图数据)

(3) 将图 6-20 所示的工作表中的第 12 行(速度计算项)按式(6-46)进行相应修改

$$u=6u_m\left[\frac{y}{h}-\left(\frac{y}{h}\right)^2\right]$$
$$=6u_m\left[\frac{n\Delta y}{h}-\left(\frac{n\Delta y}{h}\right)^2\right] \tag{6-46}$$

同时，针对本问题，需修改 D1：D6 中的相关参数，计算工作表及计算结果如图 6-29、图 6-30、图 6-31 所示，作图方法与本例类似。

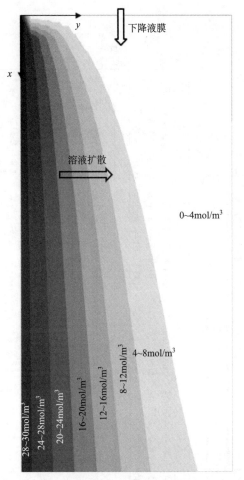

下降液膜

溶液扩散

$0\sim4\mathrm{mol/m^3}$

$4\sim8\mathrm{mol/m^3}$

$8\sim12\mathrm{mol/m^3}$

$12\sim16\mathrm{mol/m^3}$

$16\sim20\mathrm{mol/m^3}$

$20\sim24\mathrm{mol/m^3}$

$24\sim28\mathrm{mol/m^3}$

$28\sim30\mathrm{mol/m^3}$

图 6-28　参考解答 2(下降液膜内的浓度分布曲面图)

6.3.2　层流浓度边界层

1. 问题

设有速率 $U_\infty=1\mathrm{m/s}$ 的不可压缩流体(空气,施密特准数 $Sc=0.51$)流过与其流动方向平行的某一平板,平板上的水开始缓慢蒸发,在平板表面附近同时形成空气层流速度边界层及水蒸气浓度边界层(图 6-32),试求两边界层内的速度分布及浓度分布(不考虑平板壁面上的质量传递,即壁面喷出速度为零)。

	A	B	C	D	E	F	G	H	I	J	K	L	U	V	W
1	项目	符号	单位	值											
2	平板间距	h	m	2.0E-03									19	20	
3	扩散步长	Δy	m	0.0001									1.9E-03	2.0E-03	
4	流动步长	Δx	m	0.000002									5.7E-02	0	
5	扩散系数	D_{AB}	m²/s	2.5E-05									0.0877		
6	平均流速	u_{max}	m/s	0.2										上壁面	初始条件 ↓
7															
8															
9															
10	n→	0	0	0	1	2	3	4	5	6	7	8	9	10	
11	y→	0	0	1.0E-04	2.0E-04	3.0E-04	4.0E-04	5.0E-04	6.0E-04	7.0E-04	8.0E-04	9.0E-04	1.0E-		
12	u→	0	0	5.7E-02	1.1E-01	1.5E-01	1.9E-01	2.3E-01	2.5E-01	2.7E-01	2.9E-01	3.0E-01	3.0E-		
13	θ→	0	0.0877	0.046296	0.0327	0.026	0.0222	0.0198	0.0183	0.0174	0.0168	0.0160	0.010		
14															
15	x /m	下壁面										C_A/(mol·m⁻³)	上壁面		
16	0	0	0	0	0	0	0	0	0	0	0	0	0	1	
17	0.000002	0	0	0	0	0	0	0	0	0	0	0	0.0877	1	
18	0.000004	0	0	0	0	0	0	0	0	0	0	0	0.16	1	
19	0.000006	0	0	0	0	0	0	0	0	0	0	0	0.22	1	
20	0.000008	0	0	0	0	0	0	0	0	0	0	0	0.2701	1	
21	0.00001	0	0	0	0	0	0	0	0	0	0	0	0.3122	1	
22	0.000012	0	0	0	0	0	0	0	0	0	0	0	0.3479	1	
23	0.000014	0	0	0	0	0	0	0	0	0	0	0	0.3783	1	
10014	0.019996	0.73	0.7262	0.7267	0.7281	0.7308	0.7351	0.7411	0.7492	0.7593	0.7715	0.78	0.9761	1	
10015	0.019998	0.73	0.7262	0.726741	0.7282	0.7309	0.7351	0.7412	0.7492	0.7593	0.7716	0.78	0.9761	1	
10016	0.02	0.73	0.7263	0.726763	0.7282	0.7309	0.7352	0.7412	0.7493	0.7594	0.7716	0.78	0.9761	1	

向右复制公式→

公式：
- =D2/20
- =B11+$D$3
- =6*$D$6*((C10*$D$3/$D$2)−(C10*$D$3/$D$2)^2)
- =$D$5*$D$4/C12/$D$3^2
- =C13*(B16+D16)+(1−2*C13)*C16　复制到 C17:U10016
- =B16+(8*$D$5*$D$4/$C$12/$D$3^2)*(C16−B16)　复制到 B17：B10016
- =A16+$D$4　↓向下复制

图 6-29　参考解答 3（平行平板间流体中的扩散工作表设计及计算结果）

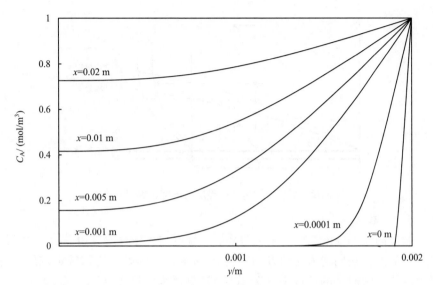

图 6-30 参考解答 3(平行平板间流体中水蒸气浓度分布)

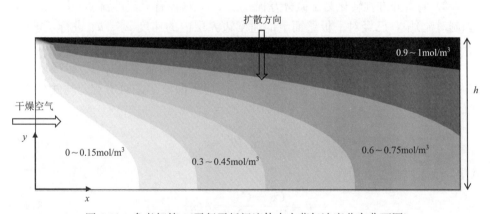

图 6-31 参考解答 3(平行平板间流体中水蒸气浓度分布曲面图)

2. 分析

(1) 浓度边界层方程。本例为强制对流扩散传质问题,与 5.2.2 节的"强制对流"类似,平板壁面上的浓度边界层传质方程为[参考式(5-74)]

$$u_x \frac{\partial C_A}{\partial x} + u_y \frac{\partial C_A}{\partial y} = D_{AB} \frac{\partial^2 C_A}{\partial y^2} \tag{6-47}$$

式中,左侧为 x、y 两个方向(二维)的对流项,右侧为 y 方向(一维)的扩散项。设平板表面及流体主体水蒸气的浓度分别为 C_{As}、$C_{A\infty}$,C_A 则为边界层内垂直

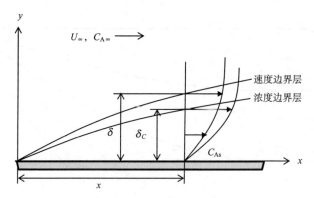

图 6-32　平板上的速度边界层与浓度边界层示意图

平板壁面方向任一处的浓度。浓度边界层、温度边界层及速度边界层三者的厚度定义是类似的，它们均为流动方向距离 x 的函数。例如，通常规定浓度边界层外缘处流体与壁面处的浓度差$(C_A - C_{As})$达到最大浓度差$(C_{A\infty} - C_{As})$的 99% 时的垂直距离为浓度边界层厚度 δ_D。

(2) 偏微分方程转化为常微分方程。在 4.4 节(伴有对流的流动)及 5.2.2 节(强制对流)中，已经对平板壁面上的速度边界层内的速度 u_x、u_y 进行了求解。利用该求解结果及式(6-47)，即可对浓度边界层内的浓度分布进行求解。

采用前述(4.4 节、5.2.2 节)类似的方法，定义相似变量 η[式(5-71)]，将偏微分方程式(6-47)化为如下所示的常微分方程[即波尔豪森方程，与式(5-75)类似]：

$$\theta'' + \frac{Sc}{2} f\theta' = 0 \tag{6-48}$$

式中，无量纲浓度 θ 为

$$\theta = \frac{C_A - C_{As}}{C_{A\infty} - C_{As}} = \theta(\eta) \tag{6-49}$$

Sc 为施密特(Schmidt)准数，其定义为动力扩散系数 ν(运动黏度)与质量扩散系数 D_{AB}之比，即

$$Sc = \frac{\nu}{D_{AB}} = \frac{\mu}{\rho D_{AB}} \tag{6-50}$$

施密特准数 Sc 相当于传热中的普朗特准数 Pr，它体现了流体动量扩散与质量扩散的相对程度，也可看作是流体的物性对于对流传质的影响。此外，传质边界层的厚度与速度边界层的厚度取决于施密特准数 Sc 的大小。如 Sc 值较大，即流体为高黏度流体时，在速度边界层中速度梯度较大，速度分布将被拉长，浓度边界层则相对较小。

对应式(6-48)的边界条件为

$$\begin{cases} \theta(\eta)\mid_{\eta=0}=0 \\ \theta(\eta)\mid_{\eta=\infty}=1 \end{cases} \tag{6-51}$$

(3)边界层方程的变形。为利用前述龙格库塔法程序(参见第 3 章中的 3.1.2 节)求解边界层方程，需要对相应的方程进行变形处理。速度边界层方程式的变形同式(5-79)，如下所示：

$$\begin{cases} y_0'=y_1(y_0(0)=0) \\ y_1'=y_2(y_1(0)=0) \\ y_2'=-(1/2)y_0 y_2(\text{探索确定 } y_2(0)=0.33206) \end{cases} \tag{6-52}$$

其中，$y_0=f$，$y_1=f'$，$y_2=f''$。

对浓度边界层方程，令 $y_3=\theta$，$y_4=\theta'$，则

$$\begin{cases} y_3'=y_4(y_3(0)=0) \\ y_4'=-(Sc/2)y_0 y_4(\text{探索确定 } y_4(0)=0.2613) \end{cases} \tag{6-53}$$

同求解温度边界层类似，采用试探方法，最终确定初值 $y_2(0)=f''(0)=0.33206$、$y_4(0)=\theta'(0)=0.2613$。计算用的相关参数及公式总结在表 6-1 中。

表 6-1　计算用的相关参数及公式

微分方程式数	5				
积分下限	0	常数：施密特准数 $Sc=0.51$			
积分上限	8				
区间分割数	800				
自变量	η				
函数	$y_0=f$	$y_1=f'$	$y_2=f''$	$y_3=\theta$	$y_4=\theta'$
微分方程式	$y_0'=y_1=f'$	$y_1'=y_2=f''$	$y_2'=f'''=-(1/2)ff''$	$y_3'=y_4=\theta'$	$y_4'=-(Sc/2)f\theta'$
函数初值	0	0	探索取值(=0.33206)，使当 $\eta=\infty(\eta=8)$时，$y_1=f'=1$	0	探索取值(=0.2613)，使当 $\eta=\infty(\eta=8)$时，$y_3=\theta=1$

3. 求解

与表 6-1 对应的 Excel 工作表中的设置如图 6-33 所示。其中，用颜色填充的部分为输入的数据或公式。本例中使用前述的标准龙格-库塔解析程序(参见 3.1.2 节)，程序执行按钮命名为"龙格-库塔"。图中同时给出了速度分布与浓度

分布(无因次)图，由图可见，速度分布与浓度分布二者相似。根据本例 Sc 值的计算结果可知，浓度边界层比速度边界层稍厚，具体分析见本节问题扩展(1)。

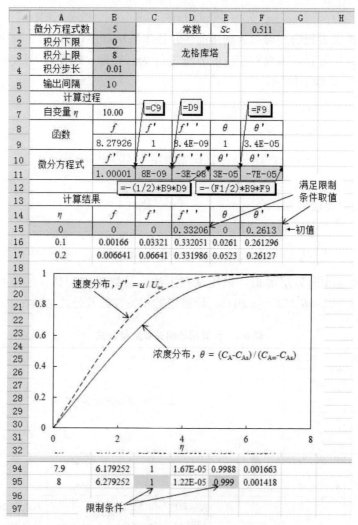

图 6-33　强制对流传质工作表设计及计算结果

4. 问题扩展

(1) 针对本例，若平板长 $x=0.02$m，平板表面及流体主体水蒸气的浓度分别为 $C_{As}=1.0$mol/m³、$C_{A\infty}=0$，其他相关参数见图 6-34 中的单元格区域 L2：L11，求以实际单位表示的速度及浓度分布并比较两个边界层的厚度。

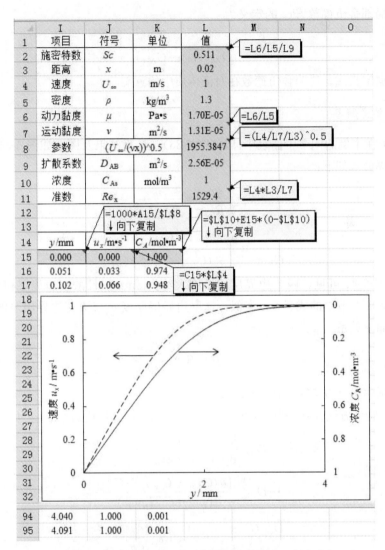

图 6-34　参考解答 1(流体速率及浓度随距离 y 的变化)

（2）与式(5-88)类似，无因次浓度分布曲线在 $\eta=0$ 处的斜率可根据式(6-54)近似计算

$$\theta'(0) \approx 0.332 Sc^{1/3} \tag{6-54}$$

试根据本例数值计算方法验证式(6-54)的正确性并推导如下关系式(强制对流条件下平板固体表面向层流流体的局部传质公式)

$$Sh_x = 0.332 Sc^{1/3} Re_x^{1/2} \tag{6-55}$$

式中，局部舍伍德数 Sh_x 的定义为

$$Sh_x = \frac{N_A}{D_{AB}(C_{As} - C_{A\infty})/x} \tag{6-56}$$

根据定义式，说明舍伍德数在对流传质中的意义。

5. 参考解答

(1) 在本例的同一工作表中计算(图 6-33)，计算结果及图示如图 6-34 所示，相关计算公式如下：

$$y = \frac{\eta x}{\sqrt{Re_x}} = \frac{\eta}{\sqrt{U_\infty/\nu x}} \tag{6-57}$$

$$u_x = U_\infty f'(\eta) \tag{6-58}$$

$$C_A = C_{As} + (C_{A\infty} - C_{As})\theta(\eta) \tag{6-59}$$

由图 6-34 可见，两个边界层的厚度大约为 3mm，且浓度边界层稍厚。其实，与 5.2.2 节中的式(5-84)类似，速率边界层厚度 δ 与浓度边界层厚度 δ_C 之间存在如下关系

$$\frac{\delta}{\delta_C} = Sc^{1/3} \tag{6-60}$$

本例中 $Sc = 0.511$，故 $\delta \approx 0.8\delta_C$。

(2) 验证方法及结果可参考图 5-50。平板上的局部传质通量 N_{Ax} 为

$$
\begin{aligned}
N_{Ax} &= -D_{AB}\frac{dC_A}{dy}\bigg|_{y=0} \\
&= -D_{AB}\frac{d[\theta(C_{A\infty}-C_{As})+C_{As}]}{d(\eta/\sqrt{U_\infty/(\nu x)})}\bigg|_{\eta=0} \\
&= \frac{D_{AB}(C_{As}-C_{A\infty})}{x}\sqrt{Re_x}\frac{d\theta}{d\eta}\bigg|_{\eta=0}
\end{aligned} \tag{6-61}
$$

即

$$\frac{N_{Ax}}{D_{AB}(C_{As}-C_{A\infty})/x} = 0.332 Sc^{1/3} Re_x^{1/2} \tag{6-62}$$

故可得到局部传质准数方程

$$Sh_x = 0.332 Sc^{1/3} Re_x^{1/2} \tag{6-63}$$

此外，对式(6-62)进行从 0 到全板长 L 的积分可得平板的平均传质公式，即

$$N_A = \frac{1}{L}\int_0^L N_{Ax}dx$$

$$= \frac{1}{L} D_{AB}(C_{As} - C_{A\infty})\, 0.664 Sc^{1/3} Re^{1/2} \qquad (6\text{-}64)$$

所以,

$$\frac{N_A}{D_{AB}(C_{As} - C_{A\infty})/L} = 0.664 Sc^{1/3} Re^{1/2} \qquad (6\text{-}65)$$

即

$$Sh = 0.664 Sc^{1/3} Re^{1/2} \qquad (6\text{-}66)$$

舍伍德数 Sh 相当于对流传热中的努塞特数 Nu,它代表对流传质强度[式(6-65)中的分子]与边界处传导传质强度[式(6-65)中的分母]的相对大小。此外,还可根据式(6-67)从另外一个角度考虑:

$$
\begin{aligned}
Sh &= \frac{N_A}{D_{AB}(C_{As} - C_{A\infty})/L} \\
&= \frac{[N_A/(C_{As} - C_{A\infty})]L}{D_{AB}} \\
&= \frac{k_C L}{D_{AB}} \\
&= \frac{L}{\delta_C}
\end{aligned}
\qquad (6\text{-}67)
$$

式中,k_C 为对流传质系数(m/s)。由式(6-67)可知,Sh 还可以理解为特征长度 L 与浓度边界层厚度 δ_C 之比(层流条件下)。

6.4 伴随化学反应的扩散

1. 问题

设在某扩散层内,组元 A 在 y 方向扩散的同时还发生了一级不可逆反应:A ——→产物。该反应在扩散层内结束,且 A 不溶于本体中。界面浓度 $C_{As} = 0.3\,\mathrm{mol/m^3}$,扩散系数 $D_A = 2.0 \times 10^{-9}\,\mathrm{m^2/s}$,一级反应速率常数 $k_1 = 10\,\mathrm{s^{-1}}$,求该组元 A 在扩散层内的渗透距离 δ。

2. 分析

本例为伴随化学反应的一维稳态扩散问题。在直角坐标下,伴随一级不可逆化学反应的一维稳态传质方程为

$$0 = D_A \frac{\mathrm{d}^2 C_A}{\mathrm{d} y^2} - k_1 C_A \qquad (6\text{-}68)$$

式(6-68)为二阶常微分方程，其右侧的第一项为扩散项，第二项为消失项，其中 C_A 为扩散层内组元 A 的浓度，mol/m^3。该方程的边界条件为

$$\begin{cases} y=0, & C_A=C_{As} \\ y=\delta, & C_A=0, \ (dC_A/dy)=0 \end{cases} \tag{6-69}$$

为数值求解方便，可将式(6-68)变为一阶常微分方程组，即

$$\begin{cases} \dfrac{dC_A}{dy}=f \\ \dfrac{df}{dy}=\dfrac{k_1 C_A}{D_A} \end{cases} \tag{6-70}$$

式中，C_A 及 f 的初值 $C_A(0)$、$f(0)$ 可利用式(6-69)的边界条件确定，利用龙格-库塔法即可求解该常微分方程组。在实际求解过程中，f 的初值 $f(0)$ 需根据已知边界条件探索确定。本例的解析解为

$$C_A=C_{As}\dfrac{\sinh\left[\left(\delta\sqrt{k_1/D_A}\,\right)(1-y/\delta)\right]}{\sinh(\delta\sqrt{k_1/D_A}\,)} \tag{6-71}$$

3. 求解

计算工作表如图 6-35 所示。f 的初值 $f(0)$ 确定为 $-21\,213.23$(满足当 $C_A=0$ 时，$f=0$)，求得渗透深度 $\delta=0.0001m=0.1mm$，图中，按照 $\delta=0.0001m$ 的解析解的计算结果显示在 D 列中。按照计算所得数据作图可知，数值解与解析解的结果基本一致。

4. 问题扩展

(1) 设渗透深度(界膜)$\delta=0.0001m$ 一定，求当反应速率常数 k_1 分别为 0 (无反应)、10、20 (1/s) 时界膜内的浓度分布，分析反应速度对扩散速度的影响。

(2) 可将本例具体化为某溶液对气体的吸收过程(伴随化学反应)。液面气体浓度 $C_{As}=0.3mol/m^3$，扩散系数 $D_A=2.0\times10^{-9}m^2/s$，一级反应速率常数 $k_1=10s^{-1}$，求液体内部气体组元 A 的浓度随时间的变化及最终渗透深度。

(3) 可将本例转化为气体向球形固体颗粒内的扩散过程(伴随化学反应)。设气固界面处的气体组元 A 的浓度为 $C_{As}=0.2mol/m^3$，扩散系数 $D_A=7.0\times10^{-7}m^2/s$，一级反应速率常数 $k_1=2.6s^{-1}$，求固体颗粒(半径 $R=1.5mm$)内部气体组元 A 的浓度分布并分析颗粒大小的影响。

5. 参考解答

(1) 可复制如图 6-35 所示的工作表进行计算，不同 k_1 值条件下的 $f(0)$ 值如

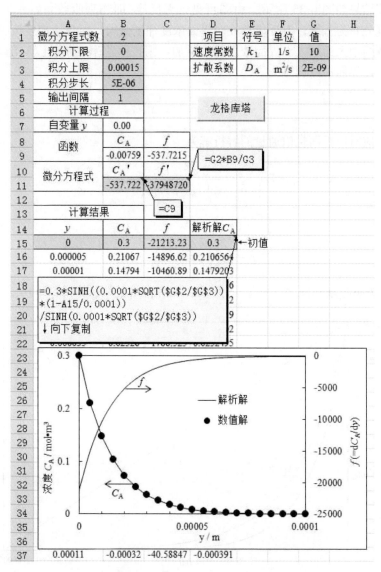

图 6-35 伴随一级反应的一维稳态扩散的渗透深度

表 6-2 所示。

表 6-2 不同 k_1 条件下的 $f(0)$ 值

k_1	0	10	20
$f(0)$	−3000	−21213.23	−30013.8

计算结果如图 6-36 所示。由图可见，无反应（即物理吸收，$k_1=0$）的情况下，浓度分布为直线；有反应存在时界面浓度梯度变大，而且该梯度值随着反应速率常数的增大而增大。界面浓度梯度增加，则扩散速率（吸收速率）随之增加。无反应时，界面扩散通量为

$$N_A \big|_{y=0} = D_A \frac{C_{As}}{\delta} \tag{6-72}$$

有反应时，界面扩散通量的解析解为

$$N_A \big|_{y=0} = D_A \frac{C_{As}}{\delta} \frac{\delta\sqrt{k_1/D_A}}{\tanh(\delta\sqrt{k_1/D_A})} = D_A \frac{C_{As}}{\delta} \cdot \beta \tag{6-73}$$

式中，

$$\beta = \frac{\delta\sqrt{k_1/D_A}}{\tanh(\delta\sqrt{k_1/D_A})} \tag{6-74}$$

β 称为吸收增强因子。当 $k_1=10$ 时，$\beta \approx 7$；当 $k_1=20$ 时，$\beta=10$。

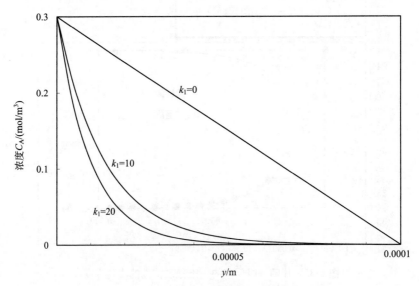

图 6-36　参考解答 1（反应速率对扩散速率的影响）

（2）问题转化为伴随一级不可逆反应的一维非稳态扩散问题，其基本方程为

$$\frac{\partial C_A}{\partial t} = D_A \frac{\partial^2 C_A}{\partial y^2} - k_1 C_A \tag{6-75}$$

最终的稳态解应与本节问题的结果一致，但到达稳态所需的时间可由以上方

程推断。为求解方便，可利用差分法进行求解(参见 5.1.3 节)。将计算变量分割，位置 y、时间 t 两变量的格子长度分别为 Δy、Δt，节点位置用 y、t 两变量的序号 n、m 表示，则 $y=n\Delta y$，$t=m\Delta t$。组元 A 的浓度 $C(y, t)$ 可用节点 C_n^m 表示，偏微分方程式(6-75)用差分式代替可表示为

$$\frac{C_n^{m+1}-C_n^m}{\Delta t}=D_A\frac{C_{n-1}^m-2C_n^m+C_{n+1}^m}{(\Delta y)^2}-k_1C_n^m \tag{6-76}$$

整理式(6-76)，得

$$C_n^{m+1}=\theta(C_{n-1}^m+C_{n+1}^m)+(1-2\theta)C_n^m-k_1C_n^m\Delta t \tag{6-77}$$

式中，

$$\theta=\frac{D_A\Delta t}{(\Delta y)^2} \tag{6-78}$$

计算工作表如图 6-37 所示。大约需 0.3s 的时间到达渗透深度为 0.0001m 的稳定状态。

(3)在球坐标下，伴随一级不可逆反应的一维稳态扩散基本方程为

$$0=\frac{D_A}{r^2}\frac{\mathrm{d}}{\mathrm{d}r}\left(r^2\frac{\mathrm{d}C_A}{\mathrm{d}r}\right)-k_1C_A \tag{6-79}$$

式(6-79)的边界条件为

$$\begin{cases} r=0, \ \dfrac{\mathrm{d}C_A}{\mathrm{d}r}=0 \\ r=R, \ C_A=C_{As} \end{cases} \tag{6-80}$$

令

$$f=r^2\frac{\mathrm{d}C_A}{\mathrm{d}r} \tag{6-81}$$

则式(6-79)可转化为关于 C_A、f 的联立常微分方程组，即

$$\begin{cases} \dfrac{\mathrm{d}f}{\mathrm{d}r}=\dfrac{r^2k_1C_A}{D_A} \\ \dfrac{\mathrm{d}C_A}{\mathrm{d}r}=\dfrac{f}{r^2} \end{cases} \tag{6-82}$$

计算工作表如图 6-38 所示。其中，积分下限(单元格 B2 的值)不能设定为零，否则在单元格 B11 将引起分母为零的错误提示(♯DIV/0!)并使程序中断运行。为此，可设一个很小的值(如 1.0×10^{-17})赋值给单元格 B2。此外，f 的初值为零(见单元格 C15)，而 C_A 的初值(见单元格 B15)需要探索确定，即满足当

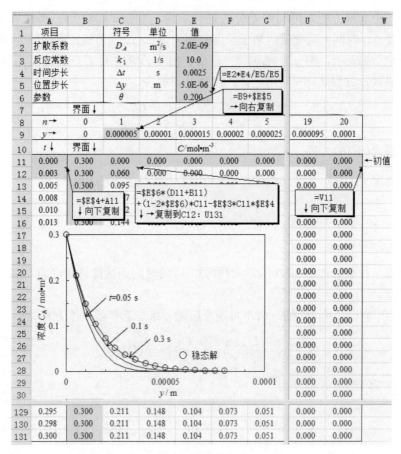

图 6-37　参考解答 2(伴随化学反应的一维非稳态扩散)

$r=0.0015$ 时，$C_A=0.2$ 的表面浓度条件即可。最终确定 C_A 的初值为 0.0644。

本问题的解析解为

$$C_A=C_{As}\left(\frac{R}{r}\right)\frac{\sinh(r\sqrt{k_1/D_A})}{\sinh(R\sqrt{k_1/D_A})} \tag{6-83}$$

按照以上解析解公式，分别针对三种颗粒半径($R=0.75$mm、1.5mm、3mm)进行了计算，计算结果如图 6-39 所示。图中同时示出了数值解的计算结果($R=1.5$ mm)。由图可见，颗粒越小，则其内部气体浓度相对越高，反应越快。此外，解析解与数值解仅有细微差异(仅针对 $R=1.5$ mm 的条件进行了比较)。

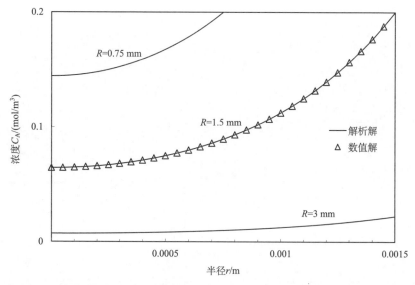

图 6-38　参考解答 3(球坐标下伴随一级不可逆反应的一维稳态扩散计算工作表)

图 6-39　参考解答 3(球坐标下伴随一级不可逆反应的一维稳态扩散计算结果)

反应工程篇

第7章 冶金宏观动力学

在伴有传输、流动条件下研究化学反应速率及机理的学说称为宏观动力学（macro kinetics）。与传统的化学反应动力学不同，冶金宏观动力学不追究化学反应本身的微观机理，它是以实际反应器的优化设计和优化操作为目标，着重研究伴随各种传递过程的多相冶金反应速度，即实际反应过程进行的速度。冶金宏观动力学是冶金反应工程学的重要组成部分之一，其主要理论基础是传输理论和化学反应动力学。

本章选择与冶金过程相关的典型宏观动力学问题进行模型建立及数值解析，展示利用 Excel 进行解析的方法、步骤及工具特点。

7.1 气固反应

7.1.1 不同形状颗粒的气固反应

1. 问题

用氢还原致密的氧化镍样品：$NiO + H_2 \rightleftharpoons Ni + H_2O(g)$。对于厚度为 0.16cm 的薄片样品，在某还原条件下测得转化率随时间的变化如表 7-1 所示。试根据表中数据计算同一条件下球形致密氧化镍颗粒的转化率与时间的关系并作图。已知球形颗粒的直径为 0.6cm，在该条件下气膜传质阻力可以忽略。

表 7-1　薄片氧化镍样品还原时间与转化率的关系

时间 t/min	1	2	3	4	5	10
转化率(X)	0.06	0.10	0.14	0.18	0.21	0.35
时间 t/min	15	20	25	30	35	40
转化率(X)	0.45	0.54	0.63	0.70	0.77	0.84

2. 分析

根据气固反应的缩核模型（未反应核模型），拟稳态下无因次反应时间 t^* 与转化率 X 间的关系为

$$t^* = g_{F_p}(X) + \sigma_s^2 \left[p_{F_p}(X) + \frac{2X}{Sh^*} \right] \tag{7-1}$$

式中的各项表示如下：

$$\text{固体转化率：} \quad X = 1 - (r_c/r_p)^{F_p} \tag{7-2}$$

$$\text{反应模数：} \quad \sigma_s^2 = \frac{k_r r_p}{2 F_p D_e} \tag{7-3}$$

$$\text{转化率函数：} \quad g_{F_p}(X) = 1 - (1-X)^{1/F_p} \tag{7-4}$$

其中，r_c、r_p 分别为广义化固体颗粒的未反应核半径及初始半径，m；k_r 为反应速率常数，m/s；D_e 为气体在产物层内的有效扩散系数，m^2/s。形状系数 F_p 及转化率函数 $p_{F_p}(X)$ 如表 7-2 所示。

表 7-2　不同形状固态试样参数及相关转化率函数

形状	形状系数 F_p	广义半径 r_p	转化率函数 $g_{F_p}(X)$	转化率函数 $p_{F_p}(X)$
薄平板	1	初始半厚度	X	X^2
长圆柱	2	初始半径	$1-(1-X)^{1/2}$	$X+(1-X)\ln(1-X)$
球体	3	初始半径	$1-(1-X)^{1/3}$	$1-3(1-X)^{2/3}+2(1-X)$

1）片状颗粒

时间与转化率的关系为

$$t^* = g_{F_p}(X) + \sigma_s^2 \left[p_{F_p}(X) + \frac{2X}{Sh^*} \right]$$

$$= X + \frac{k_r r_p}{2 D_e} X^2 \tag{7-5}$$

所以，

$$t = \frac{\rho_B r_p}{b k_r C_{Ab}} \left(X + \frac{k_r r_p}{2 D_e} X^2 \right) \tag{7-6}$$

式（7-6）两边同除 X 得

$$\frac{t}{X} = \frac{\rho_B r_p}{b k_r C_{Ab}} + \frac{\rho_B r_p^2}{2 b D_e C_{Ab}} X \tag{7-7}$$

计量系数 $b=1$，$r_p=0.08\times10^{-2}$ m，代入式（7-7）得

$$\frac{t}{X} = 0.08\times10^{-2}\times\frac{\rho_B}{k_r C_{Ab}} + \frac{(0.08\times10^{-2})^2}{2}\times\frac{\rho_B}{D_e C_{Ab}} X \tag{7-8}$$

即

$$\frac{t}{X} = 8\times10^{-4}\times\frac{\rho_B}{k_r C_{Ab}} + 32\times10^{-8}\times\frac{\rho_B}{D_e C_{Ab}} X \tag{7-9}$$

2）球形颗粒

时间与转化率的关系为

$$t^* = g_{F_p}(X) + \sigma_s^2 \left[p_{F_p}(X) + \frac{2X}{Sh^*} \right]$$

$$= 1 - (1-X)^{1/3} + \frac{k_r r_p}{6 D_e} [1 - 3(1-X)^{2/3} + 2(1-X)]$$

$$\tag{7-10}$$

即

$$t = \frac{\rho_B r_p}{k_r C_{Ab}} [1 - (1-X)^{1/3}] + \frac{\rho_B r_p^2}{6 D_e C_{Ab}} [1 - 3(1-X)^{2/3} + 2(1-X)]$$

$$\tag{7-11}$$

将 $r_p = 0.3 \times 10^{-2}$ m 代入式(7-11)得

$$t = 0.3 \times 10^{-2} \times \frac{\rho_B}{k_r C_{Ab}} \times [1 - (1-X)^{1/3}] + \frac{(0.3 \times 10^{-2})^2}{6}$$

$$\times \frac{\rho_B}{D_e C_{Ab}} \times [1 - 3(1-X)^{2/3} + 2(1-X)]$$

$$\tag{7-12}$$

3) 问题的转化

由以上分析可知，问题转化为求解以下两项

$$\begin{cases} \dfrac{\rho_B}{k_r C_{Ab}} \\[3mm] \dfrac{\rho_B}{D_e C_{Ab}} \end{cases} \tag{7-13}$$

根据所给数据，利用式(7-9)，按照最小二乘法规则计算线性拟合系数(斜率和截距)即可确定以上两项，然后将结果代入式(7-12)中即可。为方便起见，本例中时间单位取 min。

3. 求解

1) 将数据、公式输入到工作表中

输入后的数据及公式如图 7-1 所示。其中，在单元格 C3 中输入公式，然后复制 C3 中的公式到 C4∶C14 中。

2) 利用数据作图

分别以 B、C 两列为横轴和纵轴(图中有颜色填充的单元格数据)作图。首先选择这两列数据，然后顺序点击"插入"→"散点图"→"仅带数据标记的散点图"，初步的图形生成后，右击系列点，选择"添加趋势线"，选择线性回归，如图 7-2 所示。最后生成的图形和线性公式如图 7-3 所示。

由图 7-3 可知，斜率=38.86422，截距=15.46057。

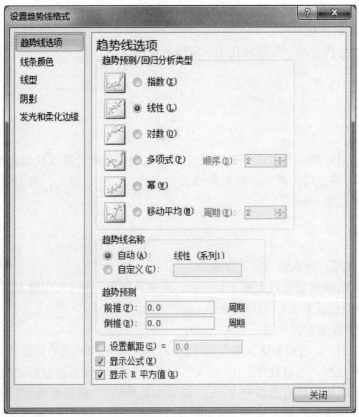

图 7-1　输入数据

图 7-2　添加趋势线

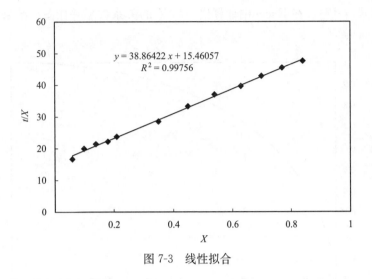

图 7-3　线性拟合

3) 求转化率与反应时间的关系

由以上分析可知

截距
$$8 \times 10^{-4} \times \frac{\rho_B}{k_r C_{Ab}} = 15.46057 \quad (7\text{-}14)$$

斜率
$$32 \times 10^{-8} \times \frac{\rho_B}{D_e C_{Ab}} = 38.86422 \quad (7\text{-}15)$$

即

$$\begin{cases} \dfrac{\rho_B}{k_r C_{Ab}} = \dfrac{15.46057}{8 \times 10^{-4}} \\[3mm] \dfrac{\rho_B}{D_e C_{Ab}} = \dfrac{38.86422}{32 \times 10^{-8}} \end{cases} \quad (7\text{-}16)$$

将式(7-16)代入式(7-12)中，即可得到球形颗粒转化率与反应时间的关系

$$
\begin{aligned}
t &= 0.3 \times 10^{-2} \times \frac{\rho_B}{k_r C_{Ab}} \times \left[1 - (1-X)^{1/3} \right] + \frac{(0.3 \times 10^{-2})^2}{6} \\
&\quad \times \frac{\rho_B}{D_e C_{Ab}} \times \left[1 - 3(1-X)^{2/3} + 2(1-X) \right] \\
&= 0.3 \times 10^{-2} \times \frac{15.46057}{8 \times 10^{-4}} \times \left[1 - (1-X)^{1/3} \right] \\
&\quad + \frac{(0.3 \times 10^{-2})^2}{6} \times \frac{38.86422}{32 \times 10^{-8}} \times \left[1 - 3(1-X)^{2/3} + 2(1-X) \right] \\
&= 57.9771 \times \left[1 - (1-X)^{1/3} \right] + 182.176 \times \left[1 - 3(1-X)^{2/3} + 2(1-X) \right]
\end{aligned}
\quad (7\text{-}17)
$$

根据式(7-17)，在 Excel 中计算出 t 与 X 的关系数据并作图，结果如图 7-4 所示。

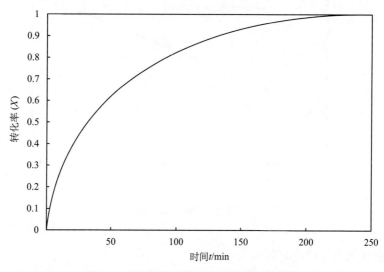

图 7-4　球形颗粒转化率与反应时间的关系

4. 问题扩展

利用 Excel 的内置函数或数据分析工具计算本例图 7-3 中直线的斜率与截距。

5. 参考解答

(1)函数法。利用 Excel 内置的函数 SLOPE( )和 INTERCEPT( )可直接进行求算。在单元格中输入这两个函数可计算斜率和截距，利用 RSQ( )函数可显示拟合效果，如图 7-5 所示。输入函数时，也可以用鼠标单击编辑栏左侧的公式输

B18		f_x	=RSQ(C3:C14, B3:B14)		
	A	B	C	D	E
10	20	0.54	37.037037		
11	25	0.63	39.68254		
12	30	0.7	42.857143		
13	35	0.77	45.454545		
14	40	0.84	47.619048		
15					
16	斜率=	38.864219	=SLOPE(C3:C14, B3:B14)		
17	截距=	15.460574	=INTERCEPT(C3:C14, B3:B14)		
18	R^2=	0.9975648			

图 7-5　函数法求斜率与截距

入按钮(插入函数按钮),从弹出的窗口中进行选择输入,如图 7-6、图 7-7 所示。

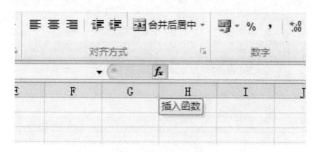

图 7-6　插入函数按钮

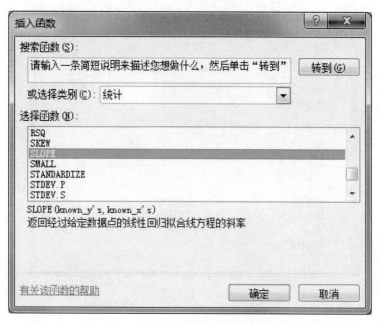

图 7-7　从弹出窗口中选择所需要的函数

(2)数据分析法。顺序点击:"数据"→"数据分析",出现分析工具窗口,选择"回归",如图 7-8 所示。在弹出的窗口中,选择输入区域,并进行适当的设定,如图 7-9 所示。得到的最终结果如图 7-10 所示(仅显示一部分)。图中有颜色填充的单元格数据分别为截距和斜率。采用这种方法,在得到斜率和截距的同时,还得到了其他大量统计数据,供使用者参考,以对拟合结果进行评析。

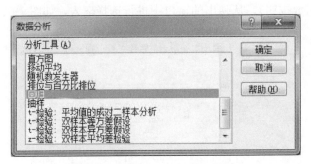

图 7-8　利用数据分析的回归工具

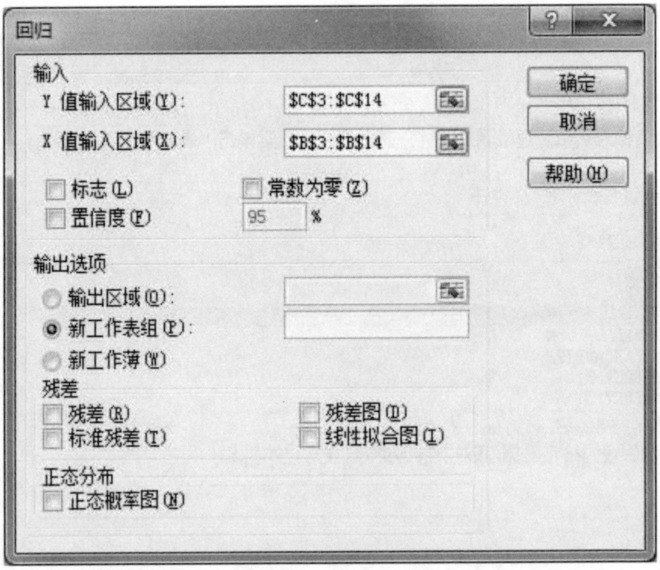

图 7-9　回归设定

7.1.2　无产物层生成的气固反应

1. 问题

试计算直径为 3mm 的石墨颗粒在流速为 1m/s 的空气中完全燃烧所需要的时间。已知石墨的密度为 1000kg/m³，炉温在 1000～1400℃，灰层内的扩散阻力可以忽略，燃烧反应为一级不可逆反应。石墨粒子燃烧反应的速率常数 k_r(m/h)可表示为

	A	B	C	D	E	F
1	SUMMARY OUTPUT					
2						
3	回归统计					
4	Multiple	0.998782				
5	R Square	0.997565				
6	Adjusted	0.997321				
7	标准误差	0.560908				
8	观测值	12				
9						
10	方差分析					
11		df	SS	MS	F	gnificance
12	回归分析	1	1288.835	1288.835	4096.517	2.11E-14
13	残差	10	3.146173	0.314617		
14	总计	11	1291.981			
15						
16		Coefficien	标准误差	t Stat	P-value	Lower 95%U
17	Intercept	15.46057	0.299106	51.68927	1.78E-13	14.79412
18	X Variabl	38.86422	0.607215	64.00404	2.11E-14	37.51126

图 7-10　线性回归结果

$$k_r = 6.418 \times 10^{11} T^{(-1/2)} \exp\left(\frac{-44000}{1.987T}\right) \tag{7-18}$$

2. 分析

1) 反应速率式

燃烧反应为

$$C + O_2 \rightleftharpoons CO_2 \tag{7-19}$$

反应速率式为

$$-\frac{dr}{dt} = \frac{C/\rho_c}{1/k_r + 1/k_g} \tag{7-20}$$

式中，r 为石墨颗粒的半径，m；C 为空气中氧的浓度，mol/m^3；ρ_c 为石墨密度，mol/m^3；k_r、k_g 分别为反应速率常数和气膜传质系数，m/s。令总反应速率常数 k_t 为

$$k_t = \frac{1}{1/k_r + 1/k_g} \tag{7-21}$$

当燃烧终了时，$t = t_c$，$r = 0$；初始条件为 $t = 0$ 时，$r = r_0$，对式(7-20)定积分可得燃烧终了所需时间为

$$t_c = \frac{\rho_c r_p}{k_t C} \tag{7-22}$$

在本例的计算中，ρ_c 和 C 的单位取为 kmol/m³。

2) 气膜传质系数的计算

当气体绕流过单个粒子时，根据 Ranz-Marshall 式

$$Sh = 2 + 0.6 Re^{1/2} Sc^{1/3} \tag{7-23}$$

式中，Sh、Re 及 Sc 分别为舍伍德数、雷诺数及施密特数，其定义如下

$$Sh = \frac{k_g d_p}{D}, \quad Re = \frac{d_p u \rho}{\mu}, \quad Sc = \frac{\mu}{\rho D} \tag{7-24}$$

式中，d_p 为颗粒的直径；k_g 为气膜传质系数；u 为气体流速；ρ 和 μ 分别为气体的密度和动力黏度；D 为气体的分子扩散系数。石墨粒径 d_p 和气体流速 u 已知，其余如气体密度 ρ、黏度 μ 以及氧在空气中的扩散系数 D 都是温度的函数。

（1）气体密度。将空气视为理想气体，密度 ρ（kg/Nm³）为

$$\rho = \rho_0 (273/T) = 1.29 \times \left(\frac{273}{T}\right) \tag{7-25}$$

式中，$\rho_0 = 1.29$kg/m³ 为空气在标准状态时的密度值。

（2）氧浓度。空气中氧的浓度 C（kmol/m³）也有类似关系：

$$C = C_0 (273/T) = \frac{0.21}{22.4} \times \left(\frac{273}{T}\right) \tag{7-26}$$

式中，C_0 为氧气在标准状态时的浓度值。

（3）气体黏度。对于大多数的气体，温度对黏度的影响可以通过萨瑟兰（Sutherland）方程来计算：

$$\mu = \mu_{273} \cdot \frac{273 + S}{T + S} \left(\frac{T}{273}\right)^{1.5} \tag{7-27}$$

式中，$S = 1.47 T_b$，称为萨瑟兰常数。空气在 273K 下的黏度和标准沸点分别为

$$\mu_{273} = 0.0616 \text{kg}/(\text{m} \cdot \text{h}) \tag{7-28}$$

$$T_b = 79K \tag{7-29}$$

（4）扩散系数。氧在空气中的扩散系数及其在标准状态时的数值分别为

$$D = D_0 \left(\frac{T}{273}\right)^{1.75} P \tag{7-30}$$

$$D_0 = 1.78 \times 10^{-5} \text{m}^2/\text{s} \tag{7-31}$$

式中，P 的单位为大气压（atm）。

根据以上关系式及数据，气膜传质系数 k_g 可求。

3. 求解

1) 常数数据的输入

将与温度无关的常数数据输入到单元格中，如图 7-11 中的 D2：D12 所示。

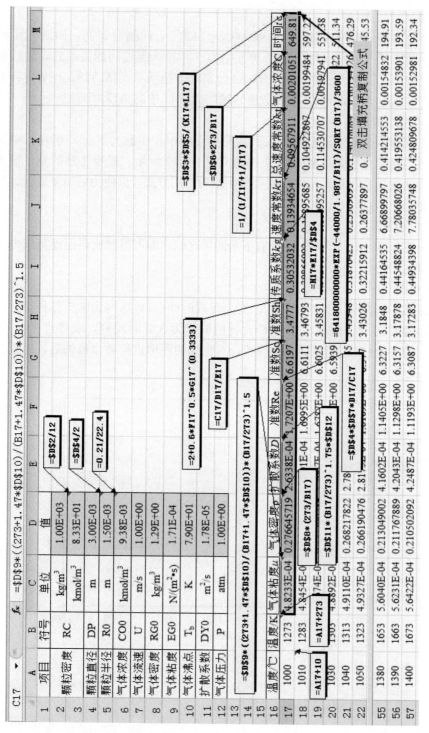

图 7-11　无产物层生成的气固反应计算

2）温度列的输入

在 A、B 两列中输入温度，从 1000℃到 1400℃，间隔为 10℃，如图 7-11 所示。输入时，可先在单元格 A18 和单元格 B17 中输入温度间的关系式，然后采用复制方法即可完成其他单元格的输入（分别向下拖动单元格 A18、B17 的右下角填充柄到指定位置即可），温度数据区域如图 7-11 中的 A17：B57 所示。

3）变量公式的输入

将与温度有关的变量公式输入到指定单元格中。在温度 1000℃所在行中输入相关变量的求算公式，如图 7-11 中的 C17：M17 所示。需要注意的是，输入时与温度无关的常量单元格的引用要采用绝对引用方式，以便为后面复制公式时创造条件。

4）复制公式

选择 C17 到 M17，双击 M17 右下角的填充柄，即可得到所设温度范围内的计算结果。

5）作图

以温度（℃）数据列为横坐标，以完全反应时间（s）数据列为纵坐标作图。首先选择温度（℃）列，然后在按住 Ctrl 键的同时再选择时间列，顺序点击："插入"→"散点图"→"带平滑线的散点图"，对生成的图形进行适当修饰后，结果如图 7-12 所示。

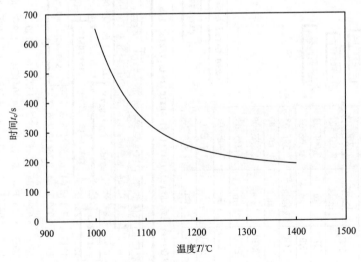

图 7-12　反应终止时间与温度的关系

4. 问题扩展

利用 VBA 编程法求解本例。

5. 参考解答

(1)常量与变量的定义。将与温度无关的常量和与温度有关的变量区分开来，分别加以定义。

(2)循环计算。输入计算公式，进行循环计算。温度间隔设置为 10℃，从 1000℃循环至 1400℃为止，计算结果输出到工作表 2(Sheet2)的 A、B 两列中，程序代码如图 7-13 所示。

(3)作图。根据计算结果作图，计算结果如图 7-14 所示，图形如图 7-12 所示。

7.1.3　三界面还原反应模型

1. 问题

在 1000℃下用 H_2 还原直径为 12mm 的氧化铁(Fe_2O_3)球团，已知矿石密度为 5250kg/m^3，球团的孔隙率为 0.3，气膜传质系数为 0.3m/s，试根据气固三界面还原反应模型确定还原时间与还原率的关系。

2. 分析

1) 模型的建立

当反应温度 $T>570℃$ 时，氧化铁还原按下列顺序逐级进行：$Fe_2O_3 \rightarrow Fe_3O_4 \rightarrow FeO \rightarrow Fe$，按未反应核模型，一个球团在还原过程中可能同时出现分别由四相构成的壳层，还原反应分别在四相之间的三个界面上发生，颗粒的还原模型如图 7-15 所示。

假定在还原过程中，初始半径为 r_0 的铁氧化物颗粒，由表面向内依次存在 Fe、FeO、Fe_3O_4 和 Fe_2O_3 四层物质，同时存在 Fe/FeO、FeO/Fe_3O_4 和 Fe_3O_4/Fe_2O_3 三个反应界面，分别记作界面 3、2 和 1，半径分别为 r_3、r_2 和 r_1。在界面 3、2 和 1 处还原气体 H_2 的摩尔分数分别为 Y_3、Y_2 和 Y_1，在颗粒表面和主气流中 H_2 的摩尔分数分别为 Y_0 和 Y。还原过程的基元步骤及相应的速率可描述为以下几方面。

(1) 气流主体的 H_2 分子通过气体边界层向颗粒表面的传质，速度为 N_c；

(2) H_2 分子通过还原铁层向界面 3 扩散，速度为 N_{d3}；

(3) 在界面 3 发生反应 3，部分 H_2 消耗，生成铁，界面 3 向内移动，界面

```
Option Explicit

Public Sub TimeCalculation()
Const DP = 0.003              '颗粒直径（m）
Const RC = 1000#              '颗粒密度（kg/m3）
Const MC = 12#               '摩尔质量（kg/kmol）
Const U = 1#                '气体流速（m/s）
Const P = 1#                '大气压力（atm）
Const RGO = 1.29             '气体密度（kg/m3）
Const EGO = 0.000171          '气体粘度（N/(m2·s)）
Const COO = 0.21 / 22.4        '气体浓度（kmol/m3）
Const DYO = 0.0000178          '扩散系数（m2/s）
Const C = 1.47 * 79           'Sutherland常数


Dim T As Double      '温度
Dim Rg As Double      '气体密度
Dim Eg As Double      '气体粘度
Dim Dy As Double      '扩散系数
Dim Co As Double      '气体浓度
Dim Re As Double      '准数
Dim Sc As Double      '准数
Dim Sh As Double      '准数
Dim Kf As Double      '传质系数
Dim Kr As Double      '反应速度常数
Dim Kt As Double      '总速度常数
Dim Tc As Double      '反应终了时间
Dim i As Integer      '循环变量


T = 1000# + 273#
i = 1
Sheets("Sheet2").Cells(i, 1).Value = "温度/℃"
Sheets("Sheet2").Cells(i, 2).Value = "时间/秒"

Do Until (T - 273) > 1400
Rg = RGO * 273 / T
Eg = EGO * (C + 273) / (C + T) * (T / 273) ^ 1.5
Dy = DYO * (T / 273) ^ 1.75 * P
Co = COO * 273 / T
Re = DP * U * Rg / Eg
Sc = Eg / Rg / Dy
Sh = 2# + 0.6 * Re ^ 0.5 * Sc ^ 0.3333
Kf = Sh * Dy / DP
Kr = 641800000000# * Exp(-44000 / 1.987 / T) / Sqr(T) / 3600
Kt = 1 / (1 / Kf + 1 / Kr)
Tc = RC / MC * DP / 2 / Kt / Co
i = i + 1
Sheets("Sheet2").Cells(i, 1).Value = T - 273
Sheets("Sheet2").Cells(i, 2).Value = Tc
T = T + 10
Loop

End Sub
```

图 7-13　程序代码

	A	B	C
1	温度/℃	时间/秒	
2	1000	649.8115	
3	1010	597.2179	
4	1020	551.3821	
5	1030	511.3436	
6	1040	476.2894	
7	1050	445.5301	
37	1350	199.3465	
38	1360	197.7758	
39	1370	196.2983	
40	1380	194.9053	
41	1390	193.5893	
42	1400	192.3436	
43			

图 7-14　计算结果

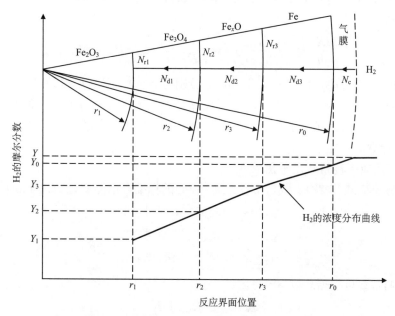

图 7-15　铁氧化物还原三界面缩核模型示意图

反应速度为 N_{r3}；

（4）剩余的 H_2 分子通过 FeO 层向界面 2 扩散，速度为 N_{d2}；

（5）在界面 2 发生反应 2，部分 H_2 消耗，生成 FeO，界面 2 向内移动，界面反应速度为 N_{r2}；

(6) 剩余的 H_2 分子通过 Fe_3O_4 层向界面 1 扩散，速度为 N_{d1}；

(7) 在界面 1 上发生反应 1，部分 H_2 消耗，生成 Fe_3O_4，界面 1 向内移动，界面反应速度为 N_{r1}。

三个界面中的反应式如下。

a. Fe_2O_3/Fe_3O_4 界面，局部还原率为 X_1：

$$3Fe_2O_3 + H_2 \rightleftharpoons 2Fe_3O_4 + H_2O \tag{7-32}$$

b. Fe_3O_4/FeO 界面，局部还原率为 X_2：

$$Fe_3O_4 + H_2 \rightleftharpoons 3FeO + H_2O \tag{7-33}$$

c. FeO/Fe 界面，局部还原率为 X_3：

$$FeO + H_2 \rightleftharpoons Fe + H_2O \tag{7-34}$$

假定到浮氏体为止的还原率可达到 30%，总还原率可写为

$$X = 0.1111X_1 + 0.1889X_2 + 0.7X_3 \tag{7-35}$$

式中，X_1、X_2、X_3 分别为三个还原阶段独自的还原率（局部还原率），且满足下列关系

$$\frac{dX_i}{dt} = \frac{N_{ri}}{(4/3)\pi r_0^3 \rho_i} = \frac{6}{\pi d_0^3 \rho_i} \cdot N_{ri} = P_{Xi} \cdot N_{ri} \tag{7-36}$$

式中，$P_{Xi} = 6/(\pi d_0^3 \rho_i)$，$i = 1、2、3$，$\rho_i$ 分别为 Fe_2O_3、Fe_3O_4 和 FeO 三层中的可还原氧浓度，mol/m^3。式(7-36)为一阶常微分方程组，可采用四阶龙格-库塔法进行求解。求解的关键在于界面反应速度 N_{ri} 的确定，以下分步骤介绍 N_{ri} 的求解过程。

2）参数的确定

(1) 反应平衡常数及平衡浓度。

对应反应式(7-32)、式(7-33)、式(7-34)的标准自由能变化为（J/mol）

$$\begin{cases} \Delta G_1^\ominus = -15557.04 - 74.48T \\ \Delta G_2^\ominus = 71972.22 - 73.65T \\ \Delta G_3^\ominus = 23419.2 - 16.14T \end{cases} \tag{7-37}$$

平衡常数可根据式(7-38)算出：

$$\Delta G_i^\ominus = -R_G T \ln K_i \tag{7-38}$$

式中，摩尔气体常量 $R_G = 8.314$，$J/(K \cdot mol)$，反应气体平衡浓度（H_2 的平衡摩尔分数）为

$$Y_i^* = \frac{1}{K_i + 1} \tag{7-39}$$

(2) 反应速率常数。

界面反应速率常数取为（m/h）

$$\begin{cases} k_{r1} = 1.5 \times 10^5 \exp(-8000/T) \\ k_{r2} = 0.8 \times 10^5 \exp(-9000/T) \\ k_{r3} = 1.47 \times 10^7 \exp(-14000/T) \end{cases} \tag{7-40}$$

（3）扩散系数。

各层内的有效扩散系数取为（m^2/h）

$$\begin{cases} D_{e1} = 0.15 D_0 \\ D_{e2} = 0.20 D_0 \\ D_{e3} = 0.20 D_0 \end{cases} \tag{7-41}$$

其中,

$$D_0 = 3.96 \times 10^{-6} T^{1.75} \tag{7-42}$$

（4）可还原氧浓度。

O 在 Fe_2O_3 中所占的分数 $= 3 \times 16/160 = 0.3$，故 1kg Fe_2O_3 中含有的氧（O）的物质的量为 0.3/16（kmol），铁矿石球团密度（mol/m^3）为

$$\rho_0 = 5250 \times (0.3/16) \times 1000 \tag{7-43}$$

Fe_2O_3、Fe_3O_4、FeO 三个区域的可还原氧浓度 ρ_1、ρ_2、ρ_3（mol/m^3）可分别表示为

$$\begin{cases} \rho_1 = 0.1111 \rho_0 \\ \rho_2 = 0.1889 \rho_0 \\ \rho_3 = 0.70 \rho_0 \end{cases} \tag{7-44}$$

3）阻力的计算

界面反应阻力（$i = 1、2、3$，k_{ri} 为反应速率常数，K_i 为反应平衡常数）：

$$A_i = \frac{1}{(1-X_i)^{2/3} k_{ri} (1 + 1/K_i)} = P_{Ai} \cdot \frac{1}{(1-X_i)^{2/3}} \tag{7-45}$$

式中,

$$P_{Ai} = \frac{1}{k_{ri}(1 + 1/K_i)} \tag{7-46}$$

内扩散阻力（D_{ei} 为扩散系数）：

$$\begin{cases} B_1 = P_{B1} \left[\dfrac{(1-X_2)^{1/3} - (1-X_1)^{1/3}}{(1-X_1)^{1/3}(1-X_2)^{1/3}} \right] \\[4mm] B_2 = P_{B2} \left[\dfrac{(1-X_3)^{1/3} - (1-X_2)^{1/3}}{(1-X_2)^{1/3}(1-X_3)^{1/3}} \right] \\[4mm] B_3 = P_{B3} \left[\dfrac{1 - (1-X_3)^{1/3}}{(1-X_3)^{1/3}} \right] \end{cases} \tag{7-47}$$

式中,

$$P_{Bi} = \frac{r_0}{D_{ei}} \tag{7-48}$$

外传质阻力（k_g 为传质系数）：

$$F = 1/k_g \tag{7-49}$$

为计算方便，设阻力的组合：

$$\begin{cases} R_1 = A_1 + B_1 \\ R_2 = A_2 + B_2 \\ R_3 = B_3 + F \end{cases} \tag{7-50}$$

4）界面反应速率的计算

当反应在 $X_1 < 1$ 状态时，存在三个反应界面，式（7-36）中的界面反应速率 N_{ri} 可表达如下

$$\begin{cases} N_{r1} = \dfrac{P_N}{W}(A_{31} \cdot \Delta Y_1 + A_{32} \cdot \Delta Y_2 + A_{33} \cdot \Delta Y_3) \\ N_{r2} = \dfrac{P_N}{W}(B_{31} \cdot \Delta Y_1 + B_{32} \cdot \Delta Y_2 + B_{33} \cdot \Delta Y_3) \\ N_{r3} = \dfrac{P_N}{W}(C_{31} \cdot \Delta Y_1 + C_{32} \cdot \Delta Y_2 + C_{33} \cdot \Delta Y_3) \end{cases} \tag{7-51}$$

式中各项的具体表达式如表 7-3 所示。

表 7-3　三界面反应时的关系式列表

序号	表达式	分类
1	$P_N = (4\pi r_0^2)\dfrac{P}{R_G T}$	常量 （与时间或转化率无关）
2	$\Delta Y_1 = Y - Y_1^*$	
3	$\Delta Y_2 = Y - Y_2^*$	
4	$\Delta Y_3 = Y - Y_3^*$	
5	$W = R_1 R_2 R_3 + R_1 R_2 A_3 + R_1 R_3 A_3 + R_3 A_2 A_3 + R_3 A_2 B_2 + A_2 A_3 B_2$	变量 （随时间或转化率而变化）
6	$A_{31} = (R_2 R_3 + R_2 A_3 + R_3 A_3)$	
7	$A_{32} = -(R_3 B_2 + A_3 B_2 + R_3 A_3)$	
8	$A_{33} = -(R_3 A_2)$	
9	$B_{31} = -(R_3 B_2 + A_3 B_2 + R_3 A_3)$	
10	$B_{32} = (R_1 R_3 + R_1 A_3 + R_3 A_3 + R_3 B_2 + A_3 B_2)$	
11	$B_{33} = -(R_1 R_3)$	
12	$C_{31} = -R_3 A_2$	
13	$C_{32} = -R_1 R_3$	
14	$C_{33} = (R_1 R_2 + R_1 R_3 + R_3 A_2 + A_2 B_2)$	

其中，Y、Y_1^*、Y_2^*、Y_3^* 分别为本体($Y=1$)及各个反应界面 H_2 的平衡摩尔分数，P 为压力，T 为温度，R_G 为气体常量，r_0 为颗粒半径。

当反应达到 $X_1=1$、$X_2<1$ 状态时，$N_{r1}=0$，Fe_2O_3 消失，存在二界面氧化铁还原反应，式(7-36)中的界面反应速率 N_{ri} 为

$$\begin{cases} N_{r2}=\dfrac{P_N}{V}(B_{22}\cdot\Delta Y_2+B_{23}\cdot\Delta Y_3) \\[3mm] N_{r3}=\dfrac{P_N}{V}(C_{22}\cdot\Delta Y_2+C_{23}\cdot\Delta Y_3) \end{cases} \tag{7-52}$$

式中各变量项的具体表达式如表 7-4 所示。

表 7-4　二界面反应时的关系式列表

序号	表达式
1	$V=A_3R_2+A_3R_3+R_2R_3$
2	$B_{22}=(A_3+R_3)$
3	$B_{23}=-R_3$
4	$C_{22}=-R_3$
5	$C_{23}=(R_2+R_3)$

当 Fe_3O_4 消失后，$X_1=X_2=1$，$N_{r1}=N_{r2}=0$，式(7-36)可表达为

$$N_{r3}=\frac{P_N}{U}\cdot\Delta Y_3 \tag{7-53}$$

式中，

$$U=A_3+R_3 \tag{7-54}$$

3. 求解

计算中涉及许多较长的公式。为方便起见，将项目较多的公式分为常量(与反应时间或转化率无关)及变量(是反应时间或转化率的函数)两部分。

(1) 输入常量。如图 7-16 所示，其中有颜色填充的单元格为输入区域。K2：K10 为不随反应类型而变化的常量区域，H14：Q16 为针对三个还原反应的常量区域。针对三个还原反应，分别输入可还原氧浓度[式(7-44)]、标准自由能变化[式(7-37)]、反应速率常数[式(7-40)]、扩散系数[式(7-41)]，然后再分别计算平衡常数、平衡浓度、浓度差、界面反应阻力(A 阻力)系数、内扩散阻力(B 阻力)系数以及微分方程式(7-36)的系数等。

(2) 输入变量。如图 7-17 所示，其中，G25：R25 为界面反应阻力[式(7-45)]、内扩散阻力[式(7-47)]及阻力的组合部分[式(7-50)、式(7-54)及

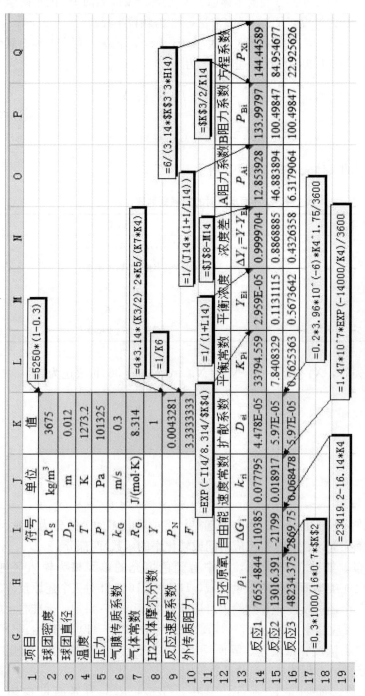

图 7-16　常量的输入与计算

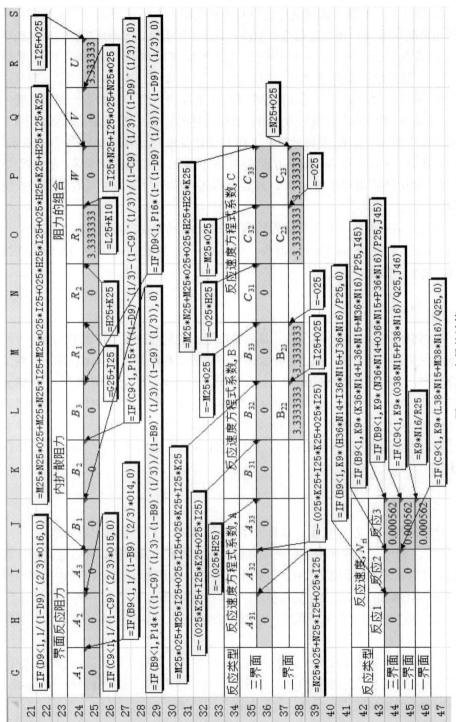

图 7-17 变量的计算

表 7-3、表 7-4]，在输入界面反应阻力及内扩散阻力时，应根据三个区域转化率的变化情况利用 IF() 函数进行选择取值；H36：P36 为三界面反应时的反应速率方程式系数（表 7-3），L38：P38 为二界面反应时的反应速率方程式系数（表 7-4）；最后输入反应速率式[式(7-51)、式(7-52)、式(7-53)]，放入 H44：J46 中，同样需要根据三个区域转化率的变化情况利用 IF() 函数进行选择取值。

（3）龙格-库塔法求解微分方程组。利用前述的标准龙格-库塔法求解程序（参见第 3 章中的 3.1.2 节）进行计算，工作表设计及最终计算结果如图 7-18 所示。其中，在 B11：D11 中输入微分方程式(7-36)。求出各局部还原率后，根据式(7-35)在 E 列中计算出总还原率 X，最后根据还原率与时间的关系数据作散点图分析。

由计算结果可知，完全反应大约需要 31min（1834s/60≈31min）。其中，当反应时间达 4.3min 时 Fe_2O_3 消失，即 $X_1 = 1$；当反应时间达 14.6min 时，Fe_3O_4 消失，即 $X_2 = 1$。

4. 问题扩展

本例中涉及较多的计算公式，虽然将常量、变量等放在工作表单元格中可使数据间的关系一目了然，但由于单元格间的数据交换较多，在一定程度上影响了计算速率，在台式计算机（Intel core i5-2400CPU 3.10GHz，4GB 内存）上经验证完成计算约需 1.02min。若将全部计算过程移至程序中，仅需将计算结果输出到单元格中，则会大大提高计算速率（经验证可瞬间完成）。试将本例的工作表单元格计算改为全部 VBA 程序的计算，最后将计算结果输出到名为"Sheet1"的工作表中。

5. 参考解答

计算流程如图 7-19 所示。计算程序分三个部分，以下分别予以介绍。

（1）主程序。主程序中主要完成常量及变量的定义及赋值，并设置循环计算流程，计算结果输出到表格 A 至 E 列中。其中，A 列为时间列，B 至 E 列分别为局部还原率 X_1、X_2、X_3 及总还原率 X，计算代码如图 7-20、图 7-21 所示。

（2）龙格-库塔法计算子程序。采用四阶龙格-库塔法计算还原率，代码如图 7-22 所示。

（3）还原率变化率计算子程序。首先进行各部分阻力及阻力的组合（系数）的计算以及三界面反应速率初始化，然后根据反应达到的状态，分别按照三界面、二界面及一界面模型进行计算。代码如图 7-23、图 7-24 所示。

经验证，最终计算结果与利用工作表单元格的计算结果一致。

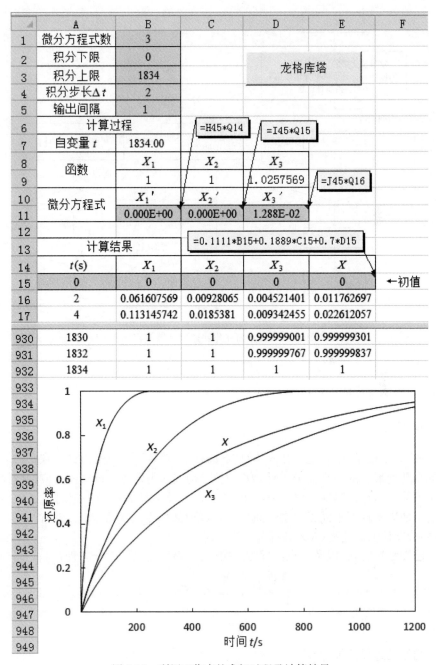

图 7-18　利用工作表的求解过程及计算结果

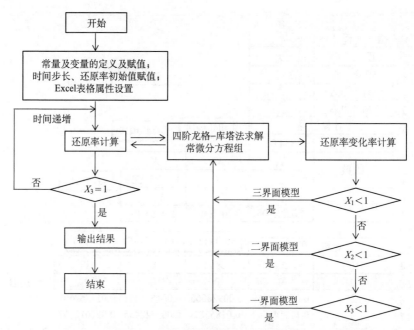

图 7-19　三界面氧化铁还原计算流程图

7.1.4　气固反应的微粒模型

1. 问题

在"微粒模型"中，把多孔固体颗粒(简称为"颗粒")看成是由许多致密的、具有规则几何形状的微小粒子(简称为"微粒")构成的集合体。设气固反应的微粒模型中颗粒、微粒都是球形($F_g=3$，$F_p=3$)，当反应模数(σ^2)一定时，试采用求数值解的方法计算不同无因次时间(t^*)颗粒内部的无因次浓度(ψ)分布、反应程度(ξ)分布以及转化率(X)与时间 t^* 的关系。

已知 ψ、ξ、σ^2 以及颗粒内部无因次位置(η)满足以下微分方程：

$$\frac{\partial^2 \psi}{\partial \eta^2} + \frac{2}{\eta}\frac{\partial \psi}{\partial \eta} - \sigma^2 \psi \xi^2 = 0 \tag{7-55}$$

$$\frac{\partial \xi}{\partial t^*} = -\psi \tag{7-56}$$

初始及边界条件为

$$\begin{cases} \text{初始条件} & t^*=0, \quad \xi=1 \\ \text{表面边界条件} & \eta=1, \quad \psi=1 \\ \text{中心边界条件} & \eta=0, \quad \mathrm{d}\psi/\mathrm{d}\eta=0 \end{cases} \tag{7-57}$$

```
Option Explicit
Dim H As Integer          '时间步长
Dim X(1 To 3) As Double    '还原率（对应三个界面）
Dim FX(1 To 3) As Double   '还原率变化率（对应三个界面）
Const RS = 5250# * (1 - 0.3)  '球团密度（kg/m3）
Const DP = 0.012           '球团直径（m）
Const T = 1273.2           '温度（K）
Const P = 101325#                '压力（Pa）
Const KG = 0.3             '气膜传质系数（m/s）
Const RG = 8.314           '气体常数（Pa·m3/(mol·K)）
Const Y = 1#               'H2本体摩尔分数
Dim DO(1 To 3) As Double   '可还原氧浓度（kmol/kg）
Dim DG(1 To 3) As Double   '吉布斯自由能变化（cal/mol）
Dim KP(1 To 3) As Double   '平衡常数
Dim YE(1 To 3) As Double   '平衡H2摩尔分数
Dim KC(1 To 3) As Double   '界面反应速度常数
Dim DE(1 To 3) As Double   '有效扩散系数
Dim Y_YE(1 To 3) As Double  'H2摩尔分数差
Dim AA(1 To 3) As Double   '阻力A的系数
Dim BB(1 To 3) As Double   '阻力B的系数
Dim XX(1 To 3) As Double   '还原率变化率的系数
Dim NN As Double           '界面反应速度系数
Sub main()
Dim i As Integer
Dim Time As Integer

DO(1) = 0.3 * 1000 / 16 * 0.1111   '可还原氧
DO(2) = 0.3 * 1000 / 16 * 0.1889
DO(3) = 0.3 * 1000 / 16 * 0.7

DG(1) = -15557.04 - 74.48 * T      '自由能
DG(2) = 71972.22 - 73.65 * T
DG(3) = 23419.2 - 16.14 * T

KC(1) = 1.5 * 10 ^ 5 * Exp(-8000 / T) / 3600     '速度常数
KC(2) = 0.8 * 10 ^ 5 * Exp(-9000 / T) / 3600
KC(3) = 1.47 * 10 ^ 7 * Exp(-14000 / T) / 3600

DE(1) = 0.15 * 3.96 * 10 ^ (-6) * T ^ 1.75 / 3600     '扩散系数
DE(2) = 0.2 * 3.96 * 10 ^ (-6) * T ^ 1.75 / 3600
DE(3) = 0.2 * 3.96 * 10 ^ (-6) * T ^ 1.75 / 3600

For i = 1 To 3
KP(i) = Exp(-DG(i) / 8.314 / T)    '平衡常数
YE(i) = 1 / (1 + KP(i))            '平衡浓度
Y_YE(i) = Y - YE(i)                '浓度差
AA(i) = 1 / (KC(i) * (1 + 1 / KP(i)))    'A阻力系数
BB(i) = DP / 2 / DE(i)             'B阻力系数
XX(i) = 6 / (3.14 * DP ^ 3 * RS * DO(i))  '还原率变化率系数
Next
NN = 4 * 3.14 * (DP / 2) ^ 2 * P / (RG * T)  '反应速度系数
```

图 7-20　主程序

此外，当 $t^* = 0$ 时气体反应物的无因次浓度 ψ 在颗粒内的分布可由式(7-58)计算：

$$\psi = \frac{\sinh(\sigma\eta)}{\eta\sinh(\sigma)} \tag{7-58}$$

```
For i = 1 To 3
X(i) = 0#          '还原率赋初值
Next
H = 2              '时间步长
Time = 0           '时间
i = 3              '从第i行开始记录数据

With Range("A:E")
.HorizontalAlignment = xlCenter    '水平居中
.VerticalAlignment = xlCenter      '垂直居中
End With

Sheets("Sheet1").Cells(1, 1).Value = "时间/秒"    '表头
Sheets("Sheet1").Cells(1, 2).Value = "X1"
Sheets("Sheet1").Cells(1, 3).Value = "X2"
Sheets("Sheet1").Cells(1, 4).Value = "X3"
Sheets("Sheet1").Cells(1, 5).Value = "X"

Sheets("Sheet1").Cells(2, 1).Value = 0    '初始值
Sheets("Sheet1").Cells(2, 2).Value = 0
Sheets("Sheet1").Cells(2, 3).Value = 0
Sheets("Sheet1").Cells(2, 4).Value = 0
Sheets("Sheet1").Cells(2, 5).Value = 0

Do Until X(3) = 1
Call RungeKutta(X)          '四阶龙格库塔法解一阶常微分方程
Time = Time + H
Sheets("Sheet1").Cells(i, 1).Value = Time
Sheets("Sheet1").Cells(i, 2).Value = X(1)
Sheets("Sheet1").Cells(i, 3).Value = X(2)
Sheets("Sheet1").Cells(i, 4).Value = X(3)
Sheets("Sheet1").Cells(i, 5).Value = 0.1111 * X(1) + 0.1889 * X(2) + 0.7 * X(3)
i = i + 1
Loop

End Sub
```

图 7-21　主程序(续)

```
Sub RungeKutta(X)
Dim i As Integer
Dim j As Integer
Dim K(1 To 4, 1 To 3) As Double    '三列→三个还原率；四行→龙格库塔式中的四项
Dim Z(1 To 3) As Double            '还原率临时存储变量

For j = 1 To 3    '还原率临时存储
Z(j) = X(j)
Next

For i = 1 To 4    '龙格库塔公式中的四项
Call CFX(Z)       '还原率变化率
For j = 1 To 3
    K(i, j) = FX(j)
Next j
If i < 3 Then              '还原率变化率函数的自变量增加
Z(1) = X(1) + (H / 2) * K(i, 1)
Z(2) = X(2) + (H / 2) * K(i, 2)
Z(3) = X(3) + (H / 2) * K(i, 3)
ElseIf i = 3 Then
Z(1) = X(1) + H * K(i, 1)
Z(2) = X(2) + H * K(i, 2)
Z(3) = X(3) + H * K(i, 3)
End If
Next i

For j = 1 To 3    '增加步长H后的还原率
X(j) = X(j) + (H / 6) * (K(1, j) + 2 * K(2, j) + 2 * K(3, j) + K(4, j))
If X(j) > 1 Then
X(j) = 1
End If
Next

End Sub
```

图 7-22　四阶龙格-库塔法计算还原率

```
Sub CFX(Z)           '还原率变化率子程序
Dim i As Integer
Dim A1 As Double     '反应阻力A
Dim A2 As Double
Dim A3 As Double
Dim B1 As Double     '扩散阻力B
Dim B2 As Double
Dim B3 As Double
Dim F As Double      '传质阻力F
Dim R1 As Double     '阻力的组合
Dim R2 As Double
Dim R3 As Double
Dim W3 As Double
Dim W2 As Double
Dim W1 As Double
Dim AP1 As Double    'Y - YE(1)的系数
Dim AP2 As Double
Dim AP3 As Double
Dim BP1 As Double    'Y - YE(2)的系数
Dim BP2 As Double
Dim BP3 As Double
Dim CP1 As Double    'Y - YE(3)的系数
Dim CP2 As Double
Dim CP3 As Double
Dim Nr(1 To 3) As Double

For i = 1 To 3                '反应速度初始化
Nr(i) = 0#
Next

If Z(1) < 1 Then                                           '三个界面
A1 = 1 / (1 - Z(1)) ^ (2 / 3) * AA(1)
A2 = 1 / (1 - Z(2)) ^ (2 / 3) * AA(2)
A3 = 1 / (1 - Z(3)) ^ (2 / 3) * AA(3)
B1 = BB(1) * (((1 - Z(2)) ^ (1 / 3) - (1 - Z(1)) ^ (1 / 3)) / _
(1 - Z(1)) ^ (1 / 3) / (1 - Z(2)) ^ (1 / 3))
B2 = BB(2) * (((1 - Z(3)) ^ (1 / 3) - (1 - Z(2)) ^ (1 / 3)) / _
(1 - Z(2)) ^ (1 / 3) / (1 - Z(3)) ^ (1 / 3))
B3 = BB(3) * (1 - (1 - Z(3)) ^ (1 / 3)) / (1 - Z(3)) ^ (1 / 3)
F = 1 / KG
R1 = A1 + B1
R2 = A2 + B2
R3 = B3 + F
W3 = R1 * R2 * R3 + R1 * R2 * A3 + R1 * R3 * A3 + R3 * A2 * A3 _
+ R3 * A2 * B2 + A2 * A3 * B2
AP1 = R2 * R3 + R2 * A3 + R3 * A3
AP2 = -(R3 * B2 + A3 * B2 + R3 * A3)
AP3 = -(R3 * A2)
BP1 = -(R3 * B2 + A3 * B2 + R3 * A3)
BP2 = R1 * R3 + R1 * A3 + R3 * A3 + R3 * B2 + A3 * B2
BP3 = -R1 * R3
```

图 7-23　还原率变化率计算子程序

2. 分析

将式(7-55)、式(7-56)写成差分方程，利用已求得的 $t^* = 0$ 时颗粒内的 ψ 分布以及边界条件式(7-57)，即可利用数值法计算不同时间 t^* 时颗粒内的气体反应物无因次浓度 ψ 的分布以及微粒中未反应核表面无因次位置 ξ 分布。

```
CP1 = -R3 * A2
CP2 = -R1 * R3
CP3 = R1 * R2 + R1 * R3 + R3 * A2 + A2 * B2
Nr(1) = NN * (AP1 * Y_YE(1) + AP2 * Y_YE(2) + AP3 * Y_YE(3)) / W3
Nr(2) = NN * (BP1 * Y_YE(1) + BP2 * Y_YE(2) + BP3 * Y_YE(3)) / W3
Nr(3) = NN * (CP1 * Y_YE(1) + CP2 * Y_YE(2) + CP3 * Y_YE(3)) / W3

ElseIf Z(2) < 1 Then                               '两个界面
A2 = 1 / (1 - Z(2)) ^ (2 / 3) * AA(2)
A3 = 1 / (1 - Z(3)) ^ (2 / 3) * AA(3)
B2 = BB(2) * (((1 - Z(3)) ^ (1 / 3) - (1 - Z(2)) ^ (1 / 3)) / _
(1 - Z(2)) ^ (1 / 3) / (1 - Z(3)) ^ (1 / 3))
B3 = BB(3) * (1 - (1 - Z(3)) ^ (1 / 3)) / (1 - Z(3)) ^ (1 / 3)
F = 1 / KG
R2 = A2 + B2
R3 = B3 + F
W2 = A3 * R2 + A3 * R3 + R2 * R3
BP2 = A3 + R3
BP3 = -R3
CP2 = -R3
CP3 = R2 + R3
Nr(2) = NN * (BP2 * Y_YE(2) + BP3 * Y_YE(3)) / W2
Nr(3) = NN * (CP2 * Y_YE(2) + CP3 * Y_YE(3)) / W2

ElseIf Z(3) < 1 Then                               '一个界面
A3 = 1 / (1 - Z(3)) ^ (2 / 3) * AA(3)
B3 = BB(3) * (1 - (1 - Z(3)) ^ (1 / 3)) / (1 - Z(3)) ^ (1 / 3)
F = 1 / KG
R3 = B3 + F
W1 = A3 + R3
CP3 = 1
Nr(3) = NN * (CP3 * Y_YE(3)) / W1
End If

For i = 1 To 3              '还原率变化率
FX(i) = XX(i) * Nr(i)
Next

End Sub
```

图 7-24　还原率变化率计算子程序(续)

将颗粒无因次半径均匀分割，每段长度为 $\Delta\eta = \eta_{i+1} - \eta_i (i=1, 2, 3\cdots)$，某时刻 j(无因次时间位置)时颗粒内径向位置 i 处的浓度为 $\psi_{i,j}$，将式(7-55)写成差分形式，得

$$\frac{\psi_{i+1, j} - 2\psi_{i, j} + \psi_{i-1, j}}{\Delta\eta^2} + \frac{2}{\eta_i}\frac{\psi_{i+1, j} - \psi_{i-1, j}}{2 \times \Delta\eta} - \sigma^2\psi_{i, j}\xi_{i, j}^2 = 0 \qquad (7-59)$$

由式(7-59)可见，颗粒内某径向位置处的浓度 $\psi_{i,j}$ 可根据其相邻两处的浓度 $\psi_{i+1,j}$、$\psi_{i-1,j}$ 的值计算而得，由于颗粒表面和中心处有关于 ψ 的条件约束，故只要将 $\xi_{i,j}$ 确定，则 $\psi_{i,j}$ 即可确定。

根据式(7-56)，$\xi_{i,j}$ 可根据以下差分式计算而得：

$$\xi_{i, j} = \xi_{i, j-1} - \Delta t^* \psi_{i, j-1} \qquad (7-60)$$

即 $\xi_{i,j}$ 可根据前一个无因次时间位置时 $\xi_{i,j-1}$、$\psi_{i,j-1}$ 的值计算而得。由于初

始条件($t^* = 0$ 时的变量值)已知,故根据式(7-60)、式(7-59)可对全部无因次半径 η 范围内 ψ、ξ 随时间的变化求得数值解。

为简单起见,本例计算中取 $\Delta\eta = 0.005$,$\Delta t^* = 0.2$。代入式(7-59)、式(7-60)中并整理得

$$\psi_{i,j} = \frac{(-5\times 10^{-3} - \eta_i)\psi_{i+1,j} + (5\times 10^{-3} - \eta_i)\psi_{i-1,j}}{(-2 - 25\times 10^{-6}\sigma^2\xi_{i,j}^2)\eta_i} \tag{7-61}$$

$$\xi_{i,j} = \xi_{i,j-1} - 0.2\psi_{i,j-1} \tag{7-62}$$

在求得某时刻(t^*)各个位置(η)的微粒未转化程度(ξ)后,固体在该时刻的总转化率 X 为

$$X = \frac{\int_0^1 \eta^{F_p - 1}(1 - \xi^{F_g})\,\mathrm{d}\eta}{\int_0^1 \eta^{F_p - 1}\,\mathrm{d}\eta} = \frac{\sum \eta_{i,j}^2(1 - \xi_{i,j}^3)\Delta\eta}{\sum \eta_{i,j}^2\Delta\eta} \tag{7-63}$$

3. 求解

1) 模数及无因次位置数据的输入、时间位置的设置

将模数及其方根值输入到C1、C2中(本例中设模数 $\sigma^2 = 16$,待后面的公式、数据等输入完成后,改变此值即可自动求算其他模数条件下的结果)。将分割后的无因次位置数值输入到列 B6:B206 中(可根据间隔为 0.005 的特征设置公式,然后采用复制公式的方式自动完成该列的输入)。注意,中心位置用"10^{-14}"代替"0"。为了利用颗粒中心的边界条件,在 B5 输入以颗粒中心为对称中心的 B7 的对称点值(-0.005)。在 C4:L4 中设置时间位置标题($t^* = 0$,0.2,0.4,…,1.8)。

2) 初始条件的计算和输入

在 C6 中按式(7-58)输入公式,并将此公式复制到 C7:C206 中。C6:C206 即为初始($t^* = 0$)时颗粒内各无因次位置上的无因次浓度值。在 N6:N206 中输入 1,即初始时的 ξ 值。

3) 边界条件的输入

根据颗粒中心的边界条件,在 C5 中输入公式"=C7",并将此公式复制到 D5:L5 中。根据颗粒表面的边界条件,在 C206:L206 中输入"1"。

以上设置结果如图 7-25、图 7-26 中有颜色填充部分所示。

4) 循环计算(利用 Excel 的循环引用功能)

根据式(7-62),在 O6 中输入公式(如图 7-26 中公式编辑栏所示),并将此公式复制到 O7:O206 中,得到 $t^* = 0.2$ 时的 ξ 值分布。根据式(7-61),在 D6 中输入公式(如图 7-25 中公式编辑栏所示),并将此公式复制到 D7:D206 中,得

D6　　f_x　=((-0.005-$B6)*D7+(0.005-$B6)*D5)/((-2-25*$C$2^2*06^2*10^(-6))*$B6)

	A	B	C	D	E	F	G	H	I	J	K	L
1		模数σ²	16									
2		模数	4		=SINH($C$2*$B6)/(B6*SINH($C$2))							
3		无因次位置↓		=C7				无因次浓度（ψ）				
4		η	t^*=0	t^*=0.2	t^*=0.4	t^*=0.6	t^*=0.8	t^*=1.0	t^*=1.2	t^*=1.4	t^*=1.6	t^*=1.8
5	边界条件→	-0.005	0.1465841	0.178024953	0.2194396	0.2747142	0.3490093	0.4481331	0.5753482	0.7249451	0.8719931	0.9713898
6	颗粒中心→	1E-14	0.1465743	0.177987035	0.2193933	0.2746715	0.3489559	0.4480698	0.5752683	0.7248952	0.8719718	0.971347
7	边界条件→	0.005	0.1465841	0.178024953	0.2194396	0.2747142	0.3490093	0.4481331	0.5753482	0.7249451	0.8719931	0.9713898
8		0.01	0.1466134	0.178058501	0.219478	0.2747578	0.3490581	0.4481858	0.5754009	0.7249909	0.8720234	0.9714013
204		0.99	0.9704673	0.975880518	0.9810872	0.9859749	0.990368	0.9939881	0.9965669	0.9983357	0.9994341	0.9999162
205		0.995	0.9851108	0.98787347	0.9905185	0.9929898	0.9951995	0.9970091	0.9982921	0.999172	0.9997185	0.9999583
206	边界条件→	1	1	1	1	1	1	1	1	1	1	1

图 7-25　无因次浓度 ψ 的计算区域

O6　　f_x　=IF(-0.2*C6+N6>0, -0.2*C6+N6, 0)

	B	N	O	P	Q	R	S	T	U	V	W
3	无因次位置↓	初始条件↓					无因次微粒反应半径（ξ）				
4	η	t^*=0	t^*=0.2	t^*=0.4	t^*=0.6	t^*=0.8	t^*=1.0	t^*=1.2	t^*=1.4	t^*=1.6	t^*=1.8
5	-0.005										
6	1E-14	1	0.9706851	0.9350877	0.8912112	0.8362834	0.7665031	0.6769065	0.5618789	0.4169475	0.2426139
7	0.005	1	0.9706832	0.9350782	0.8911924	0.8362552	0.7664643	0.6768569	0.5618177	0.416873	0.2425319
204	0.99	1	0.8059065	0.6107304	0.4145131	0.2173183	0.0192451	0	0	0	0
205	0.995	1	0.8029778	0.6054031	0.4072995	0.2087016	0.0096619	0	0	0	0
206	1	1	0.8	0.6	0.4	0.2	0	0	0	0	0

图 7-26　无因次微粒反应半径 ξ 的计算区域

到 $t^* = 0.2$ 时的 ϕ 值分布。复制公式后，迭代计算需要耗费一些时间，按 F9 功能键可重复迭代过程，直至得到稳定的解为止。注意：O6：O206 中的公式中采用了 IF() 函数，将出现负值时的结果设定为零（即微粒反应结束状态）。

将列 O6：O206 中的公式复制到列 P6：P206 至列 W6：W206 中，将列 D6：D206 中的公式复制到列 E6：E206 至列 L6：L206 中，即可得到其他时间位置的 ϕ 值分布及 ξ 值分布。

5）转化率 X 的计算

转化率 X 的计算区域如图 7-27 所示。根据式(7-63)的分子，在 Y6 中输入公式(如图 7-27 中公式编辑栏所示)，并将此公式复制到 Y6：AH206 范围的单元格中。AI 列用于计算式(7-63)的分母，方法是在 AI6：AI206 中输入如 AI6 中所示的公式，然后在 AI207 中求和。最后，在 Y207：AH207 中根据式(7-63)输入计算 X 的公式即可。为作图方便，在 Y208：AH208 中输入时间位置数据，如图中填充颜色部分所示。

6）作图分析

根据所得数据作图，如图 7-28、图 7-29、图 7-30 所示。由图 7-28 可见，随着反应时间的增加，浓度曲线向浓度增大方向移动，即气体反应物在颗粒内部的扩散量随反应时间的增加而增加。这是由于随着反应的进行，颗粒内的微粒反应表面积不断减小，使颗粒内一定位置中的气体反应物局部消耗速率下降，从而使得更多气相反应物扩散进入颗粒内部。由图 7-29 可见，颗粒整体在反应过程中不存在显著的反应区边界。随着反应时间的增加，颗粒表面的微粒逐渐趋于完全转化，当 $t^* = 1.0$ 时，颗粒表面的微粒达到完全转化。当进一步增加反应时间时，完全反应区逐渐加厚。此时，颗粒内部分成两个区域，外层为完全反应区，内层为部分反应区，反应在部分反应区中进行。图 7-30 显示出了转化率与时间的延长而增加的变化关系。若改变反应模数值，重复上述计算方法，可获得不同模数条件下转化率与时间的变化关系，从而可判断反应速率控制环节随内扩散阻力的改变而发生转化的依存关系。

4. 问题扩展

改变模数的数值重新计算本例，考察不同模数条件下转化率与时间的变化关系，分析反应速率控制环节随内扩散阻力的改变而发生转化的依存关系。

5. 参考解答

图 7-31、图 7-32 为几个不同颗粒反应模数条件下转化率与无因次时间的关系。由图可见，反应速率随颗粒反应模数的降低而升高。反应模数 $\sigma^2 = 0.25$ 与 $\sigma^2 = 0.1$ 的曲线几乎重合，故 $\sigma^2 < 0.25$ 可以作为可忽略颗粒内扩散阻力的判据。

Y6　fx　=$B6^2*(1-N6^3)*0.005

模数σ²
模数
无因次位置

B (η)	Y t*=0	Z t*=0.2	AA t*=0.4	AB t*=0.6	AC t*=0.8	AD t*=1.0	AE t*=1.2	AF t*=1.4	AG t*=1.6	AH t*=1.8	AI 体积↑
-0.005						转化率 (X)					
1E-14	0	4.26958E-32	9.118E-32	1.461E-31	2.076E-31	2.748E-31	3.449E-31	4.113E-31	4.638E-31	4.929E-31	5E-31
0.005	0	1.06747E-08	2.28E-08	3.652E-08	5.19E-08	6.872E-08	8.625E-08	1.028E-07	1.16E-07	=B6^2*0.005	5E-07
0.01	0	4.27069E-08	9.121E-08	1.461E-07	2.076E-07	2.749E-07	3.45E-07	4.114E-07	4.638E-07	4.929E-07	5E-07
0.99	0	0.002335458	0.0037842	0.0045515	0.00485 02	0.0049005	0.0049005	0.0049005	0.0049005	=SUM(AI6:AI206)	0.0049005
0.995	0	0.002387253	=SUM(Z6:Z206)/AI20T		51	0.0049501	0.0049501	0.0049501	0.00495	0.00495	0.0049005 0501
1	0	0.00244	0.00392	0.00468	0.00496	0.005	0.005	0.005	0.005	0.005	0.005
X→	0	0.296657653	0.5312817	0.7079641	0.832399	0.9127482	0.9603836	0.9858792	0.9968174	0.9997461	0.3358375
t*→	0	0.2	0.4	0.6	0.8	1	1.2	1.4	1.6	1.8	1.8

图 7-27　转化率 X 的计算区域

无因次位置↓

行	条件	η	$t^*=0$	$t^*=0.2$	$t^*=0.4$	$t^*=0.6$	$t^*=0.8$	$t^*=1.0$	$t^*=1.2$	$t^*=1.4$	$t^*=1.6$	$t^*=1.8$
							无因次浓度（ψ）					
5	边界条件→	-0.005	0.1465841	0.178024953	0.2194396	0.2747142	0.3490094	0.4481334	0.5753489	0.7249465	0.871995	0.9713918
6	颗粒中心→	1E-14	0.1465743	0.177987035	0.2193933	0.2746607	0.348945	0.4480698	0.57529	0.7248735	0.8719718	0.971347
7	边界条件→	0.005	0.1465841	0.178024953	0.2194396	0.2747142	0.3490094	0.4481334	0.5753489	0.7249465	0.871995	0.9713918
8		0.01	0.1466134									0.9714032
9		0.015	0.1466622									0.9714223
10		0.02	0.1467307									0.9714489
11		0.025	0.1468187									0.9714831
12		0.03	0.1469263									0.9715248
13		0.035	0.1470535									0.971574
14		0.04	0.1472005									0.9716307
15		0.045	0.1473671									0.9716949
16		0.05	0.1475534									0.9717664
17		0.055	0.1477595									0.9718453
18		0.06	0.1479855									0.9719314
19		0.065	0.1482313									0.9720248
20		0.07	0.148497									0.9721253
21		0.075	0.1487823									0.9722329
22		0.08	0.1490887									0.9723475
23		0.085	0.1494146									0.972469
24		0.09	0.1497609									0.9725973
25		0.095	0.1501274									0.9727324
26		0.1	0.1505143	0.182518068	0.2245733	0.2805439	0.3555190	0.4551403	0.5823440	0.7309959	0.8759772	0.9728741

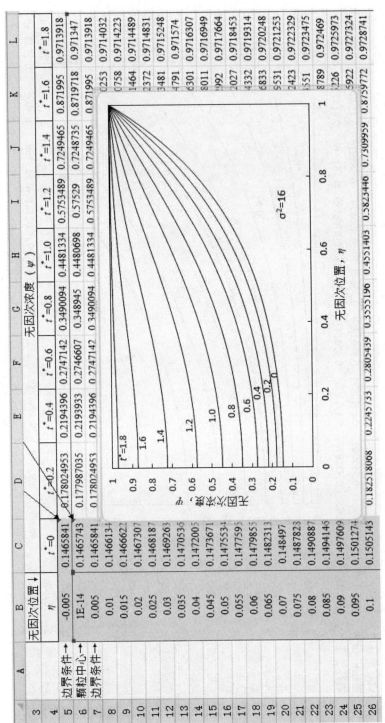

图 7-28　颗粒内气体反应物的浓度分布

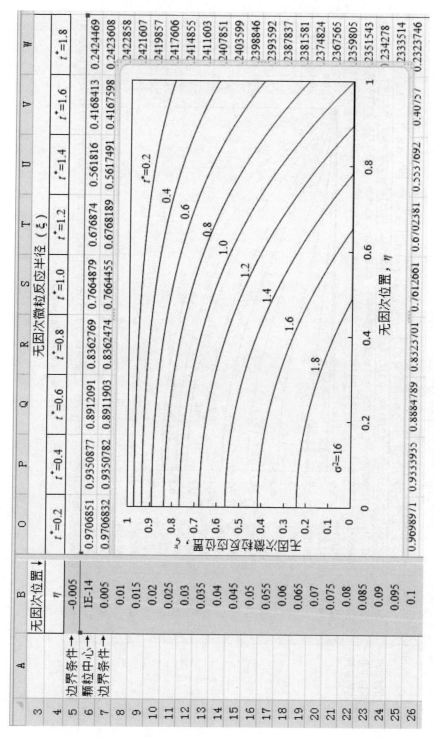

图 7-29 颗粒内无因次微粒反应位置分布

	η	无因次微粒反应半径（ξ）								
		$t^*=-0.2$	$t^*=0.4$	$t^*=0.6$	$t^*=0.8$	$t^*=1.0$	$t^*=1.2$	$t^*=1.4$	$t^*=1.6$	$t^*=1.8$
边界条件→	-0.005									
颗粒中心→	1E-14	0.9706851	0.9350877	0.8912091	0.8362769	0.7664879	0.676874	0.561816	0.4168413	0.2424469
边界条件→	0.005	0.9706832	0.9350782	0.8911903	0.8362474	0.7664455	0.6768189	0.5617491	0.4167598	0.2423608
	0.01									0.2422858
	0.015									0.2421607
	0.02									0.2419857
	0.025									0.2417606
	0.03									0.2414855
	0.035									0.2411603
	0.04									0.2407851
	0.045									0.2403599
	0.05									0.2398846
	0.055									0.2393592
	0.06									0.2387837
	0.065									0.2381581
	0.07									0.2374824
	0.075									0.2367565
	0.08									0.2359805
	0.085									0.2351543
	0.09									0.234278
	0.095									0.2333514
	0.1	0.9698971	0.9353955	0.8884789	0.8323701	0.7612001	0.6702381	0.5537092	0.40757	0.2323746

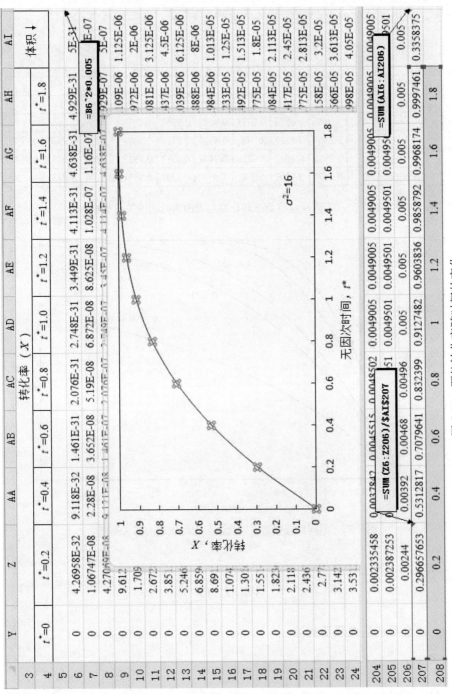

图 7-30　颗粒转化率随时间的变化

反应模数值体现了传质阻力相对化学反应阻力的大小，其值越大则传质阻力相对也越大，可根据其值对过程的控制环节进行判断。

	A	B	C	D	E	F	G	H	I	J	K	L
1	时间 $t^* \rightarrow$		0	0.2	0.4	0.6	0.8	1	1.2	1.4	1.6	1.8
2	转化率 X	$\sigma^2=0.1$	0	0.4857	0.7819	0.9349	0.9917	1	1	1	1	1
3		$\sigma^2=0.25$	0	0.4818	0.7782	0.9328	0.9911	1	1	1	1	1
4		$\sigma^2=4$	0	0.409	0.6972	0.8771	0.9678	0.9968	1	1	1	1
5		$\sigma^2=16$	0	0.2967	0.5313	0.708	0.8324	0.9127	0.9604	0.9859	0.9968	0.9997
6		$\sigma^2=25$	0	0.2555	0.4622	0.6236	0.7444	0.8312	0.8925	0.9358	0.9654	0.9842
7		$\sigma^2=100$	0	0.1474	0.2707	0.372	0.454	0.5202	0.5751	0.6244	0.6753	0.736

图 7-31　不同反应模数下转化率与无因次时间的关系数据

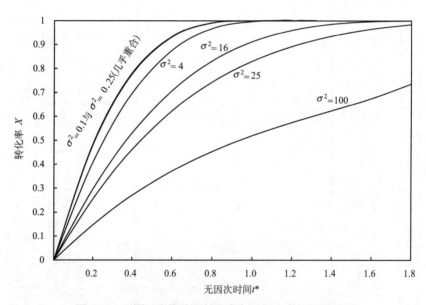

图 7-32　不同反应模数下转化率与无因次时间的关系图

7.2　熔　体　反　应

7.2.1　渣金反应级数及活化能

1. 问题

已知在不同温度下，生铁熔液中的碳还原渣中的氧化铁的动力学数据如表

7-5 所示。渣中氧化铁浓度 W（重量百分数）为还原温度 $T(℃)$ 和时间 $t(s)$ 的函数，试确定该反应在表 7-5 中所示三个温度条件下的反应速率与时间的关系。

表 7-5　不同温度下渣中氧化铁的浓度随时间的变化（$w\%$）

t/s	$T=1430℃$	$T=1488℃$	$T=1580℃$
0	50	50	50
20	43.6	38.7	25.92
40	38	30	13.27
60	33.1	22.9	6.742
80	28.9	17.6	3.474
100	25.26	13.79	1.835
120	22.24	10.48	0.941
140	19.03	8.096	0.527
160	16.73	6.103	0.259
180	14.61	4.77	0.14
200	12.89	3.66	0.05
220	11.04	2.837	0.03
240	9.755	2.257	0.02

2. 分析

n 次反应的反应速率可表示为

$$-\frac{dW}{dt}=kW^n \tag{7-64}$$

式中，k 为反应速率常数；t 为反应时间；n 为反应级数。若渣中氧化铁浓度 W 的初值设为 W_0，则式（7-64）的解可表达为

$$\frac{W}{W_0}=\left[1+(n-1)kW_0^{n-1}t\right]^{\frac{1}{1-n}} \tag{7-65}$$

根据式（7-65）及已知的动力学数据，利用 Excel 的规划求解工具即可确定各个温度条件下的反应级数 n 和反应速率常数 k，从而再根据式（7-64）可计算反应速率。

3. 求解

1）数据及公式的输入

数据及公式的输入如图 7-33 所示。首先，在单元格 D1 和 D2 中输入反应速

率常数及反应级数的初值，将温度为 1430℃条件下的数据输入到表格的 A、B 两列中，数据范围为 A4 至 B16。在 C4 至 F4 这一行中分别输入相应的计算公式。其中，C4 为比值(W/W_0)，即式(7-65)的左端，D4 为式(7-65)的右端，E4 为 D、C 两列的差，即式(7-65)左右两端的差，F4 为根据式(7-64)计算的反应速度。需要注意的是，对 D1、D2 及 B4 的引用要采用绝对引用的方式(在输入公式的编辑栏中，将光标移到被引用单元格的后面，然后按 F4 功能键，可实现几种引用方式的转换)。

以上公式输入完成后，利用单元格复制功能，完成 C5：F16 的数据公式填充，图中有颜色填充部分的单元格为公式输入区域。最后，在 E17 中输入求 E5：E16 的平方和函数公式(＝SUMSQ(E5：E16))。

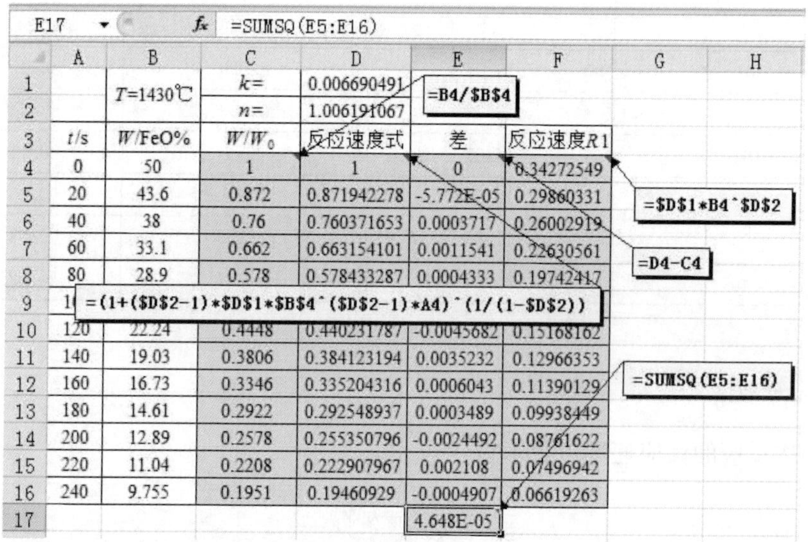

图 7-33　反应级数及反应速率常数的确定

2) 规划求解

该问题转化为非线性最小二乘法问题。顺序点击："数据"→"规划求解"，在出现的"规划求解参数"窗口中进行适当设置后，点击"求解"，在随后出现的窗口中点击"确定"后即可完成求解过程，如图 7-34、图 7-35 所示。在图 7-34 中，"设置目标"选择为＄E＄17，目标值设为"最小值"，"通过更改可变单元格"选择为＄D＄1：＄D＄2，"选择求解方法"设定为非线性 GRG。

3) 三个温度下的反应速率常数及反应级数

采用同样方法，可求出其他两个温度下(1488℃及 1580℃)的反应速率常数及反应级数，如图 7-36、图 7-37 所示。这样，三个温度条件下的反应速率常数、

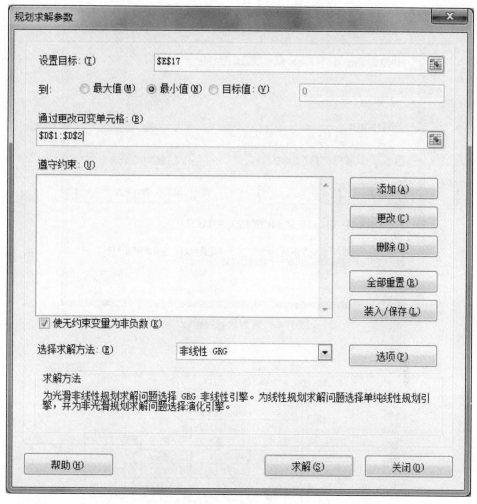

图 7-34　规划求解过程(1)

反应级数以及反应速度已经求得。

　　4) 三个温度条件下反应速度与时间的关系图

　　根据以上计算结果, 将三个温度条件下的反应速度与时间的关系数据归拢到一起, 如图 7-38 所示。其中, B58: D58 这一行中输入单元格引用的公式(对应速度的 100 倍), 其他单元格的数据输入采用复制公式的方法即可完成。

　　根据以上数据即可作图表示。选择 A58: D70 单元格区域, 然后顺序单击: "插入"→"散点图"→"带平滑线的散点图", 经适当编辑修饰后, 最终图形如图 7-39 所示。可见, 随着温度的升高, 反应初期的反应速率明显加快; 在同一温

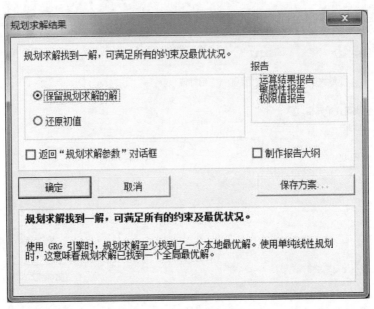

图 7-35　规划求解过程(2)

		E35	▼ (	f_x	=SUMSQ(E23:E34)	
	A	B	C	D	E	F
19		T=1488℃	k=	0.013514677		
20			n=	0.987445029		
21	t/s	$W/$FeO%	W/W_0	反应速度式	差	反应速度$R2$
22	0	50	1	1	0	0.64334683
23	20	38.7	0.774	0.772784274	-0.0012157	0.49955462
24	40	30	0.6	0.59669599	-0.003304	0.38849168
25	60	22.9	0.458	0.460343656	0.0023437	0.29755583
26	80	17.6	0.352	0.354848534	0.0028485	0.22944626
27	100	13.79	0.2758	0.273295993	-0.002504	0.18032783
28	120	10.48	0.2096	0.210305422	0.0007054	0.13751699
29	140	8.096	0.16192	0.161693354	-0.0002266	0.1065793
30	160	6.103	0.12206	0.124209804	0.0021498	0.08062813
31	180	4.77	0.0954	0.095332083	-6.792E-05	0.06321284
32	200	3.66	0.0732	0.073103681	-9.632E-05	0.0486645
33	220	2.837	0.05674	0.056008483	-0.0007315	0.03784246
34	240	2.257	0.04514	0.042872636	-0.0022674	0.03019247
35					4.313E-05	

图 7-36　1488℃时的反应速率常数及反应级数

| E54 | fx | =SUMSQ(E42:E53) |

	A	B	C	D	E	F
38		T=1580℃	k=	0.034011486		
39			n=	0.991552659		
40	t/s	W/FeO%	W/W_0	反应速度式	差	反应速度R_3
41	0	50	1	1	0	1.6452952
42	20	25.92	0.5184	0.516874986	-0.001525	0.85766788
43	40	13.27	0.2654	0.266173143	0.0007731	0.44158189
44	60	6.742	0.13484	0.13655828	0.0017183	0.22563855
45	80	3.474	0.06948	0.069795673	0.0003157	0.11691947
46	100	1.835	0.0367	0.035536683	-0.0011633	0.06209186
47	120	0.941	0.01882	0.018023707	-0.0007963	0.03202125
48	140	0.527	0.01054	0.009105647	-0.0014344	0.0180213
49	160	0.259	0.00518	0.004582023	-0.000598	0.00891008
50	180	0.14	0.0028	0.002296484	-0.0005035	0.00484135
51	200	0.05	0.001	0.001146327	0.0001463	0.00174416
52	220	0.03	0.0006	0.000569866	-3.013E-05	0.00105102
53	240	0.02	0.0004	0.00028212	-0.0001179	0.00070308
54					1.067E-05	

图 7-37　1580℃时的反应速率常数及反应级数

| D58 | fx | =F41*100 |

	A	B	C	D	E
56		T=1430℃	T=1488℃	T=1580℃	
57	t/s	R_1×100	R_2×100	R_3×100	
58	0	34.272549	64.3346832	164.5295196	
59	20	29.860331	49.955（=F4*100）	85.76678775（=F22*100）	（=F41*100）
60	40	26.00…	…	…	
61	60	22.630561	29.7555833	22.56385454	
62	80	19.742417	22.9446255	11.69194718	
63	100	17.241453	18.0327828	6.209185708	
64	120	15.168162	13.751699	3.202125324	
65	140	12.966353	10.6579302	1.802130265	
66	160	11.390129	8.06281282	0.891007635	
67	180	9.9384489	6.32128371	0.484135119	
68	200	8.7616224	4.86645015	0.174415811	
69	220	7.4969416	3.78424619	0.105102037	
70	240	6.6192626	3.01924713	0.070308427	

图 7-38　三个温度条件下的反应速度与时间的关系数据

度条件下，随着时间的推移，反应速度逐渐减弱；反应速度随时间的总体变化率随反应温度的降低而减小。

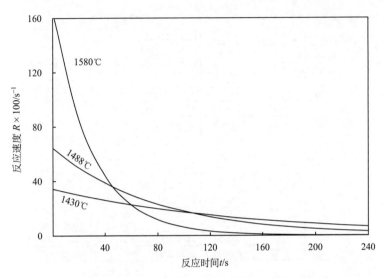

图 7-39　三个温度条件下的反应速度与时间的关系

4. 问题扩展

试根据本例的计算结果求该反应的级数及活化能。

5. 参考解答

反应速率常数与温度的关系为

$$k = k_0 \exp\left(-\frac{E}{RT}\right) \tag{7-66}$$

即

$$\ln k = \ln k_0 - \frac{E}{RT} \tag{7-67}$$

根据三个不同温度（1430℃、1488℃、1580℃）下的 k 值，可以利用最小二乘法求得活化能 E 值。将温度（换算为热力学温度）与反应速率常数 k 的数据归拢到一起，如图 7-40 所示。反应速率常数与温度的关系如图 7-41 所示。根据图 7-41 中直线的斜率（斜率 = 3.41）及式（7-67）可计算反应的活化能 $E = 283.507 \text{kJ/mol}$，反应级数取平均值，结果为 $n = 0.995063$。

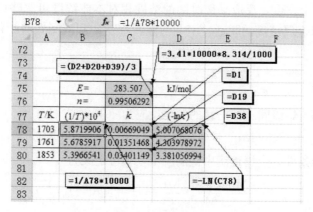

图 7-40　活化能及反应级数的计算

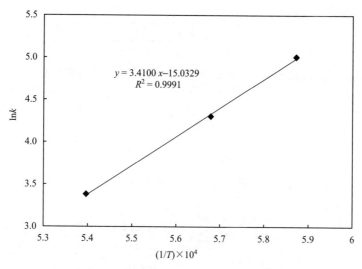

图 7-41　反应速率常数与温度的关系

7.2.2　钢液中锰的氧化脱出

1. 问题

已知在 210 吨顶吹转炉的吹炼过程中(1873K)，Mn 在液滴内的扩散系数为 $D_m = 1.0 \times 10^{-8} \text{m}^2/\text{s}$，$Mn^{2+}$ 在渣中的扩散系数为 $D_s = 5.0 \times 10^{-10} \text{m}^2/\text{s}$，钢液密度为 $\rho_m = 7000 \text{kg/m}^3$，熔渣密度为 $\rho_s = 3500 \text{kg/m}^3$，渣相的黏度 $\mu_s = 0.1 \text{Pa} \cdot \text{s}$，渣中 FeO 活度 $a_{FeO} = 0.3$ 且反应平衡常数 $K = 5.12$，假设锰的氧化主要在铁滴

与熔渣的界面上发生，反应平衡时锰的浓度相对本体浓度可忽略（即 $w[\text{Mn}]_e \leqslant w[\text{Mn}]_b$)，求金属液滴的脱锰效率 η 与液滴直径 d 和液滴在渣中停留时间 t_h 的关系。

2. 分析

金属液滴与熔渣间进行的锰的氧化反应为

$$[\text{Mn}] + (\text{FeO}) \Longrightarrow (\text{MnO}) + [\text{Fe}]$$

根据所给条件，金属液滴中锰的脱出效率可定义为

$$\eta = \frac{w[\text{Mn}]_b - w[\text{Mn}]}{w[\text{Mn}]_b} = 1 - \exp\left(-k_t \frac{A_d}{V_d} t_h\right)$$

式中，$w[\text{Mn}]$、$w[\text{Mn}]_b$ 分别为钢液滴内部及钢液本体中锰的质量百分浓度（%）；A_d、V_d 分别为液滴的表面积（m²）及体积（m³)；综合传质系数 k_t 为

$$k_t = \cfrac{1}{\cfrac{1}{k_m} + \cfrac{1}{k_s} \cfrac{\rho_m}{\rho_s} \cfrac{M_{\text{MnO}}}{a_{\text{FeO}} K M_{\text{Mn}}}}$$

其中，M_{MnO}、M_{Mn} 分别为 MnO 及 Mn 的摩尔质量。金属相传质系数 k_m 可由下式计算

$$k_m = \frac{D_m}{(d/2)}$$

渣相传质系数 k_s 可由渣相中准数关系式确定，即

$$Sh_s = 2 + 0.6 Re_s^{1/2} Sc_s^{1/3}$$

其中，

$$\begin{cases} \text{舍伍德数 } Sh_s = \dfrac{k_s d}{D_s} \\[2mm] \text{雷诺数 } Re_s = \dfrac{d u_t \rho_s}{\mu_s} \\[2mm] \text{施密特数 } Sc_s = \dfrac{\mu_s}{\rho_s D_s} \end{cases}$$

雷诺数中所包含的液滴终端速度 u_t 为

$$u_t = \frac{2}{9} g \left(\frac{d}{2}\right)^2 \frac{(\rho_m - \rho_s)}{\mu_s}$$

式中，g 为重力加速度，m/s²。比表面积可由下式计算：

$$\frac{A_d}{V_d} = \frac{6}{d}$$

项目	符号	单位	值
渣中 FeO 活度	a (FeO)		0.3
平衡常数（1873K）	K		5.12
钢液密度	ρ_m	kg/m³	7000
熔渣密度	ρ_s	kg/m³	3500
渣相黏度	μ_s	kg/m.s	0.1
Mn 在液滴内的扩散系数	D_m	m²/s	1.0E-08
Mn²⁺在渣中的扩散系数	D_s	m²/s	5.0E-10

公式注释：

$=E17*\$F\$5*C17/\$F\$6$

$=(2/9)*9.81*(C17/2)^2*(\$F\$4-\$F\$5)/\$F\$6$

$=\$F\$7/(C17/2)$

$=\$F\$6/\$F\$5/\$F\$8$

$=2+0.6*F17^{0.5}*G17^{(1/3)}$

$=H17*\$F\$8/C17$

$=1/(1/D17+(1/I17)*(\$F\$4/\$F\$5)*(71/55/\$F\$2/\$F\$3))$

$=6/C17$

液滴直径	液滴直径	金属相传质系数	终端速度	雷诺准数	施密特准数	舍伍德准数	渣相传质系数	总传质系数	比表面积
$d\times1000$	d	k_m	u_t	Re	Sc	Sh	k_s	k_t	A_s/V_d
m	m	m/s	m/s				m/s	m/s	1/m
0.01	0.00001	0.002	1.91E-06	6.68E-07	57142.85714	2.018883	0.00010944	5.8304E-07	6.00E+05
0.03	0.00003	0.000666667	1.72E-...	...	57142.85714	2.098191	3.49687E-05	2.0174E-05	2.00E+05
0.05	0.00005	...	4.77E-...	...	57142.85714	2.11186	2.21112E-05	1.2736E-05	...
0.07	0.00007	0.000285714	...	...	57142.85714	...	...	9.6479E-06	8.57E+04
0.09	0.00009	0.000222222	...	...	...	...	...	7.9969E-06	6.67E+04
0.11	0.00011	0.000181818	...	...	...	...	...	...9918E-06	5.45E+04
6.39	0.00639	3.12989E-06	0.778872	174.1948	57142.85714	307.01614	2.40232E-05	2.5676E-06	9.39E+02
6.41	0.00641	3.12012E-06	0.783756	175.8355	57142.85714	308.44926	2.406E-05	2.5617E-06	9.36E+02

图 7-42　输入常量及变量

由以上诸式即可确定金属液滴脱锰效率与液滴直径及停留时间的关系。

3. 求解

1) 常数的输入

点击"Sheet1",将已知条件输入到单元格中(F2：F8),如图 7-42 所示,填充部分为计算所需的常数数据。

2) 变量公式的输入

将与液滴直径有关的变量计算公式输入到填充部分的单元格中(B17：K337),需要注意的是,对常量的引用要采用绝对引用的方式,如图 7-42 所示。其中,C 列的液滴直径数据用于实际计算,而 B 列的液滴直径数据用于作图,直径的增加步伐设置为 0.02mm。完成输入后,将公式复制到填充单元格下面的单元格中,以下类同。

3) 液滴中锰的脱出效率的计算及作图分析

设置液滴停留时间分别为 60s、40s、20s、10s、5s。将液滴中锰的脱出效率的计算公式输入到单元格中(图 7-43)。仅在单元格 M17 中输入公式,然后将公式复制到 M17→Q337 的区域中即可。最终计算结果及图形如图 7-43 所示。

如果在 Excel 图表中系列之间值的跨度比较大、图表中较小的数值不能明确显示时,可以应用"对数刻度"来解决这一问题,图 7-43 中的横坐标采用的就是这种方法。设置方法是：单击选中所作的图的横轴,然后顺序单击"布局"→"设置所选内容格式",出现"设置坐标轴格式"对话框,选择"对数刻度",同时根据需要选择适宜的"基"(2～1000),即可得到划分精细的坐标轴刻度,作为示例,本例中选择的"基"为 2,如图 7-44 所示。

由图 7-43 可见,在一定的停留时间条件下,金属液滴的直径越小,锰的脱出效率越高;当金属液滴直径一定时,液滴的停留时间越长,锰的脱出效率也越高。因为金属液滴尺寸越小,它在熔渣中的沉降速率越小,因而停留时间也越长。所以,尺寸较小的金属液滴对炼钢过程中杂质的总脱出效率具有十分重要的作用。

4. 问题扩展

已知渣中铁滴量为 $W_d = 100 \text{kg/t}$ 钢水,金属液滴直径 $d = 2 \times 10^{-4}$ m,试分析金属熔池的脱锰效率 η 与反应时间 t 和液滴在渣中停留时间 t_h 的关系。已知钢液总的脱锰效率为

$$\eta = \frac{w[\text{Mn}]_{b0} - w[\text{Mn}]_b}{w[\text{Mn}]_{b0}} = 1 - \exp\left\{-\frac{W_m}{1000 t_h}\left[1 - \exp\left(-k_t \frac{A_m}{V_m} t_h\right)\right] t\right\}$$

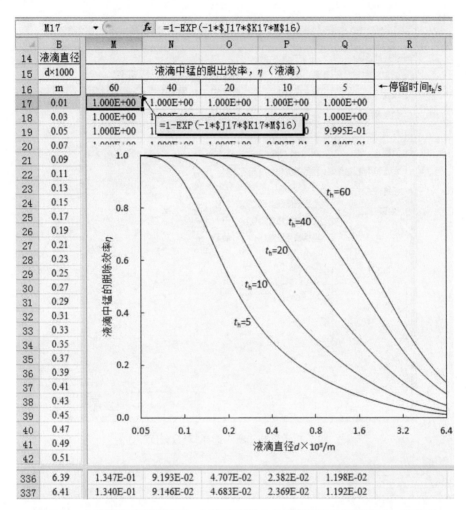

		M17	▼	f_x	=1-EXP(-1*$J17*$K17*M$16)	

图 7-43　金属液滴的脱锰效率 η 与液滴直径 d 和液滴在渣中停留时间 t_h 的关系

5. 参考解答

1) 常量输入及常量计算

点击"Sheet2"，将已知的常量及与反应时间无关的相关常量计算公式输入到单元格中，如图 7-45 所示。

2) 锰脱出效率公式的输入

如图 7-46 所示，将液滴中锰的脱出效率公式及钢液中锰的总脱出效率公式输入到单元格中(有颜色填充的单元格)，然后将公式复制到 F→J 列中的其他相应的单元格中(左右或上下拖动被复制单元格的右下角填充柄)。图中，时间间隔

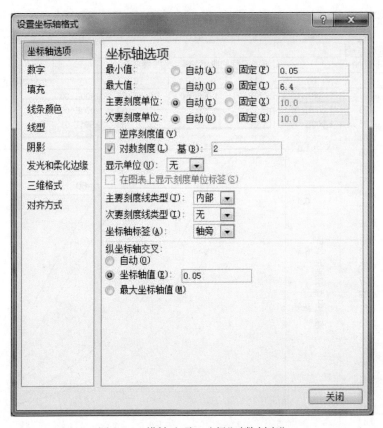

图 7-44　横轴选项：选择"对数刻度"

取 30s。

3）作图分析

根据图 7-46 所示的计算数据作图，如图 7-47 所示。由图 7-47 可见，液滴在熔渣中的停留时间越短，熔池中锰的脱出效率越高，这一结果与单个金属液滴的情况有所不同。对于单个金属液滴来说，它在熔池中的停留时间越长，则液滴与熔渣之间的反应进行得越完全，锰的脱出效率越高。但对金属熔池来说，金属液滴在熔渣中的停留时间越短，表明熔池搅拌越激烈，即单位时间内气流冲击熔池和 CO 气泡破裂所产生的金属液滴量越大，因而金属熔池中与熔渣反应的金属液滴数量也越多，所以总的脱锰效率也随之提高。由此可见，加强熔池搅拌，使熔池产生更多的金属液滴进入熔渣中，对于强化冶炼过程和提高熔池中杂质的脱出效率具有十分显著的作用。

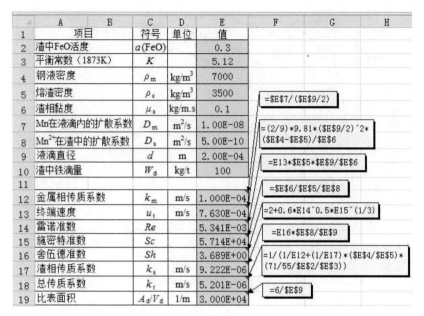

図 7-45　常量的输入和计算

	E	F	G	H	I	J
21						
22		=1-EXP(-1*$E$18*$E$19*F$24)				
23	符号/单位		金属液滴中锰的脱出效率，η（液滴）			
24	t_h/s	60	40	20	10	5
25	值	9.999E-01	9.981E-01	9.559E-01	7.899E-01	5.417E-01
26						
27		=1-EXP(-$E$10/1000/F$24*F$25*$E$30)				
28						
29	反应时间/s		锰的总脱出效率，η（钢液）			
30	0	0.000E+00	0.000E+00	0.000E+00	0.000E+00	0.000E+00
31	30	4.877E-02	7.212E-02	1.336E-01	2.110E-01	2.775E-01
32	60	9.515E-02	1.390E-01	2.493E-01	3.775E-01	4.780E-01
33	90	1.393E-01	2.011E-01	3.496E-01	5.088E-01	6.228E-01
94	1920	9.592E-01	9.917E-01	9.999E-01	1.000E+00	1.000E+00
95	1950	9.612E-01	9.923E-01	9.999E-01	1.000E+00	1.000E+00
96	1980	9.631E-01	9.928E-01	9.999E-01	1.000E+00	1.000E+00
97	2010	9.649E-01	9.934E-01	9.999E-01	1.000E+00	1.000E+00

図 7-46　锰脱出效率的计算

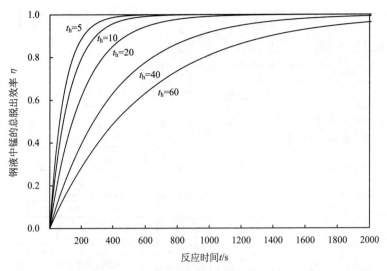

图 7-47　金属熔池的脱锰效率 η 与反应时间 t 和液滴在渣中停留时间 t_h 的关系

7.2.3　废钢的溶解速率

1. 问题

试根据热平衡及质量平衡所导出的废钢扩散溶解的线速度动力学方程计算废钢的溶解速度。已知传热系数 $h = 5.28 \text{kW}/(\text{m}^2 \cdot \text{K})$，传质系数 $k_L = 2 \times 10^{-4} \text{m/s}$，熔钢的温度 $T_L = 1673 \text{K}$，熔钢的含碳量 $C_L = 3.60\%$，废钢的含碳量 $C_0 = 0.20\%$，熔钢的密度 $\rho_L = 7000 \text{kg/m}^3$，废钢的密度 $\rho_S = 7800 \text{kg/m}^3$，废钢的熔化潜热 $H_L = 250 \text{kJ/kg}$，熔钢的热熔 $C_P = 0.84 \text{kJ}/(\text{kg} \cdot \text{K})$。Fe-C 系液相线方程为

$$T_S = 1809 - 54C_S - 8.13C_S^2 \tag{7-68}$$

式中，T_S、C_S 分别为废钢的液相线温度及对应的含碳量(废钢表面的碳浓度)。

2. 分析

根据热平衡导出的废钢的熔解线速度 f_1 为

$$f_1 = \frac{h(T_L - T_S)}{[H_L + (T_L - T_S)C_P]\rho_S} \tag{7-69}$$

根据碳的质量平衡导出的废钢的熔解线速度 f_2 为

$$f_2 = k_L \frac{\rho_L(C_L - C_S)}{\rho_S(C_L - C_0)} \tag{7-70}$$

根据所给条件，需求解以下联立方程组

$$
\begin{cases}
\dfrac{h\,(T_L - T_S)}{[H_L + (T_L - T_S)\,C_P]\,\rho_S} - k_L\,\dfrac{\rho_L\,(C_L - C_S)}{\rho_S\,(C_L - C_0)} = 0 \\
T_S = 1809 - 54C_S - 8.13C_S^2
\end{cases}
\tag{7-71}
$$

若采用一般的代数法求解方程组(7-71)，则需求解一个关于 C_S 的三次方程，较为复杂繁琐。利用 Excel 的单变量求解工具则可简单求解。

3. 求解

1) 常量数据的输入

将已知数据输入到单元格中，如图 7-48 所示。

	A	B	C	D
1	项目	符号	单位	值
2	传热系数	h	kW/(m²·K)	5.28
3	熔钢的温度	T_L	K	1673
4	废钢的熔化潜热	H_L	KJ/kg	250
5	熔钢的热熔	C_P	KJ/(kg·K)	0.84
6	废钢的密度	ρ_S	kg/m³	7800
7	熔钢的密度	ρ_L	kg/m³	7000
8	传质系数	k_L	m/s	0.0002
9	熔钢的含碳量	C_L	%	3.6
10	废钢的含碳量	C_0	%	0.2

图 7-48　输入已知数据

2) 输入公式并利用单变量求解工具

在单元格 A15 中输入熔化碳量的初始值(0)，然后分别按所给公式计算熔化温度、熔化速度 1(f_1) 及熔化速度 2(f_2)，在最后一列中输入两个速度之差。

单击"数据"→"模拟分析"→"单变量求解"，在出现的对话框中进行适当的设置，如图 7-49 所示。其中，目标单元格为 E15，即两个速度之差；目标值设为 0，可变单元格设置为 A15，即熔解碳量。然后点击"确定"。计算结果如图 7-50 所示。求解的结果为：熔化速度 $f = 4.21$mm/min，熔化碳量 $C_S = 2.27\%$，熔化温度 $T_S = 1644.6$K。

4. 问题扩展

本例也可以采用图解法进行求解。试根据所给数据及公式，作出熔解线速度 f_1、熔解线速度 f_2 以及废钢表面碳浓度 C_S 随废钢的液相线温度 T_S 的变化关系曲线，求出 f_1、f_2 两曲线的交点及对应的温度 T_S、对应的碳浓度 C_S。

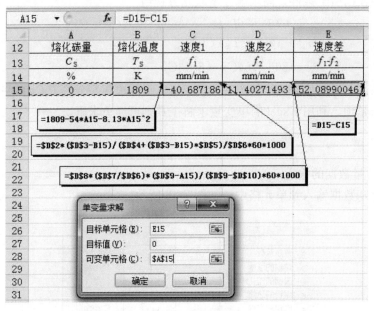

图 7-49　单变量求解设置

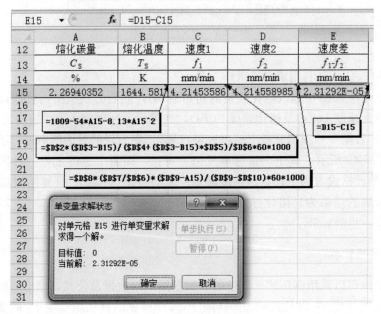

图 7-50　单变量求解结果

5. 参考解答

在如图 7-48 所示的同一工作表中进行计算，首先给定废钢表面的碳浓度（间隔 0.1%），然后根据式(7-68)求出碳浓度 C_S，再根据式(7-69)、式(7-70)求出 f_1、f_2，（公式的输入方法可参考图 7-50）。计算结果如图 7-51 所示，其中 I27：L27 为计算结果值（有颜色填充的单元格，对应 f_1、f_2 两曲线的交点，需探索确定）。由图可知，图解法与规划求解法的计算结果一致。

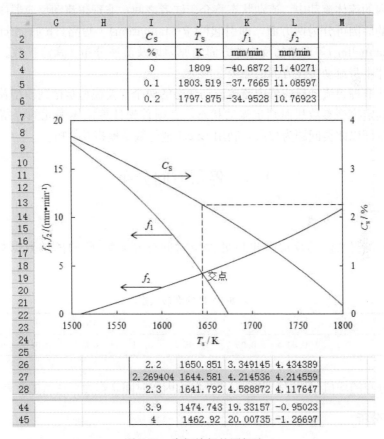

	G	H	I	J	K	L	M
2			C_S	T_S	f_1	f_2	
3			%	K	mm/min	mm/min	
4			0	1809	-40.6872	11.40271	
5			0.1	1803.519	-37.7665	11.08597	
6			0.2	1797.875	-34.9528	10.76923	
26			2.2	1650.851	3.349145	4.434389	
27			2.269404	1644.581	4.214536	4.214559	
28			2.3	1641.792	4.588872	4.117647	
44			3.9	1474.743	19.33157	-0.95023	
45			4	1462.92	20.00735	-1.26697	

图 7-51　废钢熔解的图解法

第 8 章　非理想流动反应器

流通反应器中的理想流动状态可分为反应器内各处浓度、温度一致的全混流（mixed flow）及沿流动方向无混合的活塞流（piston flow）两大类。然而，在实际反应器内的流体流动中，流动状态将介于二者之间。非理想流动反应器内偏离理想流动的原因可分为两方面，即引起停滞（stagnation）、短路（short circuiting）、偏流（channeling）等现象的反应器方面的原因以及流速分布、紊流扩散、分子扩散等流体本身流动特性方面的原因。

描述非理想流动反应器内流体流动状态的两个重要模型是槽列模型及扩散模型，为确定模型参数从而判定流动状态，必须首先计算流体微元的停留时间分布。本章即以此类问题为核心，利用 Excel 进行数值模拟及解析。

8.1　停留时间分布

8.1.1　问题

实验测得某流动反应器出口处停留时间分布函数 E 的离散数据如表 8-1 所示。

表 8-1　E 的离散数据

t/min	0	5	10	15	20	25	30	35
E/min^{-1}	0	0.03	0.05	0.05	0.04	0.02	0.01	0

求分布的均值（平均停留时间）$\bar{t}$ 及以无因次时间 θ 作为自变量的方差 $\sigma^2(\theta)$。

8.1.2　分析

停留时间分布函数（RTD 函数）$E(t)$ 为

$$E(t) = \frac{C}{\displaystyle\int_0^\infty C\mathrm{d}t} \tag{8-1}$$

平均停留时间 $\bar{t}$ 为

$$\bar{t} = \frac{\int_0^\infty tC\,dt}{\int_0^\infty C\,dt} = \int_0^\infty tE(t)\,dt \tag{8-2}$$

方差 σ^2 为

$$\sigma^2 = \frac{\int_0^\infty t^2C\,dt}{\int_0^\infty C\,dt} - \bar{t}^2 = \int_0^\infty t^2E\,dt - \bar{t}^2 \tag{8-3}$$

定义无因次时间 θ

$$\theta = t/\bar{t} \tag{8-4}$$

则

$$E(\theta) = \bar{t}E(t) \tag{8-5}$$

采用无因次时间表示的方差为

$$\sigma^2(\theta) = \int_0^\infty \theta^2 E(\theta)\,d\theta - 1 \tag{8-6}$$

且

$$\sigma^2 = \bar{t}^2 \sigma^2(\theta) \tag{8-7}$$

所给实验数据是各时间间隔 Δt 所对应的离散浓度分布函数值，则式(8-2)、(8-6)可分别改为

$$\bar{t} = \frac{\sum tE\Delta t}{\sum E\Delta t} = \sum tE\Delta t \tag{8-8}$$

$$\sigma^2(\theta) = \sum \theta^2 E(\theta)\,\Delta\theta - 1 \tag{8-9}$$

也可以根据式(8-3)先求 σ^2，然后再根据式(8-7)计算 $\sigma^2(\theta)$，即

$$\sigma^2(\theta) = \frac{\sigma^2}{\bar{t}^2} \tag{8-10}$$

8.1.3　求解

工作表设计如图 8-1 所示。在 A、B 两列输入已知数据，在 C：H 各列中依次输入式(8-8)、式(8-9)中所包含的各项，然后在第 12 行求和。图中有颜色填充的单元格为公式输入区，可采用向下或向右复制公式的方式来完成其他相应单元格中的公式输入。

单元格区域 C14：C16 分别为平均停留时间 $\bar{t}$、方差 σ^2 及方差 $\sigma^2(\theta)$ 的计算结果，C16、G16 为按照两种方法计算 $\sigma^2(\theta)$ 的结果，约为 0.21。

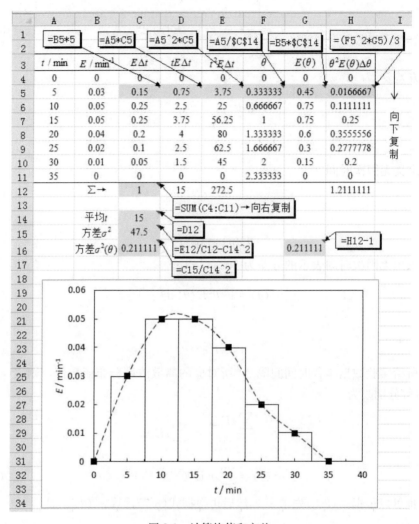

图 8-1　计算均值和方差

　　从图 8-1 中的 t-E 关系图中可看出，在本例利用离散数据进行积分计算时，实际是用矩形面积近似代替了曲线下的面积。积分计算还可以采用梯形面积法、辛普森积分法等，读者可根据实际问题的求解精度要求选取相应的方法。

8.1.4　问题扩展

　　在闭式流通反应器中利用脉冲响应法得到了如表 8-2 所示的时间 t 与示踪剂浓度 C 间的关系数据，求：①平均停留时间 $\bar{t}$ 和方差 σ^2，②$E(\theta)$、$F(\theta)$ 随 θ 的变化关系图。

表 8-2　时间 t 与示踪剂 C 之间的关系

t/s	0	30	60	90	120	150	180	210	240	270	300	330
$C/(\mathrm{kg/m^3})$	0	0.04	0.125	0.3	0.475	0.52	0.42	0.29	0.175	0.08	0.03	0

8.1.5　参考解答

工作表设计及计算结果如图 8-2 所示，图中有颜色填充的单元格为公式输入区，可采用向下或向右复制公式的方式来完成其他相应单元格中的公式输入。计

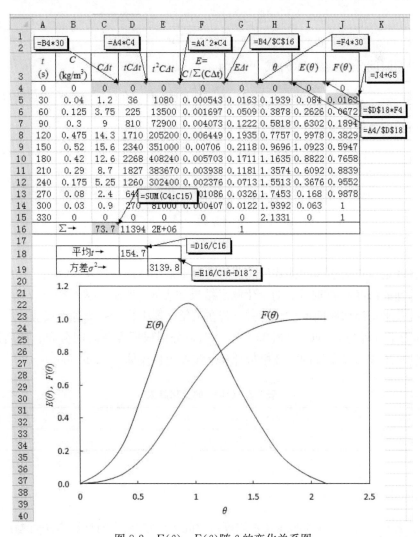

图 8-2　$E(\theta)$、$F(\theta)$ 随 θ 的变化关系图

算结果为 $\bar{t} = 154.7\text{s}$，$\sigma^2 = 3139.8\text{s}^2$。利用所给的离散数据，$\bar{t}$ 及 σ^2 的计算式如下

$$\bar{t} = \frac{\sum tC\Delta t}{\sum C\Delta t} \tag{8-11}$$

$$\sigma^2 = \frac{\sum t^2 C\Delta t}{\sum C\Delta t} - \bar{t}^2 \tag{8-12}$$

利用所给的离散数据时，含有积分的式(8-1)可改为

$$E(t) = \frac{C}{\sum C\Delta t} \tag{8-13}$$

累积停留时间分布函数 $F(\theta)$ 或 $F(t)$ 为

$$F(\theta) = \int_0^\theta E(\theta)\,\mathrm{d}\theta = \int_0^t E(t)\,\mathrm{d}t = F(t) \tag{8-14}$$

利用所给的离散数据时，式(8-14)可改为

$$F(\theta) = F(t) = \sum E(t)\,\Delta t \tag{8-15}$$

8.2 流 动 模 型

8.2.1 问题

在稳定操作的连续搅拌式反应器的进料中采用脉冲法注入示踪剂，在出口液中示踪剂的浓度 C 随时间 t 的变化测定结果如表 8-3 所示，求系统 $E(t)$、$F(t)$ 的曲线及平均停留时间 $\bar{t}$、方差 σ^2。若在该反应器中进行一级等容反应：A ——→ P，动力学方程为 $r = kC_A = 3.33 \times 10^{-3} C_A$，分别根据停留时间分布、槽列模型以及满足闭式边界条件的扩散模型计算反应器出口流体中 A 的转化率 x_A。

表 8-3 C 随 t 的变化结果

$t/\min$	0	120	240	360	480	600	720	840	960	1080
$C/(\mathrm{g/m^3})$	0	6.5	12.5	12.5	10.0	5.0	2.5	1.0	0.0	0.0

8.2.2 分析

系统 $E(t)$、$F(t)$ 的曲线及平均停留时间 $\bar{t}$、方差 σ^2 的计算方法可参照 8.1 节。对于一级反应，在间歇反应器中转化率与反应时间的关系为

$$x_A = 1 - \exp(kt) \tag{8-16}$$

根据相关模型，本问题条件下的转化率计算公式如下。

1）根据停留时间分布计算

$$x_A = 1 - \int_0^\infty x_A(t) E(t) \, dt = 1 - \int_0^\infty \exp(kt) E(t) \, dt \tag{8-17}$$

2）根据槽列模型计算

槽列模型是将体积为 V 的实际反应器虚拟地分割为 N 个等容的串联全混槽。当 $N=1$ 时为全混流，当 $N=\infty$ 时为活塞流，N 的大小体现了实际流动偏离理想流动的程度。N 可由式(8-18)确定：

$$N = \frac{1}{\sigma^2(\theta)} \tag{8-18}$$

反应器出口处的转化率为

$$x_A = 1 - \frac{1}{(1 + k\bar{t}/N)^N} \tag{8-19}$$

3）根据扩散模型计算

设流体以流速 $u(\mathrm{m/s})$ 通过体积为 $V(\mathrm{m^3})$、管长度为 $L(\mathrm{m})$ 的管式流通反应器，根据扩散模型，示踪剂响应曲线的方差 σ^2 满足式(8-20)：

$$\sigma^2(\theta) = \frac{2}{Pe} \left[1 - \frac{1 - \exp(-Pe)}{Pe} \right] \tag{8-20}$$

未转化率 $(1 - x_A)$ 为

$$1 - x_A = \frac{4a \exp(Pe/2)}{(1+a)^2 \exp(aPe/2) - (1-a)^2 \exp(-aPe/2)} \tag{8-21}$$

式中，

$$Pe = uL/D_e$$

$$a = \sqrt{1 + \frac{4k\bar{t}}{Pe}} \tag{8-22}$$

$(D_e/uL) = 1/Pe = Pe'$ 的大小反映了返混程度或偏离理想流动的程度。当 $Pe' = 0$ 时相当于活塞流，当 $Pe' = \infty$ 时相当于全混流。对非理想流动，$0 < Pe' < \infty$。

在工作表中进行计算时，可首先利用平均停留时间 $\bar{t}$、无因次方差 $\sigma^2(\theta)$，根据式(8-20)、式(8-22)计算 Pe、a，然后再根据式(8-21)即可求得转化率 x_A。

8.2.3　求解

计算工作表如图 8-3 所示。计算 Pe 时，可首先在单元格 C23 中输入一个 Pe

初值，然后在 C24 中输入公式(8-20)(将其变为右侧减去左侧的形式)，再利用 Excel 的单变量求解工具求解即可(参见第 3 章中的 3.3 节)，结果为 $Pe \approx 8.0$。三种计算方法得到的结果一致，即转化率约为 0.67。

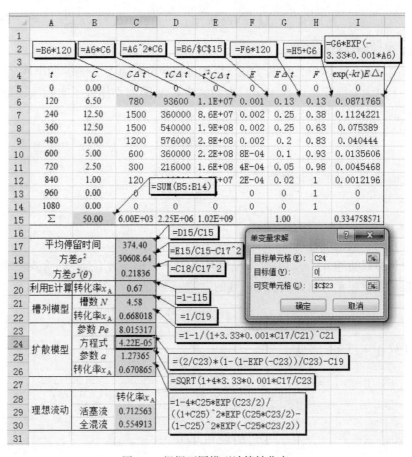

图 8-3　根据不同模型计算转化率

8.2.4　问题扩展

本例若按活塞流或全混流计算，结果如何?

8.2.5　参考解答

对活塞流，$D_e/uL \rightarrow 0$

$$x_A = 1 - \exp(-k\bar{t}) \tag{8-23}$$

对全混流，$D_e/uL \rightarrow \infty$

$$x_A = 1 - \frac{1}{1+k\bar{t}} \tag{8-24}$$

计算结果如图 8-3 中的 C29、C30 所示。按活塞流计算结果转化率约为 0.71，按全混流计算转化率约为 0.56。由此可见，非理想流动反应器若按理想反应器计算将会产生较大偏差。用不同模型计算其数值也不相同，故非理想流动模型的选取至关重要。

第9章 典型气固反应器

在冶金过程中发生的气固反应绝大多数属于高温非催化反应，此类反应的反应器主要有固定床、移动床、流化床等。气固反应器内的固相或气相的流动状态非常复杂，为解析方便，常常利用全混流或活塞流模型对其进行近似处理。此外，由于反应器结构、流体运动状态及反应本身的复杂性，解析过程中涉及的参数、公式等也变得复杂多变。本章针对三种典型冶金气固反应器，利用 Excel 进行数值解析，计算床内浓度及转化率分布特性，为反应器的合理设计奠定基础。

9.1 固定床(一维等温模型)

9.1.1 问题

在如图 9-1 所示的固定床装置中，利用 N_2、CO 混合气体进行氧化铁球团的还原反应如下：

$$1/3Fe_2O_3 + CO \Longrightarrow 2/3Fe + CO_2 \tag{9-1}$$

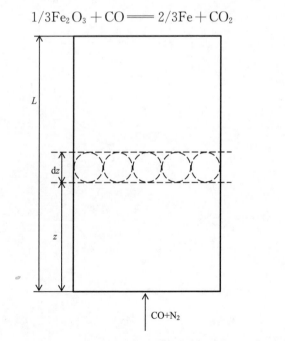

图 9-1 固定床氧化铁球团还原示意图

试就等温条件下对反应过程进行数值解析。计算所需主要参数如表 9-1～表 9-6 所示，其中一些参数的说明见后面的推导及论述过程。

表 9-1　设备及操作参数

项目	符号	程序中使用的符号	单位	值	备注
球团层数	n	N		10	
球团直径	d_p	DP	m	0.0112	
球团半径	r_p	RP	m	0.0056	$r_p = d_p/2$
球团孔隙率	ε_p	EP		0.164	
床层高度	L	L	m	0.112	$L = n \cdot d_p$
固定床直径	d_b	DB	m	0.083	
床层孔隙率	ε_b	EB		0.429	
还原温度	T	TM	K	1233.2	
气体流量	F	F0	m³/s	0.000833333	$F = 50\,(NL/min)$ $= 0.05/60\,(m^3/s)$
CO 摩尔分数	Y_{CO}	Y0		0.4	
CO 浓度	$C_{CO,0}$	C0	mol/m³	3.952710093	$C_{CO,0} = 10^6 \times Y_{CO}/(82.06T)$
空塔流速	u_0	U0	m/s	0.695223579	$u_0 = (T/273.2)F/[\pi(d_b/2)^2]$
气体流速	u	U	m/s	1.620567784	$u = u_0/\varepsilon_b$

表 9-2　物性参数

项目	符号	程序中使用的符号	单位	值	备注
Fe₂O₃ 密度	ρ_s	RS	kg/m³	4120	
Fe₂O₃ 密度	ρ_m	RM	mol/m³	25798.37195	$\rho_m = 1000 \times \rho_s/159.7$
CO 的碰撞积分	Ω_{CO}	QA		0.814391636	注1
N₂ 的碰撞积分	Ω_{N_2}	QN		0.796031475	注1
CO 黏度	μ_{CO}	NA	Pa·s	4.72699E−05	注2
N₂ 黏度	μ_{N_2}	NN	Pa·s	4.59987E−05	注2
混合气体黏度	μ_g	NG	Pa·s	4.65072E−05	$\mu_g = \mu_{CO}Y_{CO} + \mu_{N_2}(1-Y_{CO})$

针对表 9-2 有以下说明。

（1）气体分子的碰撞积分可根据无因次温度 $T/(\varepsilon_i/k) = kT/\varepsilon_i$ 的值确定。其中，ε_i 为气体 i 的分子间最低势能，J；k 为玻尔兹曼常数，J/K。已知当

$kT/\varepsilon_i = 10$ 和 $kT/\varepsilon_i = 20$ 时，碰撞积分值分别为 0.8242、0.7432，则由直线关系及表 9-3 中的数据可得

$$\Omega_{CO} = 0.8242 + (0.7432 - 0.8242) \times (T/110 - 10)/10$$

$$\Omega_{N_2} = 0.8242 + (0.7432 - 0.8242) \times (T/91.5 - 10)/10$$

（2）常压下纯气体的黏度可根据下式计算：

$$\mu_{CO} = 2.67 \times 10^{-6} (M_i T)^{1/2} / (\sigma_i^2 \Omega_i)$$

式中，M_i、σ_i、Ω_i 分别为气体 i 的相对分子质量、分子碰撞直径及碰撞积分。可根据表 9-3 所给数据及碰撞积分的计算结果进行计算。

表 9-3　气体分子间作用力参数

气体组分 i	摩尔质量，$M_i/(g/mol)$	分子碰撞直径，σ_i/m	$\varepsilon_i/(k/K)$
CO	28	3.590×10^{-10}	110
N_2	28	3.681×10^{-10}	91.5

表 9-4　热力学及动力学参数

项目	符号	程序中使用的符号	单位	值	备注
平衡常数	K	KE		0.411800735	$K = \exp(-2.642 + 2164/T)$
平衡浓度	C_{CO}^*	CE	mol/m³	2.799764863	$C_{CO}^* = C_{CO,0}/(1+K)$
速率常数	k_r	KR	m/s	0.007725397	$k_r = \exp[7.55 - 9100/(1.987 \times T)]$ (cm/min) $= 0.01 \times \exp[7.55 - 9100/(1.987 \times T)]/60$ (m/s)

表 9-5　传输参数

项目	符号	程序中使用的符号	单位	值	备注
扩散系数	D	DG	m²/s	0.001094963	$D = 2.592 \times 10^{-6} T^2$ (m²/h) $= 2.592 \times 10^{-6} T^2/3600$ (m²/s)
有效孔隙率	ε_v	EV		0.60708	$\varepsilon_v = 0.53 + 0.47 \times \varepsilon_p$
迷宫度	ξ	XI		0.382488	$\xi = 0.18 + 4.4 \times 10^{-4}(T - 773)$
有效扩散系数	D_e	DE	m²/s	0.000254251	$D_e = \xi \cdot \varepsilon_v \cdot D$
雷诺数	Re	RE		1607913.231	$Re = d_p \rho_s u/\mu_g$
施密特数	Sc	SC		1.03092E-05	$Sc = \mu_g/(\rho_s D)$
气膜传质系数	k_g	KG	m/s	1.814993209	$Sh(= k_g d_p/D) = 2.0 + 0.6 Re^{1/2} Sc^{1/3}$ $\therefore k_g = D(2.0 + 0.6 Re^{1/2} Sc^{1/3})/d_p$

表 9-6　循环计算用无因次参数

项目	符号	程序中使用的符号	单位	值	备注
外扩散	α	A		89.44125197	见式(9-15)
内扩散	β	B		2.237371526	见式(9-16)
反应	δ	D		1.305178676	见式(9-17)
气固摩尔比	γ	P		1.11922E-05	见式(9-18)
位置步长	$\Delta\eta$	HZ		0.1	见图 9-2 及其说明
时间步长	$\Delta\theta$	HT		2	见图 9-2 及其说明

9.1.2　分析

1. 建立模型

1) 假定条件

(1) 床层内反应温度恒定，且反应过程中床层的空隙率保持不变；

(2) 床层内气流的速率恒定，气流为活塞流，且可忽略气体总物质的量浓度的变化；

(3) 忽略径向上床内参数的变化，即转换率和反应气体浓度在径向上保持不变。

2) 基本方程

(1)CO 物料衡算。设在反应时刻 t，取如图 9-1 所示的床层内 $z \sim z + \mathrm{d}z$ 的控制体。对控制体内 CO 进行物料衡算，可得

$$流入速率 - 流出速率 - 消耗速率 = 累积速率$$

即

$$\varepsilon_b u A C_{\mathrm{CO}} - \varepsilon_b u A\left(C_{\mathrm{CO}} + \frac{\partial C_{\mathrm{CO}}}{\partial z}\mathrm{d}z\right) - R_{\mathrm{CO}} A \mathrm{d}z = \varepsilon_b A \mathrm{d}z\,\frac{\partial C_{\mathrm{CO}}}{\partial t} \tag{9-2}$$

将式(9-2)化简，得

$$u_0\,\frac{\partial C_{\mathrm{CO}}}{\partial z} + \varepsilon_b\,\frac{\partial C_{\mathrm{CO}}}{\partial t} = -R_{\mathrm{CO}} \tag{9-3}$$

式中，R_{CO} 为 CO 的消耗速率，$\mathrm{mol}/(\mathrm{m}^3 \cdot \mathrm{s})$；$C_{\mathrm{CO}}$ 为床内反应气体中 CO 的浓度，$\mathrm{mol/m^3}$；u 为床层中气流速率，$\mathrm{m/s}$；$u_0 = \varepsilon_b u$ 为气流空塔速率，$\mathrm{m/s}$；A 为床层的断面积，$\mathrm{m^2}$；ε_b 为床层孔隙率。

(2)床层内 Fe_2O_3 的物料衡算。在反应时间间隔 $t \sim t + \mathrm{d}t$ 内对以上所取的控制体内的 Fe_2O_3 进行物料衡算，可得

$$Fe_2O_3\text{ 的摩尔消耗速率}=1/3\,CO\text{ 的摩尔消耗速率}$$

即

$$(1-\varepsilon_b)A\,\mathrm{d}z\rho_m\left[\left(X+\frac{\partial X}{\partial t}\mathrm{d}t\right)-X\right]=\frac{1}{3}R_{CO}A\,\mathrm{d}t\,\mathrm{d}z \tag{9-4}$$

将式(9-4)化简，得

$$\frac{\partial X}{\partial t}=\frac{R_{CO}}{3(1-\varepsilon_b)\rho_m} \tag{9-5}$$

式中，X 为球团的还原率；ρ_m 为球团的密度，mol/m^3；t 为时间，s。

式(9-3)和式(9-5)是以 R_{CO} 为关联的偏微分方程组，即为本模型的基本方程。

3）缩核模型的应用

根据缩核模型（未反应核模型），在准稳态条件下，对一级不可逆气固反应，有

$$N_A=\frac{4\pi r_p^2 C_{Ab}}{\dfrac{1}{k_g}+\dfrac{r_p}{D_e}\left(\dfrac{r_p}{r_c}-1\right)+\dfrac{1}{k_r}\left(\dfrac{r_p}{r_c}\right)^2} \tag{9-6}$$

对可逆反应，考虑反应平衡常数及平衡状态时反应气体的浓度等参数，对式(9-6)修正后可得

$$N_A=\frac{4\pi r_p^2(C_{Ab}-C_{Ac}^*)}{\dfrac{1}{k_g}+\dfrac{r_p}{D_e}\left(\dfrac{r_p}{r_c}-1\right)+\dfrac{1}{k_r(1+1/K)}\left(\dfrac{r_p}{r_c}\right)^2} \tag{9-7}$$

式中，N_A 为以气体反应物 A 的消耗表示的综合反应速率，mol/s；r_c、r_p 分别为球团的未反应核半径及初始半径，m；C_{Ab}、C_{Ac}^* 分别为气体反应物 A 在气流主体处的浓度及反应处于平衡状态时在反应界面处的浓度，mol/m^3；k_g、k_r、K 分别为气体的传质系数，m/s，反应速率常数，m/s，反应平衡常数；D_e 为气体在产物层内的有效扩散系数，m^2/s。

所以，利用气固反应的缩核模型，本模型中的 R_{CO} 可表达如下：

$$\begin{aligned}
R_{CO}&=(1-\varepsilon_b)\frac{1}{4/3\pi r_p^3}N_{CO}\\[2mm]
&=(1-\varepsilon_b)\frac{1}{4/3\pi r_p^3}\frac{4\pi r_p^2(C_{CO}-C_{CO}^*)}{\dfrac{1}{k_g}+\dfrac{r_p}{D_e}\left(\dfrac{r_p}{r_c}-1\right)+\dfrac{1}{k_r(1+1/K)}\left(\dfrac{r_p}{r_c}\right)^2}\\[2mm]
&=\frac{3(1-\varepsilon_b)(C_{CO}-C_{CO}^*)/r_p}{\dfrac{1}{k_g}+\dfrac{r_p}{D_e}\left[(1-X)^{-1/3}-1\right]+\dfrac{1}{k_r(1+1/K)}(1-X)^{-2/3}}
\end{aligned} \tag{9-8}$$

式中，利用了如下还原率 X 与球团初始半径及未反应核半径间的关系式

$$X = 1 - (r_c/r_p)^3 \qquad (9\text{-}9)$$

可见，R_{CO} 是球团还原率(X)及床内反应气体 CO 浓度(C_{CO})的函数。

4）初始及边界条件

本模型的基本方程[式(9-3)和式(9-5)]的初始及边界条件如下。

初始条件：

$$t = 0: X = 0 \qquad (9\text{-}10)$$

边界条件：

$$z = 0: C_{CO} = C_{CO,0} \qquad (9\text{-}11)$$

在以上给定的初始条件和边界条件下，通过求解偏微分方程组[式(9-3)和式(9-5)]便可得到固定床内沿床层高度方向上球团还原率(X)和 CO 浓度(C_{CO})的分布情况。为了对这些问题顺利实施数值求解，需对基本方程及其边界条件进行无因次化、变形等处理。

2. 优化模型

1）基本方程的无因次化

为便于求解式(9-3)和式(9-5)，引入下列无因次量（公式的左边文字代表该式的项目简称）

浓度　　　　　$\Phi \equiv (C_{CO} - C_{CO}^*)/(C_{CO,0} - C_{CO}^*)$ 　　(9-12)

时间　　　　　$\theta \equiv ut/L$ 　　(9-13)

纵向位置　　　$\eta \equiv z/L$ 　　(9-14)

外扩散　　　　$\alpha \equiv 3(1-\varepsilon_b)k_g L/(r_p u_0)$ 　　(9-15)

内扩散　　　　$\beta \equiv 3(1-\varepsilon_b)D_e L/(r_p^2 u_0)$ 　　(9-16)

反应　　　　　$\delta \equiv 3(1-\varepsilon_b)k_r L(1+1/K)/(r_p u_0)$ 　　(9-17)

气固反应物摩尔比 $\gamma \equiv \varepsilon_b(C_{CO,0} - C_{CO}^*)/[3\rho_m(1-\varepsilon_b)]$ 　　(9-18)

则基本方程式(9-3)、式(9-5)可改写成如下无因次形式（证明过程见后面的"公式推导"部分）

$$\frac{\partial \Phi}{\partial \eta} + \frac{\partial \Phi}{\partial \theta} = -\lambda(X)\Phi \qquad (9\text{-}19)$$

$$\frac{\partial X}{\partial \theta} = \gamma\lambda(X)\Phi \qquad (9\text{-}20)$$

式中，

$$\lambda(X) = \{\alpha^{-1} + \beta^{-1}[(1-X)^{-1/3} - 1] + \delta^{-1}(1-X)^{-2/3}\}^{-1} \qquad (9\text{-}21)$$

初始和边界条件，即式(9-10)、式(9-11)可改写为

初始条件：$\qquad\qquad\theta=0，X=0$ （9-22）

边界条件：$\qquad\qquad\eta=0，\Phi=1$ （9-23）

2) 无因次基本方程的变形

对模型的基本方程，即式(9-19)和式(9-20)中的 Φ 和 X 求全微分得

$$d\Phi=\frac{\partial\Phi}{\partial\theta}d\theta+\frac{\partial\Phi}{\partial\eta}d\eta \tag{9-24}$$

$$dX=\frac{\partial X}{\partial\theta}d\theta+\frac{\partial X}{\partial\eta}d\eta \tag{9-25}$$

在 $(\theta，\eta)$ 二维空间中定义如下两族特征曲线

$$\begin{cases}\theta-\eta=\text{constant}\\\eta=\text{constant}\end{cases} \tag{9-26}$$

即

$$\begin{cases}d\theta/d\eta=1\\d\eta/d\theta=0\end{cases} \tag{9-27}$$

将式(9-27)代入式(9-24)及式(9-25)中，原双曲形偏微分方程组［模型方程式(9-19)和式(9-20)］变为如下常微分方程组：

$$\frac{d\Phi}{d\eta}=\frac{\partial\Phi}{\partial\theta}\frac{d\theta}{d\eta}+\frac{\partial\Phi}{\partial\eta}=\frac{\partial\Phi}{\partial\theta}+\frac{\partial\Phi}{\partial\eta}=-\lambda(X)\Phi \tag{9-28}$$

$$\frac{dX}{d\theta}=\frac{\partial X}{\partial\theta}+\frac{\partial X}{\partial\eta}\frac{d\eta}{d\theta}=\frac{\partial X}{\partial\theta}=\gamma\lambda(X)\Phi \tag{9-29}$$

3) 常微分方程组的初始及边界条件

在初始条件 $(\theta-\eta=0)$ 下，将 $X=0$ 代入式(9-28)中并积分得

$$\int_1^\Phi\frac{d\Phi}{\Phi}=-\int_0^\eta\lambda(X)d\eta=-\int_0^\eta(\alpha^{-1}+\delta^{-1})^{-1}d\eta \tag{9-30}$$

即

$$\Phi=\exp\left(-\frac{\alpha\delta}{\alpha+\delta}\eta\right) \tag{9-31}$$

在边界条件 $(\eta=0)$ 下，将 $\Phi=1$ 代入式(9-29)中并积分得

$$\int_0^\theta\gamma d\theta=\int_0^X\frac{dX}{\lambda(X)} \tag{9-32}$$

即

$$\gamma\theta=\int_0^X\{\alpha^{-1}+\beta^{-1}[(1-X)^{-1/3}-1]+\delta^{-1}(1-X)^{-2/3}\}dX$$

$$= X(\alpha^{-1} - \beta^{-1}) + 3/2\beta^{-1}[1 - (1-X)^{2/3}] + 3\delta^{-1}[1 - (1-X)^{1/3}]$$

$$(9\text{-}33)$$

根据式(9-33)可利用非线性方程求根法求得在给定反应时间内边界上(固定床内最低层球团)的还原率 $X(\theta < \theta_c)$。当其达到最大值 1 时，反应时间为

$$\theta_c = \frac{1}{\gamma}\left(\frac{1}{\alpha} + \frac{1}{2\beta} + \frac{3}{\delta}\right) \tag{9-34}$$

当 $\theta \geqslant \theta_c$ 时，$X=1$。

根据以上分析，对应常微分方程组[即式(9-28)、式(9-29)]的初始条件及边界条件总结如下。

初始条件：

$$\theta - \eta = 0:$$
$$\begin{cases} X = 0 \\ \varPhi = \exp\left(-\dfrac{\alpha\delta}{\alpha + \delta}\eta\right) \end{cases} \tag{9-35}$$

边界条件：

$$\eta = 0:$$
$$\begin{cases} \theta \geqslant \theta_c: \ X = 1 \\ \theta < \theta_c: \ \gamma\theta = X(\alpha^{-1} - \beta^{-1}) + 3/2\beta^{-1}[1 - (1-X)^{2/3}] + 3\delta^{-1}[1 - (1-X)^{1/3}] \\ \varPhi = 1 \end{cases}$$

$$(9\text{-}36)$$

至此，利用龙格-库塔法数值求解常微分方程组[即式(9-28)、式(9-29)]的条件已经具备。

9.1.3　算法

1. 求解联立常微分方程组

将式(9-26)所示的两族特征曲线离散化，离散化后的特征曲线将空间位置、时间构成的二维计算区域离散成如图 9-2 所示的网格及格点(特征曲线的交点，如图中"○"所示)。在以上初始条件和边界条件[式(9-35)及式(9-36)]下，按照如图 9-2 所示的计算网格对相应的格点实施计算：沿时间递增的横向根据式(9-29)运用四阶龙格-库塔方法求得下一时刻固定床内各高度方向上球团的还原率 X；沿空间位置递增的纵向根据式(9-28)运用四阶龙格-库塔方法求得下一时刻固定床内各高度方向上还原气体浓度 $\varPhi$。在本例的计算中，取 $\Delta\eta = 1/n$(n 为固定床中球团的层数)，无因次时间步长 $\Delta\theta$ 取正整数(1，2，3…)。在反应开始

的速率较快阶段可取 $\Delta\theta=1$ 或 $\Delta\theta=2$，到反应后期 X 及 Φ 的变化速率较慢时可适当增加时间步幅，如 $\Delta\theta=4$、$\Delta\theta=10$ 等。所计算的格点无因次时间坐标 $\theta_i=\eta_i+J\times\Delta\theta$（$J$ 为循环计算次数，J、$\Delta\theta$、$\theta_i-\eta_i$ 皆为正整数，$i=0\sim n$）。例如，对 $\eta_1=1/n$ 的格点，当取 $\Delta\theta=2$ 时，计算格点将按 A→B→C→⋯的方式递进。

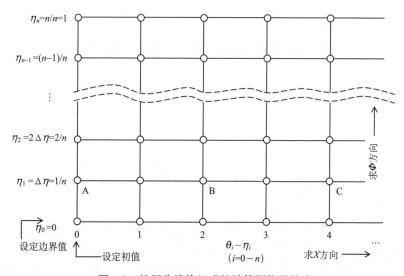

图 9-2　特征曲线族组成的计算网格及格点

按照图 9-3 中所示的计算方法在时间轴方向（横向）上推进，即可求得随着反应时间的推移，床层内过程参数 X 和 Φ 的分布。

2. 求解边界条件中的非线性方程

根据式(9-36)所示的边界条件，令边界处转化率函数 $F(X)$ 为

$$F(X)=X(\alpha^{-1}-\beta^{-1})+3/2\beta^{-1}\left[1-(1-X)^{2/3}\right]+3\delta^{-1}\left[1-(1-X)^{1/3}\right]-\gamma\theta$$

$$(9\text{-}37)$$

根据本例所给条件，可求得 $F(X)$ 随转化率 X 的变化关系如图 9-4 所示（其中，区域 B9：F228 复制了单元格 B9 所示的公式，可利用鼠标采用左右、上下拖动单元格填充柄的方法进行复制）。由图 9-4 可见，曲线整体随时间 θ 的增加而向下方移动，边界处的转化率 X（对应 $F(X)=0$ 的根 X）随时间 θ 的增加而增加，当 $\theta=\theta_c$ 时，X 达最大值 1。由于 $F(X)$ 是 X 的单调递增函数且 $F(0)\cdot F(1)<0$，故可采用简单直观的线性插值二分法确定非线性方程 $F(X)=0$ 的根 X。具体算法如下：

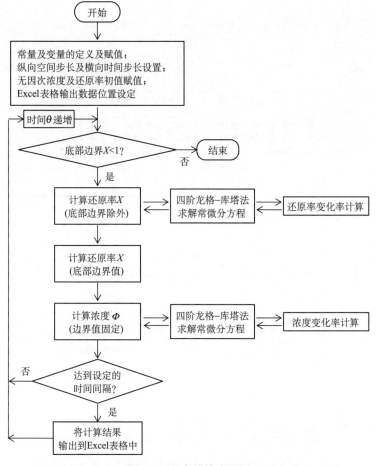

图 9-3 程序计算流程图

（1）$Y \leftarrow 0$（根的初始值）；

（2）若 $F(0) \cdot F(1) > 0$，则 $X \leftarrow 1$，结束计算；否则重复执行（3）、（4）步骤，直至 $|F(X)| < 0.0001$ 为止；

（3）$X \leftarrow Y - (1-Y) \dfrac{F(Y)}{F(1) - F(Y)}$；

（4）$Y \leftarrow X$；

（5）X 即为所求根。

本例中，根据函数 $F(X)$ 的性质，将 $F(0) \cdot F(1) > 0$ 作为边界处转化率 $X = 1$ 的判据。

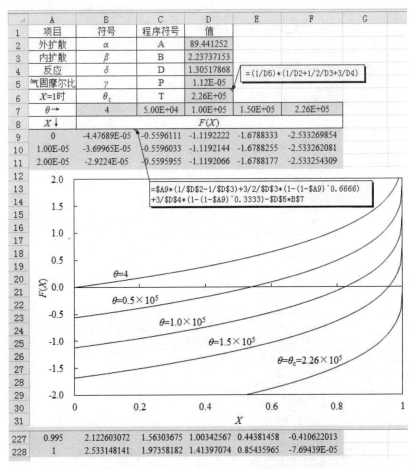

图 9-4　边界条件中的转化率函数 $F(X)$ 随转化率 X 的变化关系

9.1.4　求解

在 Excel 中新建工作表，将表 9-1～表 9-6 所示的数据及计算公式对应地输入到该工作表的单元格中，如图 9-5、图 9-6 所示(其实，表 9-1～表 9-6 中"值"一列的数据是依据 Excel 计算的结果)。将数据及公式输入到有颜色填充的单元格中，其中标有备注标记的单元格(右上角标有三角符号)表示其中为公式输入。在工作表中设置程序执行按钮，命名为"固定床解析"，点击该按钮后程序便自动执行(设置方法：点击"插入"→"按钮(窗体控件)"→命名后将其链接到主程序 FixedBed_Click()中)。程序代码如图 9-7～图 9-11 所示。需要说明的是，与前述举例不同，在本例的程序设计中由于需要对两个变量进行循环计算(浓度 Φ 及

转化率 X)，且有一个求解边界处非线性方程的问题，计算量相对较大，故将式(9-28)及式(9-29)所示的右函数设置在程序中，在单元格中只输入常量(方便模型条件的调整)，这样可加快程序的运行速率。此外，程序计算中使用的是无因次时间 θ，而输出结果时将其转化为实际时间 $t(\min)$，以方便分析讨论。

	A	B	C	D	E	F	G	H
1								
2		分类	项目	符号	程序符号	单位	值	
3			球团层数	n	N		10	固定床解析
4			球团直径	d_p		m	0.0112	
5			球团半径	r_p		m	0.0056	
6			球团孔隙率	ε_p			0.164	
7			床层高度	L		m	0.112	
8			固定床直径	d_b		m	0.083	
9		设备及操作参数	床层孔隙率	ε_b			0.429	
10			还原温度	T		K	1233.2	
11			气体流量	F		m^3/s	0.00083	
12			CO摩尔分数	Y_{CO}			0.4	
13			CO浓度	$C_{CO,0}$		mol/m^3	3.95271	
14			空塔流速	u_0		m/s	0.69522	
15			气体流速	u		m/s	1.62057	
16								
17			Fe_2O_3密度	ρ_s		kg/m^3	4120	
18			Fe_2O_3密度	ρ_m		mol/m^3	25798.4	
19			CO碰撞积分	Ω_{CO}			0.81439	
20		物性参数	N_2碰撞积分	Ω_{N2}			0.79603	
21			CO粘度	μ_{CO}		Pa·s	4.7E-05	
22			N_2粘度	μ_{N2}		Pa·s	4.6E-05	
23			混合气体粘度	μ_g		Pa·s	4.7E-05	

图 9-5　数据输入

计算所得数据及图形显示结果如图 9-12 和图 9-13 所示。其中，图 9-12 中 U 列的平均转化率(在 U2 中标有"平均 X")以及图 9-13 中 AG 列的平均浓度(在 AG2 中标有"平均 Φ")是在程序执行后在相应列的单元格中利用 Excle 函数公式"＝AVERAGE()"求得。可仅在相应列的第 3 行输入公式(图中已标出)，然后采用复制方法即可轻易完成该列其余行的公式输入。由图 9-12 和图 9-13 可见，底部和顶部的还原率存在较大差距。由于还原气体在穿过床层过程中被消耗，造成顶部还原气体的浓度较低；随着反应时间的推移，整体平均还原率逐渐增大，顶部还原气体浓度与床层平均还原气体浓度之间的差距逐渐减小。

	A	B	C	D	E	F	G	H
24								
25		热力学动力学参数	平衡常数	K			0.4118	
26			平衡浓度	C_{CO}^*		mol/m³	2.79976	
27			速度常数	k_r		m/s	0.00773	
28								
29		传输参数	扩散系数	D		m²/s	0.00109	
30			有效孔隙率	ε_v			0.60708	
31			迷宫度	ξ			0.38249	
32			有效扩散系数	D_e		m²/s	0.00025	
33			雷诺数	Re			1607913	
34			施密特数	Sc			1E-05	
35			气膜传质系数	k_g		m/s	1.81499	
36								
37		循环计算用参数	外扩散	α	A		89.4413	
38			内扩散	β	B		2.23737	
39			反应	δ	D		1.30518	
40			气固摩尔比	γ	P		1.1E-05	
41			位置步长	$\Delta\eta$	HZ		0.1	
42			时间步长	$\Delta\theta$	HT		2	

图 9-6　数据输入(续)

9.1.5　问题扩展

根据计算所得数据，作出在不同反应时间条件下，转化率及无因次浓度在固定床高度方向的分布图，分析反应时间对其分布的影响规律。

9.1.6　参考解答

所作图形如图 9-14、图 9-15 所示。由图 9-14 可知，在反应初期床层底部反应迅速、而上部反应速率较低(曲线呈内凹状)。随着反应时间的推移，底部与顶部的反应速率逐渐趋于一致，这可由反应中期还原率曲线逐渐趋于一条直线可以看出($t=100$min 的曲线)。到反应末期时，由于床层底部球团的还原率已经很高，反应过程中内扩散阻力增大，造成反应速率下降，而此时床层上部球团的还原率相对底部球团较小，反应速率较快(曲线呈外凸状)。

床层内浓度的分布规律与还原率随时间的变化规律相似。由图 9-15 可以看出，反应初期浓度分布曲线呈现内凹的趋势(底部反应较快)，随着反应的进行，曲线的内凹趋势逐渐减弱；当进入还原中期后浓度分布曲线逐渐变为直线；到了反应后期，浓度曲线则呈现出外凸的趋势(上部反应较快)。

(通用) | **FixedBed_Click**

```vb
Option Explicit
Dim X1 As Double        ' 龙格库塔计算X的返回值
Dim C1 As Double        ' 龙格库塔计算Φ的返回值
Dim XT As Double        ' 初值X，调龙格库塔子程序用
Dim CT As Double        ' 初值Φ，调龙格库塔子程序用
Dim HT As Double        ' 时间步长Δθ
Dim HZ As Double        ' 位置步长Δη
Dim A As Double         ' α
Dim B As Double         ' β
Dim D As Double         ' δ
Dim P As Double         ' γ

Dim Z() As Single       ' 床层纵向坐标
Dim C() As Double       ' 无因次浓度Φ
Dim X() As Double       ' 转化率X
Dim T() As Double       ' 无因次时间θ

Dim N As Integer        ' 球团层数
Dim HTmin As Double     ' 横向最小时间步长（正整数）
Dim I As Integer        ' 单元格行号
Dim M As Integer        ' 单元格列号
Dim J As Integer        ' 循环计算次数
Dim K As Integer        ' 纵向坐标序号
Dim Y As Double         ' 非线性方程的根

Sub FixedBed_Click()

N = Cells(3, 7)         ' 球团层数

'——变量定义及赋值
ReDim Z(N) As Single    ' 床层纵向坐标
ReDim C(1, N) As Double ' 无因次浓度Φ
ReDim X(1, N) As Double ' 转化率X
ReDim T(N) As Double    ' 无因次时间θ

A = Cells(37, 7)        ' α
B = Cells(38, 7)        ' β
```

图 9-7 程序代码

```
D = Cells(39, 7)                              ' δ
P = Cells(40, 7)                              ' γ
HZ = Cells(41, 7)                             ' 纵向空间步长（一个球团直径的距离，无因次）
HTmin = Cells(42, 7)                          ' 横向最小时间步长（正整数）

I = 1                                         ' 单元格文字显示（输出数据位置设定）
M = 9                                         ' 单元格初始行号
Cells(I, M) = "位置η→"                        ' 单元格初始列号
Cells(I + 1, M) = "时间t↓"
Cells(I + 1, M + 1) = "转化率X↓"              ' "转化率X↓"
Cells(I + 1, N + M + 3) = Z(K)               ' "浓度↓"，'转化率数据共N+1列，其左边M列，其右边空1列，
                                               故并始列=[(N+1)+M+1]+1；

'                                            赋初值
For K = 0 To N                               ' 床层纵向坐标
Z(K) = HZ * K                                ' 无因次时间初值 θ = η
T(K) = Z(K)                                  ' （全床无因次浓度中的初值
C(0, K) = Exp(-A * D / (A + D) * Z(K))       ' （全床转化率数的初值）
X(0, K) = 0                                  ' 无因次位置（对应转化率）
Cells(I, K + M + 1) = X(0, K)               ' 无因次位置（对无因次浓度）
Cells(I, K + N + M + 3) = Z(K)

Cells(I + 2, M) = 0                          ' 实际时间，min
Cells(I + 2, K + M + 1) = X(0, K)           ' 转化率初值
Cells(I + 2, K + N + M + 3) = C(0, K)       ' 无因次浓度初值
Next

I = I + 3                                    ' 单元格数据位置及计算行次数设定
J = 1                                        ' 单元格行计算次数
'                                            循环计算次数

'                                            循环入口
Do While X(0, 0) < 1                         ' 当底部（见第二个坐标）转化率<1时持续计算

If T(0) > 1000 * HTmin Then                  ' 时间步长的调整
    HT = 5 * HTmin
```

图 9-8　程序代码（续 1）

```
ElseIf T(0) > 100 * HTmin Then
    HT = 2 * HTmin
Else
    HT = HTmin
End If
For K = 0 To N                  '递增一个时间步长
T(K) = T(K) + HT
Next
'                               '计算下一时刻除边界外的还原率值，X(1, K), K=1 to N
For K = 1 To N
    XT = X(0, K)
    CT = C(0, K)
    Call RK_X
    X(1, K) = X1
Next
'                               '计算下一时刻边界除还原率值，X(1,0)，插值二分法
Y = 0
If (F(0) * F(1) > 0) Then
    X(1, 0) = 1
Else
    Do                          '非线性方程根的初始值
    X(1, 0) = Y - (1 - Y) * F(Y) / (F(1) - F(Y))
    Y = X(1, 0)
    Loop Until Abs(F(Y)) < 0.0001
End If
'                               '计算下一时刻除边界外的浓度值，C(1, K), K=1 to N
C(1, 0) = 1
For K = 1 To N                  '浓度边界条件
    XT = (X(1, K - 1) + X(1, K)) / 2
    CT = C(1, K - 1)
    Call RK_C
    C(1, K) = C1
Next
'                               '为下一次计算做准备
For K = 0 To N
C(0, K) = C(1, K)
```

图 9-9　程序代码(续 2)

```
    X(0, K) = X(1, K)
  Next
'                                 ——每计算J次后记录数据
  If J = 500 Then
    Cells(I, M) = T(0) * Cells(7, 7) / Cells(15, 7) / 60  '以最底层位置时间T(0)为准
    For K = 0 To N
      Cells(I, K + M + 1) = X(1, K)        '转化率
      Cells(I, K + N + M + 3) = C(1, K)    '无因次浓度
    Next
    I = I + 1    '记录数据用单元格行号递增（计算时间层序号，每一层有N+1组数据，每一组包括浓度和转化率）
    J = 0        '记录数据标准（计算次数）归零
  End If
  J = J + 1      '累积计算次数
Loop
End Sub


Public Sub RK_X()          '——龙格库塔法计算还原率
Dim K1 As Double
Dim K2 As Double
Dim K3 As Double
Dim K4 As Double

K1 = HT * FX(XT)
K2 = HT * FX(XT + K1 / 2)
K3 = HT * FX(XT + K2 / 2)
K4 = HT * FX(XT + K3)
X1 = XT + (K1 + 2 * K2 + 2 * K3 + K4) / 6

End Sub

Public Function FX(X)      '——计算还原率用的右函数（还原率随时间的变化率）
FX = P * CT / (1 / A + 1 / B * (1 - X) ^ 0.3333 - 1) + 1 / D * (1 - X) ^ 0.6667)
End Function

Public Sub RK_C()          '——龙格库塔法计算浓度
Dim K1 As Double
Dim K2 As Double
```

图 9-10　程序代码(续 3)

```
Dim K2 As Double
Dim K3 As Double
Dim K4 As Double

K1 = HZ * FC(CT)
K2 = HZ * FC(CT + K1 / 2)
K3 = HZ * FC(CT + K2 / 2)
K4 = HZ * FC(CT + K3)
C1 = CT + (K1 + 2 * K2 + 2 * K3 + K4) / 6

End Sub

Public Function FC(C)    '――――计算浓度用的右函数（浓度随位置的变化率）
FC = -C / (1 / A + 1 / B * (1 / (1 - XT) ^ 0.3333 - 1) + 1 / D / (1 - XT) ^ 0.6667)
End Function

Public Function F(X)    '――――二分法求方程的根时所用的函数式
F = X * (1 / A - 1 / B) + 3 / 2 / B * (1 - (1 - X) ^ 0.6666) + 3 / D * (1 - (1 - X) ^ 0.3333) - P * T(0)
End Function
```

图 9-11 程序代码（续 4）

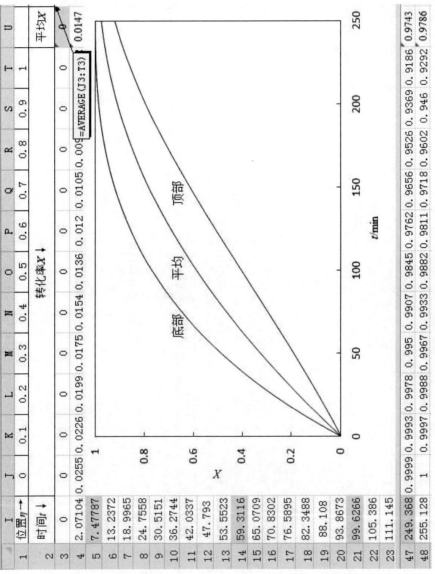

	I	J	K	L	M	N	O	P	Q	R	S	T	U
1	位置η→	0	0.1	0.2	0.3	0.4	0.5	0.6	0.7	0.8	0.9	1	平均X
2	时间t↓				转化率X↓								
3		0	0	0	0	0	0	0	0	0	0	0	0
4	2.07104	0	0.0255	0.0226	0.0199	0.0175	0.0154	0.0136	0.012	0.0105	0.009	0	0.0147
5	7.47787												
6	13.2372												
7	18.9965												
8	24.7558												
9	30.5151												
10	36.2744												
11	42.0337												
12	47.793												
13	53.5523												
14	59.3116												
15	65.0709												
16	70.8302												
17	76.5895												
18	82.3488												
19	88.108												
20	93.8673												
21	99.6266												
22	105.386												
23	111.145												
47	249.368	0.9999	0.9993	0.9978	0.995	0.9907	0.9845	0.9762	0.9656	0.9526	0.9369	0.9186	0.9743
48	255.128	1	0.9997	0.9988	0.9967	0.9933	0.9882	0.9811	0.9718	0.9602	0.946	0.9292	0.9786

=AVERAGE(J3:T3)

图 9-12　转化率 X 与时间 t 的关系

	I	V	W	X	Y	Z	AA	AB	AC	AD	AE	AF	AG
1	位置η→	0	0.1	0.2	0.3	0.4	0.5	0.6	0.7	0.8	0.9	1	平均Φ
2	时间↓						浓度Φ↓						
3	0	1	1										1
4	2.07104	1	0.8793	0.7732	0.6798	0.5978	0.5256	0.4622	0.4064	0.3573	0.3142	0.2763	0.5701757
5	7.47787	1	0.8816	0.777	0.6846	0.603	0.5311	0.4676	0.4117				0.5744169
6	13.2372												
7	18.9965												
8	24.7558												
9	30.5151												
10	36.2744												
11	42.0337												
12	47.793												
13	53.5523												
14	59.3116												
15	65.0709												
16	70.8302												
17	76.5895												
18	82.3488												
19	88.108												
20	93.8673												
21	99.6266												
22	105.386												
23	111.145												
47	249.368	1	0.9993	0.9977	0.9949	0.9905	0.9842	0.9759	0.9652	0.9521	0.9364	0.9181	0.9740335
48	255.128	1	0.9996	0.9986	0.9965	0.993	0.9878	0.9807	0.9713	0.9596	0.9454	0.9285	0.9782893

=AVERAGE(V3:AF3)

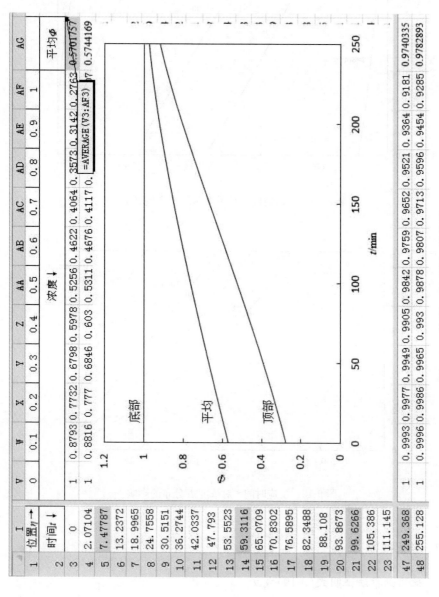

图 9-13　浓度 Φ 与时间 t 的关系

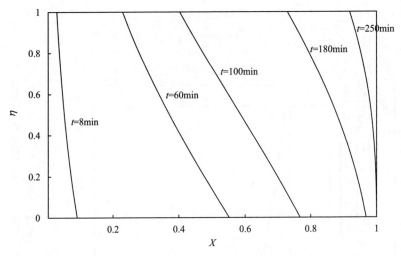

图 9-14　反应时间 t 对还原率 X 分布的影响

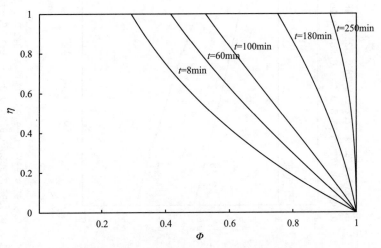

图 9-15　反应时间 t 对浓度 Φ 分布的影响

9.1.7　公式推导

1. 采用倒推法证明式(9-19)成立

式(9-19)为

$$\frac{\partial \Phi}{\partial \eta} + \frac{\partial \Phi}{\partial \theta} = -\lambda(X)\Phi \qquad (9\text{-}38)$$

代入相关变量，得

$$\frac{\partial[(C_{CO}-C_{CO}^*)/(C_{CO,0}-C_{CO}^*)]}{\partial(z/L)}+\frac{\partial[(C_{CO}-C_{CO}^*)/(C_{CO,0}-C_{CO}^*)]}{\partial(ut/L)}$$

$$=-\{\alpha^{-1}+\beta^{-1}[(1-X)^{-1/3}-1]$$
$$+\delta^{-1}(1-X)^{-2/3}\}^{-1}[(C_{CO}-C_{CO}^*)/(C_{CO,0}-C_{CO}^*)]$$

$$(9-39)$$

消去 $(C_{CO,0}-C_{CO}^*)$，得

$$\frac{\partial[(C_{CO}-C_{CO}^*)]}{\partial(z/L)}+\frac{\partial[(C_{CO}-C_{CO}^*)]}{\partial(ut/L)}$$

$$=-\{\alpha^{-1}+\beta^{-1}[(1-X)^{-1/3}-1]+\delta^{-1}(1-X)^{-2/3}\}^{-1}[(C_{CO}-C_{CO}^*)]$$

$$(9-40)$$

消去 $\partial[(C_{CO}-C_{CO}^*)]$ 中的 C_{CO}^*，得

$$\frac{\partial C_{CO}}{\partial(z/L)}+\frac{\partial C_{CO}}{\partial(ut/L)}$$

$$=-\left\{\frac{1}{3(1-\varepsilon_b)k_gL/(r_pu_0)}+\frac{1}{3(1-\varepsilon_b)D_eL/(r_p^2u_0)}[(1-X)^{-1/3}-1]\right.$$
$$\left.+\frac{1}{3(1-\varepsilon_b)k_rL(1+1/K)/(r_pu_0)}(1-X)^{-2/3}\right\}^{-1}$$
$$(C_{CO}-C_{CO}^*)$$

$$(9-41)$$

消去 L，得

$$\frac{\partial C_{CO}}{\partial(z)}+\frac{\partial C_{CO}}{\partial(ut)}$$

$$=-\left\{\frac{1}{3(1-\varepsilon_b)k_g/(r_pu_0)}+\frac{1}{3(1-\varepsilon_b)D_e/(r_p^2u_0)}[(1-X)^{-1/3}-1]\right.$$
$$\left.+\frac{1}{3(1-\varepsilon_b)k_r(1+1/K)/(r_pu_0)}(1-X)^{-2/3}\right\}^{-1}$$
$$(C_{CO}-C_{CO}^*)$$

$$(9-42)$$

上式两边同乘 u_0，得

$$u_0 \frac{\partial C_{CO}}{\partial (z)} + \varepsilon_b \frac{\partial C_{CO}}{\partial t}$$

$$= -\frac{(C_{CO} - C_{CO}^*)}{\left\{ \begin{array}{l} \dfrac{1}{3(1-\varepsilon_b)k_g/(r_p)} + \dfrac{1}{3(1-\varepsilon_b)D_e/(r_p^2)} \left[(1-X)^{-1/3} - 1\right] \\ + \dfrac{1}{3(1-\varepsilon_b)k_r(1+1/K)/(r_p)} (1-X)^{-2/3} \end{array} \right\}} \quad (9\text{-}43)$$

即

$$u_0 \frac{\partial C_{CO}}{\partial (z)} + \varepsilon_b \frac{\partial C_{CO}}{\partial t}$$

$$= -\frac{3(1-\varepsilon_b)(C_{CO} - C_{CO}^*)/r_p}{\dfrac{1}{k_g} + \dfrac{r_p}{D_e}\left[(1-X)^{-1/3} - 1\right] + \dfrac{1}{k_r(1+1/K)}(1-X)^{-2/3}} \quad (9\text{-}44)$$

即

$$u_0 \frac{\partial C_{CO}}{\partial z} + \varepsilon_b \frac{\partial C_{CO}}{\partial t} = -R_{CO} \quad (9\text{-}45)$$

式(9-45)即式(9-3)，证毕。

2. 采用倒推法证明式(9-20)成立

式(9-20)为

$$\frac{\partial X}{\partial \theta} = \gamma \lambda (X) \Phi \quad (9\text{-}46)$$

代入相关变量得

$$\frac{\partial X}{\partial (ut/L)}$$

$$= \{\varepsilon_b (C_{CO,0} - C_{CO}^*)/[3\rho_m(1-\varepsilon_b)]\} \quad (9\text{-}47)$$

$$\{\alpha^{-1} + \beta^{-1}\left[(1-X)^{-1/3} - 1\right] + \delta^{-1}(1-X)^{-2/3}\}^{-1}$$

$$[(C_{CO} - C_{CO}^*)/(C_{CO,0} - C_{CO}^*)]$$

消去$(C_{CO,0} - C_{CO}^*)$，得

$$\frac{\partial X}{\partial (ut/L)}$$

$$= \{\varepsilon_b/[3\rho_m(1-\varepsilon_b)]\} \left\{ \begin{array}{l} \alpha^{-1} + \beta^{-1}\left[(1-X)^{-1/3} - 1\right] \\ + \delta^{-1}(1-X)^{-2/3} \end{array} \right\}^{-1} [(C_{CO} - C_{CO}^*)]$$

$$(9\text{-}48)$$

两边同乘 u/L，得

$$
\begin{aligned}
\frac{\partial X}{\partial t} = &\{1/[3\rho_m(1-\varepsilon_b)]\}\left\{ \frac{\frac{1}{3(1-\varepsilon_b)k_g/(r_p)}+\frac{1}{3(1-\varepsilon_b)D_e/(r_p^2)}}{[(1-X)^{-1/3}-1]} + \frac{1}{3(1-\varepsilon_b)k_r(1+1/K)/(r_p)}(1-X)^{-2/3} \right\}^{-1} \\
&(C_{CO}-C_{CO}^*)
\end{aligned}
$$

(9-49)

即

$$
\frac{\partial X}{\partial t} = \{1/\rho_m\}\left\{ \frac{\frac{1}{k_g/(r_p)}+\frac{1}{D_e/(r_p^2)}[(1-X)^{-1/3}-1]}{+\frac{1}{k_r(1+1/K)/(r_p)}(1-X)^{-2/3}} \right\}^{-1}(C_{CO}-C_{CO}^*)
$$

(9-50)

即

$$
\frac{\partial X}{\partial t} = \frac{1}{3(1-\varepsilon_b)\rho_m}\frac{3(1-\varepsilon_b)(C_{CO}-C_{CO}^*)/r_p}{\frac{1}{k_g}+\frac{r_p}{D_e}[(1-X)^{-1/3}-1]+\frac{1}{k_r(1+1/K)}(1-X)^{-2/3}}
$$

(9-51)

即

$$
\frac{\partial X}{\partial t} = \frac{R_{CO}}{3(1-\varepsilon_b)\rho_m}
$$

(9-52)

式(9-52)与式(9-5)相同，证毕。

9.1.8　符号列表

A：床层的横截面积(m^2)；

C_{Ab}：气体反应物 A 在气流主体处的浓度(mol/m^3)；

C_{CO}：床内反应气体中 CO 的浓度(mol/m^3)；

$C_{CO,0}$：床内反应气体中 CO 的边界($z=0$ 处)浓度(mol/m^3)；

C_{CO}^*：反应处于平衡状态时气体反应物 CO 在反应界面处的浓度(mol/m^3)；

C_{Ac}^*：反应处于平衡状态时气体反应物 A 在反应界面处的浓度(mol/m^3)；

d_b：固定床直径(m)；

d_p：球团直径(m)；

D：气体扩散系数($\mathrm{m^2/s}$)；

D_e：气体在产物层内的有效扩散系数($\mathrm{m^2/s}$)；

F：流量($\mathrm{m^3/s}$)；

k：玻尔兹曼常量(J/K)；

k_r：反应速率常数(m/s)；

k_g：气膜中气体的传质系数(m/s)；

K：反应平衡常数；

L：长度或床层高度(m)；

M_i：气体 i 的摩尔质量(g/mol)；

n：固定床中球团的层数；

N_A：以气体反应物 A 的消耗表示的综合反应速率(mol/s)；

r_c：颗粒或球团的未反应核半径(m)；

r_p：颗粒或球团的初始半径(m)；

R_CO：CO 的消耗速率，$[\mathrm{mol/(m^3 \cdot s)}]$；

t：时间(s)；

T：温度(K)；

u：气体流速(m/s)；

u_0：气流空塔速率(m/s)，$u_0=\varepsilon_\mathrm{b}u$；

X：颗粒或球团的转化率(还原率)；

Y_CO：CO 的摩尔分数；

z：距离(m)；

α：无因次参数；

β：无因次参数；

δ：无因次参数或气泡体积分数；

γ：床层内气固反应物摩尔比或气泡中颗粒体积分数；

ρ_m：颗粒或球团的摩尔密度($\mathrm{mol/m^3}$)；

ρ_s：颗粒或球团的质量密度($\mathrm{kg/m^3}$)；

Φ：无因次浓度；

θ：无因次时间；

θ_c：固定床内最低层球团的反应完全无因次时间；

η：无因次纵向位置(床层高度的无因次坐标)；

ξ：迷宫度；

ε_i：气体 i 的分子间最低势能(J)；

ε_b：床层孔隙率；

ε_p：球团孔隙率；

ε_v：球团有效孔隙率；

σ_i：气体 i 的分子碰撞直径(m)；

Ω_{CO}：CO 分子的碰撞积分；

Ω_{N_2}：N₂分子的碰撞积分；

Ω_i：气体 i 分子的碰撞积分；

μ_{CO}：CO 气体黏度(Pa·s)；

μ_{N_2}：N₂气体黏度(Pa·s)；

μ_g：混合气体黏度(Pa·s)。

9.2　移动床(一维扩散等温模型)

9.2.1　问题

在逆流式移动床装置中进行的氧化铁球团的还原反应如下：

$$1/3Fe_2O_3 + CO = 2/3Fe + CO_2 \qquad (9\text{-}53)$$

或

$$1/3Fe_2O_3 + H_2 = 2/3Fe + H_2O \qquad (9\text{-}54)$$

试在等温条件下对反应过程进行数值解析。

9.2.2　分析

1. 建立模型

1) 假定条件

①床层内气固两相温度相同且均匀一致；②颗粒和气流两相在半径方向上均没有组成分布；③颗粒移动为活塞流，而气流有混合扩散影响；④操作在稳态下进行。

2) 基本方程

设想在如图 9-16 所示的逆流式移动床反应器中进行如式(9-53)或式(9-54)所示的反应。以下，以式(9-53)反应为例进行基本方程的推导。

(1) CO 物料衡算。设在反应时刻 t，取如图 9-16 所示的床层内 $z \sim z + dz$ 的控制体。对控制体内 CO 进行物料衡算，可得

(流入速率＋扩散入速率)－(流出速率＋扩散出速率)－消耗速率＝0

即

$$\left[\varepsilon_b u\left(C_{CO} + \frac{dC_{CO}}{dz}dz\right) + \varepsilon_b D_z \frac{d}{dz}\left(C_{CO} + \frac{dC_{CO}}{dz}dz\right)\right]A$$

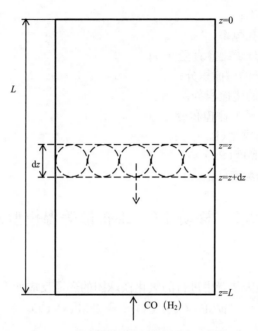

图 9-16　移动床氧化铁球团还原示意图

$$-\left(\varepsilon_b u C_{CO} + \varepsilon_b D_z \frac{dC_{CO}}{dz}\right)A - R_{CO}A dz = 0 \tag{9-55}$$

将上式化简，得

$$\varepsilon_b D_z \frac{d^2 C_{CO}}{dz^2} + u_0 \frac{dC_{CO}}{dz} - R_{CO} = 0 \tag{9-56}$$

（2）床层内 Fe_2O_3 的物料衡算。对控制体内 Fe_2O_3 进行物料衡算，可得

　　　Fe_2O_3 流入速率 $-$ Fe_2O_3 流出速率 $=$ Fe_2O_3 反应转化速率

即

$$G_B(1-X)A - G_B[1-(X+dX)]A = (1/3)M_B R_{CO}A dz \tag{9-57}$$

将上式化简，得

$$dX/dz = M_B R_{CO}/(3G_B) \tag{9-58}$$

式中，G_B 为移动床物料入口处 Fe_2O_3 的质量通量，$g/(m^2 \cdot s)$；M_B 为 Fe_2O_3 的分子质量，g/mol。

式（9-56）及式（9-58）即为本模型的基本方程，其边界条件为

$$z = 0：dC_{CO}/dz = 0，\quad X = 0 \tag{9-59}$$

$$z = L：D_z \frac{dC_{CO}}{dz} = u(C_{CO,0} - C_{CO}) \tag{9-60}$$

2. 优化模型

1) 基本方程的无因次化

为便于求解式(9-56)及式(9-58)，引入下列无因次量(公式的左边文字代表该式的项目简称)：

浓度　　　　　　　　$\Phi \equiv (C_{CO} - C_{CO}^{*}) / (C_{CO, 0} - C_{CO}^{*})$ 　　　　　　　　(9-61)

反应位置　　　　　　$\xi \equiv r_c / r_p$ 　　　　　　　　(9-62)

纵向位置　　　　　　$\eta \equiv z / L$ 　　　　　　　　(9-63)

准数　　　　　　　　$Pe \equiv uL / D_z$ 　　　　　　　　(9-64)

外扩散　　　　　　　$\alpha \equiv (r_p u_0) / [3(1 - \varepsilon_b) k_g L]$ 　　　　　　　　(9-65)

内扩散　　　　　　　$\beta \equiv k_g r_p / D_e$ 　　　　　　　　(9-66)

反应　　　　　　　　$\delta \equiv k_g / [k_r (1 + 1/K)]$ 　　　　　　　　(9-67)

气固反应物摩尔比　$\gamma \equiv M_B u_0 (C_{CO, 0} - C_{CO}^{*}) / (3G_B)$ 　　　　　　　　(9-68)

其他　　　　　　　　$\kappa \equiv (1 - \beta) \gamma^2 + \beta \gamma + \delta$ 　　　　　　　　(9-69)

则基本方程式(9-56)、式(9-58)可改写成如下无因次形式(证明过程见后面的"公式推导"部分)：

$$\frac{1}{Pe} \frac{d^2 \Phi}{d \eta^2} + \frac{d \Phi}{d \eta} = \frac{\xi^2}{\kappa \alpha} \Phi \qquad (9\text{-}70)$$

$$\frac{d \xi}{d \eta} = -\frac{\gamma}{\kappa \alpha} \Phi \qquad (9\text{-}71)$$

边界条件，即式(9-59)、式(9-60)可改写为

$$\eta = 0: \quad d\Phi/d\eta = 0, \quad \xi = 1 \qquad (9\text{-}72)$$

$$\eta = 1: \quad (d\Phi/d\eta) / Pe + \Phi = 1 \qquad (9\text{-}73)$$

2) 无因次基本方程的变形

引入变量 Ω，将二阶微分方程式(9-70)化为两个一阶常微分方程，即

$$d\Phi/d\eta = \Omega \qquad (9\text{-}74)$$

$$d\Omega/d\eta = Pe [\xi^2 \Phi/(\kappa \alpha) - \Omega] \qquad (9\text{-}75)$$

边界条件化为

$$\eta = 0: \quad \Omega = 0, \quad \xi = 1 \qquad (9\text{-}76)$$

$$\eta = 1: \quad \Omega/Pe + \Phi = 1 \qquad (9\text{-}77)$$

至此，得到了由三个变量 Φ、Ω、ξ 组成的常微分方程组[即式(9-74)、式(9-75)、式(9-71)]，此三个变量的初值($\eta = 0$ 时的值)由边界条件[即式(9-76)、式(9-77)]决定。所以，利用龙格-库塔法数值求解该常微分方程组的条件已经具

备。为简化问题，突出求解关键过程，本例中选取主要参数值为：$\alpha=0.017$、$\beta=35.9$、$\delta=23.3$、$\gamma=0.441$，准数 $Pe=2$。计算用的相关参数及公式总结在表 9-7 中。其中，Φ 的初值确定方法见 9.2.3 小节的说明。

表 9-7　计算用的相关参数及公式

微分方程式数	3	其他参数：$Pe=2$ $\alpha=0.017,\ \beta=35.9,\ \delta=23.3$ $\gamma=0.441,\ \kappa=(1-\beta)\gamma^2+\beta\gamma+\delta$	
积分下限	0		
积分上限	1		
积分步长	0.01		
自变量	η		
函数	Φ	Ω	ξ
微分方程式	$\Phi'=\Omega$	$\Omega'=Pe\,[\xi^2\Phi/(\kappa\alpha)-\Omega]$	$\xi'=-(\gamma/\kappa\alpha)\Phi$
函数初值（$\eta=0$）	探索取值，使当 $\eta=1$ 时，$\Omega/Pe+\Phi=1$	0	1

9.2.3　求解

参照表 9-7，设计 Excel 工作表中的参数、公式及计算结果输出方式如图 9-17 所示。图中有颜色填充的单元格部分为数据或公式直接输入区域，采用前述的标准龙格-库塔解析程序(参见第 3 章中的 3.1.2 节)求解常微分方程组，设置程序执行按钮，命名为"移动床解析"，点击该按钮后程序自动执行。在求解过程中，需确定三个函数的初值，而本例中仅提供了 Ω、ξ 的初值，并没有直接给出函数 Φ 的初值(但给出了当 $\eta=1$ 时含有 Φ 的边界条件)。为此，可采用探索法确定 Φ 的初值(探索取值)，即不断改变 Φ 的初值执行程序，直至满足所给的边界条件为止。经过几次探索后，可确定 Φ 的初值为 0.365。

图 9-17 中的 E 列(E15：E115)还原率 X 是根据式(9-78)进行计算而得：

$$X=1-(r_c/r_p)^3=1-\xi^3 \tag{9-78}$$

根据计算结果数据作图，如图 9-18 所示。

9.2.4　问题扩展

准数 Pe 的大小反映了返混程度或偏离理想流动的程度。当 $Pe=\infty$ 时相当于活塞流，当 $Pe=0$ 时相当于全混流。对非理想流动，$0<Pe<\infty$。试针对三个 Pe 值($Pe=2$、20、200)条件下对本例进行计算并图示比较计算结果。

9.2.5　参考解答

改变准数 Pe 的值(即图 9-17 中所示的单元格 G1 的值)，进行同样的探索，

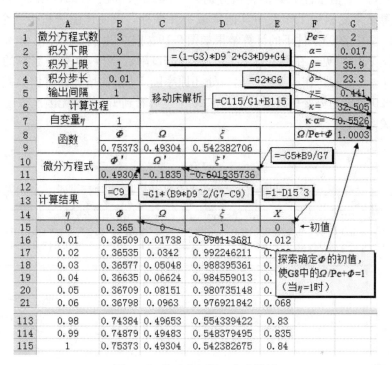

图 9-17　移动床解析工作表设计

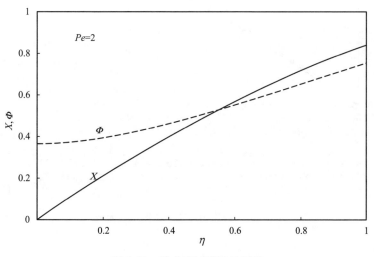

图 9-18　移动床计算结果图示

可获得相应 Pe 值条件下 Φ 的初值分别为 0.365、0.307、0.297(图 9-19)。将每次的计算结果复制到工作表中其他区域中并保存,以便作图分析。三个 Pe 值($Pe=2$、20、200)条件下的计算结果如图 9-19、图 9-20 所示。

由图 9-19 可见,在移动床顶部的物料进口附近,Pe 值对还原率的影响较小;当 $Pe<20$ 时,在底部物料出口处还原率随 Pe 值的增加而有增大趋势,但当 $Pe>20$ 时该趋势变化减缓。从图 9-20 中也可看到 Pe 值对无因次浓度 Φ 的相似影响关系。

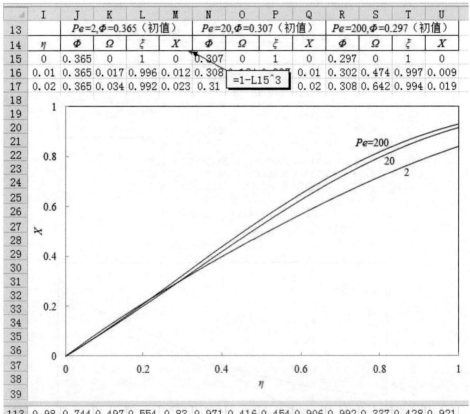

	I	J	K	L	M	N	O	P	Q	R	S	T	U
13		$Pe=2,\Phi=0.365$(初值)				$Pe=20,\Phi=0.307$(初值)				$Pe=200,\Phi=0.297$(初值)			
14	η	Φ	Ω	ξ	X	Φ	Ω	ξ	X	Φ	Ω	ξ	X
15	0	0.365	0	1	0	0.307	0	1	0	0.297	0	1	0
16	0.01	0.365	0.017	0.996	0.012	0.308	=1-L15^3		0.01	0.302	0.474	0.997	0.009
17	0.02	0.365	0.034	0.992	0.023	0.31			0.02	0.308	0.642	0.994	0.019
113	0.98	0.744	0.497	0.554	0.83	0.971	0.416	0.454	0.906	0.992	0.337	0.428	0.921
114	0.99	0.749	0.495	0.548	0.835	0.975	0.406	0.446	0.911	0.995	0.326	0.42	0.926
115	1	0.754	0.493	0.542	0.84	0.979	0.395	0.438	0.916	0.998	0.316	0.412	0.93

图 9-19 转化率与无因次位置的关系

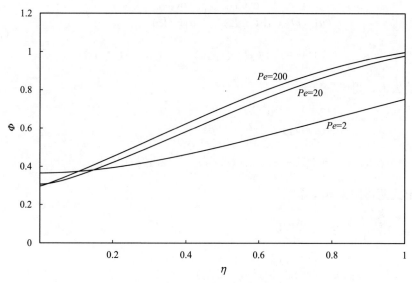

图 9-20 无因次浓度与无因次位置的关系

9.2.6 公式推导

1. 采用倒推法证明式(9-70)成立

式(9-70)为

$$\frac{1}{Pe}\frac{d^2\Phi}{d\eta^2}+\frac{d\Phi}{d\eta}=\frac{\xi^2}{\kappa\alpha}\Phi \tag{9-79}$$

代入相关变量，得

$$\frac{1}{(uL/D_z)}\frac{d^2\left[(C_{CO}-C_{CO}^*)/(C_{CO,0}-C_{CO}^*)\right]}{d\left(z/L\right)^2}+\frac{d\left[(C_{CO}-C_{CO}^*)/(C_{CO,0}-C_{CO}^*)\right]}{d(z/L)}$$

$$=3(1-\varepsilon_b)k_gL/(r_pu_0)\frac{\xi^2}{\kappa}\left[(C_{CO}-C_{CO}^*)/(C_{CO,0}-C_{CO}^*)\right] \tag{9-80}$$

消去$(C_{CO,0}-C_{CO}^*)$，得

$$\frac{1}{(uL/D_z)}\frac{d^2\left[(C_{CO}-C_{CO}^*)\right]}{d\left(z/L\right)^2}+\frac{d\left[(C_{CO}-C_{CO}^*)\right]}{d(z/L)}$$

$$=3(1-\varepsilon_b)k_gL/(r_pu_0)\frac{\xi^2}{\kappa}\left[(C_{CO}-C_{CO}^*)\right] \tag{9-81}$$

消去$d\left[(C_{CO}-C_{CO}^*)\right]$中的$C_{CO}^*$，得

$$\frac{1}{(uL/D_z)} \frac{\mathrm{d}^2 C_{CO}}{\mathrm{d}\,(z/L)^2} + \frac{\mathrm{d} C_{CO}}{\mathrm{d}(z/L)}$$

$$= 3(1-\varepsilon_b) k_g L/(r_p u_0) \frac{\xi^2}{\kappa} [(C_{CO} - C_{CO}^*)] \tag{9-82}$$

消去 L，得

$$\frac{1}{(u/D_z)} \frac{\mathrm{d}^2 C_{CO}}{\mathrm{d}z^2} + \frac{\mathrm{d} C_{CO}}{\mathrm{d}z}$$

$$= 3(1-\varepsilon_b) k_g/(r_p u_0) \frac{\xi^2}{\kappa} [(C_{CO} - C_{CO}^*)] \tag{9-83}$$

上式两边同乘 u_0，得

$$\varepsilon_b D_z \frac{\mathrm{d}^2 C_{CO}}{\mathrm{d}z^2} + u_0 \frac{\mathrm{d} C_{CO}}{\mathrm{d}z}$$

$$= 3(1-\varepsilon_b) k_g/(r_p) \frac{\xi^2}{\kappa} [(C_{CO} - C_{CO}^*)]$$

$$= k_g \frac{3(1-\varepsilon_b)(C_{CO} - C_{CO}^*)/r_p}{\left[\left(1 - \frac{k_g r_p}{D_e}\right)(r_c/r_p)^2 + \frac{k_g r_p}{D_e}(r_c/r_p) + \frac{k_g}{k_c(1+1/K)}\right]} (r_c/r_p)^2$$

$$= \frac{3(1-\varepsilon_b)(C_{CO} - C_{CO}^*)/r_p}{\left[\left(\frac{1}{k_g} - \frac{r_p}{D_e}\right) + \frac{r_p}{D_e}(r_c/r_p)(r_p/r_c)^2 + \frac{(r_p/r_c)^2}{k_c(1+1/K)}\right]}$$

$$= \frac{3(1-\varepsilon)(C_{CO} - C_{CO}^*)/r_p}{\frac{1}{k_g} + \frac{r_p}{D_e}((1-X)^{-1/3} - 1) + \frac{1}{k_r(1+1/K)}(1-X)^{-2/3}}$$

$$= R_{CO} \tag{9-84}$$

证毕。

2. 采用倒推法证明式(9-71)成立

式(9-71)为

$$\frac{\mathrm{d}\xi}{\mathrm{d}\eta} = -\frac{\gamma}{\kappa\alpha}\Phi \tag{9-85}$$

代入相关变量，得

$$\frac{\mathrm{d}(r_\mathrm{c}/r_\mathrm{p})}{\mathrm{d}(z/L)}$$

$$= -3(1-\varepsilon_\mathrm{b})\,k_\mathrm{g}L/(r_\mathrm{p}u_0)\,\frac{M_\mathrm{m}u_0\,(C_{\mathrm{CO},\,0}-C_{\mathrm{CO}}^*)\,/(3G_\mathrm{B})}{\left[\left(1-\dfrac{k_\mathrm{g}r_\mathrm{p}}{D_\mathrm{e}}\right)(r_\mathrm{c}/r_\mathrm{p})^2+\dfrac{k_\mathrm{g}r_\mathrm{p}}{D_\mathrm{e}}(r_\mathrm{c}/r_\mathrm{p})+\dfrac{k_\mathrm{g}}{k_\mathrm{c}(1+1/K)}\right]}$$

$$[(C_{\mathrm{CO}}-C_{\mathrm{CO}}^*)\,/(C_{\mathrm{CO},\,0}-C_{\mathrm{CO}}^*)]$$

$$(9\text{-}86)$$

消去 $(C_{\mathrm{CO},0}-C_{\mathrm{CO}}^*)$，得

$$\frac{\mathrm{d}(r_\mathrm{c}/r_\mathrm{p})}{\mathrm{d}(z/L)}$$

$$= -3(1-\varepsilon_\mathrm{b})\,k_\mathrm{g}L/(r_\mathrm{p}u_0)\,\frac{M_\mathrm{m}u_0/(3G_\mathrm{B})}{\left[\left(1-\dfrac{k_\mathrm{g}r_\mathrm{p}}{D_\mathrm{e}}\right)(r_\mathrm{c}/r_\mathrm{p})^2+\dfrac{k_\mathrm{g}r_\mathrm{p}}{D_\mathrm{e}}(r_\mathrm{c}/r_\mathrm{p})+\dfrac{k_\mathrm{g}}{k_\mathrm{c}(1+1/K)}\right]}$$

$$(C_{\mathrm{CO}}-C_{\mathrm{CO}}^*)$$

$$(9\text{-}87)$$

消去 L、u_0，且两边同时乘 $(r_\mathrm{c}/r_\mathrm{p})^2$，得

$$\frac{\mathrm{d}\,(r_\mathrm{c}/r_\mathrm{p})^3}{\mathrm{d}z}$$

$$= -\frac{3(-\varepsilon_\mathrm{b})\,(C_{\mathrm{CO}}-C_{\mathrm{CO}}^*)\,/r_\mathrm{p}}{\left[\left(\dfrac{1}{k_\mathrm{g}}-\dfrac{r_\mathrm{p}}{D_\mathrm{e}}\right)+\dfrac{r_\mathrm{p}}{D_\mathrm{e}}\dfrac{1}{(r_\mathrm{c}/r_\mathrm{p})}+\dfrac{1}{k_\mathrm{c}(1+1/K)\,(r_\mathrm{c}/r_\mathrm{p})^2}\right]}M/(3G_\mathrm{B})$$

$$= -R_{\mathrm{CO}}\cdot M_\mathrm{m}/(3G_\mathrm{B})$$

$$(9\text{-}88)$$

即

$$\frac{\mathrm{d}(1-X)}{\mathrm{d}z}=-R_{\mathrm{CO}}\cdot M_\mathrm{m}/(3G_\mathrm{B})\qquad(9\text{-}89)$$

即

$$\mathrm{d}X/\mathrm{d}z=M_\mathrm{m}R_{\mathrm{CO}}/(3G_\mathrm{B})\qquad(9\text{-}90)$$

证毕。

3. 采用倒推法证明式(9-72)成立

若 $\xi=1$，则 $r_\mathrm{c}=r_\mathrm{p}$，即 $X=0$，证毕。

若 $d\Phi/d\eta = 0$，则

$$\frac{d\left[(C_{CO} - C_{CO}^*)/(C_{CO,0} - C_{CO}^*)\right]}{d(z/L)} = 0 \tag{9-91}$$

即

$$dC_{CO}/dz = 0 \tag{9-92}$$

证毕。

4. 采用倒推法证明式(9-73)成立

式(9-73)为

$$\frac{1}{Pe}\frac{d\Phi}{d\eta} + \Phi = 1 \tag{9-93}$$

代入相关变量，得

$$\frac{1}{(uL/D_z)}\frac{d\left[(C_{CO} - C_{CO}^*)/(C_{CO,0} - C_{CO}^*)\right]}{d(z/L)}$$
$$+ \left[(C_{CO} - C_{CO}^*)/(C_{CO,0} - C_{CO}^*)\right] = 1 \tag{9-94}$$

两边同乘$(C_{CO,0} - C_{CO}^*)$，得

$$\frac{1}{(uL/D_z)}\frac{d\left[(C_{CO} - C_{CO}^*)\right]}{d(z/L)} + \left[(C_{CO} - C_{CO}^*)\right] = (C_{CO,0} - C_{CO}^*) \tag{9-95}$$

消去 L、C_{CO}^*，得

$$D_z\frac{dC_{CO}}{dz} = u(C_{CO,0} - C_{CO}) \tag{9-96}$$

理解方法：

底部入口的外侧入量＝底部入口的内侧出量

$$底部入口的外侧入量 = uC_{CO,0} \tag{9-97}$$

$$底部入口的内侧出量 = uC_{CO} + D_z\frac{dC_{CO}}{dz} \tag{9-98}$$

$$uC_{CO,0} = uC_{CO} + D_z\frac{dC_{CO}}{dz} \tag{9-99}$$

式(9-99)即式(9-96)，证毕。

9.2.7　符号列表

A：床层的横截面积(m^2)；

C_{CO}：床内反应气体中 CO 的浓度，(mol/m^3)；

$C_{CO,0}$：床内反应气体中 CO 的边界($z=0$ 处)浓度，(mol/m^3)；

C_{CO}^*：反应处于平衡状态时气体反应物 CO 在反应界面处的浓度(mol/m^3)；

D_z：轴向混合扩散系数(m^2/s)；

G_B：移动床物料入口处 Fe_2O_3 的质量通量$[g/(m^2 \cdot s)]$；

L：长度或床层高度(m)；

M_B：Fe_2O_3 的摩尔质量(g/mol)；

r_c：颗粒或球团的未反应核半径(m)；

r_p：颗粒或球团的初始半径(m)；

R_{CO}：CO 的消耗速度，$[mol/(m^3 \cdot s)]$；

u：气体流速(m/s)；

u_0：气流空塔速度(m/s)，$u_0 = \varepsilon_b u$；

X：颗粒或球团的转化率(还原率)；

z：距离(m)；

α：无因次参数；

β：无因次参数；

δ：无因次参数或气泡体积分数；

γ：床层内气固反应物摩尔比或气泡中颗粒体积分数；

Φ：无因次浓度；

κ：无因次参数；

η：无因次纵向位置(床层高度的无因次坐标)；

ξ：反应位置；

ε_b：床层孔隙率。

9.3　流化床(一维两相等温模型)

9.3.1　问题

在流化床装置中进行硫化锌矿的氧化焙烧，其反应式如下：

$$2/3ZnS + O_2 = 2/3ZnO + 2/3SO_2 \qquad (9\text{-}100)$$

试在等温条件下对反应过程进行数值解析。计算所需主要参数如表 9-8 和表 9-9 所示，其中一些参数及计算公式的说明见后面的推导及论述过程(本例中为论述方便，长度单位用 cm 代替 m，质量单位用 g 代替 kg)。

表 9-8　流化床操作参数(与转化率 X 无关)

分类	项目	符号	单位	值或计算公式
反应与传输参数	反应速率常数	k_r	cm/s	45
	O_2 的有效扩散系数	D_e	cm^2/s	0.318
	B 相中的气膜传质系数	k_{gB}	cm/s	850
	E 相中的气膜传质系数	k_{gE}	cm/s	4.2
颗粒性质	颗粒的初始半径	r_p	cm	0.013
	颗粒密度	ρ_s	g/cm^3	4.1
	颗粒中硫的质量分数	ω_S		0.307
	床层中 ZnS 颗粒的总质量	W_{ZnS}	g	0.5
气体参数	反应温度	T	℃	882
	O_2 浓度 $C_0 = \dfrac{0.21}{0.08206 \times 1000 \times (T+273.2)} = 2.21529 \times 10^{-6}$ (mol/cm^3)			
	初始流态化速率	u_{mf}	cm/s	5.2
	空塔流速	u_0	cm/s	$u_0 = 9.32 u_{mf} = 48.464$
流化床参数	流化床直径	D_b	cm	5.27
	流化床高度	L	cm	5.8
	流化床截面积	A	cm^2	$A = \pi (D_b/2)^2 = 21.8017$
两相参数	气泡平均直径	d_B	cm	3.3
	两相间的气体交换系数	K_{BE}	1/s	3.37
	气泡体积分数	δ		0.37
	气泡中颗粒体积分数	γ		0.005
	ZnS 颗粒在全体流态化颗粒中所占分数	ϕ		0.00744
	B 相中的气流速度 $u_B = u_0 - u_{mf} + 0.711\sqrt{gd_B} = 83.697$ (cm/s)			
	E 相中的气流速度 $u_E = \dfrac{u_0 - \delta u_B}{1-\delta} = 27.771$ (cm/s)			
	B 相中的颗粒数 $N_B = A_b L \delta \gamma \phi / (4\pi r_p^3/3) = 224.746$			
	E 相中的颗粒数 $N_E = \dfrac{W_{ZnS}}{\rho_s (4\pi r_p^3/3)} - N_B = 15522.892$			
	无因次参数	b		$b = K_{BE}\dfrac{L}{u_B}$
	无因次参数	d		$d = K_{BE}\dfrac{L}{u_E}\dfrac{\delta}{1-\delta}$

表 9-9　循环计算用参数(与转化率 X 相关)

项目	计算公式	
B 相中的综合速率常数	$k_B = \dfrac{1}{\dfrac{1}{k_{gB}} + \dfrac{r_p}{D_e}\left(\dfrac{1}{(1-X)^{1/3}} - 1\right) + \dfrac{1}{k_r}\dfrac{1}{(1-X)^{2/3}}}$	
E 相中的综合速率常数	$k_E = \dfrac{1}{\dfrac{1}{k_{gE}} + \dfrac{r_p}{D_e}\left(\dfrac{1}{(1-X)^{1/3}} - 1\right) + \dfrac{1}{k_r}\dfrac{1}{(1-X)^{2/3}}}$	
无因次参数	$a = \dfrac{4\pi r_p^2}{A}\dfrac{k_B N_B}{u_B \delta}$	
无因次参数	$c = \dfrac{4\pi r_p^2}{A}\dfrac{k_E N_E}{u_E(1-\delta)}$	
一元二次方程求根： $y^2 + (a+b+c+d)y$ $+ (ac+ad+bc) = 0$	一次项系数	$P = (a+b+c+d)$
	常数项	$Q = (ac+ad+bc)$
	第一个根(β_1)	$\beta_1 = (-P + \sqrt{P^2 - 4Q})/2$
	第二个根(β_2)	$\beta_2 = (-P - \sqrt{P^2 - 4Q})/2$
相总体无因次浓度 (C_B/C_0)	$\displaystyle\int_0^1 \phi_B d\eta = \dfrac{[\exp(\beta_1)-1]}{\beta_1(\beta_1-\beta_2)}(\beta_1 + b + c + d) - \dfrac{[\exp(\beta_2)-1]}{\beta_2(\beta_1-\beta_2)}$ $(\beta_2 + b + c + d)$	
相总体无因次浓度 (C_E/C_0)	$\displaystyle\int_0^1 \phi_E d\eta = \dfrac{[\exp(\beta_1)-1]}{\beta_1(\beta_1-\beta_2)}(\beta_1 + a + b + d) - \dfrac{[\exp(\beta_2)-1]}{\beta_2(\beta_1-\beta_2)}$ $(\beta_2 + a + b + d)$	
全床颗粒的耗氧速率 (B 相)	$\displaystyle\int_0^1 R_B N_B d\eta = 4\pi r_p^2 N_B k_B C_0 \int_0^1 \phi_B d\eta$	
全床颗粒的耗氧速率 (E 相)	$\displaystyle\int_0^1 R_E N_E d\eta = 4\pi r_p^2 N_E k_E C_0 \int_0^1 \phi_E d\eta$	
全床颗粒的耗氧速率 (B 相＋E 相)	$\displaystyle R_M = \int_0^1 R_B N_B d\eta + \int_0^1 R_E N_E d\eta$	

9.3.2　分析

1. 过程概述

流体流过固体散料床层时，随流速的增加床层孔隙率及压降的变化状态(流态化曲线)如图 9-21 所示。由图可见，在空塔流速 u_0 较低时，流体通过颗粒间隙流动而颗粒本身不动(固定床);当 u_0 逐渐增加时,床层压降 ΔP 随之增大,料层开始松动,空隙率(ε)有所增加,形成所谓膨胀床;当 u_0 达到某一临界值 u_{mf} 时,床层压降达到最大值,固体散料将被流体托起而呈悬浮状态,称之为临界流化床,u_{mf} 称为临界流态化速率。当继续增加 u_0 且满足 $u_{mf} < u_0 < u_t$(颗粒终端速率)时,床层空隙率逐渐加大,但压降维持基本稳定状态。对于气固体系统,这时通常会出现颗粒浓度很低的气泡,气泡间又可能相互聚合,使床层波动,流速越高,气泡造成的扰动越激烈,这种情况称为聚式流化床。当 $u_0 > u_t$ 后,进入气固两相同方向运动(气力输送)阶段,床层压降随之减小。通常 u_t/u_{mf} 值为 10~90,颗粒越细,此比值越大,表明细粒流化床操作范围较宽。

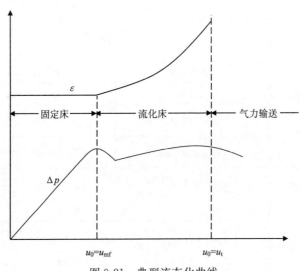

图 9-21　典型流态化曲线

2. 建立模型

1) 两相模型及其假定条件

流化床反应器内气固两相的运动及其相互间的传质传热过程较为复杂,其解析用数学模型主要有以下三种类型:单相模型、两相模型以及鼓泡床模型等。本例中采用两相模型,该模型将流态化床层视作是由颗粒浓度很低的气泡相和乳化相并联构成,并在分别考虑两相内的颗粒和气体浓度、相互间的物质交换、两相内的假定流动混合状态等基础上来建立数学模型。该模型不考虑气泡的具体形态,且仅用一个抽象的交换系数来描述两相间的物质交换。其中,并联的两相各自占据的床层断面积分数、相间物质交换系数以及乳化相内的混合扩散系数构成该模型的三个主要参数。流化床两相模型如图 9-22 所示,其基本假定如下。

(1) 流化床层由气泡相 B 和乳化相 E 组成；

(2) E 相接近流态化开始时的临界状态，而供给床层的气流超过临界值的部分则构成 B 相，即颗粒浓度极低的气泡；

(3) 两相中的气体都是活塞流，且可应用拟稳态近似，而颗粒处于理想混合状态，其转化率与位置无关；

(4) 两相间的气体交换系数 K_{BE} 为常数；

(5) 床层中仅进行如式(9-100)所示的反应，其综合反应速率可用未反应核模型(缩核模型)描述。

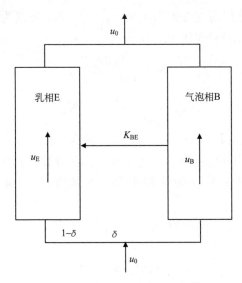

图 9-22 流化床反应器的两相模型

2) 基本方程的导出

为方便起见，本例中长度单位取 cm，质量单位取 g。按未反应核模型，单个 ZnS 颗粒的耗氧速率 R_A(mol/s) 为

$$R_A = 4\pi r_p^2 k_A C_A \tag{9-101}$$

式中，下标 A 代表 B 或 E(即上式可分别应用于 B 相和 E 相)；r_p 为颗粒的初始半径，cm；R_A 为 R_B 或 R_E，即 B 相或 E 相中的耗氧速率，mol/s；C_A 为 C_B 或 C_E，即 B 相或 E 相中的氧浓度，mol/cm³；k_A 为 k_B 或 k_E，即 B 相或 E 相中的综合反应速率常数，cm/s，且 k_A 满足式(9-102)：

$$\frac{1}{k_A} = \frac{1}{k_{gA}} + \frac{r_p(r_p - r_c)}{r_c D_e} + \frac{(r_p^2/r_c^2)}{k_r}$$

$$= \frac{1}{k_{gA}} + \frac{r_p}{D_e}\left(\frac{1}{(1-X)^{1/3}} - 1\right) + \frac{1}{k_r}\frac{1}{(1-X)^{2/3}} \tag{9-102}$$

式中，k_{gA} 为 k_{gB} 或 k_{gE}，即 B 相或 E 相中的气膜传质系数，cm/s；k_r 为反应速率常数，cm/s；D_e 为 O_2 的有效扩散系数，cm^2/s；X 为转化率；r_c 为未反应核半径，r_c 与转化率的关系为

$$X = 1 - \left(\frac{r_c}{r_p}\right)^3 \tag{9-103}$$

全床颗粒的总耗氧速率 $R_M(mol/s)$ 为

$$R_M = \int_0^1 R_B N_B \mathrm{d}\eta + \int_0^1 R_E N_E \mathrm{d}\eta \tag{9-104}$$

式中，$\eta = z/L$，为床层高度的无因次坐标；N_B、N_E 分别为两相的颗粒数，且 N_B、N_E 可由式(9-105)和式(9-106)求得：

B 相颗粒数 N_B：
$$N_B = \frac{AL\delta\gamma\phi}{(4\pi r_p^3/3)} \tag{9-105}$$

E 相颗粒数 N_E：
$$N_E = \frac{W_{ZnS}}{\rho_s(4\pi r_p^3/3)} - N_B \tag{9-106}$$

式中，A 为流化床截面积，cm^2；L 为流化床高度，cm；δ 为 B 相气体占总气体的体积分数(气泡体积分数)；γ 为气泡中颗粒体积分数；ϕ 为 ZnS 颗粒在全体流态化颗粒中所占分数；W_{ZnS} 为床层中 ZnS 颗粒的总重量，g；ρ_s 为颗粒密度，g/cm^3。

在理想混合假定下，根据颗粒中 ZnS 的物料衡算，有

$$-\frac{W_{ZnS}\omega_S}{M_S} \cdot \frac{4\pi r_c^2}{(4\pi r_p^3/3)} \cdot \frac{\mathrm{d}r_c}{\mathrm{d}t} = \frac{2}{3}R_M \tag{9-107}$$

式中，ω_S 为颗粒中硫的质量分数；M_S 为硫的摩尔质量。

联立式(9-103)和式(9-107)，消去 r_c，有

$$\frac{\mathrm{d}X}{\mathrm{d}t} = \frac{2}{3} \frac{M_S}{\omega_S W_{ZnS}} R_M \tag{9-108}$$

式(9-108)的初始条件为

$$t = 0, \quad X = 0 \tag{9-109}$$

联立式(9-108)和式(9-109)，本例就转化为求解一阶常微分方程的初值问题，可利用龙格-库塔法求解。其中，式(9-108)右侧的 R_M 是转化率 X 的函数(因为 R_M 中所包含的 k_B、k_E 是 X 的函数)。下面考虑如何根据式(9-104)求出 R_M 的具体计算表达式。

3) 全床颗粒的总耗氧速率 R_M

本例中的流化床反应器的操作示意图如图 9-23 所示。在活塞流的假定下，对 $z \rightarrow z + \mathrm{d}z$ 间床层两相中的氧进行物料衡算，得

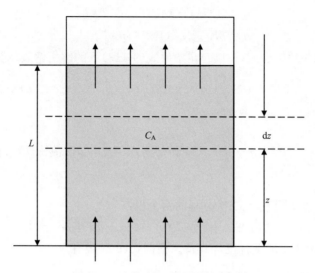

图 9-23　流化床反应器操作示意图

$$\delta u_B \frac{dC_B}{dz} = -\frac{N_B}{AL}4\pi r_p^2 k_B C_B - \delta K_{BE}(C_B - C_E) \tag{9-110}$$

$$(1-\delta)u_E \frac{dC_E}{dz} = -\frac{N_E}{AL}4\pi r_p^2 k_E C_E + \delta K_{BE}(C_B - C_E) \tag{9-111}$$

式中，K_{BE} 为两相间的气体交换系数，$1/s$；u_B 为 B 相中的气流速率，cm/s；u_E 为 E 相中的气流速率，cm/s。其中，u_B、u_E 可根据式(9-112)计算：

$$\begin{cases} u_B = u_0 - u_{mf} + 0.711\sqrt{gd_B} \\ u_E = \dfrac{u_0 - \delta u_B}{1-\delta} = 27.771\,(cm/s) \end{cases} \tag{9-112}$$

式中，u_0 为空塔流速，cm/s；u_{mf} 为初始流态化速度，cm/s；g 为重力加速度，cm/s^2；d_B 为气泡平均直径，cm。

式(9-110)和式(9-111)的初值条件为

$$z = 0, \quad C_B = C_E = C_0 \tag{9-113}$$

定义下述无因次量

$$\eta = z/L$$

$$\phi_A = C_A/C_0 (即 \phi_B = C_B/C_0 \ 或 \ \phi_E = C_E/C_0)$$

$$a = 4\pi r_p^2 k_B N_B / (\delta A_b u_B)$$

$$b = K_{BE}L/u_B$$

$$c = 4\pi r_{\rm p}^2 k_{\rm E} N_{\rm E} / [(1-\delta) A u_{\rm E}]$$

$$d = \delta K_{\rm BE} L / [(1-\delta) u_{\rm E}]$$

(9-114)

可以将式(9-110)和式(9-111)在条件式(9-113)下的解析解表示为

$$\phi_{\rm B} = \frac{1}{\beta_1 - \beta_2} [(\beta_1 + b + c + d) \exp(\beta_1 \eta) - (\beta_2 + b + c + d) \exp(\beta_2 \eta)]$$

(9-115)

$$\phi_{\rm E} = \frac{1}{\beta_1 - \beta_2} [(\beta_1 + a + b + d) \exp(\beta_1 \eta) - (\beta_2 + a + b + d) \exp(\beta_2 \eta)]$$

(9-116)

式中，β_1 和 β_2 为以下一元二次方程的两个根：

$$y^2 + (a + b + c + d) y + (ac + ad + bc) = 0$$

(9-117)

至此，求解 $R_{\rm M}$ 的条件已经具备。根据式(9-104)有

$$R_{\rm M} = \int_0^1 R_{\rm B} N_{\rm B} {\rm d}\eta + \int_0^1 R_{\rm E} N_{\rm E} {\rm d}\eta$$

$$= 4\pi r_{\rm p}^2 N_{\rm B} k_{\rm B} C_0 \int_0^1 \phi_{\rm B} {\rm d}\eta + 4\pi r_{\rm p}^2 N_{\rm E} k_{\rm E} C_0 \int_0^1 \phi_{\rm E} {\rm d}\eta$$

$$= 4\pi r_{\rm p}^2 N_{\rm B} k_{\rm B} C_0 \left\{ \frac{[\exp(\beta_1) - 1]}{\beta_1 (\beta_1 - \beta_2)} (\beta_1 + b + c + d) - \frac{[\exp(\beta_2) - 1]}{\beta_2 (\beta_1 - \beta_2)} \right.$$

$$\left. (\beta_2 + b + c + d) \right\}$$

$$+ 4\pi r_{\rm p}^2 N_{\rm E} k_{\rm E} C_0 \left\{ \frac{[\exp(\beta_1) - 1]}{\beta_1 (\beta_1 - \beta_2)} (\beta_1 + a + b + d) - \frac{[\exp(\beta_2) - 1]}{\beta_2 (\beta_1 - \beta_2)} \right.$$

$$\left. (\beta_2 + a + b + d) \right\}$$

(9-118)

4) 求解思路

计算用的相关参数、公式及求解思路总结在表 9-10 中。

表 9-10 计算用的相关参数及公式

积分下限	0	
积分上限	39	其他参数：
积分步长	1	根据表 9-8，计算与 X 无关的流化床操作参数；
自变量	t	根据表 9-9，计算与 X 相关的循环计算用参数；
函数	X	将所求得的 $R_{\rm M}$ 表达式代入左侧的微分方程式中；
微分方程式	$\dfrac{{\rm d}X}{{\rm d}t} = \dfrac{2}{3} \dfrac{M_{\rm S}}{\omega_{\rm S} W_{\rm ZnS}} R_{\rm M}$	利用龙格-库塔法求解转化率 X 随时间 t 的变化关系
函数初值	当 $t = 0$ 时，$X = 0$	

9.3.3　求解

　　根据表 9-8、表 9-9、表 9-10，设计 Excel 计算表格如图 9-24～图 9-26 所示。其中，有颜色填充的部分为数据或公式的输入区域，右上角有三角标记（单元格备注标识）的单元格中输入的是公式。在图 9-25 所示的表格中（对应表 9-9）输入的全部是公式，其中，单元格 K30、K31 中的公式包含有转化率 X（单元格 B9 的值），需用 IF() 函数控制其取值方式，以避免程序执行至末尾时出现分母为零或负数开平方等不合理情况。例如，对单元格 K30，需控制当 $X \geqslant 1$ 时，其值为 0.0044175（$X = 0.999999$ 时的值）。单元格 K31 的相应值为 0.0044129。在程序中，则可控制执行至转化率 $X = 1$ 为止（可据此设置积分上限，本例中设置为 39）。本例中使用前述标准龙格-库塔解析程序（参见第 3 章中的 3.1.2 节），程序执行按钮取名为"流化床解析"，单击该按钮后，自动执行程序。根据计算结果输入作图如图 9-27 所示。由图可知，反应速率很快，转化率达 $X = 1$ 所需时间仅

	G	H	I	J	K	L
1	分类	项目		符号	单位	值
2	反应与传输参数	反应速度常数		k_f	cm/s	45
3		O_2 的有效扩散系数		D_e	cm²/s	0.318
4		B 的气膜传质系数		k_{gB}	cm/s	850
5		E 的气膜传质系数		k_{gE}	cm/s	4.2
6	颗粒性质	颗粒半径		r_p	cm	0.013
7		颗粒密度		ρ_s	g/cm³	4.1
8		颗粒中硫的质量分数		ω_S		0.307
9		床层中 ZnS 颗粒的总重量		W_{ZnS}	g	0.5
10	气体参数	反应温度		T	℃	882
11		O_2 浓度		C_0	mol/cm³	2.215E-06
12		初始流态化速度		u_{mf}	cm/s	5.2
13		空塔流速		u_0	cm/s	48.464
14	流化床参数	流化床直径		D_b	cm	5.27
15		流化床高度		L	cm	5.8
16		流化床截面积		A	cm²	21.801727
17	两相参数	气泡平均直径		d_b	cm	3.3
18		两相间的气体交换系数		K_{BE}	1/s	3.37
19		气泡体积分数		δ		0.37
20		气泡中颗粒体积分数		γ		0.005
21		ZnS 颗粒所占分数		ϕ		0.00744
22		B 相中的气流速度		u_B	cm/s	83.697339
23		E 相中的气流速度		u_E	cm/s	27.771404
24		B 相中的颗粒数		N_B		189.21916
25		E 相中的颗粒数		N_E		13069.077
26		无因次参数		b		0.2335319
27		无因次参数		d		0.4133531

图 9-24　将数据及公式输入 Excel 表格中（对应表 9-8）

```
K30  fx  =IF(B9<1,1/(1/L4+L6/L3*(1/(1-B9)^0.3333-1)+
1/L2/(1-B9)^0.6667),0.0044175)
```

	H	I	J	K	L	M	N
28							
29	项目			公式输入			
30	B相中的综合速度常数k_B			42.73743	用IF()函数控制，使当$X\geq1$时，该单元格值为0.0044175，		
31	E相中的综合速度常数k_E			3.8414634			
32	无因次参数a			0.0254241			
33	无因次参数c			0.2793757			
34	一元二次方程求根	一次项系数($a+b+c+d$)		0.9516849			
35		常数项($ac+ad+bc$)		0.0828552			
36		第1个根β_1		-0.096935			
37		第2个根β_2		-0.85475			
38	B相总体无因次气体浓度C_B/C_0			0.9795595			
39	E相总体无因次气体浓度C_E/C_0			0.8854586			
40	（B相）全床颗粒的耗氧速度			3.725E-05			
41	（E相）全床颗粒的耗氧速度			0.000209			
42	（B相+E相）全床颗粒的耗氧速度			0.0002463			

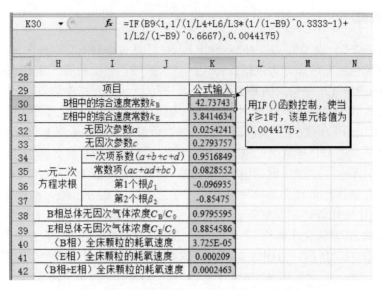

图 9-25　将数据及公式输入 Excel 表格中(对应表 9-9)

	A	B	C	D	E
1	微分方程式数	1			
2	积分下限	0		流化床解析	
3	积分上限	39			
4	积分步长Δt	1			
5	输出间隔	1			
6	计算过程				
7	自变量 t=	39.00			
8	函数	X=			
9		1.00			
10	微分方程式	X' =	=(2/3)*32/L9/L8*K42		
11		3.82E-05			
12					
13	计算结果				
14	t (s)	X			
15	0.0	0.000	←初值		
16	1.0	0.034			
17	2.0	0.068			
18	3.0	0.101			
52	37.0	0.995			
53	38.0	0.999			
54	39.0	1.001			

图 9-26　数据及公式的输入(对应表 9-10)及计算结果

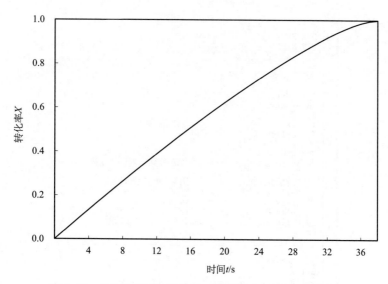

图 9-27　流化床解析计算结果(转化率与反应时间的关系)

约为 39s。

9.3.4　问题扩展

在标准龙格-库塔求解程序的基础上进行适当修改，使在输出转化率 X 的同时，也将 B 相及 E 相的总体无因次氧浓度(C_B/C_0、C_E/C_0)输出，以便分析气体浓度变化情况。

9.3.5　参考解答

经修改简化后的龙格-库塔求解程序如图 9-28 所示，对应的工作表修改部分如图 9-29 所示(图 9-24、图 9-25 保持不变)，这样便可在输出转化率 X 的右侧两列同步输出 B 相及 E 相的总体无因次氧浓度。B 相及 E 相的总体无因次氧浓度初值(单元格 C15、D15 的值)可由工作表直接计算而得(单元格 B9＝0 时的值)。计算结果如图 9-30 所示(浓度用右侧的次坐标轴表示)。由图可见，反应过程中 B 相的氧浓度高于 E 相的氧浓度。当反应接近尾声时，二者都很快恢复到边界的氧浓度值。

9.3.6　公式推导

1. 无因次浓度 ϕ_B、ϕ_E

$$\phi_B = C_B/C_0、\quad \phi_E = C_E/C_0$$

```
Option Explicit
Dim X, K(4)           '转化率相关
Dim N                 '循环计数
Dim tA, tB, H, t      '时间

Sub A_onClick()

tA = Cells(2, 2)      '始点
tB = Cells(3, 2)      '终点
H = Cells(4, 2)       '步长
t = tA                '从始点开始计算
X = Cells(15, 2)      '初值

N = 0
Do While X < 1                    '当转化率>=1时停止计算
    N = N + 1
    Call Sub_RK              '用龙格库塔法计算
    Cells(N + 15, 1) = t  '时间
    Cells(N + 15, 2) = X  '转化率
    Cells(N + 15, 3) = Cells(38, 11) 'B相无因次浓度
    Cells(N + 15, 4) = Cells(39, 11) 'E相无因次浓度
Loop
End Sub

Sub Sub_RK()             '龙格库塔法
Cells(7, 2) = t
Cells(9, 2) = X
K(1) = Cells(11, 2)

Cells(7, 2) = t + H / 2#
Cells(9, 2) = X + K(1) * H / 2#  '
K(2) = Cells(11, 2)

Cells(9, 2) = X + K(2) * H / 2#
K(3) = Cells(11, 2)

Cells(7, 2) = t + H
Cells(9, 2) = X + K(3) * H
K(4) = Cells(11, 2)

X = X + (K(1) + 2 * K(2) + 2 * K(3) + K(4)) * H / 6
t = Cells(7, 2)

If X > 1 Then  '合理控制
X = 1
End If

End Sub
```

图 9-28　修改后的流化床解析程序代码

B 相中的氧平衡式：

$$\delta u_B \frac{dC_B}{dz} = -\frac{N_B}{AL} 4\pi r_p^2 k_B C_B - \delta K_{BE}(C_B - C_E) \tag{9-119}$$

将式(9-119)变形，得

$$\frac{d(C_B/C_0)}{d(z/L)} = -\frac{4\pi r_p^2 k_B N_B}{\delta A u_B}(C_B/C_0) - \frac{K_{BE}L}{u_B}\left[(C_B/C_0) - (C_E/C_0)\right] \tag{9-120}$$

将式(9-114)代入式(9-120)中，得

	A	B	C	D	E
1					
2	积分下限	0		流化床解析	
3	积分上限	39			
4	积分步长Δt	1			
5					
6	计算过程				
7	自变量 t=	39.00			
8	函数	X=			
9		1.00	=(2/3)*32/L9/L8*K42		
10	微分方程式	X' =			
11		3.82E-05			
12					
13	计算结果				
14	t（s）	X	C_B/C_0	C_E/C_0	
15	0.0	0.000	0.9796	0.8855	←初值
16	1.0	0.034	0.980	0.886	
17	2.0	0.068	0.981	0.886	
52	37.0	0.995	0.998	0.975	
53	38.0	0.999	1.000	1.000	
54	39.0	1.000	1.000	1.000	

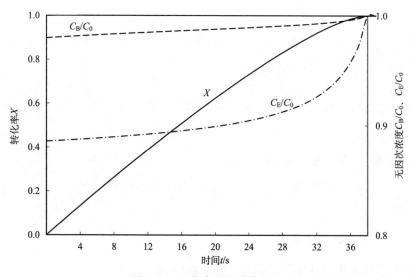

图 9-29　修改后的工作表

图 9-30　流化床解析计算结果

$$\frac{\mathrm{d}\phi_B}{\mathrm{d}\eta} = -a\phi_B - b[\phi_B - \phi_E] \tag{9-121}$$

E 相中的氧平衡式：

$$(1-\delta)u_E\frac{\mathrm{d}C_E}{\mathrm{d}z} = -\frac{N_E}{AL}4\pi r_p^2 k_E C_E + \delta K_{BE}(C_B - C_E) \tag{9-122}$$

将式(9-122)变形，得

$$\frac{\mathrm{d}(C_E/C_0)}{\mathrm{d}(z/L)} = -\frac{4\pi r_p^2 k_E N_E}{(1-\delta)Au_E}(C_E/C_0) + \frac{\delta K_{BE}L}{(1-\delta)u_E}[(C_B/C_0) - (C_E/C_0)] \tag{9-123}$$

将式(9-114)代入式(9-123)中，得

$$\frac{\mathrm{d}\phi_E}{\mathrm{d}\eta} = -c\phi_E + d[\phi_B - \phi_E] \tag{9-124}$$

联立式(9-121)与式(9-124)并整理，得

$$\begin{cases} \dfrac{\mathrm{d}\phi_B}{\mathrm{d}\eta} = -(a+b)\phi_B + b\phi_E \\[2mm] \dfrac{\mathrm{d}\phi_E}{\mathrm{d}\eta} = d\phi_B - (c+d)\phi_E \end{cases} \tag{9-125}$$

边界条件为

$$\eta = 0, \quad \phi_B = \phi_E = C_0 \tag{9-126}$$

应用特征行列式法解得

$$\phi_B = \frac{1}{\beta_1 - \beta_2}[(\beta_1 + b + c + d)\exp(\beta_1\eta) - (\beta_2 + b + c + d)\exp(\beta_2\eta)] \tag{9-127}$$

$$\phi_E = \frac{1}{\beta_1 - \beta_2}[(\beta_1 + a + b + d)\exp(\beta_1\eta) - (\beta_2 + a + b + d)\exp(\beta_2\eta)] \tag{9-128}$$

式中，β_1 和 β_2 为一元二次方程

$$y^2 + (a+b+c+d)y + (ac+ad+bc) = 0 \tag{9-129}$$

的两个根。

2. B 相总体无因次浓度

B 相总体无因次浓度 $\sum C_B/C_0$，简写为 C_B/C_0。

$$C_B/C_0 = \int_0^1 \phi_B \mathrm{d}\eta$$

$$= \int_0^1 \left\{ \frac{1}{\beta_1 - \beta_2} \left[(\beta_1 + b + c + d) \exp(\beta_1 \eta) - (\beta_2 + b + c + d) \exp(\beta_2 \eta) \right] \right\} d\eta$$

$$= \frac{[\exp(\beta_1) - 1]}{\beta_1 (\beta_1 - \beta_2)} (\beta_1 + b + c + d) - \frac{[\exp(\beta_2) - 1]}{\beta_2 (\beta_1 - \beta_2)} (\beta_2 + b + c + d)$$

3. E 相总体无因次浓度

E 相总体无因次浓度 $\sum C_E / C_0$，简写为 C_E / C_0

$$C_E / C_0 = \int_0^1 \phi_E d\eta$$

$$= \int_0^1 \left\{ \frac{1}{\beta_1 - \beta_2} \left[(\beta_1 + a + b + d) \exp(\beta_1 \eta) - (\beta_2 + a + b + d) \exp(\beta_2 \eta) \right] \right\} d\eta$$

$$= \frac{[\exp(\beta_1) - 1]}{\beta_1 (\beta_1 - \beta_2)} (\beta_1 + a + b + d) - \frac{[\exp(\beta_2) - 1]}{\beta_2 (\beta_1 - \beta_2)} (\beta_2 + a + b + d)$$

4. 全床 B 相颗粒的耗氧速率

$$\int_0^1 R_B N_B d\eta$$

$$= 4\pi r_p^2 N_B k_B \int_0^1 C_B d\eta$$

$$= 4\pi r_p^2 N_B k_B C_0 \int_0^1 \phi_B d\eta$$

$$= 4\pi r_p^2 N_B k_B C_0 \left\{ \frac{[\exp(\beta_1) - 1]}{\beta_1 (\beta_1 - \beta_2)} (\beta_1 + b + c + d) - \frac{[\exp(\beta_2) - 1]}{\beta_2 (\beta_1 - \beta_2)} (\beta_2 + b + c + d) \right\}$$

5. 全床 E 相颗粒的耗氧速率

$$\int_0^1 R_E N_E d\eta$$

$$= 4\pi r_p^2 N_E k_E \int_0^1 C_E d\eta$$

$$= 4\pi r_p^2 N_E k_E C_0 \int_0^1 \phi_E d\eta$$

$$= 4\pi r_p^2 N_E k_E C_0 \left\{ \frac{[\exp(\beta_1) - 1]}{\beta_1 (\beta_1 - \beta_2)} (\beta_1 + a + b + d) \right.$$

$$\left. - \frac{[\exp(\beta_2) - 1]}{\beta_2 (\beta_1 - \beta_2)} (\beta_2 + a + b + d) \right\}$$

6. 全床(B 相+E 相)颗粒的耗氧速率

$$R_M = \int_0^1 R_B N_B d\eta + \int_0^1 R_E N_E d\eta$$

9.3.7　符号列表

a：无因次参数；

A：床层的横截面积(cm^2)；

b：无因次参数；

c：无因次参数；

C_0：O_2 浓度(mol/cm^3)；

C_A：代表 C_B 或 C_E，即 B 相或 E 相中的氧浓度(mol/cm^3)；

C_B：B 相中的氧浓度(mol/cm^3)；

C_E：E 相中的氧浓度(mol/cm^3)；

d：无因次参数；

d_B：气泡平均直径(cm)；

D_b：流化床直径(cm)；

D_e：气体在产物层内的有效扩散系数(cm^2/s)；

g：重力加速度(cm/s^2)；

k_A：代表 k_B 或 k_E，即 B 相或 E 相中的综合反应速率常数(cm/s)；

k_B：B 相中的综合速率常数(cm/s)；

k_E：E 相中的综合速率常数(cm/s)；

k_r：反应速率常数(cm/s)；

k_{gA}：气膜中气体的传质系数(cm/s)；

k_{gB}：B 相中的气膜传质系数(cm/s)；

k_{gE}：E 相中的气膜传质系数(cm/s)；

K_{BE}：两相间的气体交换系数(1/s)；

L：长度或床层高度(cm)；

M_S：硫的摩尔质量(g/mol)；

N_B：B 相中的颗粒数；

N_E：E 相中的颗粒数；

P：一元二次方程中的一次项系数；

Q：一元二次方程中的常数项；

r_c：颗粒或球团的未反应核半径(cm)；

r_p：颗粒或球团的初始半径(cm)；

R_A：代表 R_B 或 R_E，即 B 相或 E 相中的耗氧速率(mol/s)；

R_B、R_E：B 相、E 相中的耗氧速率(mol/s)；

R_M：全床颗粒的总耗氧速率(mol/s)；

t：时间(s)；

T：温度(℃)；

u_0：气流空塔速率(cm/s)，$u_0 = \varepsilon_b u$；

u_B：B 相中的气流速率，(cm/s)；

u_E：E 相中的气流速率，(cm/s)；

u_{mf}：临界流态化速率，(cm/s)；

u_t：颗粒终端速率，(cm/s)；

W_{ZnS}：床层中 ZnS 颗粒的总质量(g)；

X：转化率；

z：距离(cm)；

β_1：一元二次方程的根；

β_2：一元二次方程的根；

δ：无因次参数或气泡体积分数；

γ：床层内气固反应物摩尔比或气泡中颗粒体积分数；

ρ_s：颗粒或球团的质量密度(g/cm^3)；

φ：ZnS 颗粒在全体流态化颗粒中所占分数；

φ_A：即 $\varphi_B = C_B/C_0$ 或 $\varphi_E = C_E/C_0$；

φ_B：B 相中氧的无因次浓度；

φ_E：E 相中氧的无因次浓度；

η：无因次纵向位置(床层高度的无因次坐标)；

ω_S：颗粒中硫的质量分数。

第 10 章　冶金工艺过程

冶金工艺过程是指冶金实际生产中相对独立的一个处理单元。为建立理想的冶金过程数学模型并确定合理的边界条件，对过程机理的透彻理解至关重要，它是过程数值解析能否成功的前提条件。本章选择典型的炼铁、炼钢及有色湿法冶金单元过程，利用 Excel 对其进行数值模拟及解析，再现过程的机理及规律性，揭示过程的特征及本质。

10.1　热风炉内气体及格子砖温度变化

热风炉是高炉炼铁工艺中为高炉提供热风的必需装置设备之一，作为非稳态传热的解析对象早已被广大研究者所关注并有较为成熟的研究成果。由于热风炉工艺过程中气体流量不断变化，存在复杂的传热过程等原因，利用计算机对其进行解析计算大有用武之地。本节中仅以一个简单的解析实例，展示利用 Excel 对热风炉进行数值解析的方法。

10.1.1　问题

已知某内燃式热风炉蓄热室的相关参数如表 10-1 所示，试求在热风炉的燃烧期当燃烧气体通过格子砖内部时气体及格子砖的温度分布变化。设燃烧室内部格子砖的纵向温度分布呈直线关系，且其他方向的温度分布可忽略，即为相同温度。

表 10-1　热风炉蓄热室的相关参数

项目	符号	单位	值
蓄热室高度	H	m	35
蓄热室截面积	S	m^2	57
传热面积	a	m^2/m^3	35
格子砖的平均密度	ρ_s	kg/m^3	2900
格子砖的平均比热	C_s	$kcal/(kg \cdot ℃)$	0.25
格子砖孔隙度	ε		0.14
格子砖上端开始温度	T_1	℃	1280
格子砖下端开始温度	T_2	℃	100

续表

项目	符号	单位	值
气体流量	V	m³/h	170 000
气体温度	T_g	℃	1400
燃烧气体比热	C_g	kcal/(m³ · ℃)	0.4
气-固传热系数	h	kcal/(m² · h · ℃)	20

10.1.2　分析

根据燃烧气体与格子砖两相的热量平衡可得

$$\begin{cases} VC_g \dfrac{\partial T_g}{\partial z} = -haS(T_g - T) \\[3mm] \rho_s C_s (1-\varepsilon) S \dfrac{\partial T}{\partial t} = haS(T_g - T) \end{cases} \tag{10-1}$$

式中，T 为格子砖温度。为差分计算方便，可将热风炉断面网格化，如图 10-1 所示。

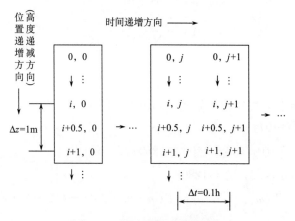

图 10-1　热风炉断面的网格化

图 10-1 中，纵向位置变量 i 的间隔 Δz 取为 1m，横向时间变量 j 的间隔 Δt 取为 0.1h。若网格点 (i, j) 处气体及格子砖的温度分别为 $T_g(i, j)$、$T(i, j)$，采用中心差分格式，则式 (10-1) 可差分化为

$$\begin{cases} M[T_g(i+1, j) - T_g(i, j)] = -[T_g(i+0.5, j) - T(i+0.5, j)] \\[2mm] [T_g(i+1, j) - T_g(i, j)] = -N[T(i+0.5, j+1) - T(i+0.5, j)] \end{cases}$$

$$\tag{10-2}$$

式中，无因次参数 M、N 的定义为

$$\begin{cases} M = \dfrac{VC_g}{haA\Delta z} \\[3mm] N = \dfrac{\rho_s(1-\varepsilon)C_s A\Delta z}{VC_g\Delta t} \end{cases} \tag{10-3}$$

令

$$T_g(i+0.5,\ j) = \frac{\left[T_g(i+1,\ j) + T_g(i,\ j)\right]}{2} \tag{10-4}$$

将式(10-4)代入到式(10-2)中，得

$$\begin{cases} T_g(i+1,\ j) = A_g \cdot T_g(i,\ j) + B_g \cdot T(i+0.5,\ j) \\[2mm] T(i+0.5,\ j+1) = A \cdot T(i+0.5,\ j) + B \cdot T_g(i,\ j) \end{cases} \tag{10-5}$$

式中，

$$\begin{cases} A_g = \dfrac{2M-1}{2M+1} \\[3mm] B_g = \dfrac{2}{2M+1} \\[3mm] A = \dfrac{N(2M+1)-2}{N(2M+1)} \\[3mm] B = \dfrac{2}{N(2M+1)} \end{cases} \tag{10-6}$$

根据所给条件，可得出初始条件和边界条件为

初始条件($j=0$)：

$$\begin{cases} i=0,\quad T_g(0,\ 0)=(1400+1280)/2 \\ i=0,\quad T(0.5,\ 0)=1280 \\ i\geqslant 0,\quad T(m+0.5,\ 0)=T(m-0.5,\ 0)-(1280-100)\Delta z/H \end{cases} \tag{10-7}$$

边界条件($i=0$)：

$$j\geqslant 0,\quad T_g(0,\ j)=1400 \tag{10-8}$$

10.1.3　求解

1. 输入数据及公式

新建工作表，根据前述的分析将已知数据及相关参数、公式输入到单元格中，如图 10-2 所示。

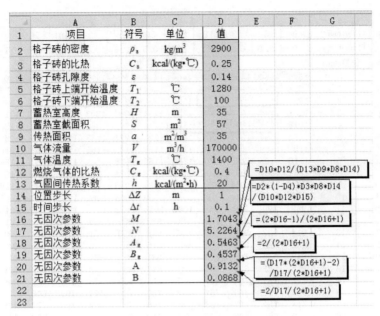

图 10-2　热风炉蓄热室的相关参数

2. 设计计算单元格

根据以上分析结果，在上述同一工作表内设计计算用单元格区域如图 10-3（气体温度 T_g 的计算）及图 10-4（格子砖温度 T 的计算）所示。图中，有颜色填充的部分为初始及边界条件[对应式(10-7)、式(10-8)]。在 G5 中输入式(10-5)中的第一个式子，然后将其复制到 G5：Q39 中；在 H44 中输入式(10-5)中的第二个式子，然后将其复制到 H44：Q79 中。

10.1.4　结果

完成上述的公式复制后，即可立即看到计算结果（取整数：选择数据区域→鼠标右击→设置单元格格式→数字→数值→小数点位数→0）。根据所得数据可以作图分析查看温度分布情况，图 10-5 中给出了热风炉三个高度位置处的两种温度随时间的变化关系。

10.1.5　问题扩展

在本例题条件下，设热风炉燃烧室在燃烧期燃烧 1h 后转为送风操作（即燃烧 1h 后的格子砖温度分布作为送风期的初始条件），经预热处理后的入炉冷风温度为 100℃，试求热风炉送风操作期间蓄热室内部送风温度及格子砖温度随时间的

F	G	H	I	J	K	L	M	N	O	P	Q
时间j/min→	0	6	12	18	24	30	36	42	48	54	60
时间j/h→	0	0.1	0.2	0.3	0.4	0.5	0.6	0.7	0.8	0.9	1
位置i/m↓	燃烧气体温度(T_g)										
0	1340	1400	1400	1400	1400	1400	1400	1400	1400	1400	1400
1	1313	1348	1352	1357	1360	1364	1367	1370	1372	1375	1377
2	1283	1309	1313	1318	1322	1327	1332	1337	1341	1345	1349
3	1251	1266	1272	1279	1285	1291	1297	1303	1308	1313	1318
4	1218	1231	1237	1243	1250	1256	1262	1268	1274	1280	1285
5	1185	1194	1201	1207	1214	1221	1227	1233	1240	1246	1252
6	1152	1159	1166	1173	1179	1186	1193	1199	1205	1212	1218
7	1118	1125	1132	1138	1145	1152	1158	1165	1171	1178	1184
8	1084	1091	1098	1104	1111	1118	1124	1131	1137	1144	1150
9	1051	1057	1064	1071	1077	1084	1090	1097	1103	1110	1116
10	1017	1024	1030	1037	1043	1050	1056	1063	1069	1076	1082
11	983	990	996	1003	1009	1016	1022	1029	1035	1042	1048
12	950	956	963	969	976	982	989	995	1002	1008	1014
13	916	922	929	935	942	948	955	961	968	974	981
14	882	889	895	902	908	915	921	928	934	940	947
15	849	855	862	868	874	881	887	894	900	907	913
16	815	821	828	834	841	847	854	860	867	873	879
17	781	788	794	801	807	813	820	826	833	839	846
18	747	754	760	767	773	780	786	793	799	806	812
19	714	720	727	733	740	746	752	759	765	772	778
20	680	686	693	699	706	712	719	725	732	738	745
21	646	653	659	666	672	679	685	691	698	704	711
22	613	619	626	632	638	645	651	658	664	671	677
23	579	585	592	598	605	611	618	624	630	637	643
24	545	552	558	565	571	577	584	590	597	603	610
25	511	518	524	531	537	544	550	557	563	570	576
26	478	484	491	497	504	510	516	523	529	536	542
27	444	450	457	463	470	476	483	489	496	502	509
28	410	417	423	430	436	443	449	455	462	468	475
29	377	383	390	396	402	409	415	422	428	435	441
30	343	349	356	362	369	375	382	388	394	401	407
31	309	316	322	329	335	341	348	354	361	367	374
32	275	282	288	295	301	308	314	321	327	334	340
33	242	248	255	261	268	274	280	287	293	300	306
34	208	214	221	227	234	240	247	253	260	266	273
35	174	181	187	194	200	207	213	219	226	232	239

（图中公式批注：`=(1400+1280)/2`；`=$D$18*G4+$D$19*G44`）

图 10-3　气体温度(T_g)分布

变化关系。

10.1.6　参考解答

相关解答如图 10-6、图 10-7、图 10-8 所示。

10.1.7　符号列表

a：传热面积(m^2/m^3)；

A、B、A_g、B_g：无因次参数；

	F	G	H	I	J	K	L	M	N	O	P	Q
41	时间j/min→	0	6	12	18	24	30	36	42	48	54	60
42	时间j/h→	0	0.1	0.2	0.3	0.4	0.5	0.6	0.7	0.8	0.9	1
43	位置i/m↓	格子砖温度（T）										
44	0.5	1280	1285	1295	1304	1313	1320	1327	1333	1339	1344	1349
45	1.5	1246	1252	1260	1268	1276	1283	1290	1297	1303	1309	1315
46	2.5	1213	1219	1226	1233	1241	1248	1255	1261	1268	1274	1280
47	3.5	1179	1185	1192	1199	1206	1213	1220	1226	1233	1239	1246
48	4.5	1145	1151	1158	1165	1172	1178	1185	1192	1198	1205	1211
49	5.5	1111	1118	11__	[=\$D\$20*G44+\$D\$21*G4]				1151	1158	1164	1171	1177
50	6.5	1078	108_	1001	1097	1104	1110	1117	1123	1130	1137	1143
51	7.5	1044	105_	[=G41-(1280-100)/\$D\$7]			1076	1083	1090	1096	1103	1109
52	8.5	1010	1017	1023	1030	1036	1043	1049	1056	1062	1069	1075
53	9.5	977	983	989	996	1002	1009	1015	1022	1028	1035	1041
54	10.5	943	949	956	962	969	975	982	988	995	1001	1008
55	11.5	909	916	922	929	935	941	948	954	961	967	974
56	12.5	875	882	888	895	901	908	914	921	927	934	940
57	13.5	842	848	855	861	868	874	880	887	893	900	906
58	14.5	808	814	821	827	834	840	847	853	860	866	873
59	15.5	774	781	787	794	800	807	813	819	826	832	839
60	16.5	741	747	753	760	766	773	779	786	792	799	805
61	17.5	707	713	720	726	733	739	746	752	758	765	771
62	18.5	673	680	686	692	699	705	712	718	725	731	738
63	19.5	639	646	652	659	665	672	678	685	691	697	704
64	20.5	606	612	619	625	632	638	644	651	657	664	670
65	21.5	572	578	585	591	598	604	611	617	624	630	637
66	22.5	538	545	551	558	564	571	577	583	590	596	603
67	23.5	505	511	517	524	530	537	543	550	556	563	569
68	24.5	471	477	484	490	497	503	510	516	522	529	535
69	25.5	437	444	450	456	463	469	476	482	489	495	502
70	26.5	403	410	416	423	429	436	442	449	455	461	468
71	27.5	370	376	383	389	396	402	408	415	421	428	434
72	28.5	336	342	349	355	362	368	375	381	388	394	401
73	29.5	302	309	315	322	328	335	341	347	354	360	367
74	30.5	269	275	281	288	294	301	307	314	320	327	333
75	31.5	235	241	248	254	261	267	274	280	286	293	299
76	32.5	201	208	214	220	227	233	240	246	253	259	266
77	33.5	167	174	180	187	193	200	206	213	219	225	232
78	34.5	134	140	147	153	160	166	172	179	185	192	198
79	35.5	100	106	113	119	126	132	139	145	152	158	165

图 10-4　格子砖温度（T）分布

C_g：燃烧气体比热 $[kcal/(m^3 \cdot ℃)]$；

C_s：格子砖的平均比热 $[kcal/(kg \cdot ℃)]$；

h：气-固传热系数 $[kcal/(m^2 \cdot h \cdot ℃)]$；

H：蓄热室高度（m）；

M、N：无因次参数；

S：蓄热室截面积（m^2）；

T_1：格子砖上端开始温度（℃）；

T_2：格子砖下端开始温度（℃）；

T_g：气体温度（℃）；

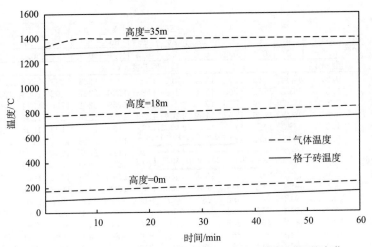

图 10-5　热风炉不同高度处气体及格子砖的温度随时间的变化

	F	G	H	I	J	K	L	M	N	O	P	Q
1	时间 j/min→	0	6	12	18	24	30	36	42	48	54	60
2	时间 j/h→	0	0.1	0.2	0.3	0.4	0.5	0.6	0.7	0.8	0.9	1
3	位置 i/m↓	送风温度（T_g)										
4	0	1273	1267	1260	1254	1247	1241	1234	1228	1221	1214	1208
5	1	1239	1232	1226	1219	1213	1206	1200	1193	1187	1180	1174
6	2	1205	1198	1192	1185	1179	1172	1165	1159	1152	1146	1139
7	3	1170	1164	1157	1151	1144	1138	1131	1125	1118	1112	1105
8	4	1136	1130	1123	1117	1110	1104	1097	1091	1084	1078	1071
9	5	1102	1096	1089	1083	1076	1070	1063	1057	1050	1044	1037
10	6	1068	1062	1055	1049	1042	1036	1030	1023	1017	1010	1004
11	7	1034	1028	1022	1015	1009	1002	996	989	983	976	970
12	8	1001	994	988	981	975	968	962	955	949	943	936
13	9	967	960	954	948	941	935	928	922	915	909	902
14	10	933	927	920	914	907	901	894	888	881	875	869
15	11	899	893	886	880	874	867	861	854	848	841	835
16	12	866	859	853	846	840	833	827	820	814	808	801
17	13	832	825	819	813	806	800	793	787	780	774	767
18	14	798	792	785	779	772	766	759	753	747	740	734
19	15	764	758	752	745	739	732	726	719	713	706	700
20	16	731	724	718	711	705	699	692	686	679	673	666
21	17	697	691	684	678	671	665	658	652	645	639	633
22	18	663	657	650	644	638	631	625	618	612	605	599
23	19	630	623	617	610	604	597	591	585	578	572	565
24	20	596	589	583	577	570	564	557	551	544	538	532
25	21	562	556	549	543	536	530	524	517	511	504	498
26	22	528	522	516	509	503	496	490	484	477	471	464
27	23	495	488	482	476	469	463	456	450	444	437	431
28	24	461	455	448	442	435	429	423	416	410	404	398
29	25	427	421	415	408	402	396	389	383	377	371	364
30	26	394	387	381	375	368	362	356	350	344	338	332
31	27	360	354	347	341	335	329	323	317	311	305	299
32	28	327	320	314	308	302	296	290	284	278	273	267
33	29	294	287	281	275	269	263	258	252	247	241	236
34	30	261					231					
35	31	229	223				200					
36	32	198					175	171				
37	33	170			147	144			138	135	133	130
38	34	147	128	126	123	121		118	116	115	114	112
39	35	132	100	100	100	100	100	100	100	100	100	100

=$D$18*G39+$D$19*G79

=(100+$G$79)/2

有颜色填充的部分为边界值

图 10-6　参考解答（送风温度分布）

	F	G	H	I	J	K	L	M	N	O	P	Q
41	时间j/min→	0	6	12	18	24	30	36	42	48	54	60
42	时间j/h→	0	0.1	0.2	0.3	0.4	0.5	0.6	0.7	0.8	0.9	1
43	位置i/m↓	格子砖温度（T）										
44	0.5	1349	1343	1336	1330	1323	1316	1310	1303	1297	1290	1284
45	1.5	1315	1308	1302	1295	1289	1282	1275	1269	1262	1256	1249
46	2.5	1280	1274	1267					1234	1228	1221	1215
47	3.5	1246	1239	123	有颜色填充的部分为初值				1200	1194	1187	1180
48	4.5	1211	1205	119					1166	1159	1153	1146
49	5.5	1177	1171	116	58	1151	1145	1138	1132	1125	1119	1112
50	6.5	1143	113	1130	1124	1117	1111	1104	1098	1091	1085	1078
51	7.5	1109	1103	1096	1090	1083	1077	1070	1064	1057	1051	1044
52	8.5	1075	1069	1062	1056	1049	1043	1036	1030	1023	1017	1011
53	9.5	1041	1035	1028	1022	1015	1009	1003	996	990	983	977
54	10.5	1008	1001	995	988	982	975	969	962	956	949	943
55	11.5	974	967	961	954	948	941	935	929	922	916	909
56	12.5	940	934	927	921	914	908	901	895	888	882	875
57	13.5	906	900	893	887	880	874	868	861	855	848	842
58	14.5	873	866	860	853	847	840	834	827	821	814	808
59	15.5	839	832	826	819	813	807	800	794	787	781	774
60	16.5	805	799	792	786	779	773	766	760	753	747	741
61	17.5	771	765	758	752	746	739	733	726	720	713	707
62	18.5	738	731	725	718	712	705	699	693	686	680	673
63	19.5	704	697	691	685	678	672	665	659	652	646	639
64	20.5	670	664	657	651	644	638	632	625	619	612	606
65	21.5	637	630	624	617	611	604	598	591	585	578	572
66	22.5	603	596	590	583	577	571	564	558	551	545	538
67	23.5	569	563	556	550	543	537	530	524	518	511	505
68	24.5	535	529	522	516	510	503	497	490	484	477	471
69	25.5	502	495	489	482	476	469	463	457	450	444	438
70	26.5	468	462	455	449	442	436	429	423	417	410	404
71	27.5	434	428	421	415	409	402	396	389	383	377	371
72	28.5	401	394	388	381	375	369	362	356	350	344	337
73	29.5	367	360	354	348	341	335	329	323	317	311	304
74	30.5	333	327	320	314	308	302	296	290	284	278	272
75	31.5	299	293	287	281	275	269	263	257	251	246	240
76	32.5	266	260	254	248	242	236	230	225	219	214	209
77	33.5	232	227	2	=$D$20*G79+$D$21*G39				199	194	189	184	180
78	34.5	198	194	188	183	177	173	168	164	160	156	152
79	35.5	165	162	156	151	147	143	139	136	133	130	127

图 10-7　参考解答（格子砖温度分布）

T：格子砖温度（℃）；

Δt：横向时间变量 j 的间隔；

V：气体流量（m³/h）；

Δz：纵向位置变量 i 的间隔；

ρ_s：格子砖的平均密度（kg/m³）；

ε：格子砖孔隙度。

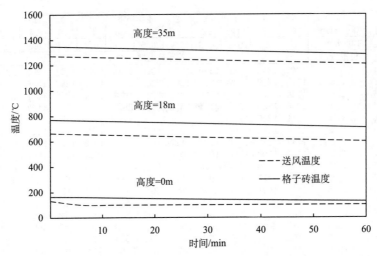

图 10-8　参考解答(热风炉不同高度处送风及格子砖的温度随时间的变化)

10.2　连铸坯厚度剖面温度分布

连铸工艺中钢液的凝固速度对钢坯的凝固组织性状、表面及内部质量影响很大,故钢液的凝固速度控制已成为连铸机操作中重要的一环。凝固过程中表面温度的变化不仅直接关系到表面的形状,而且对鼓肚、变形现象产生影响,后者又是决定凝固壳强度的重要因子。特别是在凝固末期,若铸坯产生鼓肚则易造成中心偏析,故铸坯凝固过程中铸坯表面温度的控制非常重要。

10.2.1　问题

设连铸机铸坯内未凝固钢液中的对流传热、拉坯方向(z 方向)以及宽度方向(y 方向)的热流可以忽略,且铸坯密度不随温度发生变化,传热过程达到稳态,则连铸机结晶器内的铸坯二维(厚度方向+拉坯方向,即 x 方向+z 方向)稳态传热方程可由以下基本偏微分方程描述(凝固解析示意图如图 10-9 所示):

$$\rho C_{\mathrm{p}} u \frac{\partial T}{\partial z} = \frac{\partial}{\partial x}\left(\lambda \frac{\partial T}{\partial x}\right) \tag{10-9}$$

式(10-9)相当于厚度方向的一维非稳态传热方程(拉坯速率 u 与拉坯距离 z 两变量的组合相当于时间变量),式中,C_{p} 为恒压热容,J/(kg·K);T 为温度,℃;u 为拉坯速率,m/s;x 为厚度方向上的距离,原点取在铸坯表面,m;z 为拉坯方向上的距离,原点取在钢液表面,m;ρ 为钢的密度,kg/m³;λ 为

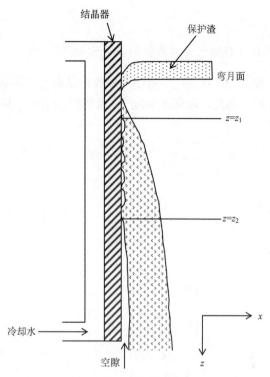

图 10-9　连铸机结晶器内铸坯凝固解析示意图

钢的导热系数，W/(m·K)。

边界条件为

$$
\begin{cases}
\text{液面 } z=0, \ T=T_0(\text{定值}) \\
\text{表面 } x=0, \ \lambda \dfrac{\partial T}{\partial x}=q_x \\
\text{中心 } x=x_1, \ \dfrac{\partial T}{\partial x}=0
\end{cases}
\tag{10-10}
$$

其中，x_1 为铸坯表面到铸坯中心的距离（厚度方向，即 x 方向），即铸坯厚度的一半，m。铸坯表面在 x 方向的热通量 $q_x(\text{W/m}^2)$ 为

$$
q_x = h_m(T_s - T_w)
\tag{10-11}
$$

式中，h_m 为铸坯表面与冷却水之间的综合传热系数，W/(m²·K)；T_s 为铸坯表面温度，℃；T_w 为冷却水温度，℃。

根据以上条件，试对结晶器内铸坯厚度剖面的温度分布进行解析。

10.2.2　分析

1. 将基本偏微分方程转化为常系数偏微分方程

基本偏微分方程[即式(10-9)]中的导热系数 λ 是温度的函数，需将其折算到温度项中才易于求解。为此，取标准温度 T_d 及该温度下的导热系数 λ_d，并定义折算温度 ϕ 为

$$\phi = \int_{T_d}^{T} (\lambda/\lambda_d)\, \mathrm{d}T \tag{10-12}$$

则

$$\frac{\mathrm{d}\phi}{\mathrm{d}T} = \frac{\lambda}{\lambda_d} \tag{10-13}$$

所以

$$\begin{cases} \dfrac{\partial \phi}{\partial x} = \dfrac{\lambda}{\lambda_d}\dfrac{\partial T}{\partial x} \\[3mm] \lambda_d \dfrac{\partial^2 \phi}{\partial x^2} = \dfrac{\partial}{\partial x}\left(\lambda\,\dfrac{\partial T}{\partial x}\right) \\[3mm] \dfrac{\lambda_d}{\lambda}\dfrac{\partial \phi}{\partial z} = \dfrac{\partial T}{\partial z} \end{cases} \tag{10-14}$$

根据以上关系式，式(10-9)可转化为常系数方程

$$\rho C_p u\, \frac{\lambda_d}{\lambda}\frac{\partial \phi}{\partial z} = \lambda_d\, \frac{\partial^2 \phi}{\partial x^2} \tag{10-15}$$

此外，根据热焓的定义，有

$$C_p = \frac{\partial H}{\partial T} = \left(\frac{\partial H}{\partial \phi}\right)\left(\frac{\partial \phi}{\partial T}\right) \tag{10-16}$$

将式(10-16)代入到式(10-15)中，得

$$\frac{\partial H}{\partial z} = \left(\frac{\lambda_d}{\rho u}\right)\frac{\partial^2 \phi}{\partial x^2} \tag{10-17}$$

边界条件即式(10-10)可相应变为

$$\begin{cases} \text{液面 } z = 0,\ \phi = \phi^* \text{（液面处的折算温度）} \\[2mm] \text{表面 } x = 0,\ \lambda_d\, \dfrac{\partial \phi}{\partial x} = q_x \\[2mm] \text{中心 } x = x_1,\ \dfrac{\partial \phi}{\partial x} = 0 \end{cases} \tag{10-18}$$

ϕ 与 H 可根据热力学数据用式(10-19)表达为温度 T 的函数

$$\begin{cases} H = \alpha_0 + \alpha_1 T \\ \phi = \beta_0 + \beta_1 T + \beta_2 T^2 \end{cases} \tag{10-19}$$

式中，α_0、α_1、β_0、β_1、β_2 为系数，根据热力学计算结果，H、ϕ 与温度的具体关系式如表 10-2 所示。

表 10-2　H、ϕ 与温度的关系

$T/℃$	$H/4185.9/(\text{J/kg})$	$T/℃$	$\phi/℃$
$100 \sim 450$	$0.1311T - 7.41$	$100 \sim 300$	$-1.81 \times 10^{-4} T^2 + 1.04T - 101.8$
$450 \sim 700$	$0.1768T - 27.96$	$300 \sim 700$	$-3.16 \times 10^{-4} T^2 + 1.12T - 113.9$
$700 \sim 800$	$0.272T - 94.6$	$700 \sim 800$	$-1.75 \times 10^{-4} T^2 + 0.92T - 45.0$
$800 \sim 1499$	$0.144T + 7.64$	$800 \sim 850$	$-7.25 \times 10^{-4} T^2 + 1.8T - 397.0$
$1499 \sim 1517$	$3.667T - 5272.5$	$850 \sim 950$	$0.375 \times 10^{-4} T^2 + 0.504T + 153.9$
$1517 \sim$	$0.207T - 24.22$	$950 \sim 1200$	$1.3 \times 10^{-4} T^2 + 0.328T + 237.4$
		$1200 \sim 1499$	$0.208 \times 10^{-4} T^2 + 0.59T + 80.2$
		$1499 \sim$	$0.653T + 33.3$

2. 差分格式的建立

为实现数值解析，将连铸机结晶器内由铸坯厚度及拉坯方向构成的二维区域进行分割，x、z 两方向的分割步幅分别为 Δx、Δz。对于格子点 (m, n) 处，即当 $x = m\Delta x$、$z = n\Delta z$ 时，式(10-17)可显式差分为

$$\begin{aligned} H_{m,\,n+1} &= H_{m,\,n} + \left(\frac{\lambda_d}{\rho u}\right) \left[\frac{\phi_{m+1,\,n} - 2\phi_{m,\,n} + \phi_{m-1,\,n}}{(\Delta x)^2}\right] \Delta z \\ &= H_{m,\,n} + A(\phi_{m+1,\,n} - 2\phi_{m,\,n} + \phi_{m-1,\,n}) \end{aligned}$$

$$\tag{10-20}$$

式中，

$$A = \frac{\lambda_d \Delta z}{\rho u (\Delta x)^2} \tag{10-21}$$

边界条件即式(10-10)相应可变为

$$\begin{cases} \text{液面 } n = 0, \ \phi_{m,\,0} = \phi^* \\ \text{表面 } m = 0, \ \lambda_d \left(\dfrac{\phi_{1,\,n} - \phi_{-1,\,n}}{2\Delta x}\right) = q_x \\ \text{中心 } m = L, \ \phi_{L+1,\,n} - \phi_{L-1,\,n} = 0 \end{cases} \tag{10-22}$$

3. 差分计算方法

(1) 根据给定的液面温度及式(10-19)，求出液面处($n=0$)各点($m=0$, 1, …, L)的 H 及 ϕ，即 $H_{0,0} \sim H_{L,0}$ 以及 $\phi_{0,0} \sim \phi_{L,0}$；根据式(10-22)中的后两式，求出 $\phi_{-1,0}$ 及 $\phi_{L+1,0}$。

(2) z 方向递增一个步长 $z=\Delta z$，根据式(10-20)求出 $H_{0,1} \sim H_{L,1}$，根据式(10-19)求出 $T_{0,1} \sim T_{L,1}$，进而求出 $\phi_{0,1} \sim \phi_{L,1}$；根据式(10-22)中的后两式，求出 $\phi_{-1,1}$ 及 $\phi_{L+1,1}$。

(3) 仿照上一步骤，可求出 $z=n\Delta z$ 时厚度方向上各点的 $H_{m,n}$、$T_{m,n}$ 及 $\phi_{m,n}$。

如此递推重复计算下去，即可获得计算限定范围内的温度、折算温度及热焓的数值解。

10.2.3 参数

1. 结晶器内铸坯表面的综合传热系数 h_m

注入结晶器中的钢液主要通过表面进行放热降温，故铸坯表面在 x 方向(厚度方向)的热通量 q_x 是重要的传热参数之一。

热通量 q_x 可通过式(10-10)中的表面边界条件进行计算。其中，综合传热系数 h_m 的确定主要受到铸坯与结晶器间是否存在空隙的影响。即若存在空隙，则铸坯与冷却水间的传热路径中会增加辐射传热过程，结果造成热阻增加、h_m 显著减小。空隙的形成主要是由于凝固壳的收缩强度超过了钢液静压的影响造成的。

铸坯与结晶器间的接触状态可分为开始的完全接触、局限于某一区域中的接触与分离交错混合的非完全接触以及最终的完全分离三种类型，如图 10-9 所示。为此，设在长度方向的某一范围内铸坯与结晶器间的接触状态连续变化，并引入空隙率参数 k 来表征接触状态。$k=0$、$k=1$ 分别对应完全接触及完全分离，而 $k=0 \sim 1$ 对应非完全接触(为简单起见，设其空隙率呈直线变化关系)，则可根据式(10-23)确定 k 的取值：

$$\begin{cases} z \leqslant z_1 & k=0\ (完全接触) \\ z_1 \leqslant z \leqslant z_2 & k=(z-z_1)/(z_2-z_1)\ (非完全接触) \\ z_2 \leqslant z & k=1\ (完全分离) \end{cases} \quad (10\text{-}23)$$

式中，z_1 为铸坯表面与结晶器非完全接触的起始点坐标；z_2 为铸坯表面与结晶器完全分离的起始点坐标。由于结晶器液面位置处的静压力很小，而凝固收缩速度相对较大，故为简单起见，本例中令 $z_1=0$，即假定铸坯与结晶器的非完全接

触状态开始于液面位置。这样，式(10-23)可变为

$$\begin{cases} 0 \leqslant z \leqslant z_2 & k = z/z_2 \text{(非完全接触)} \\ z_2 \leqslant z & k = 1 \text{(完全分离)} \end{cases} \qquad (10\text{-}24)$$

式中，z_2 可根据实际操作经验，按照式(10-25)由拉坯速率决定：

$$z_2 = 0.339 \times 60u + 0.376 \qquad (10\text{-}25)$$

根据以上对接触状态的分析，综合传热系数 h_m 可由完全接触时的传热系数 h_{m1} 及完全分离时的传热系数 h_{m2} 求算：

$$h_m = (1 - k)h_{m1} + kh_{m2} \qquad (10\text{-}26)$$

2. 完全接触时的传热系数 h_{m1}

完全接触时的传热路径为铸坯→保护渣膜→结晶器→冷却水，此时的传热系数 h_{m1} 可由下式确定：

$$\frac{1}{h_{m1}} = \frac{d_f}{k_f} + \frac{d_m}{k_m} + \frac{1}{h_w} \qquad (10\text{-}27)$$

式中，d_f 为保护渣膜的厚度，取 $d_f = 50\mu m = 50 \times 10^{-6} m$；$k_f$ 为保护渣的导热系数，W/(m·K)；d_m 为结晶器壁厚，m；k_m 为结晶器的导热系数，W/(m·K)；h_w 为结晶器与冷却水间的传热系数，W/(m²·K)。
其中，结晶器与冷却水间的传热系数 h_w 按照圆管内强制对流传热条件，根据式(10-28)进行计算：

$$h_w = 0.023 \frac{k_w}{d_w} Re^{0.8} Pr^{0.33} \begin{cases} Re = \dfrac{\rho_w u_w d_w}{\eta_w} \\ Pr = \dfrac{C_{pw} \eta_w}{k_w} \end{cases} \qquad (10\text{-}28)$$

式中，d_w 为结晶器内冷却水管直径，m；k_w 为冷却水的导热系数，W/(m·K)；ρ_w 为冷却水密度，kg/m³；u_w 为冷却水流速，m/s；η_w 为冷却水黏度，Pa·s；C_w 为冷却水比热，J/(kg·K)；Pr 为普朗特数；Re 为雷诺数。

3. 完全分离时的传热系数 h_{m2}

设结晶器与铸坯表面间的辐射传热系数为 $h_a[W/(m²·K)]$，则 h_{m2} 可根据式(10-29)计算：

$$\frac{1}{h_{m2}} = \frac{1}{h_{m1}} + \frac{1}{h_a} \qquad (10\text{-}29)$$

由辐射传热定律可知

$$q_x = h_a(T_f - T_m) = \sigma\varepsilon_f(T_f^4 - T_m^4) \tag{10-30}$$

所以

$$h_a = \sigma\varepsilon_f(T_f^2 + T_m^2)(T_f + T_m) \tag{10-31}$$

式中，T_f 为保护渣表面温度，K；T_m 为结晶器内表面温度，K；σ 为斯特藩-玻尔兹曼常数，W/(m² · K⁴)]；ε_f 为保护渣的辐射率。

保护渣表面温度 T_f(K)可根据以下经验式求出(在 700K～1850K 范围内与 T_s 呈直线关系)：

$$T_f = [(T_s + 273.2) + 137.22]/1.2017 = (T_s + 410.42)/1.2017 \tag{10-32}$$

注意，式(10-32)中 T_s 的单位为℃，与 T_f 的热力学温度单位(K)不同，前者用于显示，后者用于计算。

由于 $T_f \gg T_m$，故可令 T_m 为常数，本例中取 $T_m = 473$K。

10.2.4　求解

1. 输入参数

根据前述模型的建立及参数的确定方法，将计算所需参数输入到单元格中，如图 10-10、图 10-11 所示。参数可分为常量参数和变量参数(随迭代计算过程而

	A	B	C	D	E	F	G	H
	分类	项目			符号	单位	值	
1								
2		铸坯半厚度			X	m	0.1	
3		从表面到中心的分割数			L		20	
4	计算网格	横轴步长			Δx	m	0.005	1
5		结晶器长度			L_m	m	0.6	
6		纵向步长			Δz	m	0.0005	
7								
8		浇铸温度			T_c	℃	1550	
9	铸坯	拉坯速度			u	m/s	0.01	
10		钢的密度			ρ	kg/m³	7800	
11		标准温度$T=T_d$时钢的导热系数			λ_d	W/(m·K)	46.522	
12								
13		结晶器导热系数			k_m	W/(m·K)	383.81	
14	结晶器	结晶器内冷却水管直径			d_w	m	0.005	
15		结晶器壁厚			d_m	m	0.038	
16		结晶器给水量			β	m³/kg	0.00253	
17								
18		冷却水黏度			η_w	Pa·s	0.001	
19		冷却水密度			ρ_w	kg/m³	1000	
20	冷却水	冷却水比热			C_w	J/(kg·K)	4185.852	
21		冷却水导热系数			k_w	W/(m·K)	0.6	2
22		冷却水流速			u_w	m/s	3.9468	

图 10-10　参数的输入(1)

发生变化的参数)两种类型，变量参数放在了表的最后位置。图中，有颜色填充的单元格为公式输入区域，可根据其备注中所示的编号在表 10-3 中找到对应的公式及输入方法。

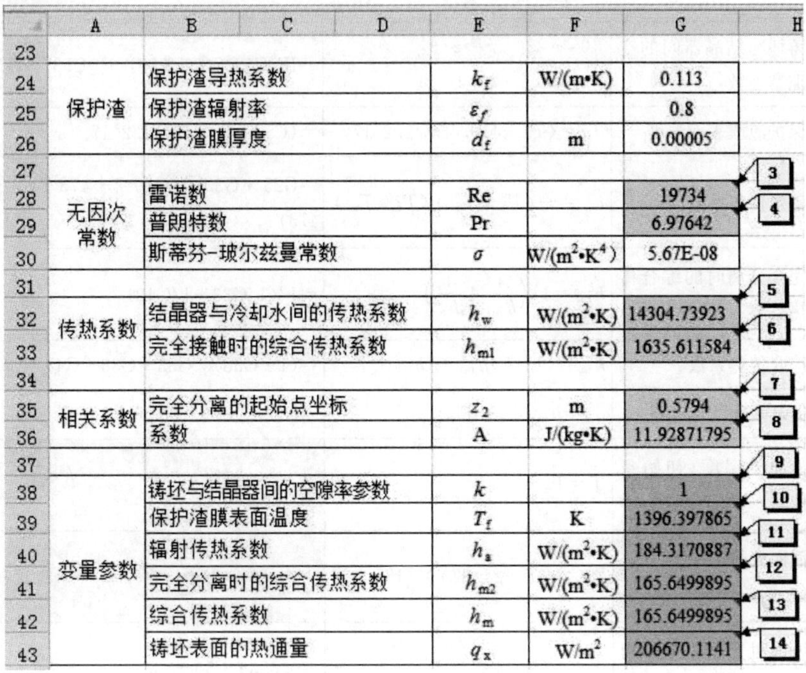

	A	B	C	D	E	F	G	H
23								
24	保护渣	保护渣导热系数			k_f	W/(m•K)	0.113	
25		保护渣辐射率			ε_f		0.8	
26		保护渣膜厚度			d_f	m	0.00005	
27								3
28	无因次常数	雷诺数			Re		19734	4
29		普朗特数			Pr		6.97642	
30		斯蒂芬-玻尔兹曼常数			σ	$W/(m^2•K^4)$	5.67E-08	
31								5
32	传热系数	结晶器与冷却水间的传热系数			h_w	$W/(m^2•K)$	14304.73923	6
33		完全接触时的综合传热系数			h_{m1}	$W/(m^2•K)$	1635.611584	
34								7
35	相关系数	完全分离的起始点坐标			z_2	m	0.5794	8
36		系数			A	J/(kg•K)	11.92871795	
37								9
38	变量参数	铸坯与结晶器间的空隙率参数			k		1	10
39		保护渣膜表面温度			T_f	K	1396.397865	11
40		辐射传热系数			h_a	$W/(m^2•K)$	184.3170887	12
41		完全分离时的综合传热系数			h_{m2}	$W/(m^2•K)$	165.6499895	13
42		综合传热系数			h_m	$W/(m^2•K)$	165.6499895	14
43		铸坯表面的热通量			q_x	W/m^2	206670.1141	

图 10-11　参数的输入(2)

表 10-3　与单元格备注编号对应的公式及输入方法

编号	项目	公式	单元格公式输入
1	横轴步长	$\Delta x=X/L$	=G2/G3
2	冷却水流速	$u_w=uX\rho\beta/d_w$	=G9 * G2 * G10 * G16/G14
3	雷诺数	$Re=\rho_w u_w d_w/\eta_w$	=G19 * G22 * G14/G18
4	普朗特数	$Pr=C_{pw}\eta_w/k_w$	=G20 * G18/G21
5	结晶器与冷却水间的传热系数	$h_w=0.023\dfrac{k_w}{d_w}Re^{0.8}Pr^{0.33}$	=0.023 * G21/G14 * G28^0.8 * G29^0.33
6	完全接触时的综合传热系数	$h_{m1}=1/\left(\dfrac{d_f}{k_f}+\dfrac{d_m}{k_m}+\dfrac{1}{h_w}\right)$	=1/(G26/G24 + G15/G13 + 1/G32)
7	完全分离的起始点坐标	$z_2=0.339\times 60u+0.376$	=0.339 * 60 * G9+0.376

续表

编号	项目	公式	单元格公式输入
8	系数	$A=\dfrac{\lambda_\mathrm{d}\Delta z}{\rho u\ (\Delta x)^2}$	=G11＊G6/G4^2/G10/G9
9	铸坯与结晶器间的空隙率参数	$\begin{cases}0\leqslant z\leqslant z_2 & k=z/z_2\\ z_2\leqslant z & k=1\end{cases}$	=IF(C53＞＄G＄35，1，C53/＄G＄35)
10	保护渣膜表面温度	$T_\mathrm{f}=(T_\mathrm{s}+410.42)/1.2017$	=(C55+410.42)/1.2017
11	辐射传热系数	$h_\mathrm{a}=\sigma\varepsilon_\mathrm{f}(T_\mathrm{f}^2+T_\mathrm{m}^2)(T_\mathrm{f}+T_\mathrm{m})$	=G25＊G30＊(G39^2+473^2)＊(G39+473)
12	完全分离时的综合传热系数	$h_\mathrm{m2}=1/\left(\dfrac{1}{h_\mathrm{m1}}+\dfrac{1}{h_\mathrm{a}}\right)$	=1/(1/G33+1/G40)
13	综合传热系数	$h_\mathrm{m}=(1-k)h_\mathrm{m1}+kh_\mathrm{m2}$	=(1－G38)＊G33+G38＊G41
14	铸坯表面的热通量	$q_x=h_\mathrm{m}(T_\mathrm{s}-T_\mathrm{w})$	=G42＊(C55－20)
15	液面处温度(初始条件)	$T=T_\mathrm{c}$	=＄G＄8
16	液面处热焓(初始条件)	$(0.207T-24.22)\times4185.9$	=(0.207＊C50－24.22)＊4185.9
17	液面处折算温度(初始条件)	$0.653T+33.3$	=0.653＊C50+33.3
18	铸坯表面边界条件	$\phi_{-1,n}=\phi_{1,n}-2\Delta x q_x/\lambda_\mathrm{d}$	=D57－2＊G43＊G4/G11
19	铸坯中心边界条件	$\phi_{L+1,n}=\phi_{L-1,n}$	=V57
20	纵向步长递增	$z=z+\Delta z$	=C53+G6
21	表面温度	见表 10-2	=Calct(C61)
22	表面热焓	$H_{0,n+1}=H_{0,n}+A$ $(\phi_{1,n}-2\phi_{0,n}+\phi_{-1,n})$	=C56+＄G＄36＊(D57－2＊C57+B57)
23	折算温度	见表 10-2	=Calcp(C60)

注：有底纹的部分表示需要将该单元格中的公式复制到同行的其他单元格中。

2. 计算方法

在工作表中设置初值和迭代两个区域，如图 10-12 所示。根据图 10-10、图 10-11 中所示的参数条件，在初值区域中输入 $n=0$(即 $z=0$)时横向各离散点

$(m=0，1，2，\cdots，20)$的温度、热焓以及折算温度值。迭代区域分为 $z=z$ 区和 $z=z+\Delta z$ 区(分别简称为 z 区和 Δz 区)两个部分，后一区域为前一区域增加一个纵向位置步长的结果。设置三个命令执行按钮，分别执行"复位"(将初值区的值复制到 z 区)、"一次迭代"(将 Δz 区的值复制到 z 区)以及"循环计算"(不断执行"一次迭代"直至 z 值达到结晶器长度限度)功能。执行"循环计算"后，将计算结果输出到 Δz 区下方的对应位置。"一次迭代"即为单步执行计算，可观察到每一次迭代过程和结果。同样，根据图中单元格备注中所示的编号可在表 10-3 中找到与其对应的公式及输入方法。

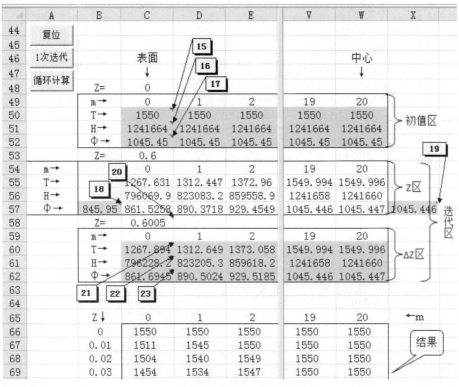

图 10-12 计算区域的设置

3. 程序设计

为获得前述所需的区域复制功能的程序代码，可利用宏录制方法自动产生代码并对其适当编辑后实现(当然，对程序设计熟练后，也可直接写出)。实现前述三个功能的程序代码如图 10-13 所示。此外，根据表 10-2，需设计两个函数"Function 计算温度(H)"和"Function 计算折算温度(T)"，分别用来计算热焓和折算温度，如图 10-14、图 10-15 所示。

```
Option Explicit
Sub 复位()
Range("B67:W126") = ""
Range("C48:W52").Select
Selection.Copy

Range("C53").Select
Selection.PasteSpecial Paste:=xlPasteValues, Operation:=xlNone, _
SkipBlanks:=False, Transpose:=False
Application.CutCopyMode = False

End Sub

Sub 一次迭代()
Range("C58:W62").Select
Selection.Copy

Range("C53").Select
Selection.PasteSpecial Paste:=xlPasteValues, Operation:=xlNone, _
SkipBlanks:=False, Transpose:=False
Application.CutCopyMode = False
End Sub

Public Sub 循环计算()
Dim I As Integer
Dim N As Integer

N = 20
Call 复位
For I = 1 To 1200
If (I Mod N = 0) Then
    Cells(66 + I / N, 2) = Cells(58, 3)    'Z坐标

    Range("C60:W60").Select              '复制温度值
    Selection.Copy

    Cells(66 + I / N, 3).Select          '选择性粘贴→值
    Selection.PasteSpecial Paste:=xlPasteValues, Operation:=xlNone, _
    SkipBlanks:=False, Transpose:=False
End If
Call 一次迭代
Next I
End Sub
```

图 10-13　"复位"、"一次迭代"以及"循环计算"的程序代码

10.2.5　结果

计算所得温度数据全部取整数(选择数据区域→鼠标右击→设置单元格格式→数字→数值→小数位数→"0")，结果如图 10-16 所示。为方便观察数据及作图分析，将计算结果复制到另外一个名为"结果图"的工作表中。

(1) 色阶图。可直接通过单元格的色阶观察整体数据分布状况(选择数据区域→条件格式→色阶→红黄绿色阶)，其中绿色、黄色、红色分别代表温度由低到高的过渡状态，为适应黑白印刷，可选择白—绿色阶(印刷效果为白—灰色

```
Public Function 计算温度(H)
Dim A0, A1 As Double
Dim Ht As Double

Ht = H / 4185.9

If Ht < 51.6 Then
    A0 = -7.41
    A1 = 0.1311
ElseIf Ht < 95.8 Then
    A0 = -27.96
    A1 = 0.1768
ElseIf Ht < 123 Then
    A0 = -94.6
    A1 = 0.272
ElseIf Ht < 224 Then
    A0 = 7.64
    A1 = 0.144
ElseIf Ht < 290 Then
    A0 = -5272.5
    A1 = 3.667
Else
    A0 = -24.22
    A1 = 0.207
End If

计算温度 = (Ht - A0) / A1

End Function
```

图 10-14　计算温度的函数程序

```
Public Function 计算折算温度(T)
Dim B0, B1, B2 As Double

If T < 300 Then
    B0 = -101.8
    B1 = 1.04
    B2 = -1.81
ElseIf T < 370 Then
    B0 = -113.9
    B1 = 1.12
    B2 = -3.16
ElseIf T < 800 Then
    B0 = -45#
    B1 = 0.92
    B2 = -1.75
ElseIf T < 850 Then
    B0 = -397#
    B1 = 1.8
    B2 = -7.25
ElseIf T < 950 Then
    B0 = 153.9
    B1 = 0.504
    B2 = 0.375
ElseIf T < 1200 Then
    B0 = 237.4
    B1 = 0.328
    B2 = 1.3
ElseIf T < 1499 Then
    B0 = 80.2
    B1 = 0.59
    B2 = 0.208
Else
    B0 = 33.3
    B1 = 0.653
    B2 = 0
End If

计算折算温度 = B0 + B1 * T + B2 * T * T / 10000

End Function
```

图 10-15　计算折算温度的函数程序

	B	C	D	E	U	V	W	X
65	Z↓	0	1	2	18	19	20	←m
66	0	1550	1550	1550	1550	1550	1550	结果
67	0.01	1511	1545	1550	1550	1550	1550	
68	0.02	1504	1540	1549	1550	1550	1550	
69	0.03	1454	1534	1547	1550	1550	1550	
70	0.04	1341	1517	1544	1550	1550	1550	
71	0.05	1281	1515	1541	1550	1550	1550	
72	0.06	1251	1513	1538	1550	1550	1550	
121	0.55	1232	1293	1366	1550	1550	1550	
122	0.56	1239	1296	1367	1550	1550	1550	
123	0.57	1247	1300	1368	1550	1550	1550	
124	0.58	1255	1304	1369	1550	1550	1550	
125	0.59	1262	1308	1371	1550	1550	1550	
126	0.6	1268	1312	1373	1550	1550	1550	

图 10-16　计算结果(仅显示四个角落部分的数据)

价),如图 10-17 所示。

(2) 曲面图。选择温度数据区域→插入→插入图表→曲面图→曲面图(俯视图)→确定,对图形进行适当的设置后得到如图 10-18 所示的曲面图。主要设置

	B	C	D	E	F	S	T	U	V
1	0	1	2	3	4	17	18	19	20
2	1550	1550	1550	1550	1550	1550	1550	1550	1550
3	1511	1545	1550	1550	1550	1550	1550	1550	1550
4	1504	1540	1549	1550	1550	1550	1550	1550	1550
5	1454	1534	1547	1550	1550	1550	1550	1550	1550
6	1341	1517	1544	1549	1550	1550	1550	1550	1550
7	1281	1515	1541	1548	1550	1550	1550	1550	1550
8	1251	1513	1538	1547	1549	1550	1550	1550	1550
9	1236	1510	1535	1546	1549	1550	1550	1550	1550
10	1229	1508	1532	1544	1549	1550	1550	1550	1550
11	1227	1505	1530	1543	1548	1550	1550	1550	1550
12	1226	1502	1528	1542	1547	1550	1550	1550	1550
13	1227	1500	1526	1540	1547	1550	1550	1550	1550
14	1225	1470	1523	1539	1546	1550	1550	1550	1550
15	1209	1429	1517	1537	1545	1550	1550	1550	1550
16	1189	1401	1516	1535	1544	1550	1550	1550	1550
17	1171	1380	1515	1533	1543	1550	1550	1550	1550
18	1157	1364	1513	1532	1542	1550	1550	1550	1550
19	1145	1352	1512	1530	1541	1550	1550	1550	1550
20	1137	1342	1511	1529	1540	1550	1550	1550	1550
21	1131	1335	1509	1528	1539	1550	1550	1550	1550
48	1172	1273	1383	1481	1517	1550	1550	1550	1550
49	1179	1276	1380	1469	1516	1550	1550	1550	1550
50	1186	1278	1376	1460	1516	1550	1550	1550	1550
51	1192	1279	1373	1454	1515	1550	1550	1550	1550
52	1199	1281	1370	1450	1515	1550	1550	1550	1550
53	1205	1283	1368	1447	1514	1550	1550	1550	1550
54	1212	1285	1367	1445	1514	1550	1550	1550	1550
55	1218	1288	1366	1443	1513	1550	1550	1550	1550
56	1225	1290	1366	1442	1512	1550	1550	1550	1550
57	1232	1293	1366	1441	1512	1550	1550	1550	1550
58	1239	1296	1367	1441	1511	1550	1550	1550	1550
59	1247	1300	1368	1440	1511	1550	1550	1550	1550
60	1255	1304	1369	1440	1510	1550	1550	1550	1550
61	1262	1308	1371	1441	1509	1550	1550	1550	1550
62	1268	1312	1373	1441	1509	1550	1550	1550	1550

图 10-17　采用条件格式显示的全部温度分布计算结果(白—灰色阶)

方法为鼠标点击该图，再点击图表工具→布局，然后顺序执行以下操作：①垂直(值)轴，设置最小值=1200，最大值=1550，主要刻度单位=100；②竖(系列)坐标轴，选择"逆序系列"，主要刻度线类型→无，次要刻度线类型→无，坐标轴标签→无；③绘图区→三维旋转，深度(原始深度百分比)=60；④水平(类别)轴，主要刻度线类型→无，次要刻度线类型→无，坐标轴标签→无；⑤最后，点击图例→双击1500～1550图例项→三维格式→表面效果选择平面；填充→纯色填充→选择自己喜欢的颜色。其他图例项可类似地设置，本例为保持与印刷效果一致，采用不同深度的黑白颜色来对应温度分布。

由计算结果图可知，在铸坯表面凝固层已经形成，且在结晶器中沿拉坯方向逐渐增厚。

10.2.6　问题扩展

(1) 不通过单元格的计算过程，而全部采用 VBA 程序设计可加快程序的执

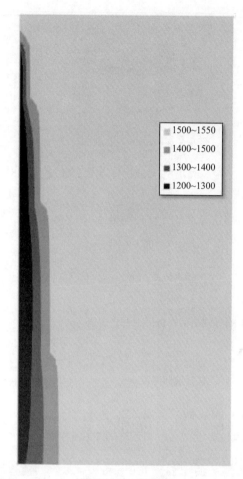

图 10-18　曲面图

行速率。请参照本例中单元格的计算过程及函数程序，写出完成本例全部功能的完整 VBA 程序代码，将计算结果输出到名为"结果"的工作表中。

（2）设钢液开始凝固的温度为 1500℃，试考查拉速对结晶器中凝固层厚度的影响。

10.2.7　参考解答

（1）如图 10-19～图 10-21 所示，作为举例，程序中采用了简单的一维数组形式，读者还可考虑采用二维数组的形式。

```vba
Option Explicit

'------计算网格
Const X = 0.1            '铸坯半厚度,m
Const L = 20             '从表面到中心的分割数
Const dX = X / L         '横轴步长,m
Const Lm = 0.6           '结晶器长度,m
Const dZ = 0.0005        '纵向步长,m

'------铸坯
Const Tc = 1550          '铸造温度,℃
Const U = 0.01           '拉坯速度,m/s
Const Rs = 7800          '钢的密度, kg/m3
Const Kd = 46.522        '标准温度T=Td时钢的导热系数, W/(m·K)

'------结晶器
Const Km = 383.81        '结晶器导热系数, W/(m·K)
Const Dw = 0.005         '结晶器内冷却水管直径,m
Const Dm = 0.038         '结晶器壁厚,m
Const Beta = 0.00253     '结晶器给水量, m3/kg

'------冷却水
Const Ew = 0.001         '冷却水黏度, Pa·s
Const Rw = 1000          '冷却水密度, kg/m3
Const Cw = 4185.852      '冷却水比热, J/(kg·K)
Const Kw = 0.6           '冷却水的导热系数, W/(m·K)
Const Uw = U * X * Rs * Beta / Dw '冷却水流速,m/s

'------保护渣
Const Kf = 0.113         '渣的导热系数, W/(m·K)
Const Rf = 0.8           '保护渣辐射率
Const Df = 0.00005       '保护渣膜厚度,m

'------无因次常数
Const Re = Rw * Uw * Dw / Ew     '雷诺数
Const Pr = Cw * Ew / Kw          '普朗特数
Const SI = 0.0000000567          '斯蒂芬-玻尔兹曼常数, W/(m2·K4)

'------传热系数, W/(m2·K)
Const Hw = 0.023 * Kw / Dw * Re ^ 0.8 * Pr ^ 0.33  '结晶器与冷却水间的传热系数
Const Hm1 = 1 / (Df / Kf + Dm / Km + 1 / Hw)       '完全接触时的综合传热系数

'------相关系数
Const Z2 = 0.339 * 60 * U + 0.376    '完全分离的起始点坐标
Const A = Kd * dZ / dX ^ 2 / Rs / U  '系数, J/(kg·K)

'------初值
Const P0 = 0.653 * Tc + 33.3              '液面处的折算温度, ℃
Const H0 = (0.207 * Tc - 24.22) * 4185.9  '液面处的含热量, J/kg

Dim T(L + 2) As Double   '温度, ℃
Dim H(L + 2) As Double   '单位质量的热焓, J/kg
Dim P(L + 2) As Double   '折算温度, ℃
Dim PS As Double
```

图 10-19　VBA 程序代码(1)

```vba
Dim I As Integer    '横向坐标
Dim J As Integer    '循环计算累积次数
Dim n As Integer    '单元格输出行号

Public Sub CC()

Const NR = 20    '循环NR次后输出结果
Dim Z As Double

n = 1       '单元格输出行号
Z = 0       'Z方向距离

'————————z=0处的初始值
For I = 0 To L
T(I) = Tc
P(I) = P0
H(I) = H0
Next I
PS = SurfaceP(T(0), P(1), Z)    '左边界（表面）
P(L + 1) = P(L - 1)             '右边界（中心）

'————————循环计算直至Z>=Lm
Sheets("结果").Select
Do While Z < Lm
    J = 1            '循环计算累积次数
    Do While J <= NR '循环计算NR次（不输出计算结果）
        Z = Z + dZ   'z递增
        '————————计算焓H以及对应的温度T和折算温度P
        For I = 0 To L
        If I = 0 Then
            H(0) = H(0) + A * (P(1) - 2 * P(0) + PS)            '表面H
        Else
            H(I) = H(I) + A * (P(I + 1) - 2 * P(I) + P(I - 1)) '表外H

        End If
            T(I) = 计算温度(H(I))  '温度T
        Next I

        For I = 0 To L           '折算温度P
            P(I) = 计算折算温度(T(I))
        Next I

        '————————左右边界处的P（左→表面，右→中心）
        PS = SurfaceP(T(0), P(1), Z)     '左边界
        P(L + 1) = P(L - 1)              '右边界
        J = J + 1
    Loop

    '————————循环计算NR次后输出计算结果
    If Z < Lm Then
        Cells(n, 1) = Z
        For I = 0 To 20
        Cells(n, 2 + I) = T(I)
        Next I
        n = n + 1
    End If
Loop
End Sub
```

图 10-20　VBA 程序代码(2)

```
Public Function SurfaceP(T, P, Z) '计算铸模表面边界处的折算温度（P）

Dim K As Double      '铸坯与结晶器间的空隙率参数
Dim Tf As Double     '渣膜表面热力学温度, K
Dim Ha As Double     '铸模与铸坯表面间的辐射传热系数, W/(m2·K)
Dim Hm2 As Double    '完全分离时的综合传热系数, W/(m2·K)
Dim Hm As Double     '综合传热系数, W/(m2·K)
Dim Qx As Double     '铸坯表面与冷却水间的热通量。冷却水温度为20℃

If Z > Z2 Then
    K = 1
Else
    K = Z / Z2
End If

Tf = (T + 410.42) / 1.2017
Ha = Rf * SI * (Tf ^ 2 + 473 ^ 2) * (Tf + 473)  '473K→铸模内表面温度
Hm2 = 1 / (1 / Hm1 + 1 / Ha)
Hm = (1 - K) * Hm1 + K * Hm2
Qx = Hm * (T - 20)
SurfaceP = P - 2 * Qx * dX / Kd  '铸模表面处的折算温度

End Function
```

图 10-21　VBA 程序代码(3)

（2）如图 10-22 所示，拉速降低导致凝固层增厚。

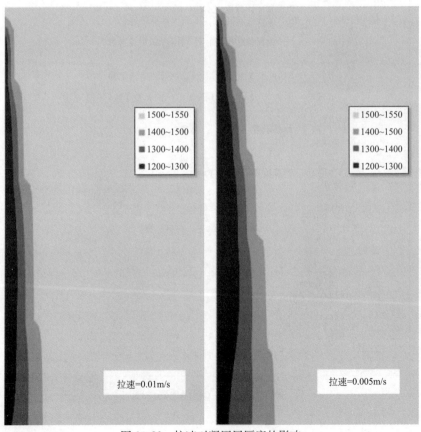

图 10-22　拉速对凝固层厚度的影响

10.2.8　符号列表

A：系数$[J/(kg \cdot K)]$；

C_p：恒压比热$[J/(kg \cdot K)]$；

C_w：冷却水比热$[J/(kg \cdot K)]$；

d_f：保护渣膜的厚度(m)；

d_m：结晶器壁厚(m)；

d_w：结晶器内冷却水管直径(m)；

h_a：结晶器与铸坯表面间的辐射传热系数$[W/(m^2 \cdot K)]$；

h_m：铸坯表面与冷却水之间的综合传热系数$[W/(m^2 \cdot K)]$；

h_w：结晶器与冷却水间的传热系数$[W/(m^2 \cdot K)]$；

H：钢的含热量(J/kg)；

k：铸坯与结晶器间的空隙率参数；

k_f：保护渣的导热系数$[W/(m \cdot K)]$；

k_m：结晶器的导热系数$[W/(m \cdot K)]$；

k_w：冷却水的导热系数$[W/(m \cdot K)]$；

L：计算区域内中心点坐标；

m：计算区域内的横坐标(x方向)；

n：计算区域内的纵坐标(z方向)；

Pr：普朗特数；

q_x：铸坯表面的热通量(W/m^2)；

Re：雷诺数；

T：温度(℃)；

T_d：标准温度(℃)；

T_f：保护渣表面温度(K)；

T_m：结晶器内表面温度(K)；

T_c：浇铸温度(℃)；

T_s：铸坯表面温度(℃)；

T_w：冷却水温度(℃)；

u：拉坯速率(m/s)；

u_w：冷却水流速(m/s)；

x：厚度方向上的距离，原点取在铸坯表面(m)；

x_1：铸坯厚度方向的中心到表面的距离，即铸坯厚度的一半(m)；

z：拉坯方向上的距离，原点取在钢液表面(m)；

z_1：铸坯表面与结晶器非完全接触的起始点坐标(m)；

z_2：铸坯表面与结晶器完全分离的起始点坐标(m)；

α_0、α_1：系数；

β_0、β_1、β_2：系数；

σ：斯特藩-玻尔兹曼常数$[W/(m^2 \cdot K^4)]$；

ε_f：保护渣的辐射率；

ϕ：折算温度(℃)；

ϕ^*：液面处的折算温度(℃)；

ρ：钢的密度(kg/m^3)；

ρ_w：水的密度(kg/m^3)；

λ：钢的导热系数$[W/(m \cdot K)]$；

λ_d：对应标准温度 $T = T_d$ 时钢的导热系数$[W/(m \cdot K)]$；

η_w：冷却水黏度$(Pa \cdot s)$。

10.3　氧化精炼过程中组元浓度变化

氧化精炼是转炉炼钢过程中不可缺少的重要环节之一，其主要目的是脱除钢液中的碳、硅、磷、锰等杂质，保证钢的质量要求。当氧枪向钢液中喷氧时，钢液表面将形成一个半月形的反应区，在此反应区中喷入的氧气与钢液中的杂质发生反应，同时使钢液产生流动，工艺示意图如图 10-23(上)所示。

10.3.1　问题

在氧化精炼的反应初期，做以下假定：

(1) 钢液熔池可分为反应区和钢液主体两部分，流程示意图如图 10-23(下)所示。

(2) 进入反应区的钢液各组元进行氧化反应后瞬间达到平衡，然后离开反应区返回钢液主体。

(3) 从反应区排出的钢液在主体内混合后可以再次循环进入反应区。

(4) 反应区的钢液量远小于钢液总量，因此在考虑物料衡算时反应区中各组分的积累可忽略不计。

(5) 在反应初期，仅考虑如下碳和硅的氧化反应

$$\begin{cases} [C] + [O] \Longrightarrow CO(g) \\ [Si] + 2[O] \Longrightarrow SiO_2 \end{cases} \tag{10-33}$$

设当 $t = 0$ 时，各组元的浓度为：$[C] = 4.5\%$，$[Si] = 0.7\%$，$[O] = 0$。且钢液质量 $w = 110t = 110\,000kg$，钢液循环流量 $q = 800kg[Fe]/s$，供氧速率 $S =$

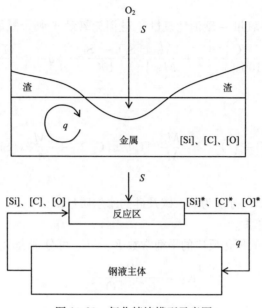

图 10-23　氧化精炼模型示意图

6.5kg[O]/s。

试根据以上所建立的模型，分析在反应初期（时间 $t \leqslant 180\mathrm{s}$）钢液中碳浓度 [C]、氧浓度 [O] 以及温度 T 随时间的变化关系。

10.3.2　分析

将钢液主体视为全混流，由物料平衡可得如下基本方程

$$\begin{cases} w\dfrac{\mathrm{d}[\mathrm{O}]}{\mathrm{d}t} = q\{[\mathrm{O}]^* - [\mathrm{O}]\} \\[2mm] w\dfrac{\mathrm{d}[\mathrm{C}]}{\mathrm{d}t} = q\{[\mathrm{C}]^* - [\mathrm{C}]\} \\[2mm] w\dfrac{\mathrm{d}[\mathrm{Si}]}{\mathrm{d}t} = q\{[\mathrm{Si}]^* - [\mathrm{Si}]\} \end{cases} \qquad (10\text{-}34)$$

式（10-34）为一阶常微分方程组。若对其求解，需要找到 $[\mathrm{O}]^*$、$[\mathrm{C}]^*$ 和 $[\mathrm{Si}]^*$ 与所求三个变量 $[\mathrm{O}]$、$[\mathrm{C}]$ 和 $[\mathrm{Si}]$ 间的关系式。$[\mathrm{O}]$、$[\mathrm{C}]$ 和 $[\mathrm{Si}]$ 可视为流出钢液本体、流入反应区的各组元浓度，而 $[\mathrm{O}]^*$、$[\mathrm{C}]^*$ 和 $[\mathrm{Si}]^*$ 则可视为流出反应区、流入钢液本体的各组元浓度。

1) 物料平衡关系

根据氧的总体物料平衡，反应区各组元的平衡浓度 $[\mathrm{O}]^*$、$[\mathrm{C}]^*$ 和 $[\mathrm{Si}]^*$ 可

由以下关系确定：

$$供氧量＝碳消耗氧量＋硅消耗氧量＋剩余氧量$$

$$S = \frac{M_O}{M_C}\left\{\frac{[C]-[C]^*}{100}\right\}q + \frac{2M_O}{M_{Si}}\left\{\frac{[Si]-[Si]^*}{100}\right\}q + \left\{\frac{[O]^*-[O]}{100}\right\}q$$

(10-35)

即

$$\frac{100S}{q} + \{[O]-[O]^*\} = \frac{M_O}{M_C}\{[C]-[C]^*\} + \frac{2M_O}{M_{Si}}\{[Si]-[Si]^*\}$$

(10-36)

式中，M_O、M_C、M_{Si} 分别为氧、碳及硅的摩尔质量。

2) 反应平衡关系

此外，碳和硅的氧化反应的平衡常数 K_1、K_2 可分别表示为

$$\begin{cases} K_1 = \dfrac{P_{CO}^*}{[C]^*[O]^*} \\ K_2 = \dfrac{a_{SiO_2}}{[Si]^*([O]^*)^2} \end{cases}$$

(10-37)

式中，P_{CO}^*、a_{SiO_2} 分别为反应平衡时 CO 气体的压力及 SiO_2 的活度。

3) 算法

根据以上关系式，$[O]^*$、$[C]^*$ 和 $[Si]^*$ 的求解思路如下。

在冶炼初期，$P_{CO}^*=1$，$a_{SiO_2}=1$。由式(10-37)可得

$$\begin{cases} [C]^* = \dfrac{1}{K_1[O]^*} \\ [Si]^* = \dfrac{1}{K_2([O]^*)^2} \end{cases}$$

(10-38)

将式(10-38)代入式(10-36)中，消去 $[C]^*$ 和 $[Si]^*$，得

$$\frac{100S}{q} + \{[O]-[O]^*\} = \frac{M_O}{M_C}\left\{[C]-\frac{1}{K_1[O]^*}\right\} + \frac{2M_O}{M_{Si}}\left\{[Si]-\frac{1}{K_2([O]^*)^2}\right\}$$

(10-39)

整理得

$$([O]^*)^3 + \left\{-\frac{100S}{q}-[O]+\frac{M_O}{M_C}[C]+\frac{2M_O}{M_{Si}}[Si]\right\}$$

$$([O]^*)^2 - \frac{M_O}{M_C}\frac{1}{K_1}[O]^* - \frac{2M_O}{M_{Si}}\frac{1}{K_2} = 0$$

(10-40)

即

$$([O]^*)^3 + a([O]^*)^2 + b[O]^* + c = 0 \qquad (10\text{-}41)$$

其中，

$$\begin{cases} a = -\dfrac{100S}{q} - [O] + \dfrac{4}{3}[C] + \dfrac{8}{7}[Si] \\[2mm] b = -\dfrac{4}{3}\dfrac{1}{K_1} \\[2mm] c = -\dfrac{8}{7}\dfrac{1}{K_2} \end{cases} \qquad (10\text{-}42)$$

求解式(10-41)后，将所得的[O]*代回到式(10-38)中，便可得到[C]*和[Si]*。

在本例的情况下，由于$|c| \ll |a|$、$|c| \ll |b|$，故式(10-41)可简化为

$$([O]^*)^2 + a([O]^*) + b = 0 \qquad (10\text{-}43)$$

解此一元二次方程(取正根)，得

$$[O]^* = \frac{-a + \sqrt{a^2 - 4b}}{2} \qquad (10\text{-}44)$$

至此，[O]*、[C]*和[Si]*与所求三个变量[O]、[C]和[Si]间的关系已经确定。因此，在已知初值条件下，式(10-34)可采用四阶龙格-库塔法求解。

10.3.3　参数

1) 平衡常数

通过热力学计算，可选取反应平衡常数为

$$\begin{cases} K_1 = \exp[2.303(1160/T + 2.003)] \\[2mm] K_2 = \exp[2.303(33210/T - 13.01)] \end{cases} \qquad (10\text{-}45)$$

2) 反应温度

反应温度为锤炼时间的函数，选取经验值如表 10-4 所示。

表 10-4　温度对时间函数的经验值

t/s	0	300	600
$T/℃$	1200	1460	1550

其他时刻的反应温度(换算为热力学温度，单位为 K)可根据表 10-4 所示的经验值，按照拉格朗日二次插值公式计算，即

$$T(t) = \frac{(t-300)(t-600)}{(0-300)(0-600)} \times 1200 + \frac{(t-0)(t-600)}{(300-0)(300-600)}$$

$$\times 1460 + \frac{(t-0)(t-300)}{(600-0)(600-300)} \times 1550 + 273.2$$

$$= \frac{1200(t-300)(t-600)}{180000} - \frac{1460t(t-600)}{90000} + \frac{1550t(t-300)}{180000} + 273.2$$

$$= \left(\frac{180000}{150} + 273.2\right) + \left(\frac{-900}{150} + \frac{146 \times 600}{9000} - \frac{300}{116.129}\right)t$$

$$+ \left(\frac{1}{150} - \frac{146}{9000} + \frac{1}{116.129}\right)t^2$$

$$= 1473.2 + 1.15t - 0.000944t^2$$

$$(10\text{-}46)$$

10.3.4　求解

1. 输入参数

将已知参数或公式输入到工作表中，如图 10-24 所示。图中，有颜色填充的部分为数据或公式的输入区域，其中输入公式的单元格的备注中标有编号（编号 1~8），与编号对应的公式及输入方法如表 10-5 所示。

	G	H	I	J	K
1	项目	符号	单位	值	
2	循环流量	q	kg(Fe)/s	800	
3	钢液质量	w	kg	110000	1
4	供氧速率	S	kg(O)/s	6.5	2
5	温度	T	K	1649.614	3
6	平衡常数	K_1		508.9584	4
7	平衡常数	K_2		13281919	5
8	方程系数	a		5.025845	6
9	方程系数	b		-0.00262	
10	平衡浓度	[O]*		0.000521	7
11	平衡浓度	[C]*		3.769775	8
12	平衡浓度	[Si]*		0.277163	
13					

图 10-24　参数的输入

表 10-5　与单元格备注编号对应的公式及输入方法

编号	项目	公式	单元格输入
1	温度	$T = 1473.2 + 1.15t - 0.000944t^2$	=1473.2+1.15*B7-0.000944*B7^2
2	平衡常数	$K_1 = \exp[2.303(1160/T + 2.003)]$	=EXP(2.303*(1160/\$J\$5+2.003))

续表

编号	项目	公式	单元格输入
3	平衡常数	$K_2 = \exp[2.303(33210/T - 13.01)]$	=EXP(2.303 * (33210/$J$5 − 13.01))
4	方程系数	$a = -\dfrac{100S}{q} - [O] + \dfrac{4}{3}[C] + \dfrac{8}{7}[Si]$	=−100 * J4/J2 − B9 + 4/3 * C9 + 8/7 * D9
5	方程系数	$b = -\dfrac{4}{3}\dfrac{1}{K_1}$	=−4/3/J6
6	平衡浓度	$[O]^* = \dfrac{-a + \sqrt{a^2 - 4b}}{2}$	=(−J8 + SQRT(J8^2 − 4 * J9))/2
7	平衡浓度	$[C]^* = \dfrac{1}{K_1[O]^*}$	=1/(J10 * J6)
8	平衡浓度	$[Si]^* = \dfrac{1}{K_2([O]^*)^2}$	=1/(J10^2 * J7)
9	微分方程的右函数	$\dfrac{d[O]}{dt} = \dfrac{q}{w}\{[O]^* - [O]\}$	=J2/J3 * (J10 − B9)
10	微分方程的右函数	$\dfrac{d[C]}{dt} = \dfrac{q}{w}\{[C]^* - [C]\}$	=J2/J3 * (J11 − C9)
11	微分方程的右函数	$\dfrac{d[Si]}{dt} = \dfrac{q}{w}\{[Si]^* - [Si]\}$	=IF(J2/J3 * (J12 − D9) > 0, 0, J2/J3 * (J12 − D9))

2. 计算方法

利用前述四阶龙格-库塔法求解程序求解联立微分方程组（参见第 3 章中的 3.1.2 节），设计计算工作表如图 10-25 所示。同样，可根据图中单元格的备注编号（编号 9～11）在表 10-4 中找到对应的公式及其输入方法。设置程序执行按钮，命名为"氧化精炼"，点击此按钮后程序的运行结果输出到初值所在行的下面。

3. 程序设计

氧化精炼的主程序设计如图 10-26 所示，除了图中所示的选定部分（有底纹部分）外，其余部分与前述的利用龙格-库塔法求解微分方程组的标准程序一致（参见第 3 章中的 3.1.2 节）。另外，由于氧的浓度较低，故将其乘了 10^4 后再输出。

	A	B	C	D	E	F
1	微分方程式数	3				
2	积分下限	0				
3	积分上限	180			氧化精炼	
4	积分步长Δt	5				
5	输出间隔	1				
6	计算过程					
7	自变量 t=	180.00				
8	函数	[O]	[C]	[Si]		
9		0.000335	4.157757	0.257915		
10	微分方程式	[O]′	[C]′	[Si]′		
11		1.36E-06	2.82E-03	0.00E+00		
12						
13	计算结果		9	10	11	
14	t（s）	[O]×10⁴	[C]	[Si]	T(℃)	
15	0	0.0	4.5	0.7	1200	←初值
16	5	0.129471	4.499278	0.675091	1206	
17	10	0.25587	4.497794	0.651088	1211	
18	15	0.379312	4.495575	0.627962	1217	
49	170	3.208605	4.185979	0.258622	1368	
50	175	3.277994	4.171872	0.257915	1372	
51	180	3.346354	4.157756	0.257872	1376	

图 10-25　计算工作表设计及计算结果

```
Option Explicit
Dim Y(), K()
Dim Nm, Nk, N, I, M
Dim XA, XB, Lin, H, X

Sub A_onClick()

Nm = Cells(1, 2) - 1          '微分方程式个数减1(数组从0算起)
ReDim Y(Nm), K(4, Nm)         '根据微分方程式个数重新定义数组
XA = Cells(2, 2)              '始点（积分下限）
XB = Cells(3, 2)              '终点（积分上限）
For Nk = 0 To Nm
    Y(Nk) = Cells(15, Nk + 2) '初值
Next
H = Cells(4, 2)               '实际计算步长
M = Cells(5, 2)               '输出间隔(每输出1次的循环计算次数)
X = XA                        '从始点开始计算

N = 0                         '行号初值
Do While X < XB
    N = N + 1
    For I = 1 To M            '用龙格库塔法计算
        Call SubRK
        X = X + H             '自变量递增一个步长
    Next
    Lin = N + 15
    Cells(Lin, 1) = X         '输出自变量结果
    For Nk = 0 To Nm
        If Nk = 0 Then
            Cells(Lin, Nk + 2) = 10 ^ 4 * Y(Nk) '输出[O]===Cell
        Else
            Cells(Lin, Nk + 2) = Y(Nk)          '输出[C],[Si]===Cell
        End If
    Next
    Cells(Lin, Nk + 2) = Cells(5, 10) - 273.2   '输出摄氏温度
Loop
End Sub
```

图 10-26　氧化精炼的主程序设计（选定部分为修改部分）

10.3.5 结果

利用所得计算结果数据作图，如图 10-27 所示。由图可见，在氧化精炼反应的初期，钢液中碳、硅的浓度随精炼时间的增加而逐渐降低，反应温度则逐渐上升。

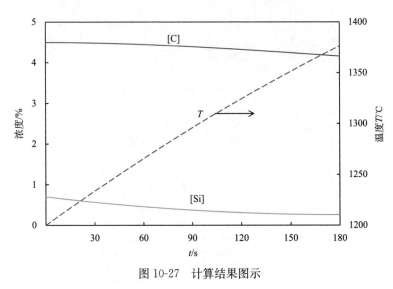

图 10-27 计算结果图示

10.3.6 问题扩展

在氧化精炼的中后期（硅的氧化已经结束），也将发生部分铁的氧化，故氧化反应可表示为

$$\begin{cases} [C] + [O] =\!\!= CO(g) \\ [Fe] + [O] =\!\!= FeO \end{cases} \tag{10-47}$$

设以上两反应的平衡常数可分别表示为

$$\begin{cases} K_1 = \dfrac{1}{[C]^*[O]^*} = \exp[2.303(1160/T + 2.003)] \\ K_3 = \dfrac{a_{FeO}}{[O]^*} = \dfrac{0.43}{[O]^*} = \exp[2.303(6150/T - 2.604)] \end{cases} \tag{10-48}$$

试修改本例中单元格设计，求出 800s 内氧化组元浓度及温度随时间的变化关系。设精炼温度（℃）可用如下经验式计算：

$$T = 3.12 \times 10^{-7} t^3 - 7.87 \times 10^{-4} t^2 + 9.39 \times 10^{-1} t + 1.11 \times 10^3 \tag{10-49}$$

积分步长取 5s，输出间隔取 10（每 50s 输出一次）。

10.3.7　参考解答

参考解答如图 10-28～图 10-30 所示，其中有颜色填充的单元格为修改部分。

	A	B	C	D	E	F
1	微分方程式数	3				
2	积分下限	0				
3	积分上限	800		氧化精炼		
4	积分步长	5				
5	输出间隔	10				
6	计算过程					
7	自变量 t	800.00				
8	函数	[O]	[C]	[Si]		
9		0.0013	1.77924	0.091168		
10	微分方程式	[O]'	[C]'	[Si]'		
11		3.54E-06	-3.86E-03	0.00E+00		
12						
13	计算结果					
14	t（s）	[O]×10^4	[C]	[Si]	T（℃）	
15	0	0.0	4.5	0.7	1112	←初值
16	50	1.036778	4.461409	0.486675	1155	
17	100	1.876197	4.367089	0.338601	1196	
18	150	2.585693	4.234155	0.236322	1234	
19	200	3.213681	4.074717	0.166852	1269	
20	250	3.795152	3.897627	0.122054	1300	
21	300	4.355274	3.709798	0.097478	1329	
22	350	4.911206	3.517209	0.091168	1356	
23	400	5.476084	3.324076	0.091168	1380	
24	450	6.066947	3.130945	0.091168	1402	
25	500	6.701741	2.937818	0.091168	1422	
26	550	7.400111	2.744695	0.091168	1440	
27	600	8.185496	2.551579	0.091168	1457	
28	650	9.087909	2.358472	0.091168	1474	
29	700	10.14808	2.165376	0.091168	1489	
30	750	11.4242	1.972297	0.091168	1503	
31	800	13.00395	1.77924	0.091168	1517	

图 10-28　参考解答（1）

10.3.8　符号列表

a、b、c：方程系数；

[C]：钢液中的碳浓度（%）或钢液中的组元碳；

[C]*：平衡时钢液中的碳浓度（%）；

K_1、K_2、K_3：反应平衡常数；

M_O、M_C、M_{Si}：分别为氧、碳及硅的摩尔质量（kg/kmol）；

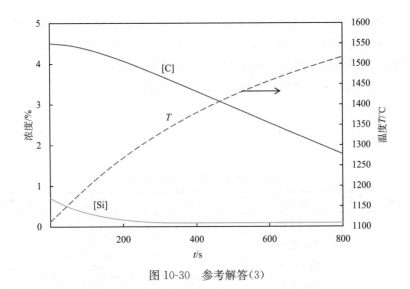

図 10-29　参考解答(2)

图 10-30　参考解答(3)

[O]：钢液中的氧浓度(%)或钢液中的组元氧；

[O]*：平衡时钢液中的氧浓度(%)；

q：钢液循环流量(kg[Fe]/s)；

S：供氧速度(kg[O]/s)；

[Si]：钢液中的硅浓度(%)或钢液中的组元硅；

[Si]*：平衡时钢液中的硅浓度(%)；

t：时间(s)；

T：温度($℃$)；

w：钢液质量(kg)。

10.4　高炉风口燃烧带气体浓度及温度变化

高炉风口燃烧带在高炉炼铁工艺中发挥着举足轻重的作用，因此占有重要地位。在该区域中，大量焦炭发生燃烧反应，不仅产生铁矿石熔融所需的热量及铁氧化物还原所需的还原气体，同时也可为高炉顺行提供动力源泉。此外，燃烧带的规模、其中的温度分布、气体流速分布等参数对高炉各项生产指标及操作制度都有重要影响(如风口及氧煤枪的寿命、"上部调剂"与"下部调剂"制度的合理采用等)，因此对高炉风口燃烧带的反应过程解析具有重要意义。本例中在一定的操作条件下，对高炉风口燃烧带中的温度分布及气体组成分布进行解析计算。

10.4.1　问题

已知某高炉的风口及鼓风相关参数如表 10-6 所示，试求风口燃烧带中心轴上气体的温度分布以及气体(O_2、CO_2、CO、H_2O、H_2)组成分布。为简单起见，在高炉风口燃烧带中仅考虑以下三个焦炭燃烧反应：

$$\begin{cases} C + O_2 \longrightarrow CO_2 & \Delta H_1 = 97000 kcal/kmol(O_2) \\ C + CO_2 \longrightarrow 2CO & \Delta H_2 = -41220 kcal/kmol(CO_2) \\ C + H_2O \longrightarrow H_2 + CO & \Delta H_3 = -31564 kcal/kmol(H_2O) \end{cases} \quad (10\text{-}50)$$

表 10-6　高炉风口及鼓风相关参数

分类	项目	符号	单位	数值
风口	风口个数	N		30
	风口直径	D_0	m	0.15
鼓风	鼓风压力	p	atm	3.5
	鼓风湿度	W	g/m³	30
	鼓风温度	T_B	℃	1200
	鼓风量	F_B	m³/h	264 000
	氧气流量	F_X	m³/h	8000

为简洁清晰起见，在以下分析中仅给出结论，相关公式的具体推导过程见本节后面的"公式推导"部分。

10.4.2　分析

1. 焦炭燃烧速率

一般情况下，焦炭的总体燃烧速度应受到焦炭颗粒的界面反应速度及焦炭颗粒表面气膜内气体的扩散速度两方面的影响。然而，由于燃烧带中的温度较高，故可认为反应的限制环节为气膜内的气体扩散传质过程。式（10-50）所示的三个不可逆反应在气膜传质控制条件下的速度 R_1、R_2、R_3[kmol/(m³·h)]可分别表示为

$$\begin{cases} R_1 = \dfrac{146.3(1-\varepsilon)k_{O_2} \cdot p \cdot y_{O_2}}{d_p(T+T_c)} \\[3mm] R_2 = \dfrac{146.3(1-\varepsilon)k_{CO_2} \cdot p \cdot y_{CO_2}}{d_p(T+T_c)} \\[3mm] R_3 = \dfrac{146.3(1-\varepsilon)k_{H_2O} \cdot p \cdot y_{H_2O}}{d_p(T+T_c)} \end{cases} \tag{10-51}$$

式中，ε 为燃烧带空隙度；k_{O_2}、k_{CO_2}、k_{H_2O} 分别为 O_2、CO_2 及 H_2O 的传质系数，m/h；y_{O_2}、y_{CO_2}、y_{H_2O} 分别为 O_2、CO_2 及 H_2O 的体积分数（无因次）；d_p 为焦炭平均颗粒直径（m）；T、T_c 分别为气体及焦炭温度（K）。

2. 气体温度及浓度分布

1）流量变化

气体的总体积流量 F（m³/h）在风口轴向（从风口始端算起距离为 x 处）的变化率为

$$\frac{\mathrm{d}F}{\mathrm{d}x} = \frac{F}{V}\frac{\mathrm{d}V}{\mathrm{d}x} + 22.4A(R_2+R_3) \tag{10-52}$$

与反应无关的鼓风气体体积流量 V（m³/h）在风口轴向的变化率为

$$\frac{\mathrm{d}V}{\mathrm{d}x} = \frac{-8F_0 D_0\left\{1-16\left[\dfrac{D_0}{(x+4D_0)}\right]^2\right\}}{(x+4D_0)^2\left\{1+16\left[\dfrac{D_0}{(x+4D_0)}\right]^2\right\}^2} \tag{10-53}$$

$$= \frac{-8F_0 Y(1-16Y)}{D_0(1+16Y)^2}$$

式中，F_0 为一个风口的总体积流量（m³/h），且

$$Y = \left[\frac{D_0}{(x+4D_0)}\right]^2 \tag{10-54}$$

2) 浓度分布

各个气体组元在风口轴向(从风口始端算起距离为 x 处)的浓度(体积分数)变化率为

$$
\begin{cases}
\dfrac{\mathrm{d}y_{O_2}}{\mathrm{d}x} = -22.4\left(\dfrac{A}{F}\right)\left[R_1 + y_{O_2}(R_2 + R_3)\right] \\[2mm]
\dfrac{\mathrm{d}y_{CO_2}}{\mathrm{d}x} = 22.4\left(\dfrac{A}{F}\right)\left[R_1 - (1 + y_{CO_2})R_2 - y_{CO_2}R_3\right] \\[2mm]
\dfrac{\mathrm{d}y_{H_2O}}{\mathrm{d}x} = -22.4\left(\dfrac{A}{F}\right)\left[y_{H_2O}R_2 + (1 + y_{H_2O})R_3\right] \\[2mm]
\dfrac{\mathrm{d}y_{CO}}{\mathrm{d}x} = 22.4\left(\dfrac{A}{F}\right)\left[(2 - y_{CO})R_2 + (1 - y_{CO})R_3\right] \\[2mm]
\dfrac{\mathrm{d}y_{H_2}}{\mathrm{d}x} = 22.4\left(\dfrac{A}{F}\right)\left[R_3 - y_{H_2}(R_2 + R_3)\right]
\end{cases}
\tag{10-55}
$$

式中,y_{CO}、y_{H_2} 分别为 CO 及 H_2 的体积分数(无因次);A 为风口截面积,m^2。

3) 温度分布

$$
\frac{\mathrm{d}T}{\mathrm{d}x} = \frac{A}{F\rho_f C_f}\left[\begin{array}{l} -22.4\rho_f C_f T(R_2 + R_3) - 6(1 - \varepsilon)\left(\dfrac{h_p}{d_p}\right)(T - T_c) \\ + 97000R_1 - 41220R_2 - 31564R_3 + C_c T_c(R_1 + R_2 + R_3) \end{array}\right]
\tag{10-56}
$$

式中,C_f 为气体平均热容[kcal/(m³·K)];C_c 为焦炭平均热容[kcal/(kmol·K)];ρ_f 为气体平均密度(kg/m³);h_p 为颗粒与流体间的传热系数[kcal/(m²·h·K)]。

3. 温度及浓度分布解法

以上所给出的式(10-52)～式(10-56)即为求解高炉风口燃烧带中心轴上温度分布及气体浓度分布的基本关系式,联立此 8 个常微分方程构成的常微分方程组,可利用龙格-库塔法进行求解。求解所需的 8 个变量的初值条件($x=0$,风口始端)如下所示。

1) 气体温度(K)

$$T = T_B + 273 \tag{10-57}$$

2) 气体流量(m³/h)

$$F = V = F_0 = V_t/N \tag{10-58}$$

3) 气体组分浓度(体积分数)

$$\begin{cases} y_{O_2} = (0.21F_B + F_X)/V_t \\ y_{H_2O} = 22.4 \times 10^{-3}W/18 \\ y_{CO_2} = y_{CO} = y_{H_2} = 0 \end{cases} \tag{10-59}$$

式中，V_t 为全部风口的气体总体积流量(m^3/h)，可根据下式计算

$$V_t = \frac{F_B + F_X}{1 - (22.4 \times 10^{-3}W/18)} \tag{10-60}$$

4. 参数设定

根据实践经验，计算所需参数(物性参数、传输参数等)值的设定如表 10-7 所示。此外，设焦炭温度 T_c 为气体温度 T 的 75%，即 $T_c = 0.75T$。

表 10-7　计算所需参数值的设定

项目	符号	单位	数值
燃烧带空隙度	ε	无因次	0.5
焦炭平均颗粒直径	d_p	m	0.025
气体平均密度	ρ_f	kg/m^3	1.24
气体平均热容	C_f	$kcal/(m^3 \cdot K)$	0.335
焦炭平均热容	C_c	$kcal/(kmol \cdot K)$	5.95
颗粒与流体间的传热系数	h_p	$kcal/(m^2 \cdot h \cdot K)$	380
O_2传质系数	k_{O_2}	m/h	9100
CO_2传质系数	k_{CO_2}	m/h	7700
H_2O传质系数	k_{H_2O}	m/h	10400

10.4.3　求解

本例中采用单元格计算与 VBA 编程相结合的方法，即在工作表单元格中输入已知数据及公式，利用前述求解联立常微分方程组的 VBA 程序进行求解。这样，只需集中精力正确地完成单元格的输入而不必过度关心程序即可。单元格中需要输入的数据及公式可分为 6 大类，如表 10-8 所示。

表 10-8　计算参数分类

参数类型	说明	编号
常量	问题本身所给的已知条件	1
	求解所需的其他参数(物性值、传输参数等)	2
变量	与微分方程相关的变量,如反应速率式等	3
程序参数	积分条件参数(右函数个数、积分上下限、步长、输出间隔等)	4
	常微分方程式公式(右函数)	5
	初值或初值计算公式	6

以上 6 类参数相互关联,相互影响,缺一不可,可作为此类问题的通用参数分类标准。以下首先进行常量与变量的输入与计算,然后再确定计算程序及相应的程序参数。

1. 输入常量与变量

新建工作表,将前述所给数据及公式按常量及变量分类并输入到单元格中(有颜色填充部分),如图 10-31 所示。其中,输入公式的单元格的备注中标有编

	项目	符号	单位	数值	
分类	风口个数	N		30	
风口	风口直径	D_0	m	0.15	1
	风口截面积	A	m^2	0.0176715	
	燃烧带空隙度	ε		0.5	
鼓风	鼓风压力	p	atm	3.5	
	鼓风湿度	W	g/m^3	30	
	鼓风温度	T_B	℃	1200	
	鼓风量	F_B	m^3/h	264000	2
	氧气流量	F_x	m^3/h	8000	
	全部风口的总体积流量	V_t	m^3/h	282544.56	3
	一个风口的总体积流量	F_0	m^3/h	9418.1521	
物性	焦炭平均颗粒直径	d_p	m	0.025	
	气体平均密度	ρ_f	kg/m^3	1.24	
	气体平均热容	C_f	kcal/(kg·K)	0.335	
	焦炭平均热容	C_c	kcal/(kmol·K)	5.95	
传输	颗粒与流体间的传热系数	h_p	kcal/(m²·h·K)	380	
	O_2传质系数	k_{O2}	m/h	9100	
	CO_2传质系数	k_{CO2}	m/h	7700	4
	H_2O传质系数	k_{H2O}	m/h	10400	5
变量	C与O_2的反应速度	R_1	kmol/(m³·h)	118.76131	6
	C与CO_2的反应速度	R_2	kmol/(m³·h)	449.53073	
	C与H_2O的反应速度	R_3	kmol/(m³·h)	13.503382	7
	鼓风流量相关参数	Y		0.0023413	

图 10-31　高炉风口操作参数及计算所需相关数据

号(编号 1~7),与编号对应的公式及输入方法如表 10-9 所示(由于纸面空间所限并考虑公式的清晰表达,将单元格显示与公式输入方法分开表示,二者用编号关联)。

表 10-9　与单元格备注编号对应的公式及输入方法

编号	项目	公式	单元格输入
1	风口截面积	$A = \pi (D_0/2)^2$	$= 3.1416/4 * P3^2$
2	全部风口的总体积流量	$V_t = \dfrac{F_B + F_X}{1 - (22.4 \times 10^{-3} W/18)}$	$= (P9 + P10)/(1 - 0.001244 * P7)$
3	一个风口的总体积流量	$F_0 = V_t/N$	$= P11/P2$
4	C 与 O_2 的反应速度	$R_1 = \dfrac{146.3(1-\varepsilon)k_{O_2} \cdot p \cdot y_{O_2}}{d_p(T + T_c)}$	$= 146.3 * (1 - \$P\$5) * \$P\$6 * P18 * B9/$ $\$P\$13/(\$I\$9 + 0.75 * \$I\$9)$
5	C 与 CO_2 的反应速度	$R_2 = \dfrac{146.3(1-\varepsilon)k_{CO_2} \cdot p \cdot y_{CO_2}}{d_p(T + T_c)}$	$= 146.3 * (1 - \$P\$5) * \$P\$6 * P19 * C9/$ $\$P\$13/(\$I\$9 + 0.75 * \$I\$9)$
6	C 与 H_2O 的反应速度	$R_3 = \dfrac{146.3(1-\varepsilon)k_{H_2O} \cdot p \cdot y_{H_2O}}{d_p(T + T_c)}$	$= 146.3 * (1 - \$P\$5) * \$P\$6 * P20 * D9/$ $\$P\$13/(\$I\$9 + 0.75 * \$I\$9)$
7	鼓风流量相关参数	$Y = \left[\dfrac{D_0'}{(x + 4D_0)}\right]^2$	$= (P3/(B7 + 4 * P3))^2$

2. 确定程序及参数

利用前述四阶龙格-库塔法求解联立微分方程组的方法(参见第 3 章中的 3.1.2 节),设计计算工作表如图 10-32 所示(在图 10-31 输入常量及变量数据的同一工作表内)。其中,需要输入的程序参数包括积分参数(B1:B5)、微分方程式公式即右函数(B11:I11)以及初值(A15:J15)三大部分(图中有颜色填充部分的单元格)。同样,可根据图中单元格的备注编号(编号 8~21)在表 10-10 中找到对应的公式及其输入方法。设置程序执行按钮,命名为"高炉风口燃烧带解析",点击此按钮后程序的运行结果输出到初值所在行的下面。

高炉风口燃烧带解析

	A	B	C	D	E	F	G	H	I	J	K
1	微分方程式数	8									
2	积分下限	0									
3	积分上限	2.5									
4	积分步长	0.05									
5	输出间隔	1									
6	计算过程										
7	自变量 x	2.50									
8	函数	Y_{O_2}	Y_{CO_2}	Y_{H_2O}	Y_{CO}	Y_{H_2}	V	F	T		
9		0.00506264	0.02264509	0.0005037	0.32851528	0.03013484	3514.09845	4281.96203	2269.72411		
10	微分方程式	Y_{O_2}'	Y_{CO_2}'	Y_{H_2O}'	Y_{CO}'	Y_{H_2}'	V'	F'	T'		
11		-0.0111974	-0.0324615	-0.0012701	0.00703055	-4.146E-05	-1051.7157	-1098.2212	-369.5503		
12		[8]	[9]	[10]	[11]	[12]	[13]	[14]	[15]		
13	计算结果										
14	x	Y_{O_2}	Y_{CO_2}	Y_{H_2O}	Y_{CO}	Y_{H_2}	V	F	$T(K)$	$T(℃)$	
15	0.00	0.225	0.000	0.037	0.000	0.000	9418.152	9418.152	1473.200	1200.000	→初值
16	0.05	0.208 [16]	0.015	0.034 [17]	0.004	0.003	9388.062 [18]	9420.202 [19]	1628.407 [20]	1355.207 [21]	
17	0.10	0.182	0.027	0.029	0.009	0.005	9188.441	9289.822	1865.606	1592.406	
18	0.15		0.037	0.029	0.014	0.008					
62	2.35	0.007	0.028	0.001	0.317	0.030	3678.926	4451.843	2325.050	2051.850	
63	2.40	0.006	0.026	0.001	0.321	0.030	3622.367	4394.039	2306.653	2033.453	
64	2.45	0.006	0.024	0.001	0.325	0.030	3567.446	4337.424	2288.198	2014.998	
65	2.50	0.005	0.023	0.001	0.329	0.030	3514.096	4281.955	2269.721	1996.521	

图 10-32　计算工作表设计及计算结果

表 10-10 与单元格备注编号对应的公式及输入方法

编号	项目	公式	单元格输入
8	O_2 浓度 y_{O_2}	$\dfrac{dy_{O_2}}{dx}=-22.4\left(\dfrac{A}{F}\right)[R_1+y_{O_2}(R_2+R_3)]$	$=-22.4*P4/H9*(P21+B9*(P22+P23))$
9	CO_2 浓度 y_{CO_2}	$\dfrac{dy_{CO_2}}{dx}=22.4\left(\dfrac{A}{F}\right)[R_1-(1+y_{CO_2})R_2-y_{CO_2}R_3]$	$=22.4*P4/H9*(P21-(1+C9)*P22-C9*P23)$
10	水蒸气浓度 y_{H_2O}	$\dfrac{dy_{H_2O}}{dx}=-22.4\left(\dfrac{A}{F}\right)[y_{H_2O}R_2+(1+y_{H_2O})R_3]$	$=-22.4*P4/H9*(D9*P22+(1+D9)*P23)$
11	CO 浓度 y_{CO}	$\dfrac{dy_{CO}}{dx}=22.4\left(\dfrac{A}{F}\right)[(2-y_{CO})R_2+(1-y_{CO})R_3]$	$=22.4*P4/H9*((2-E9)*P22+(1-E9)*P23)$
12	H_2 浓度 y_{H_2}	$\dfrac{dy_{H_2}}{dx}=22.4\left(\dfrac{A}{F}\right)[R_3-y_{H_2}(R_2+R_3)]$	$=22.4*P4/H9*(P23-F9*(P22+P23))$
13	鼓风气体体积流量	$\dfrac{dV}{dx}=\dfrac{-8F_0Y(1-16Y)}{D_0(1+16Y)^2}+22.4A(R_2+R_3)$	$=-8*P12*P24/P3*(1-16*P24)/(1+16*P24)^2$
14	总体积流量	$\dfrac{dF}{dx}=\dfrac{F}{V}\dfrac{dV}{dx}+22.4A(R_2+R_3)$	$=H9*G11/G9+22.4*P4*(P22+P23)$
15	温度	$\dfrac{dT}{dx}=\dfrac{A}{F\rho_f C_f}\begin{bmatrix}-22.4\rho_f C(T(R_2+R_3))\\-6(1-\varepsilon)\left(\dfrac{h_P}{d_P}\right)(T-T_c)\\+97000R_1-41220R_2-31564R_3\\+C_cT_c(R_1+R_2+R_3)\end{bmatrix}$	$=P4/P14/P15/H9*(-22.4*P14*P15*I9*(P22+P23)$ $-6*(1-P5)*P17*(I9-0.75*I9)/P13$ $+97000*P21-41220*P22-31564*P23$ $+P16*0.75*I9*(P21+P22+P23))$
16	初值：y_{O_2}	$y_{O_2}=(0.21F_B+Fx)/V_t$	$=(0.21*P9+P10)/P11$
17	初值：y_{H_2O}	$y_{H_2O}=22.4\times10^{-3}W/18$	$=22.4/18000*P7$
18	初值：鼓风气体体积流量	$V=F_0=V_t/N$	$=P12$
19	初值：气体的总体积流量	$F=F_0=V_t/N$	$=P12$
20	初值：气体温度（K）	$T=T_B+273.2$	$=P8+273.2$
21	初值：气体温度（℃）	$T=T-273.2$	$=I15-273.2$

3. 程序设计及编辑

高炉风口燃烧带解析的主程序如图 10-33 所示。除了图中所示的选定部分(有底纹部分)外，其余部分与前述的利用龙格-库塔法求解微分方程组的标准程序一致(参见第 3 章中的 3.1.2 节)。图中选定部分为将热力学温度值输出变为摄氏温度值输出。

```
Option Explicit
Dim Y(), K()
Dim Nm, Nk, N, I, M
Dim XA, XB, Lin, H, X

Sub A_onClick()

Nm = Cells(1, 2) - 1          '微分方程式个数减1(数组从0算起)
ReDim Y(Nm), K(4, Nm)        '根据微分方程式个数重新定义数组
XA = Cells(2, 2)             '始点(积分下限)
XB = Cells(3, 2)             '终点(积分上限)
For Nk = 0 To Nm
    Y(Nk) = Cells(15, Nk + 2)  '初值
Next
H = Cells(4, 2)              '实际计算步长
M = Cells(5, 2)              '输出间隔(每输出1次的循环计算次数)
X = XA                       '从始点开始计算

N = 0                        '行号初值
Do While X < XB
    N = N + 1
    For I = 1 To M              '用龙格库塔法计算
        Call SubRK
        X = X + H               '自变量递增一个步长
    Next
    Lin = N + 15
    Cells(Lin, 1) = X          '输出自变量结果
    For Nk = 0 To Nm           '输出各函数结果
        Cells(Lin, Nk + 2) = Y(Nk)
    Next
    Cells(Lin, Nk + 2) = Y(Nk - 1) - 273.2
Loop
End Sub
```

图 10-33　高炉风口燃烧带解析计算主程序

10.4.4　结果

利用所得计算结果数据作图，如图 10-34 所示。由图可见，随着气体远离风口始端，O_2 浓度经快速降低后缓慢下降并逐渐趋近于 0；CO_2 浓度则快速升高达到一定浓度后缓慢降低；CO 浓度的升高速率由慢变快；气体温度快速升高达最高值(约 2330℃)后缓慢降低。H_2 和 H_2O 相对微量，H_2 略有增多而 H_2O 则逐渐下降。

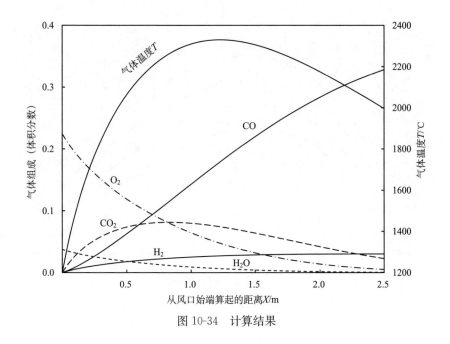

图 10-34 计算结果

10.4.5 问题扩展

通过调节高炉鼓风湿度,可以降低燃烧带气体理论燃烧温度,同时增加煤气中 H_2 含量,促进炉身间接还原的进行。试根据本节模型条件,改变鼓风湿度参数值,考察鼓风湿度对燃烧气体温度以及混合气体中 H_2、H_2O 含量的影响关系。

10.4.6 参考解答

(1)鼓风湿度对气体温度的影响如图 10-35 所示,鼓风湿度增加,则燃烧带温度降低。当鼓风湿度为 0 时燃烧带气体温度最高可达约 2500℃。鼓风中的水分在风口前端高温分解时会大量吸热,可显著降低风口理论燃烧温度,故调节鼓风湿度可作为控制气体温度的有效措施。

(2)鼓风湿度对混合气体中 H_2、H_2O 含量的影响如图 10-36 所示,鼓风湿度增加,则燃烧带内气体中的 H_2、H_2O 含量也随之增加。

10.4.7 公式推导

1. 焦炭燃烧速率

假定风口燃烧带中焦炭燃烧反应为气膜传质控制,且反应 $C + O_2 = CO_2$

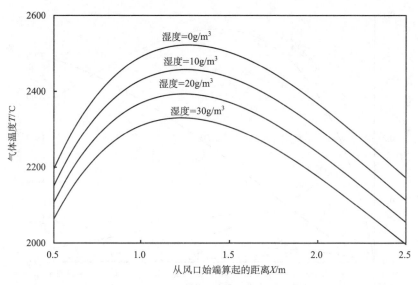

图 10-35　鼓风湿度对燃烧气体温度的影响

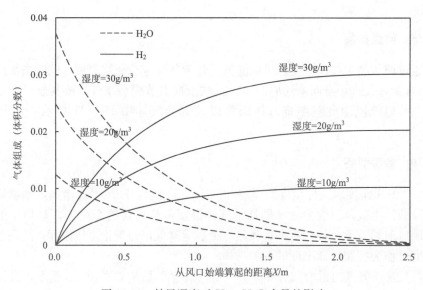

图 10-36　鼓风湿度对 H_2、H_2O 含量的影响

为不可逆反应，则一个球状焦炭颗粒的反应速率 $\gamma_1 [\mathrm{kmol}(O_2)/h]$ 可表达为

$$\gamma_1 = \pi (d_p)^2 k_{O_2} C_{O_2} \tag{10-61}$$

式中，d_p 为焦炭颗粒的平均直径，m；k_{O_2} 为 O_2 的传质系数，m/h；C_{O_2} 为主气

流中的氧浓度，$kmol(O_2)/m^3$。

若取主气流温度 T 与焦炭温度 T_c 的平均值作为气膜内的温度，则有

$$C_{O_2} = \frac{2 \cdot 273 \cdot p \cdot y_{O_2}}{22.4(T+T_c)} \tag{10-62}$$

式中，p 为气体压力，atm；y_{O_2} 为主气流中氧的体积分数。

设单位体积燃烧带中焦炭颗粒的个数为 N_c，则单位体积反应速度 R_1 $[kmol/(m^3 \cdot h)]$ 为

$$R_1 = N_c \cdot \gamma_1 = \frac{6(1-\varepsilon)}{\pi d_p^3} \cdot \gamma_1 \tag{10-63}$$

式中，ε 为燃烧带的空隙度。

将式(10-61)、式(10-62)代入式(10-63)中，整理后可得

$$
\begin{aligned}
R_1 &= \frac{6(1-\varepsilon)}{\pi d_p^3} \cdot \pi (d_p)^2 k_{O_2} \cdot \frac{2 \cdot 273 \cdot p \cdot y_{O_2}}{22.4(T+T_c)} \\
&= \frac{146.3(1-\varepsilon) k_{O_2} \cdot p \cdot y_{O_2}}{d_p(T+T_c)}
\end{aligned} \tag{10-64}
$$

O_2 的传质系数 k_{O_2} 可通过以下所示的舍伍德数及与舍伍德数相关的准数方程求得：

$$
\begin{cases}
k_{O_2} = Sh \cdot \dfrac{D_{O_2}}{d_p} \\
Sh = 2.0 + 0.55 Re^{1/2} \cdot Sc^{1/3}
\end{cases} \tag{10-65}
$$

式中，D_{O_2} 为氧的有效扩散系数，m^2/h；Re、Sc 分别为雷诺数和施密特数。

同理可推导得到式(10-51)中 R_2 及 R_3 的表达式。

2. 气体流速分布

为计算高炉风口燃烧带的温度分布及气体组成分布，必须确定燃烧带半径方向的气体流速分布。为此，首先推导气体在射流条件下的流速分布公式，然后将其应用到风口燃烧带的流速分布计算中。

图 10-37 为从圆管中喷出的射流气体流速分布模型。图中主要符号意义如下：U 为气体在距离圆管前端 $x(m)$、半径 $r(m)$ 位置处、圆管中心轴方向的流速(m/h)；U_a 为气体在距离圆管前端 $x(m)$、圆管中心轴位置处的流速(m/h)；r_∞ 为在 $U=0.05U_a$ 位置处的半径(m)。

多种实验结果表明，气体射流具有以下特性：①在与射流方向垂直的任意截面处，U/U_a 随 r/r_∞ 的变化关系可用相同的概率分布曲线描述；②射流的扩展角度范围(2θ) 为 $24° \sim 26°$。根据这些射流特性，可假定气体的流速分布满足式

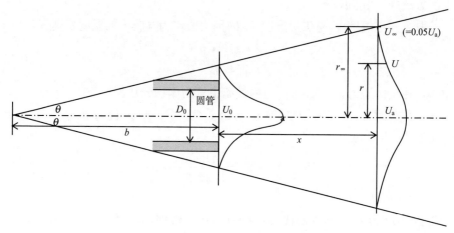

图 10-37　圆管中喷出的射流气体流速分布模型

(10-66)

$$\frac{U}{U_a} = \frac{1}{\left[1 + a\left(\dfrac{r}{x+b}\right)^2\right]^2} \qquad (10\text{-}66)$$

式中，a、b 为常数。距离圆管前端为 x 的位置处、与轴方向垂直的平面内的气体动量 $G_x\left[(\mathrm{kg\cdot m})/\mathrm{h}^2\right]$ 为

$$G_x = 2\pi\rho\int_0^\infty U^2 r\,\mathrm{d}r \qquad (10\text{-}67)$$

式中，ρ 为气体的密度 $(\mathrm{kg/m^3})$。将式 (10-66) 代入式 (10-67) 中并积分，得

$$G_x = \pi\rho U_a^2\,(x+b)^2/(3a) \qquad (10\text{-}68)$$

圆管出口处气体的动量 $G_0\left[(\mathrm{kg\cdot m})/\mathrm{h}^2\right]$ 为

$$G_0 = \pi\rho U_0^2 D_0^2/4 \qquad (10\text{-}69)$$

式中，D_0 为圆管的内径，m；U_0 为圆管出口处垂直截面内的气体平均流速，m/h。

根据动量守恒原理，可得

$$G_x = \xi^2 G_0 \qquad (10\text{-}70)$$

式中，$\xi^2\,(\xi>0)$ 为修正系数。

将式 (10-68)、式 (10-69) 代入式 (10-70) 中，可得到关于 U_a 的计算公式：

$$U_a = \frac{\sqrt{3a}}{2}\xi U_0\left(\frac{D_0}{x+b}\right) \qquad (10\text{-}71)$$

距离圆管前端 x 的位置处、与圆管同轴、半径为 $D_0/2$ 的圆筒截面内气体的平均流速 $\bar{U}_x$ 为

$$\bar{U}_x = \frac{2\pi \int_0^{D_0/2} U r \mathrm{d}r}{2\pi \int_0^{D_0/2} r \mathrm{d}r} \tag{10-72}$$

将式(10-66)、式(10-71)代入式(10-72)中，可得

$$\bar{U}_x = \frac{\dfrac{\sqrt{3a}}{2} \xi U_0 \left(\dfrac{D_0}{x+b}\right)}{1 + \dfrac{a}{4}\left(\dfrac{D_0}{x+b}\right)^2} \tag{10-73}$$

将 $\bar{U}_x$ 对 x 求导，可得

$$\frac{\mathrm{d}\bar{U}_x}{\mathrm{d}x} = \frac{-\sqrt{3a}\,\xi U_0 D_0 \left[1 - \dfrac{a}{4}\left(\dfrac{D_0}{x+b}\right)^2\right]}{2\,(x+b)^2 \left[1 + \dfrac{a}{4}\left(\dfrac{D_0}{x+b}\right)^2\right]^2} \tag{10-74}$$

式(10-74)的边界条件为：当 $x=0$ 时，$(\mathrm{d}\bar{U}_x/\mathrm{d}x)=0$，根据此边界条件可得

$$b = \frac{\sqrt{a}}{2}D_0 \tag{10-75}$$

此外，式(10-73)的边界条件为：当 $x=0$ 时，$\bar{U}_x=U_0$。根据此边界条件并利用式(10-75)，可得到修正系数 ξ 的表达式：

$$\xi = \frac{2}{\sqrt{3}} \tag{10-76}$$

根据射流扩展角(2θ)约为 26°的特性，可假定 $U_\infty/U_a \approx 0.05$。根据式(10-66)，可得

$$\frac{U_\infty}{U_a} = \frac{1}{\left[1 + a\,(\tan\theta)^2\right]^2} = \frac{1}{\left[1 + a\,(0.231)^2\right]^2} = 0.05 \tag{10-77}$$

所以

$$a = 64 \ (\theta \approx 13°) \tag{10-78}$$

将式(10-78)所示的 a 值代入式(10-75)中，可得到常数 b 的计算公式，即

$$b = 4D_0 \tag{10-79}$$

根据以上推导得到了常数 ξ、a 及 b，将这些参数代入式(10-66)及式(10-71)中，得

$$U_a = \frac{8U_0 D_0}{x + 4D_0} \qquad (10\text{-}80)$$

$$U = \frac{U_a}{1 + 64\left(\dfrac{r}{x + 4D_0}\right)} \qquad (10\text{-}81)$$

所以，根据式(10-81)可计算任意位置处的气体流速。此外，根据式(10-73)，可得

$$\bar{U}_x = \frac{8U_0\left(\dfrac{D_0}{x + 4D_0}\right)}{1 + 16\left(\dfrac{D_0}{x + 4D_0}\right)^2} \qquad (10\text{-}82)$$

距离圆管前端为 x 位置处的气体体积流量 $V(\mathrm{Nm^3/h})$可根据式(10-83)计算：

$$V = A \cdot \bar{U}_x = \left(\frac{\pi D_0{}^2}{4}\right) \cdot \bar{U}_x \qquad (10\text{-}83)$$

式中，A 为圆管截面的面积，$\mathrm{m^2}$。根据式(10-83)，即可计算风口燃烧带中气体的流速分布。

3. 气体温度分布及浓度分布

1) 气体体积流量分布

考虑在距离风口前端 x 的位置处、风口中心轴上截面面积为 $A(\mathrm{m^2})$、长度为 $\mathrm{d}x$ 的微小圆筒内的气体体积平衡，如图 10-38 所示。

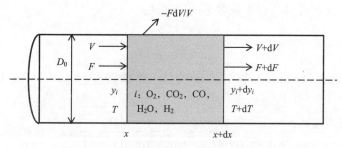

图 10-38　风口燃烧带中的质量平衡和热平衡

设在 x 处流入微小圆筒内的气体体积流量为 $F(\mathrm{Nm^3/h})$，在$(x+\mathrm{d}x)$位置处流出微小圆筒的气体体积流量为$(F+\mathrm{d}F)$，从微小圆筒的筒壁散失的气体体积流量为 ΔV_s，由反应而增加的气体体积流量为 ΔV_r，则式(10-84)成立：

$$(F + \mathrm{d}F) + \Delta V_s = F + \Delta V_r \qquad (10\text{-}84)$$

在无反应条件下圆筒内的射流气体体积流量为 V [见前面推导得到的式 (10-83)]，则 ΔV_s 可由式(10-85)计算：

$$\Delta V_s = V(F/V) - (V + dV)(F/V) = -FdV/V \tag{10-85}$$

其中，V 可根据后面的式(10-88)计算。

气体体积的增加是由式(10-50)中的后两个反应造成的，则 ΔV_r 可由式 (10-86)计算：

$$\Delta V_r = 22.4(R_2 + R_3)Adx \tag{10-86}$$

将式(10-85)、式(10-86)代入式(10-84)中，整理后可得

$$\frac{dF}{dx} = \left(\frac{F}{V}\right)\frac{dV}{dx} + 22.4A(R_2 + R_3) \tag{10-87}$$

将式(10-82)代入式(10-83)中，得

$$V = \frac{8U_0 A\left(\dfrac{D_0}{x + 4D_0}\right)}{1 + 16\left(\dfrac{D_0}{x + 4D_0}\right)^2} \tag{10-88}$$

将式(10-88)两边对 x 微分可得

$$\frac{dV}{dx} = \frac{-8U_0 D_0 A\left[1 - 16\left(\dfrac{D_0}{x + 4D_0}\right)^2\right]}{(x + 4D_0)^2\left[1 + 16\left(\dfrac{D_0}{x + 4D_0}\right)^2\right]^2} \tag{10-89}$$

2) 气体浓度分布

首先考虑图 10-38 所示的微小圆筒内氧的质量平衡。令 y_{O_2} 为主气流中氧的体积分数，则氧的收支情况分析如下(单位均为 kmol/h)。

(1) 从 x 面流入的氧的摩尔流量：$Fy_{O_2}/22.4$；

(2) 从 $(x + dx)$ 面流出的氧的摩尔流量：$(F + dF)(y_{O_2} + dy_{O_2})/22.4$；

(3) 从微小圆筒的筒壁散失的氧的摩尔流量：$(-FdV/V)y_{O_2}/22.4$；

(4) 由于反应而消耗的氧的摩尔流量：$R_1 Adx$。

所以，氧的质量平衡式为

$$Fy_{O_2} = (F + dF)(y_{O_2} + dy_{O_2}) + (-FdV/V)y_{O_2} + 22.4AR_1 dx \tag{10-90}$$

即

$$\frac{dy_{O_2}}{dx} = -\frac{y_{O_2}}{F}\left[\frac{dF}{dx} - \left(\frac{F}{V}\right)\frac{dV}{dx}\right] - \frac{22.4AR_1}{F} \tag{10-91}$$

将式(10-87)代入式(10-91)中，可得到关于氧浓度的基本关系式，即

$$\frac{dy_{O_2}}{dx} = -22.4\left(\frac{A}{F}\right)[R_1 + y_{O_2}(R_2 + R_3)] \tag{10-92}$$

下面再考虑图 10-38 所示的微小圆筒内 CO_2 的质量平衡。令 y_{CO_2} 为主气流中 CO_2 的体积分数，则 CO_2 的收支情况分析如下（单位均为 kmol/h）。

(1) 从 x 面流入的 CO_2 的摩尔流量：$Fy_{CO_2}/22.4$；

(2) 从 $(x+dx)$ 面流出的 CO_2 的摩尔流量：$(F+dF)(y_{CO_2}+dy_{CO_2})/22.4$；

(3) 从微小圆筒的筒壁散失的 CO_2 的摩尔流量：$(-FdV/V)y_{CO_2}/22.4$；

(4) 由于反应而生成的 CO_2 的摩尔流量：$(R_1-R_2)Adx$。

所以，CO_2 的质量平衡式为

$$Fy_{CO_2}+22.4A(R_1-R_2)dx=(F+dF)(y_{CO_2}+dy_{CO_2})-(FdV/V)y_{CO_2}$$

$$(10\text{-}93)$$

即

$$\frac{dy_{CO_2}}{dx}=-\frac{y_{CO_2}}{F}\left[\frac{dF}{dx}-\left(\frac{F}{V}\right)\frac{dV}{dx}\right]+\frac{22.4A(R_1-R_2)}{F} \qquad (10\text{-}94)$$

将式(10-87)代入式(10-94)中，可得到关于 CO_2 浓度的基本关系式，即

$$\frac{dy_{CO_2}}{dx}=22.4\left(\frac{A}{F}\right)\left[R_1-(1+y_{CO_2})R_2-y_{CO_2}R_3\right] \qquad (10\text{-}95)$$

采用上述同样方法可推导出如下关于 CO、H_2O 及 H_2 的浓度基本关系式（推导过程从略）：

$$\begin{cases} \dfrac{dy_{H_2O}}{dx}=-22.4\left(\dfrac{A}{F}\right)\left[y_{H_2O}R_2+(1+y_{H_2O})R_3\right] \\[3mm] \dfrac{dy_{CO}}{dx}=22.4\left(\dfrac{A}{F}\right)\left[(2-y_{CO})R_2+(1-y_{CO})R_3\right] \\[3mm] \dfrac{dy_{H_2}}{dx}=22.4\left(\dfrac{A}{F}\right)\left[R_3-y_{H_2}(R_2+R_3)\right] \end{cases} \qquad (10\text{-}96)$$

式中，y_{CO}、y_{H_2O}、y_{H_2} 分别为 CO、H_2O 及 H_2 的体积分数。

3) 气体温度分布

考虑图 10-38 所示的微小圆筒内关于气体的热平衡（单位皆为 kcal/h），有以下结论。

a. 热收入

(1) 从 x 面流入的气体显热：$F\rho_f C_f T$；

(2) 反应放出的热：$(97000R_1-41220R_2-31564R_3)Adx$；

(3) 燃烧的焦炭传给气体的显热：$C_c T_c(R_1+R_2+R_3)(Adx)$。

b. 热支出

(1) 从 $(x+dx)$ 面流出的气体显热：$(F+dF)(T+dT)\rho_f C_f$；

(2) 从微小圆筒的筒壁散失的气体显热：$(-FdV/V)\rho_f C_f T$；

(3) 气体传给焦炭颗粒的热量：$6(1-\varepsilon)h_p(T-T_c)(A\mathrm{d}x)/d_p$。

所以，根据热收入等于热支出，可得气体的热平衡式为

$$\frac{\mathrm{d}T}{\mathrm{d}x}=\frac{A}{F\rho_f C_f}\left[\begin{array}{l}-\left(\dfrac{\rho_f C_f T}{A}\right)\left(\dfrac{\mathrm{d}F}{\mathrm{d}x}-\dfrac{F}{V}\dfrac{\mathrm{d}V}{\mathrm{d}x}\right)-6(1-\varepsilon)\left(\dfrac{h_p}{d_p}\right)(T-T_c)\\+\,97000R_1-41220R_2-31564R_3+C_c T_c(R_1+R_2+R_3)\end{array}\right]$$

$$(10\text{-}97)$$

将式(10-87)代入式(10-97)中，即可得到关于气体温度的基本关系式：

$$\frac{\mathrm{d}T}{\mathrm{d}x}=\frac{A}{F\rho_f C_f}\left[\begin{array}{l}-22.4\rho_f C_f T(R_2+R_3)-6(1-\varepsilon)\left(\dfrac{h_p}{d_p}\right)(T-T_c)\\+\,97000R_1-41220R_2-31564R_3+C_c T_c(R_1+R_2+R_3)\end{array}\right]$$

$$(10\text{-}98)$$

10.4.8　符号列表

A：风口截面积(m^2)；

C_f：气体平均热容$[\mathrm{kcal}/(\mathrm{m}^3\cdot\mathrm{K})]$；

C_c：焦炭平均热容$[\mathrm{kcal}/(\mathrm{kmol}\cdot\mathrm{K})]$；

d_p：焦炭平均颗粒直径(m)；

D_0：风口直径(m)；

F：气体的总体积流量(m^3/h)；

F_B：鼓风量(m^3/h)；

F_X：氧气流量(m^3/h)；

F_0：一个风口的总体积流量(m^3/h)；

h_p：颗粒与流体间的传热系数$[\mathrm{kcal}/(\mathrm{m}^2\cdot\mathrm{h}\cdot\mathrm{K})]$；

ΔH_1、ΔH_2、ΔH_3：分别为焦炭三个燃烧反应的热效应($\mathrm{kcal/kmol}$)；

k_{O_2}、k_{CO_2}、k_{H_2O}：分别为 O_2、CO_2 及 H_2O 的传质系数($\mathrm{m/h}$)；

N：风口个数；

p：鼓风压力(atm)；

T_B：鼓风温度($^\circ\!\mathrm{C}$)；

T_c：焦炭温度(K)；

T：气体温度(K)；

V：与反应无关的鼓风气体体积流量(m^3/h)；

V_t：全部风口的气体总体积流量(m^3/h)；

W：鼓风湿度($\mathrm{g/m}^3$)；

x：从风口始端算起的距离(m)；

y_{O_2}、y_{CO_2}、y_{H_2O}、y_{CO}、y_{H_2} 分别为 O_2、CO_2、H_2O、CO、H_2 的体积分数（无因次）；

　　Y：鼓风流量相关参数；

　　ε：燃烧带空隙度；

　　ρ_f：气体平均密度（kg/m³）。

10.5　单级蒸馏的最优化

　　蒸馏是利用液体混合物在一定压强下各组分的挥发度不同（即在同温度下各自的蒸气压不同）的特性达到分离目的的一种分离操作。这种操作一般是将混合液加热使其部分汽化，则挥发度大（低沸点）的组分较挥发度小（高沸点）的组分易于从液相中气化出来而转入蒸汽中，从而实现分离混合液的目的。在冶金工业中，常利用真空蒸馏及精馏来制取高纯度金属。

10.5.1　问题

　　在某连续式的单级蒸馏装置中，二元溶液原料流量为 F，装置出口的气液两相流量分别为 D 和 W，流动示意图如图 10-39 所示。在一定压力下实验测得低沸点组分 X 在两相中的摩尔分数如表 10-11 所示。试根据该实验数据，计算当原料中低沸点组分 X 的摩尔分数 X_f 分别为 0.1，0.2，…，0.9 时分离效率 η 的最大值及对应的如下操作参数。

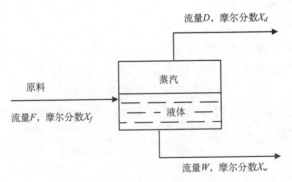

图 10-39　单级蒸馏示意图

　　(1) 无因次气相流量：$d = D/F$；

　　(2) 无因次液相流量：$w = W/F$；

　　(3) 气、液两相中低沸点组分 X 的摩尔分数 X_d、X_w。

已知分离效率可由式(10-99)计算：

$$\eta = \frac{D(X_d - X_f)}{FX_f(1 - X_f)} = \frac{d(X_d - X_f)}{X_f(1 - X_f)} \tag{10-99}$$

表 10-11　单级蒸馏过程中低沸点组分 X 在两相中的摩尔分数

液相摩尔分数 X_w	0	0.1	0.2	0.3	0.4	0.5	0.6	0.7	0.8	0.9	1
气相摩尔分数 X_d	0	0.191	0.339	0.480	0.618	0.730	0.812	0.864	0.913	0.959	1

10.5.2　分析

由物料平衡可得

$$\begin{cases} d + w = 1 \\ d \cdot X_d + w \cdot X_w = X_f \end{cases} \tag{10-100}$$

即

$$\begin{cases} w = (X_d - X_f)/(X_d - X_w) \\ d = (X_f - X_w)/(X_d - X_w) \end{cases} \tag{10-101}$$

由表 10-11 数据可知，

$$X_d = f(X_w) \tag{10-102}$$

且 $X_d > X_w$，故 X_d 与 X_w 的关系可由图 10-40 中的曲线来表示。此外，由于 $d > 0$、$w > 0$，故由式(10-101)可知

$$X_w < X_f < X_d \tag{10-103}$$

至此，由图 10-40 可得到 X_w 的存在范围为

X_w 的最大值　　　　　　　$X_{max} = X_f$ (10-104)

X_w 的最小值　　　　　　　$X_{min} = f^{-1}(X_f)$ (10-105)

当 X_w 在以上范围内取值时，由式(10-99)所示的分离效率 η 具有单峰性，即最大值。

10.5.3　求解

1. X_d 与 X_w 函数关系的确定

由表 10-11 可知，液相摩尔分数按每间隔 0.1 给出，故可采用等距节点牛顿插值法计算插值点的函数值(参见第 3 章中的 3.6 节)，从而确定 X_d 与 X_w 的函数关系，为后面计算 X_{min} 奠定基础。参照第 3 章中的 3.6 节，设计工作表如图 10-41 所示，图中所示的 A18：A26 区域值为已经计算所得到的 X_{min} 的值(见下面的第 2 步骤)，初始值可取 X_w 的插值点 0.1，0.2，…，0.9 共 9 个(对应原料

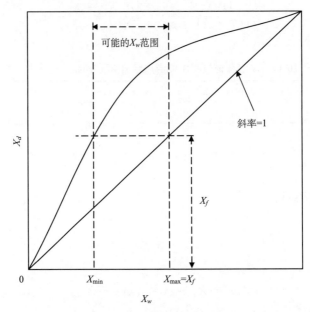

图 10-40　X_w 的存在区间

中低沸点组分 X 的摩尔分数 X_f 的设定条件)。

2. X_w 的最小值 $X_{\min}$ 的计算

如图 10-42 所示，在 C31：C39 区域中输入 X_f 的设定条件($X_f = 0.1 \sim 0.9$)，在 A31：A39 区域中输入 X_d 与 X_f 的差值，在单元格 A40 中输入计算 A31：A39 区域中数据平方和的公式($=$SUMSQ(A31：A39))，采用规划求解的方法(参见第 3 章中的 3.5 节)，即可求得 X_w 的最小值 $X_{\min}$，即区域 A18：A26 的值。规划求解主要参数如下。

$$规划求解参数 \rightarrow \begin{cases} 设置目标 \rightarrow \$A\$40 到最小值 \\ 通过更改可变单元格 \rightarrow \$A\$18：\$A\$26 \\ 选择求解方法 \rightarrow 非线性 GRG \end{cases}$$

最后，将 $X_{\min}$ 的计算结果，即区域 A18：A26 的值复制("选择性粘贴"→ "数值")到区域 B31：B39 中，为下一步的计算做好准备。

3. 最大分离效率 η 的计算

图 10-42 所示的 D31：F39 为对应 X_f 的 d、w 及 η 的公式输入区域。图中仅示出了第 31 行的公式，利用拖动单元格填充柄复制的方法即可得到其他相应

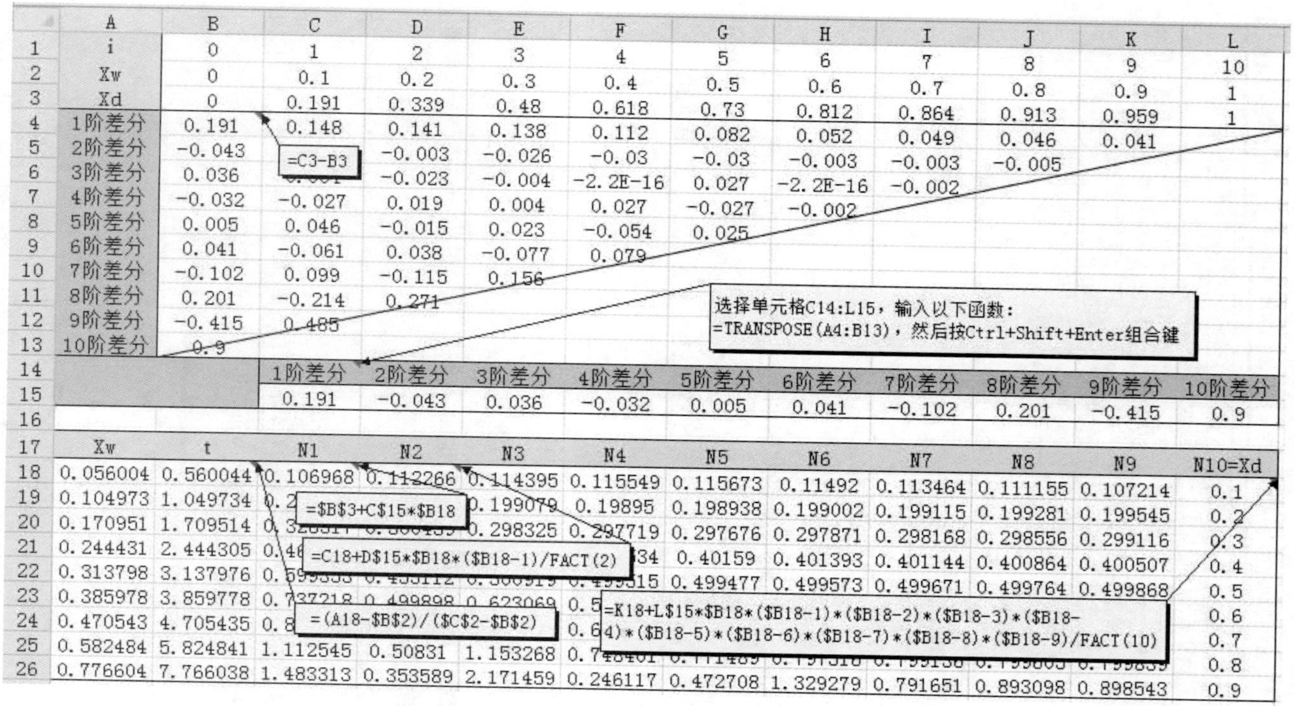

	A	B	C	D	E	F	G	H	I	J	K	L
1	i	0	1	2	3	4	5	6	7	8	9	10
2	Xw	0	0.1	0.2	0.3	0.4	0.5	0.6	0.7	0.8	0.9	10
3	Xd	0	0.191	0.339	0.48	0.618	0.73	0.812	0.864	0.913	0.959	1
4	1阶差分	0.191	0.148	0.141	0.138	0.112	0.082	0.052	0.049	0.046	0.041	1
5	2阶差分	-0.043	[illegible]	-0.003	-0.026	-0.03	-0.03	-0.003	-0.003	-0.005		
6	3阶差分	0.036	[illegible]	-0.023	-0.004	-2.2E-16	0.027	-2.2E-16	-0.002			
7	4阶差分	-0.032	-0.027	0.019	0.004	0.027	-0.027	-0.002				
8	5阶差分	0.005	0.046	-0.015	0.023	-0.054	0.025					
9	6阶差分	0.041	-0.061	0.038	-0.077	0.079						
10	7阶差分	-0.102	0.099	-0.115	0.156							
11	8阶差分	0.201	-0.214	0.271								
12	9阶差分	-0.415	0.485									
13	10阶差分	0.9										
14			1阶差分	2阶差分	3阶差分	4阶差分	5阶差分	6阶差分	7阶差分	8阶差分	9阶差分	10阶差分
15			0.191	-0.043	0.036	-0.032	0.005	0.041	-0.102	0.201	-0.415	0.9
16												
17	Xw	t	N1	N2	N3	N4	N5	N6	N7	N8	N9	N10=Xd
18	0.056004	0.560044	0.106968	0.112266	0.114395	0.115549	0.115673	0.11492	0.113464	0.111155	0.107214	0.1
19	0.104973	1.049734	[illegible]	[illegible]	0.199079	0.19895	0.198938	0.199002	0.199115	0.199281	0.199545	0.2
20	0.170951	1.709514	[illegible]	[illegible]	0.298325	0.297719	0.297676	0.297871	0.298168	0.298556	0.299116	0.3
21	0.244431	2.444305	[illegible]	[illegible]	[illegible]	[illegible]	0.40159	0.401393	0.401144	0.400864	0.400507	0.4
22	0.313798	3.137976	[illegible]	[illegible]	[illegible]	[illegible]	0.499477	0.499573	0.499671	0.499764	0.499868	0.5
23	0.385978	3.859778	[illegible]	[illegible]	[illegible]	[illegible]	[illegible]	[illegible]	[illegible]	[illegible]	[illegible]	0.6
24	0.470543	4.705435	[illegible]	[illegible]	[illegible]	[illegible]	[illegible]	[illegible]	[illegible]	[illegible]	[illegible]	0.7
25	0.582484	5.824841	1.112545	0.50831	1.153268	[illegible]	[illegible]	[illegible]	[illegible]	[illegible]	[illegible]	0.8
26	0.776604	7.766038	1.483313	0.353589	2.171459	0.246117	0.472708	1.329279	0.791651	0.893098	0.898543	0.9

图 10-41　等距节点牛顿插值法确定 X_d 与 X_w 函数关系

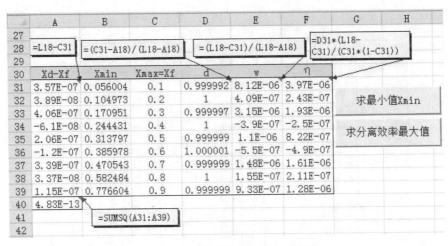

图 10-42　$X_{\min}$ 的计算及相应公式的输入

行中单元格的公式。可采用规划求解的方法(参见第 3 章中的 3.5 节),求得最大分离效率 η。例如,对于 $X_f = 0.1$ 的条件,可设置如下规划求解参数进行求解。

$$规划求解参数 \rightarrow \begin{cases} 设置目标 \rightarrow \$F\$31 到最大值 \\ 通过更改可变单元格 \rightarrow \$A\$18 \\ 遵守约束 \rightarrow \$A\$18 <= \$C\$31 \\ \qquad\qquad \rightarrow \$A\$18 >= \$B\$31 \\ 选择求解方法 \rightarrow 非线性 GRG \end{cases}$$

利用同样的方法,可求出其他 X_f 条件下的最大分离效率 η 及相应的参数值。最终计算结果如图 10-43 所示。

4. 结果图示

最大分离效率及对应的操作参数计算结果如图 10-44 所示。图中横轴的取值区域为 C31:C39,各曲线纵轴所对应的单元格区域分别为

$$\begin{cases} X_d \rightarrow L18:L26 \\ X_w \rightarrow A18:A26 \\ d \rightarrow D31:D39 \\ w \rightarrow E31:E39 \\ \eta \rightarrow F31:F39 \end{cases}$$

	Xw	t	N1	N2	N3	N4	N5	N6	N7	N8	N9	N10=Xd
18	0.073574	0.735738	0.140526	0.144706	0.146181	0.146923	0.146999	0.146558	0.145732	0.144459	0.142336	0.138532
19	0.145824	1.458242	0.2	0.2	0.261985	0.261241	0.261182	0.261468	0.26193	0.26256	0.263506	0.265054
20	0.231001	2.310009	0.3		0.381779	0.382642	0.382687	0.38252	0.3823	0.382046	0.381715	0.381234
21	0.315151	3.151514	0.6			28	0.501386	0.501492	0.501599	0.5017	0.501813	0.501956
22	0.39779	3.977898				24	0.615102	0.615132	0.615153	0.615169	0.615183	0.615199
23	0.485487	4.854875		0.52491	0.845483	0.7						0.715533
24	0.582117	5.82117	1.1			0.7						0.799738
25	0.70186	7.018598	1.340552	0.432347	1.704324		0.150442				0.946875	0.864811
26	0.846059	8.460588	1.615972	0.258872	2.705663	-0.26343	0.150442	2.107836	0.396105	1.011947	0.946875	0.939263

Annotation formulas:

- =$B$3+C$15*$B18
- =(B18-1)/FACT(2)
- =(18+D$15*$B18*($B18-1)/FACT(2)
- =(A18-$B$2)/($C$2-$B$2)
- =K18+L$15*$B18*($B18-1)*($B18-2)*($B18-3)*($B18-6)*($B18-7)*($B18-8)*($B18-9)/FACT(10)

	Xd-Xf	Xmin	Xmax=Xf	d	w	η
28	=L18-C31		=(C31-A18)/(L18-A18)	=D31*(L18-C31)/(C31*(1-C31))	=(L18-C31)/(L18-A18)	
30	Xd-Xf	Xmin	Xmax=Xf	d	w	η
31	0.038532	0.056004	0.1	0.406816	0.593184	0.174173
32	0.065054	0.104973	0.2	0.454382	0.545618	0.184746
33	0.081234	0.170951	0.3	0.459281	0.540719	0.177663
34	0.101956	0.244431	0.4	0.454211	0.545789	0.192956
35	0.115199	0.313797	0.5	0.470128	0.529872	0.216633
36	0.115533	0.385978	0.6	0.497783	0.502217	0.239626
37	0.099738	0.470543	0.7	0.541651	0.458309	0.257271
38	0.064811	0.582484	0.8	0.602266	0.397734	0.243961
39	0.039263	0.776604	0.9	0.57874	0.42126	0.252481
40	0.065019 =SUMSQ(A31:A39)					

- =(C31-A18)/(L18-A18)
- =(L18-C31)/(L18-A18)
- =D31*(L18-C31)/(C31*(1-C31))
- 求最小值 Xmin
- 求分离效率最大值

图 10-43　最终计算结果

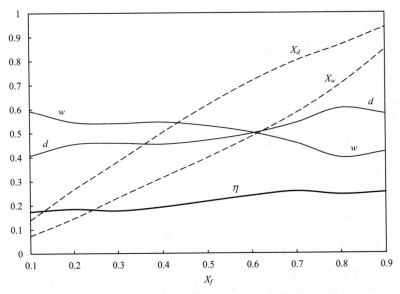

图 10-44　最大分离效率及对应的操作参数计算结果

10.5.4　问题扩展

本例中前 3 个步骤的计算过程都可以通过 VBA 程序设计实现，尤其对第 3 步的计算，高效的程序可替代多次执行规划求解命令的繁琐操作。对第 1 步的计算，可参见第 3 章中的 3.6 节，在此可省略。试对第 2、3 步骤的计算，利用黄金分割法进行 VBA 程序设计(参见第 3 章中的 3.7 节)。

10.5.5　参考解答

程序代码分别如图 10-45、图 10-46 所示。在工作表中设置了两个命令执行按钮，名称分别为"求最小值 X_{min}"及"求分离效率最大值"，点击按钮便可进行相应的计算。此处为清晰起见，分步骤进行了程序设计和说明，读者可以反复点击这两个按钮运行程序，观察工作表中的数据变化情况，加深计算过程的理解。当然，也可以将前 3 步骤的 VBA 程序串联到一起，构成一个完整的程序，执行一次便可得到最终结果，读者可自行完成，在此省略。

```
'
'黄金分割法求Xw的最小值程序

Option Explicit
Public Sub Xwmin()
Sheets("单级蒸馏最优化").Select        '选择工作表
Dim A(2) As Double   '左右端点
Dim B(2) As Double   '黄金点及其对称点
Dim F(2) As Double   '函数值
Dim G As Double
Dim H As Double
Dim I As Integer
Dim Err As Double

G = (Sqr(5) - 1) / 2   '黄金分割数
H = 1 - G              '对称点需要的数
Err = 0.000001         '误差
For I = 0 To 8         '共9个需要计算的点
    A(1) = 0 '左端点
    A(2) = Cells(31 + I, 3) '右端点
    Do While Abs(A(1) - A(2)) > Err  '循环计算直至达到要求精度
        '————黄金点及其对称点
        B(2) = A(1) + G * (A(2) - A(1))  '黄金点
        B(1) = A(1) + H * (A(2) - A(1))  '对称点
        '————插入点的函数值
        Cells(18 + I, 1) = B(1)   '自变量(左)
        F(1) = Cells(18 + I, 12)  '函数值
        Cells(18 + I, 1) = B(2)   '自变量(右)
        F(2) = Cells(18 + I, 12)  '函数值
        '————缩小收索范围
        If Abs(F(2) - Cells(31 + I, 3)) < Abs(F(1) - Cells(31 + I, 3)) Then
            A(1) = B(1)
        Else
            A(2) = B(2)
        End If
    Loop
Next I
End Sub
```

图 10-45　黄金分割法求 X_w 的最小值 X_{min} 的程序代码

10.5.6　符号列表

d：无因次气相流量；

D：出口气相流量(mol/h)；

F：原料流量(mol/h)；

w：无因次液相流量；

W：出口液相流量(mol/h)；

X_d：组分 X 的气相摩尔分数；

X_f：原料中低沸点组分 X 的摩尔分数；

X_w：组分 X 的液相摩尔分数；

X_{max}、X_{min}：X_w 的最大值、最小值；

η：分离效率(%)。

```
'
'黄金分割法求最大值点程序
'
Option Explicit
Public Sub Gold()
Sheets("单级蒸馏最优化").Select          '选择工作表
Dim A(2) As Double     '左右端点
Dim B(2) As Double     '黄金点及其对称点
Dim F(2) As Double     '函数值
Dim G As Double
Dim H As Double
Dim I As Integer
Dim Err As Double

G = (Sqr(5) - 1) / 2    '黄金分割数
H = 1 - G               '对称点需要的数
Err = 0.000001          '误差
For I = 0 To 8          '共9个需要计算的点
    A(1) = Cells(31 + I, 2) '左端点
    A(2) = Cells(31 + I, 3) '右端点
    Do While Abs(A(1) - A(2)) > Err    '循环计算直至达到要求精度
        '———————黄金点及其对称点
        B(2) = A(1) + G * (A(2) - A(1)) '黄金点
        B(1) = A(1) + H * (A(2) - A(1)) '对称点
        '———————插入点的函数值
        Cells(18 + I, 1) = B(1)  '自变量(左)
        F(1) = Cells(31 + I, 6)  '函数值
        Cells(18 + I, 1) = B(2)  '自变量(右)
        F(2) = Cells(31 + I, 6)  '函数值
        '———————缩小收索范围
        If F(2) > F(1) Then
            A(1) = B(1)
        Else
            A(2) = B(2)
        End If
    Loop
Next I
End Sub
```

图 10-46　黄金分割法求 η 最大值点程序代码

10.6　多级逆流萃取

利用各组分溶解度不同而分离液体混合物的操作称为溶剂萃取(简称萃取)。萃取在湿法冶金中常用于提纯混合物中的某物质、回收混合物中的有价成分、分离性质上非常相似的金属等。在萃取操作中，若溶剂是有机物，则萃取剂和萃取液称为有机相，而料液及萃余液称为水相。在实际萃取工艺中一般包括萃取、洗涤、反萃取等三个操作步骤，且常常将若干个萃取器串联起来，使有机相与水相多次逆流接触(多级逆流萃取)从而提高分离效果。

10.6.1　问题

已知某锆矿石中平均锆铪质量比为 75：1，计划采用稀硫酸－10％ Alamine336－5％葵醇-煤油萃取体系，利用逆流多级萃取分离方法使产品锆中铪的含量小于 400ppm。试求经 3 级萃取、9 级洗涤(在第 10 级加料)后，产品锆

中铪的含量以及锆的收得率。已知分配常数可根据如下关系式计算：

锆的分配常数 D_z：

$$D_z = D_i = y_i/x_i = \frac{1}{(x_i/A) + B} \qquad (10\text{-}106)$$

铪的分配常数 D_h：

$$D_h = D_j = y_j/x_j = D_z/\beta = D_z/10.7 \qquad (10\text{-}107)$$

式中，D_i、D_j 分别为第 i 级锆及第 j 级铪的萃取分配常数；x_i、x_j 分别为萃取平衡时第 i 级锆及第 j 级铪在水相中的浓度，g/L；y_i、y_j 分别为萃取平衡时第 i 级锆及第 j 级铪在有机相中的浓度，g/L；β 为锆与铪的分配常数之比（取为10.7）。

参数 A、B 可根据稀硫酸的浓度 C_s 按以下公式计算求得：

$$\begin{cases} A = 3.89 + 0.36(1.1 - C_s) \\ B = 0.039 - 0.056(1.1 - C_s) \end{cases} \qquad (10\text{-}108)$$

该逆流多级萃取工艺流程示意图如图 10-47 所示；操作条件及参数如表10-12所示。

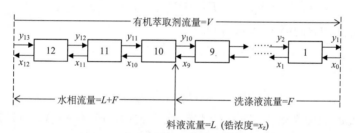

图 10-47　逆流多级萃取工艺流程示意图

表 10-12　逆流多级萃取工艺操作条件及参数

项目	符号	单位	值	备注
萃取组元数			2	锆及铪
总萃取级数			12	
加料级编号			10	
料液流量	L	L/min	1	
料液中锆浓度	x_z	g/L	15	
料液中铪浓度	x_h	g/L	0.2	$x_h = x_z/75$
洗涤液流量	F	L/min	2	

项目	符号	单位	值	备注
萃取剂流量	V	L/min	4	
H_2SO_4浓度	C_s	mol/L	1	
常数 A	A	mol/L	3.926	$A=3.89+0.36(1.1-C_s)$
常数 B	B	mol/L	0.0334	$B=0.039-0.056(1.1-C_s)$

10.6.2　分析

被萃取组元有锆、铪两个，二者的相关变量具有相似的分析推导过程及最终数学结果表达式(分别用下角标 i、j 区分)。为简便起见，首先以组元锆为例进行分析推导(即变量的下角标数字代表 i 的取值)。由图 10-47 可知，进入第 i($i=1$，2，…，12)级的水相和有机相的组成分别为 x_{i-1}、y_{i+1}，而离开该级的两相组成分别为 x_i、y_i。在各萃取级中组元锆的流入速率等于其流出速率，故在洗涤段($i=1$，2，…，9)有

$$Fx_{i-1}+Vy_{i+1}=Fx_i+Vy_i，\quad i=1,2,\cdots,9 \qquad (10\text{-}109)$$

同理，在加料的第 10 萃取级有

$$Fx_9+Lx_z+Vy_{11}=(L+F)x_{10}+Vy_{10} \qquad (10\text{-}110)$$

而在萃取段($i=11$，12)则有

$$(L+F)x_{i-1}+Vy_{i+1}=(L+F)x_i+Vy_i，\quad i=11,12 \qquad (10\text{-}111)$$

将组元的分配系数定义式(10-106)代入式(10-109)~式(10-111)中，化简后得

$$\begin{cases} Fx_{i-1}-(F+VD_i)x_i+VD_{i+1}x_{i+1}=0，i=1,2,\cdots,9 \\ Fx_9-(L+F+VD_{10})x_{10}+VD_{11}x_{11}=-Lx_z \\ (L+F)x_{i-1}-(L+F+VD_i)x_i+VD_{i+1}x_{i+1}=0，i=11,12 \end{cases}$$

$$(10\text{-}112)$$

将式(10-112)展开并整理，可得三对角线性方程组

$$\begin{cases} \left[\begin{array}{l} -(F+VD_1)x_1+VD_2x_2=-Fx_0=0 \\ Fx_1-(F+VD_2)x_2+VD_3x_3=0 \\ \qquad\cdots\cdots \\ Fx_8-(F+VD_9)x_9+VD_{10}x_{10}=0 \end{array}\right. \\ Fx_9-(L+F+VD_{10})x_{10}+VD_{11}x_{11}=-Lx_z \\ \left[\begin{array}{l} (L+F)x_{10}-(L+F+VD_{11})x_{11}+VD_{12}x_{12}=0 \\ (L+F)x_{11}-(L+F+VD_{12})x_{12}=-Vy_{13}=0 \end{array}\right. \end{cases} \qquad (10\text{-}113)$$

为更加清晰起见，将式(10-113)改写为以下标准三对角线性方程组形式：

$$\begin{bmatrix} b_1 & c_1 & & & \\ a_2 & b_2 & c_2 & & \\ & \ddots & \ddots & \ddots & \\ & & a_{11} & b_{11} & c_{11} \\ & & & a_{12} & b_{12} \end{bmatrix} \begin{bmatrix} x_1 \\ x_2 \\ \vdots \\ x_{11} \\ x_{12} \end{bmatrix} = \begin{bmatrix} e_1 \\ e_2 \\ \vdots \\ e_{11} \\ e_{12} \end{bmatrix} \tag{10-114}$$

其中，

$$\begin{cases} a_i = \begin{cases} F & i = 2,\ 3,\ \cdots,\ 10 \\ L + F & i = 11,\ 12 \end{cases} \\ b_i = \begin{cases} -(F + VD_i) & i = 1,\ 2,\ \cdots,\ 9 \\ -(L + F + VD_i) & i = 10,\ 11,\ 12 \end{cases} \\ c_i = VD_{i+1} & i = 1,\ 2,\ \cdots,\ 11 \\ e_i = \begin{cases} -Lx_z & i = 10 \\ 0 & \text{其他} \end{cases} \end{cases} \tag{10-115}$$

由式(10-106)可知，分配系数 D_i 是水相组成 x_i 的函数，故需首先设定 D_i 的初值，然后循环求解式(10-114)及 D_i，直至最终得到稳定解为止。

若将式(10-115)中的变量 D_i、x_z 分别替换为铪的相应值 D_j、x_h，即可得到关于水相中铪浓度的三对角线性方程组(相应的变量下标数字代表 j 的取值)，其求解过程与锆类似。

产品锆中铪的含量以及锆的收得率可由下式求算。

产品锆中铪的含量 C_h(ppm)：

$$C_h = \frac{D_j x_j \big|_{j=1}}{D_i x_i \big|_{i=1}} \times 10^6 \tag{10-116}$$

锆的收得率 $\eta_z(\%)$：

$$\eta_z = \frac{V \cdot D_i x_i \big|_{i=1}}{L x_z} \times 100 \tag{10-117}$$

由式(10-116)及式(10-117)可知，必须将关于锆和铪的两个求解过程联立耦合起来才能获得最终解。根据本例题的特点，可分别采用 Excel 单元格迭代求解法或 VBA 编程求解法。

10.6.3　求解

1. 求解思路

式(10-114)可写为如下形式：

$$Ax = e \qquad\qquad (10\text{-}118)$$

其中，

$$
A = \begin{bmatrix}
b_1 & c_1 & & & & \\
a_2 & b_2 & c_2 & & & \\
& \ddots & \ddots & \ddots & & \\
& & a_{11} & b_{11} & c_{11} \\
& & & a_{12} & b_{12}
\end{bmatrix}, \quad
x = \begin{bmatrix}
x_1 \\ x_2 \\ \vdots \\ x_{11} \\ x_{12}
\end{bmatrix}, \quad
e = \begin{bmatrix}
e_1 \\ e_2 \\ \vdots \\ e_{11} \\ e_{12}
\end{bmatrix} \qquad (10\text{-}119)
$$

A 称为系数矩阵(其逆矩阵为 A^{-1})，e 称为常数列，x 称为未知向量。

式(10-118)的解为

$$x = A^{-1}e \qquad\qquad (10\text{-}120)$$

对于式(10-120)，利用 Excel 的求逆矩阵函数 MINVERSE()以及矩阵乘积函数 MMULT()即可简单求解。

2. 输入已知数据及公式

打开 Excel 并新建工作表，将表 10-12 中的已知数据及公式对应地输入到该工作表中，如图 10-48 所示。图中有颜色填充的 E2：E12 部分为已知数据及公式的输入区，而其下部则为最终计算结果。

3. 设定组元锆的计算区域

首先考虑组元锆的计算。为实现求解联立线性方程组及与其关联的迭代计算，在工作表中设定以下几个区域：

(1) 系数矩阵区域(H2：S13)；

(2) 常数列区域(T2：T13)；

(3) 逆矩阵区域(H15：S26)；

(4) 解区域(T15：T26)

(5) 分配系数区域(H28：S39)。

计算区域的配置情况如图 10-49 所示。将分配系数设置为各行值相等的矩阵形式是为了系数矩阵中公式复制的方便。各个区域中都设置了颜色填充，以方便识别。

4. 在各计算区域中输入计算公式

各计算区域中计算公式的输入情况如图 10-50 所示，具体说明如下。

1) 分配系数 D_i

由于系数矩阵中除含有图 10-48 中所列数据外，还含有分配系数 D_i，故

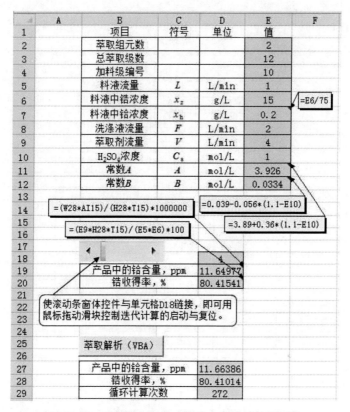

图 10-48   已知数据、公式的输入及最终计算结果

需要首先确定分配系数的初值，然后按照式(10-106)进行计算。为此，在单元格 H28 中输入公式"＝IF(＄D＄18＝0，2，1/(＄T15/＄E＄11＋＄E＄12))"，即将单元格 D18 作为控制开关，当其值为 0 时分配系数取初值 2；而当单元格 D18 的值为非 0 时分配系数按照式(10-106)进行计算，后者即为迭代计算(循环引用)。可预先设置单元格 D18 的值为 0，待所有公式都输入完毕后改变其值以启动迭代计算过程。最后，将单元格 H28 中的公式复制到整个分配系数区域中。复制公式时，应采用拖拉单元格右下角填充柄的方式快速进行。

需要注意的是，在单元格 H28 输入的公式中，对单元格 T15 的引用方式是"＄T15"，即列的绝对引用、行的相对引用(用鼠标选中单元格引用区域，按键盘上的 F4 键可实现在相对引用和绝对引用之间的快速切换)，这样复制公式时才能得到各行值相等的分配系数矩阵，为系数矩阵中公式的输入做好准备。

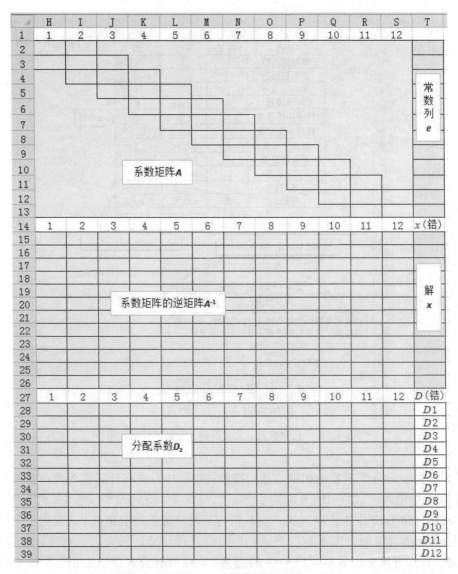

图 10-49　计算区域的设置

2) 系数矩阵 **A** 及常数列 *e*

根据式(10-114)及式(10-115)，完成系数矩阵及常数列区域中公式的输入。常数列中公式的输入比较简单，且仅有一个。输入系数矩阵公式时，可首先输入一个，然后将其复制到与其公式相同的其他单元格中即可。由于系数矩阵是三对角方程组形式，故复制公式时不能采用拖动单元格填充柄的方式进行，而应采用

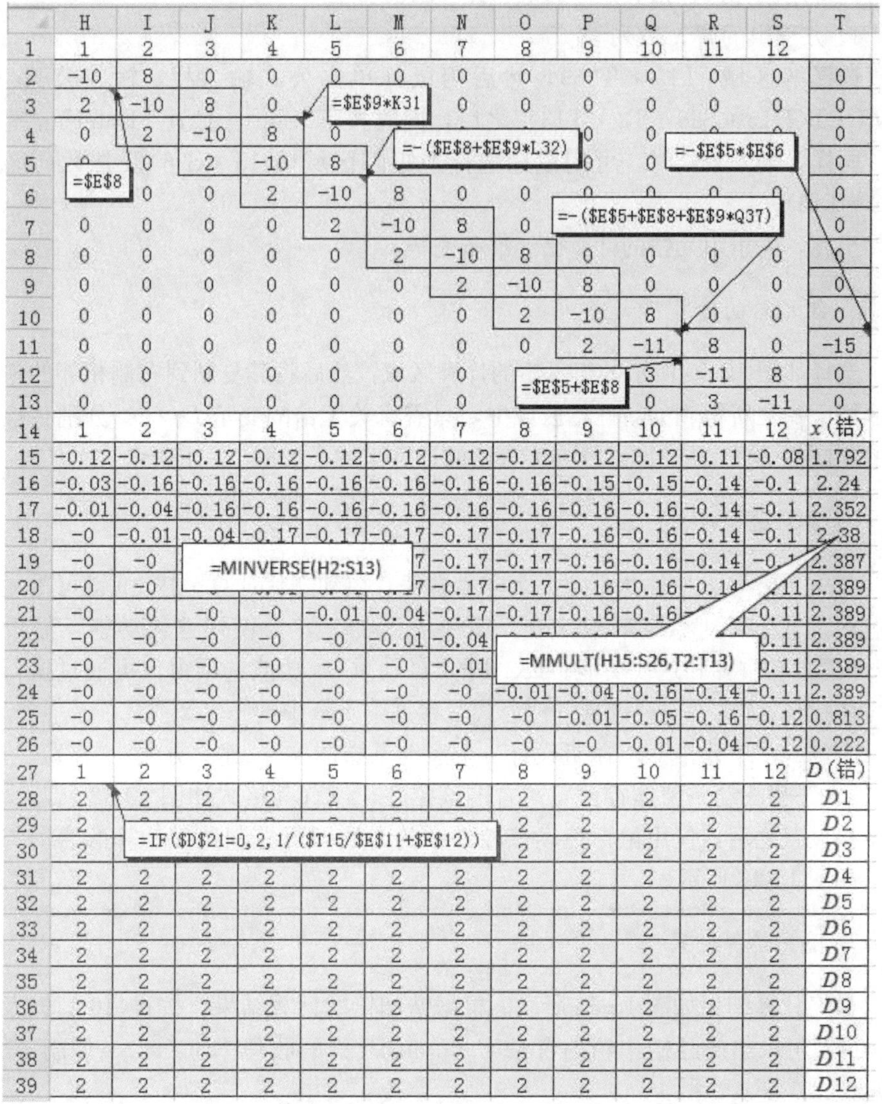

	H	I	J	K	L	M	N	O	P	Q	R	S	T
1	1	2	3	4	5	6	7	8	9	10	11	12	
2	-10	8	0	0	0	0	0	0	0	0	0	0	0
3	2	-10	8	0	0	0	0	0	0	0	0	0	0
4	0	2	-10	8	0	0	0	0	0	0	0	0	0
5	0	0	2	-10	8	0	0	0	0	0	0	0	0
6	0	0	0	2	-10	8	0	0	0	0	0	0	0
7	0	0	0	0	2	-10	8	0	0	0	0	0	0
8	0	0	0	0	0	2	-10	8	0	0	0	0	0
9	0	0	0	0	0	0	2	-10	8	0	0	0	0
10	0	0	0	0	0	0	0	2	-10	8	0	0	0
11	0	0	0	0	0	0	0	0	2	-11	8	0	-15
12	0	0	0	0	0	0	0	0	0	3	-11	8	0
13	0	0	0	0	0	0	0	0	0	0	3	-11	0
14	1	2	3	4	5	6	7	8	9	10	11	12	x(锆)
15	-0.12	-0.12	-0.12	-0.12	-0.12	-0.12	-0.12	-0.12	-0.12	-0.12	-0.11	-0.08	1.792
16	-0.03	-0.16	-0.16	-0.16	-0.16	-0.16	-0.16	-0.16	-0.15	-0.15	-0.14	-0.1	2.24
17	-0.01	-0.04	-0.16	-0.16	-0.16	-0.16	-0.16	-0.16	-0.16	-0.16	-0.14	-0.1	2.352
18	-0	-0.01	-0.04	-0.17	-0.17	-0.17	-0.17	-0.17	-0.16	-0.16	-0.14	-0.1	2.38
19	-0	-0						-0.17	-0.17	-0.17	-0.16	-0.14	2.387
20	-0	-0						-0.17	-0.17	-0.17	-0.16	-0.14	2.389
21	-0	-0	-0	-0	-0.01	-0.04	-0.17	-0.17	-0.16	-0.16	-0.11		2.389
22	-0	-0	-0	-0	-0.01	-0.04					-0.11		2.389
23	-0	-0	-0	-0	-0	-0.01					-0.11		2.389
24	-0	-0	-0	-0	-0	-0	-0.01	-0.04	-0.16	-0.14	-0.11		2.389
25	-0	-0	-0	-0	-0	-0	-0	-0.01	-0.05	-0.16	-0.12		0.813
26	-0	-0	-0	-0	-0	-0	-0	-0	-0.01	-0.04	-0.12		0.222
27	1	2	3	4	5	6	7	8	9	10	11	12	D(锆)
28	2	2	2	2	2	2	2	2	2	2	2	2	$D1$
29	2	2	2	2	2	2	2	2	2	2	2	2	$D2$
30	2	2	2	2	2	2	2	2	2	2	2	2	$D3$
31	2	2	2	2	2	2	2	2	2	2	2	2	$D4$
32	2	2	2	2	2	2	2	2	2	2	2	2	$D5$
33	2	2	2	2	2	2	2	2	2	2	2	2	$D6$
34	2	2	2	2	2	2	2	2	2	2	2	2	$D7$
35	2	2	2	2	2	2	2	2	2	2	2	2	$D8$
36	2	2	2	2	2	2	2	2	2	2	2	2	$D9$
37	2	2	2	2	2	2	2	2	2	2	2	2	$D10$
38	2	2	2	2	2	2	2	2	2	2	2	2	$D11$
39	2	2	2	2	2	2	2	2	2	2	2	2	$D12$

标注公式框：
- $=\$E\$8$
- $=\$E\$9*K31$
- $=-(\$E\$8+\$E\$9*L32)$
- $=-\$E\$5*\$E\$6$
- $=-(\$E\$5+\$E\$8+\$E\$9*Q37)$
- $=\$E\$5+\$E\$8$
- $=MINVERSE(H2:S13)$
- $=MMULT(H15:S26,T2:T13)$
- $=IF(\$D\$21=0,2,1/(\$T15/\$E\$11+\$E\$12))$

图 10-50　各计算区域中计算公式的输入（组元锆，分配常数为初始值）

鼠标拖动单元格、同时按下 Ctrl 键的方式进行。当单元格附近出现"＋"符号时，松开鼠标，复制即完成。需要注意的是，在输入的公式中，对 E 列单元格的引用全部采用绝对引用，而对分配系数单元格的引用采用的是相对引用。

3）逆矩阵 A^{-1}

选择逆矩阵区域（H15：S26），然后用鼠标单击公式输入栏，输入公式"＝MINVERSE(H2：S13)"之后，同时按下"Shift＋Ctrl＋Enter"三键即可。输入公式时，可用鼠标选择系数矩阵区域（H2：S13）。

4）方程组的解 x 数列

选择解区域（T15：T26），然后用鼠标单击公式输入栏，输入公式"＝
MMULT（H15：S26，T2：T13）"之后，同时按下"Shift＋Ctrl＋Enter"三键即
可。同样，输入公式时，可用鼠标选择逆矩阵区域（H15：S26）及常数列区域
（T2：T13）。

至此，关于组元锆的计算已经准备完毕。

5. 组元铪的计算

选择如图 10-50 所示的组元锆的计算区域，然后将其复制到右侧相邻的单元
格区域中。在所得到的新计算区域中，只需将关于锆的变量 D_i、x_z 分别替换为
铪的相应值 D_j、x_h，即可得到关于铪的计算区域，如图 10-51 所示。

6. 启动迭代计算

在单元格 D18 中输入任意一个非零数值，启动迭代计算。按 F9 键可重复迭
代过程，直至得到稳定的解为止。需要注意的是，为使用迭代功能，需设定
Excel 的自动重算和迭代功能。Excel 的"自动重算"功能选项窗口可通过执行以
下操作找到："文件"→"选项"→"公式"（参见第 1 章中的 1.1.2 节）。

本例中在单元格 D18 附近设计一个滚动条窗体控件（建立方法："开发工具"
→"插入"→"滚动条窗体控件"），右击该控件，设置其格式如图 10-52 所示。这
样链接设置之后，仅用鼠标拖动该控件中的滑块即可控制迭代计算的启动与复
位，如图 10-48 所示。

7. 最终计算结果

最终计算结果如图 10-53 所示。根据锆和铪的计算结果，按式（10-116）及式
（10-117）可求出产品锆中铪的含量 C_h（ppm）及锆的收得率 η_z（%），如图 10-48
所示。

10.6.4 问题扩展

利用 Excel VBA 编程法求解本例。

10.6.5 参考解答

1. 求解思路

由式（10-115）可知，$|b_1| > |c_1|$，$|b_{12}| > |a_{12}|$，$|b_i| > |a_i| + |c_i|$，$i=$

	W	X	Y	Z	AA	AB	AC	AD	AE	AF	AG	AH	AI
1	1	2	3	4	5	6	7	8	9	10	11	12	
2	-2.75	0.748	0	0	0	0	0	0	0	0	0	0	0
3	2	-2.75	0.748	0	0	0	0	0	0	0	0	0	0
4	0	2	-2.75	0.748	0	0	0	0	0	0	0	0	0
5	0	0	2	-2.75	0.748	0	0	0	0	0	0	0	0
6	0	0	0	2	-2.75	0.748	0	0	0	0	0	0	0
7	0	0	0	0	2	-2.75	0.748	0	0	0	0	0	0
8	0	0	0	0	0	2	-2.75	0.748	0	0	0	0	0
9	0	0	0	0	0	0	2	-2.75	0.748	0	0	0	0
10	0	0	0	0	0	0	0	2	-2.75	0.748	0	0	0
11	0	0	0	0	0	0	0	0	2	-3.75	0.748	0	-0.2
12	0	0	0	0	0	0	0	0	0	3	-3.75	0.748	0
13	0	0	0	0	0	0	0	0	0	0	3	-3.75	0
14	1	2	3	4	5	6	7	8	9	10	11	12	x(铪)
15	-0.5	-0.19	-0.07	-0.03	-0.01	-0	-0	-0	-0	-0	-0	-0	8E-06
16	-0.5	-0.69	-0.26	-0.1	-0.04	-0.01	-0	-0	-0	-0	-0	-0	3E-05
17	-0.5	-0.69	-0.76	-0.28	-0.11	-0.04	-0.01	-0.01	-0	-0	-0	-0	8E-05
18	-0.5	-0.69	-0.76	-0.78	-0.29	-0.11	-0.04	-0.01	-0	-0	-0	-0	2E-04
19	-0.5	-0.68	-0.75	-0.78	-0.79	-0.29	-0.11	-0.04	-0.01	-0	-0	-0	6E-04
20	-0.5	-0.68	-0.75	-0.78	-0.79	-0.79	-0.29	-0.1	-0.03	-0.01	-0	-0	0.002
21	-0.49	-0.67	-0.74	-0.76	-0.77	-0.78	-0.78	-0.28	-0.09	-0.02	-0.01	-0	0.005
22	-0.47	-0.64	-0.71	-0.73	-0.74	-0.75	-0.75	-0.75	-0.25	-0.06	-0.01	-0	0.012
23	-0.42	-0.57	-0.63	-0.65	-0.66	-0.66	-0.66	-0.66	-0.66	-0.16	-0.04	-0.01	0.033
24	-0.27	-0.38	-0.41	-0.43	-0.43	-0.44	-0.44	-0.44	-0.44	-0.44	-0.1	-0.02	0.087
25	-0.26	-0.36	-0.39	-0.41	-0.41	-0.42	-0.42	-0.42	-0.42	-0.42	-0.42	-0.08	0.083
26	-0.21	-0.29	-0.32	-0.33	-0.33	-0.33	-0.33	-0.33	-0.33	-0.33	-0.33	-0.33	0.067
27	1	2	3	4	5	6	7	8	9	10	11	12	D(铪)
28	0.187	0.187	0.187	0.187	0.187	0.187	0.187	0.187	0.187	0.187	0.187	0.187	$D1$
29	0.187	0.187	0.187	0.187	0.187	0.187	0.187	0.187	0.187	0.187	0.187	0.187	$D2$
30	0.187	0.187	0.187	0.187	0.187	0.187	0.187	0.187	0.187	0.187	0.187	0.187	$D3$
31	0.187	0.187	0.187	0.187	0.187	0.187	0.187	0.187	0.187	0.187	0.187	0.187	$D4$
32	0.187	0.187	0.187	0.187	0.187	0.187	0.187	0.187	0.187	0.187	0.187	0.187	$D5$
33	0.187	0.187	0.187	0.187	0.187	0.187	0.187	0.187	0.187	0.187	0.187	0.187	$D6$
34	0.187	0.187	0.187	0.187	0.187	0.187	0.187	0.187	0.187	0.187	0.187	0.187	$D7$
35	0.187	0.187	0.187	0.187	0.187	0.187	0.187	0.187	0.187	0.187	0.187	0.187	$D8$
36	0.187	0.187	0.187	0.187	0.187	0.187	0.187	0.187	0.187	0.187	0.187	0.187	$D9$
37	0.187	0.187	0.187	0.187	0.187	0.187	0.187	0.187	0.187	0.187	0.187	0.187	$D10$
38	0.187	0.187	0.187	0.187	0.187	0.187	0.187	0.187	0.187	0.187	0.187	0.187	$D11$
39	0.187	0.187	0.187	0.187	0.187	0.187	0.187	0.187	0.187	0.187	0.187	0.187	$D12$

（标注：单元格 AE8 处 =-\$E\$5*\$E\$7；单元格 X29 处 =H28/10.7）

图 10-51　各计算区域中计算公式的输入（组元铪，分配常数为初始值）

2，3，…，11。故式(10-114)为严格对角占优的三对角线性方程组，可用"追赶法"求解，其具体求解过程如下。

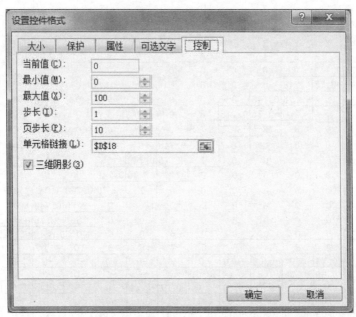

图 10-52　滚动条窗体控件格式的设置

	Q	R	S	T		AF	AG	AH	AI
14	10	11	12	x（锆）		10	11	12	x（铪）
15	-0.03	-0.02	-0.02	0.434		-0	-0	-0	5E-05
16	-0.04	-0.03	-0.03	0.611		-0	-0	-0	1E-04
17	-0.05	-0.04	-0.03	0.72		-0	-0	-0	2E-04
18	-0.05	-0.05	-0.04	0.804		-0	-0	-0	4E-04
19	-0.06	-0.05	-0.0	0.882		-0	-0	-0	6E-04
20	-0.06	-0.05	-0.04	0.965		-0.01	-0	-0	0.001
21	-0.07		-0.05	1.072		-0.01	-0	-0	0.002
22			0.06	1.245		-0.02	-0	-0	0.004
23	5:S26,T2:T13)		0.08	1.655		-0.04	-0	-0	0.009
24	-0.41	-0.34	-0.28	6.094		-0.37	-0.04	-0.01	0.075
25	-0.37	-0.62	-0.51	5.596		-0.48	-0.48	-0.15	0.096
26	-0.07	-0.11	-0.15	0.979		-0.33	-0.33	-0.33	0.067
27	10	11	12	D（锆）		10	11	12	D（铪）
28	6.943	6.943	6.943	$D1$		0.649	0.649	0.649	$D1$
29	5.287	5.287	5.287	$D2$		0.494	0.494	0.494	$D2$
30	4.611	4.611	4.611	$D3$		0.431	0.431	0.431	$D3$
31	4.197	4.197	4.197	$D4$		0.392	0.392	0.392	$D4$
32	3.876	3.876	3.876	$D5$		0.362	0.362	0.362	$D5$
33	3.581	3.581	3.581	$D6$		0.335	0.335	0.335	$D6$
34	3.262	3.262	3.262	$D7$		0.305	0.305	0.305	$D7$
35	2.854	2.854	2.854	$D8$		0.267	0.267	0.267	$D8$
36	2.197	2.197	2.197	$D9$		0.205	0.205	0.205	$D9$
37	0.631	0.631	0.631	$D10$		0.059	0.059	0.059	$D10$
38	0.686	0.686	0.686	$D11$		0.064	0.064	0.064	$D11$
39	3.536	3.536	3.536	$D12$		0.33	0.33	0.33	$D12$

图 10-53　最终计算结果

1) "追"过程

$$
\begin{cases}
u_1 = c_1/b_1 \\
q_1 = e_1/b_1 \\
u_i = c_i/(b_i - a_i u_{i-1}), & i = 2, \cdots, 11 \\
q_i = (e_i - a_i q_{i-1})/(b_i - a_i u_{i-1}), & i = 2, \cdots, 12
\end{cases}
\tag{10-121}
$$

2) "赶"过程

$$
\begin{cases}
x_{12} = q_{12} \\
x_i = q_i - u_i x_{i+1}, & i = 11, 10, \cdots, 1
\end{cases}
\tag{10-122}
$$

2. VBA 程序流程及代码

计算程序流程如图 10-54 所示，代码如图 10-55～图 10-57 所示。在工作表中设置了程序执行按钮，取名为"萃取解析(VBA)"，鼠标单击该按钮后自动执行程序。程序中采用二维数组的形式来代表锆及铪的水相浓度及分配系数，分配系数的初始值与前述单元格迭代求解法相同，当所有分配系数的计算值与相应的

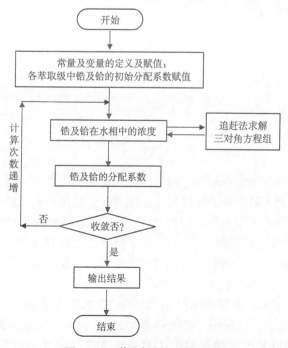

图 10-54 萃取解析程序流程图

设定值在容许误差范围内时，则计算收敛、结束计算；否则重新设定分配系数后

```
Option Explicit

Const P = 13      '萃取级数+1
Const Q = 2       '萃取组元数，锆+铪
Dim A(P), B(P), C(P), E(P)    '三角方程组系数
Dim XF(Q)                     '进料液中组元(锆、铪)浓度
Dim D(P, Q), D1(P, Q)         '分配系数
Dim X(P, Q)                   '组元在水相中的浓度

Const N = 12      '总萃取级数
Dim FO As Double  '洗涤液流量, L/min
Dim FV As Double  '萃取剂流量, L/min
Dim FL As Double  '料液流量, L/min

Sub Extrac1_Click()
Dim HS As Double
Dim EP As Double
Dim IT As Double
Dim CA As Double
Dim CB As Double
Dim I As Integer
Dim Flag As Boolean    '默认初始值为False

FL = 1#                 '料液流量, L/min
XF(1) = 15#             '料液中的锆浓度, [Zr]=15g/L
XF(2) = XF(1) / 75      '料液中的铪浓度[Hf]
FO = 2#                 '洗涤液流量, L/min
FV = 4#                 '萃取剂流量, L/min
HS = 1#                 'H2SO4浓度, mol/L
EP = 0.0001            '分配系数的容许误差
IT = 0                 '迭代次数初始值
CA = 3.89 + 0.36 * (1.1 - HS)    '常数A
CB = 0.039 - 0.056 * (1.1 - HS)  '常数B

For I = 1 To N
    D(I, 1) = 2#        '各萃取级中锆的初始分配系数
    D(I, 2) = 2# / 10.7  '各萃取级中铪的初始分配系数
Next
```

图 10-55　萃取解析程序代码

再重复计算。程序代码中有较为详细的注释，在此不再重复。值得注意的是，为避免程序迭代计算无限进行的情况发生，应设计最高循环次数或在一定条件下放宽容许误差，本例中采用后者，即当迭代 1000 次后仍不收敛时，则每次迭代容许误差放宽 0.0001。计算结束后，应确认循环迭代计算次数、判断收敛情况。当收敛情况较差时，应分析原因、调整相关参数再重新进行计算。本例的最终计算结果输出到单元格中，如图 10-48 所示。

　　由图 10-48 可知，采用单元格迭代法和 VBA 编程法得到了较为一致的结果(产品中铪含量≈11.6ppm，锆收得率≈80.4%)，二者细微的差异是由误差设定、迭代次数以及每次循环过程中对所求变量的调整方式不同等原因所造成的。

```
Do While Flag = False          '不收敛则持续循环计算
    Flag = True                '收敛标志
    Call Tridiag               '追赶法求解方程组
    For I = 1 To N             '根据方程组求解结果计算分配系数
        D1(I, 1) = 1 / (X(I, 1) / CA + CB) '锆的分配系数
        D1(I, 2) = D1(I, 1) / 10.7          '铪的分配系数
    Next
    For I = 1 To N     '判断收敛性, N个分配系数同时收敛即可
        If Abs(D(I, 1) - D1(I, 1)) / D(I, 1) > EP Then
        Flag = False      '若不收敛
        Exit For          '则需继续循环计算
        End If
    Next
    If Flag = False Then '若不收敛,
        For I = 1 To N    '则重新设定分配系数
            D(I, 1) = D(I, 1) - (D(I, 1) - D1(I, 1)) / 2
            D(I, 2) = D(I, 1) / 10.7
        Next
        IT = IT + 1            '计算次数递增
        If IT >= 1000 Then    '若迭代1000次仍不收敛, 为避免无限循环
            EP = EP + 0.0001  '每次迭代容许误差放宽0.0001
        End If
    End If
Loop

Cells(27, 4) = D(1, 2) * X(1, 2) / (D(1, 1) * X(1, 1)) * 1000000# '铪含量
Cells(28, 4) = FV * D(1, 1) * X(1, 1) / (FL * XF(1)) * 100        '锆收率
Cells(29, 4) = IT
End Sub
```

图 10-56　萃取解析程序代码(续)

10.6.6　符号列表

A、B：常数；

C_h：产品锆中铪的含量(ppm)；

C_s：稀硫酸的浓度(mol/L)；

D_z：锆的分配常数；

D_h：铪的分配常数；

D_i、D_j：分别为第 i 级锆及第 j 级铪的萃取分配常数；

F：洗涤液流量(L/min)；

L：料液流量(L/min)；

V：萃取剂流量(L/min)；

x_i、x_j：分别为萃取平衡时第 i 级锆及第 j 级铪在水相中的浓度(g/L)；

y_i、y_j：分别为萃取平衡时第 i 级锆及第 j 级铪在有机相中的浓度(g/L)；

η_z：锆的收得率(%)。

```
Public Sub Tridiag()　'追赶法求解三对角线性方程组

Dim I As Integer
Dim J As Integer
Dim U(12) As Double
Dim Q(12) As Double

For J = 1 To 2          '对2个萃取元素分别计算
For I = 1 To N          '三对角线性方程组系数
    If I < 11 Then                  '——————————A(I)
        A(I) = FO
    Else
        A(I) = FL + FO
    End If
    If I < 10 Then                  '——————————B(I)
        B(I) = -(FO + FV * D(I, J))
    Else
        B(I) = -(FL + FO + FV * D(I, J))
    End If
    C(I) = FV * D(I + 1, J)    '——————————C(I)
    If I = 10 Then                  '——————————E(I)
        E(I) = -FL * XF(J)
    Else
        E(I) = 0
    End If
Next I
'———————————————————— "追"：求U和Q

U(1) = C(1) / B(1)
Q(1) = E(1) / B(1)
For I = 2 To N - 1
U(I) = C(I) / (B(I) - U(I - 1) * A(I))
Next I
For I = 2 To N
Q(I) = (E(I) - Q(I - 1) * A(I)) / (B(I) - U(I - 1) * A(I))
Next I
'———————————————————— "赶"：求X

X(N, J) = Q(N)
For I = N - 1 To 1 Step -1
X(I, J) = Q(I) - U(I) * X(I + 1, J)
Next I
Next J
End Sub
```

图 10-57　萃取解析程序代码(续)

参 考 文 献

高建军，严定鎏，齐渊洪，等. 2014. 氧气高炉风口前燃烧带数值模拟. 中国冶金，24(9)：
　　44～48

郭锴. 2000. 化学反应工程. 北京：化学工业出版社

国宏伟，范德球，张建良，等. 2013. 等温固定床多球团还原模型. 北京科技大学学报，35(2)：
　　161～168

韩兆熊. 1988. 传递过程原理. 杭州：浙江大学出版社

林成森. 1998. 数值计算方法，下册. 北京：科学出版社

楼志诚. 1997. 冶金传输现象的基本原理与方法. 上海：上海科学技术出版社

马志，肖兴国. 1990. 冶金反应工程问题数值解析. 辽宁：辽宁科学技术出版社

孟繁明. 2014. 冶金宏观动力学基础. 北京：冶金工业出版社

日本化学工学协会. 1976. 化学工学程序设计例题习题集. 麻德贤译. 北京：化学工业出版社

沈颐身，李保卫，吴懋林. 1999. 冶金传输原理基础. 北京：冶金工业出版社

汪远征. 2011. Excel与科学计算. 北京：中国人民大学出版社

吴铿. 2011. 冶金传输原理. 北京：冶金工业出版社

肖兴国，谢蕴国. 1997. 冶金反应工程学基础. 北京：冶金工业出版社

徐抗成. 2000. Excel数值方法及其在化学中的应用. 兰州：兰州大学出版社

伊東章，上江洲一也. 2012. Excelで気軽に化学工学. 東京：丸善出版

伊東章. 2014. Excelで気軽に移動現象論. 東京：丸善出版

原行明坂輪光弘，近藤真一. 1976. 鉄鉱石還元用シャフト炉の数学モデル. 鉄と鋼，62(3)：
　　315～323

J. 舍克里. 1979. 冶金中的流体流动现象. 彭一川等译. 北京：冶金工业出版社

R. B. 博德. 2002. 传递现象. 戴干策，等译. 北京：化学工业出版社

鞭巌. 1974. 製錬化学工学演習. 東京：養賢堂

村木正芳. 2013. エクセルとマウスでできる熱流体のシミュレーション. 東京：丸善出版

碓井建夫内藤誠章，村山武昭，等. 1994. 塊成鉱のガス還元の反応モデル. 鉄と鋼，80(6)：
　　1～9

富村寿夫. 2012. 工学のためのVBAプログラミング基礎. 東京：東京電機大学出版局

橋本健治. 1998. 反応工学. 東京：培風館

寺坂宏一. 2007. 化学系学生のためのExcel/VBA入門. 東京：コロナ社

松野淳一中户参，大井浩. 1974. スラブの連続鋳造における凝固速度と表面温度の解析. 鉄
　　と鋼，60(7)：1023～1032

謝裕生渡辺吉夫，浅井滋生，等. 1983. 精錬プロセスにおける溶鋼循環流量の効果. 鉄と鋼，
　　69(6)：596～603

Fukunaka Y. 1976. Oxidation of zinc sulfide in a fluidized bed. Metal. Trans.，7B：307～314